Linguistische
Arbeiten 260

Herausgegeben von Hans Altmann, Peter Blumenthal, Herbert E. Brekle,
Hans Jürgen Heringer, Heinz Vater und Richard Wiese

Betriebslinguistik und Linguistikbetrieb

Akten des 24. Linguistischen Kolloquiums,
Universität Bremen, 4.–6. September 1989

Band 1

Herausgegeben von
Eberhard Klein, Françoise Pouradier Duteil
und Karl Heinz Wagner

Max Niemeyer Verlag
Tübingen 1991

CIP-Titelaufnahme der Deutschen Bibliothek

Betriebslinguistik und Linguistikbetrieb : Akten des 24. Linguistischen Kolloquiums, Universität Bremen, 4. – 6. September 1989 / hrsg. von Eberhard Klein ... – Tübingen : Niemeyer, 1991
NE: Klein, Eberhard [Hrsg.]; Linguistisches Kolloquium <24, 1989, Bremen>; Universität <Bremen>
Bd. 1 (1991)
(Linguistische Arbeiten ; 260)
NE: GT

ISBN 3-484-30260-7 ISSN 0344-6727

Printed in Germany.
Druck: Weihert-Druck GmbH, Darmstadt
Einband: Heinr. Koch, Tübingen

Inhaltsverzeichnis

Syntax 243

Inhaltsverzeichnis: Band 2

Vorwort

Das 23. Linguistische Kolloquium wurde vom Fachbereich "Sprach- und Kulturwissenschaften" in Verbindung mit der Wissenschaftlichen Einheit "Sprach- und Kommunikationswissenschaftliche Grundlagenforschung" der Universität Bremen vom 3. bis 6.9.1989 veranstaltet. 126 Wissenschaftler aus 15 Staaten stellten in 5 Sektionen ihre Forschungsergebnisse vor.

Einerseits folgte die Tagung der Tradition, nach der Sprachwissenschaftler jeglicher Provenienz ohne einengende Vorgaben ein weitgefächertes Themenspektrum abdeckten; andererseits betraten die Organisatoren "Neuland", indem sie mit der "Betriebslinguistik" erstmalig einen thematischen Schwerpunkt einbrachten — womit sich auch der Titel dieser Tagungsdokumentation erklärt.

Die Einrichtung des Schwerpunkts "Betriebslinguistik" geschah im wesentlichen aus zwei Gründen. Erstens glaubten die Veranstalter sich nicht einem Trend verschließen zu können, der sich in einem zunehmenden Handlungsbedarf der Linguistik bei der Bewältigung betrieblicher Probleme äußert. Hierzu gehören die Notwendigkeit, innerbetriebliche Kommunikationszusammenhänge durchschauber zu machen und zu verbessern und die Möglichkeit, Unternehmen bei der Vermarktung ihrer Produkte und bei ihrer "Außenkommunikation" linguistisch fundierte Handreichungen zu geben. Außerdem besteht die Forderung, Techniken der linguistischen Datenverarbeitung im Hinblick auf den ständig steigenden Umfang der betrieblichen Dokumentation rationalisierend einzusetzen. Zweitens hofften die Organisatoren, bei den in der Wirtschaft Verantwortlichen einen Grad der Sensibilisierung zu erreichen, der mittel- und langfristig zu einer größeren Bereitschaft führen könnte, Absolventen linguistischer Studiengänge berufliche Perspektiven zu bieten. Daß derartige Vorstellungen zunehmend an den Hochschulen erkannt werden, zeigt sich u.a. in der Errichtung von Magister-Studiengängen (Linguistik), die sich in ihren Zielen und Inhalten an ökonomischen Fragestellungen orientieren und entsprechend anwendungsbezogene Abschlüsse vermitteln.

Solche Überlegungen fanden im Veranstaltungsprogramm des 23. Linguistischen Kolloquiums ihren konkreten Niederschlag in einer Plenarsektion "Betriebslinguistik" und einer Podiumsdiskussion, an der Vertreter aus Industrie und Wirtschaft unter der Leitung von Dr. Reiner Pogarell (Universität Paderborn) Fragen zum Thema "Linguistik und Wirtschaft" diskutierten. Prof. Dr. Gisela Brünner (Universität Dortmund) hielt das einleitende Grundsatzreferat. Besonders erfreulich war die Resonanz, die diese Veranstaltung in den regionalen und überregionalen Medien fand.

Ein Teil der Attraktivität aller bisherigen Linguistischen Kolloquien lag in ihrer internationalen Zusammensetzung. So war es den Veranstaltern auch diesmal eine besondere Freude, neben den zahlreichen Teilnehmern aus dem westeuropäischen Ausland elf Kolleginnen und Kollegen aus fünf osteuropäischen Staaten willkommen zu heißen. Einige von ihnen hatten ihre Teilnahme nur unter großen Schwierigkeiten und beträchtlichem bürokratischem Aufwand realisieren können. Unter diesem Aspekt fand das 23. Linguistische Kolloquium zu einem bedeutsamen Zeitpunkt statt: es war das letze vor Einsetzen der grundlegenden politischen Veränderungen in Osteuropa in Richtung pluralistische Demokratie und Verwirklichung bürgerlicher Freiheiten. Dieser Prozeß sollte in Zukunft einer immer größeren Zahl von Wissenschaftlern aus dem östlichen Teil Gesamteuropas die Teilnahme am Kolloquium (und an wissenschaftlichen Kongressen überhaupt) ermöglichen — im Sinne eines sich stetig intensivierenden Wissenschaftsdiskurses.

Unser Dank gilt dem Rektor der Universität Bremen, Herrn Prof. Dr. Jürgen Timm für seine großzügige finanzielle Unterstützung der Veranstaltung ebenso wie der Fa. Jacobs Suchard für ihren Beitrag zur Gewährleistung der geistigen Frische der Kolloquiumsteilnehmer durch die Bereitstellung von Kaffee.

Unser Dank richtet sich auch an die studentischen Hilfskräfte Osman Talug (Erstellung der Teilnehmer-Datenbank), Jutta Uebach und Karim Khan (Betreuung der Teilnehmer und Unterstützung der Organisatoren während der Tagung) sowie Klaudia Reinken und Karim Khan (redaktionelle Bearbeitung der Tagungsbeiträge). Sie alle haben auf diese Weise zum Gelingen der Veranstaltung und zum Erscheinen der Akten des Kolloquiums beigetragen.

Schließlich sei dem Max Niemeyer Verlag sowie den Herausgebern der Reihe *Linguistische Arbeiten* für die Aufnahme dieser Tagungsdokumentation gedankt.

Bremen, September 1990

Eberhard Klein
Françoise Pouradier Duteil
Karl Heinz Wagner

Betriebslinguistik

Linguistik und Wirtschaft

Gisela Brünner
Universität Dortmund

1. Zur Begrifflichkeit

Ich habe den Ausdruck "Betriebslinguistik" im Titel des Vortrags bewußt vermieden, weil er falsche Vorstellungen hervorrufen könnte. Es gibt keine Betriebslinguistik in der Weise, wie es eine Soziolinguistik oder Computerlinguistik gibt. Die universitäre Wissenschaft kennt keine eigenständige Teildisziplin, die sich so bezeichnen ließe. Und dies hat Gründe:

Erstens waren der Betrieb und seine Kommunikationsprobleme selten Forschungsgegenstand — die Berührungsängste hüben und drüben haben das verhindert. Zweitens ist der Betrieb, sprachwissenschaftlich gesehen, kein geschlossener Gegenstandsbereich: Die linguistischen Fragestellungen, die sich hier ergeben, reichen INHALTLICH von Übersetzungsproblemen bis zur Lehrlingsausbildung, und sie lassen sich auch METHODISCH nicht einheitlich bearbeiten. Drittens schließlich gibt es — noch jedenfalls — kein Berufsbild "Betriebslinguist", unter dem die verschiedenen Inhalte und Methoden zu einem Qualifikationsprofil zusammengefaßt wären.

2. Relevante Bereiche für die Linguistik

Kommunikation und Sprache sind selbstverständlich zentrale Medien in praktisch allen Bereichen betrieblicher Praxis, auch in der Produktion selbst. Man kann sie geradezu als "Betriebsmittel" und damit Kostenfaktoren einschätzen. Problematisch und damit erst professionell zu bearbeiten werden Kommunikation und Sprache allerdings nicht überall in gleicher Weise. Es gibt einerseits SCHWERPUNKTE, an denen in besonderem Maße sprach- und kommunikationsintensive Tätigkeiten auftreten; andererseits gibt es "SCHWACHSTELLEN", an denen Sprache und Kommunikation zum Problem werden, weil sie ihre Funktion nicht hinreichend erfüllen und die betriebliche Effektivität beeinträchtigt ist. Solche Schwerpunkte und Schwachstellen können, müssen sich aber nicht überschneiden.

Schwerpunkte für sprach- und kommunikationsintensive Tätigkeiten sind z.B.:

a. Öffentlichkeitsarbeit, Werbung, Verkauf, Service
b. (technische) Dokumentation, Verfassen von Handbüchern, Bedienungs- und Gebrauchsanleitungen für Produkte
c. (internationale) Verhandlungen, Verträge, Schriftverkehr, Fachsprache, Übersetzung.

Diese Tätigkeiten sind primär nach außen gerichtet. Vorwiegend innerbetriebliche Schwerpunkte sind z.B.:

d. Arbeitsorganisation und Planung von Kommunikationsnetzen
e. Kooperation und Koordination innerhalb von und zwischen Abteilungen
f. Verwaltung, Vorschriften, Formulare
g. betriebliche Aus- und Fortbildung
h. informelle Kommunikation.

Beide Gruppen von Tätigkeiten können Anlaß zu professioneller linguistischer Arbeit geben. Dies ist für die erste Gruppe relativ offensichtlich, und große Unternehmen haben für Übersetzung, Terminologiearbeit oder Dokumentation oft eigene Abteilungen mit Spezialisten. Anders ist es bei der zweiten Gruppe. Erst wenn bestimmte Schwachstellen sichtbar werden, tritt ins Bewußtsein, daß die Probleme professionell bearbeitet und gelöst werden müssen, und vielleicht auch, daß linguistische Qualifikation dafür sinnvoll einsetzbar ist.

Systematisch gesehen, kann Linguistik für drei verschiedene Zwecke eingesetzt werden:[1]

- Sie kann zur BESCHREIBUNG von Informations- und Kommunikationsprozessen dienen (z.B. Analyse der Informationsflüsse).
- Sie kann zur DIAGNOSE VON PROBLEMEN dienen; dabei können entweder die Probleme selbst sprachlich-kommunikativer Art sein (z.B. mangelnde Verständlichkeit von technischen Dokumenten), oder aber nicht-sprachliche Probleme werden in der Kommunikation erst sichtbar und durch deren Analyse identifizierbar (z.B. Mängel in der Arbeitsorganisation, die in Verständigungsproblemen ihren Ausdruck finden).
- Linguistik kann drittens zur Entwicklung geeigneter PROBLEMLÖSUNGEN dienen, soweit es sich um Probleme sprachlich-kommunikativer Art handelt (z.B. Gestaltung von Kommunikationswegen, Darbietungsform von Informationen, Kommunikationsschulung).
- Ein SPEZIALFALL ist der Einsatz von LinguistInnen in Computer- und Softwarefirmen, z.B. in der Entwicklung natürlichsprachiger Systeme und in der Software-Ergonomie.

3. Beispiele linguistischer Arbeit

Ich werde im folgenden solche Bereiche wie Übersetzung und Terminologiearbeit außer acht lassen[2] und mich auf Fragen konzentrieren, die durch Problemdiagnose, Kommunikationsberatung und Kommunikationsschulung gelöst werden können.

3.1. KOMMUNIKATIONSTRAINING

Neue Technologien schaffen bekanntlich neue Probleme. Dazu gehört der Umgang mit neuen Techniken, dazu gehören aber auch Probleme in der Interaktion der Menschen untereinander. Eine Umfrage bei mittelständischen Unternehmern

---

[1] Cf. BRÜNNER/FIEHLER/HERLEMANN (1983: 35f)
[2] Cf. die entsprechenden Kapitel in BRÜNNER/FIEHLER/HERLEMANN (1983).

hat ergeben, daß als das wichtigste Persönlichkeitsmerkmal von Führungskräften "Geschick im Umgang mit Menschen" angesehen wird[3]

Wenn die Tätigkeiten komplexer werden, vergrößert sich der Kommunikationsbedarf, und die Anforderungen an die Kommunikation und Kooperation steigen. Die Fachausbildung, die immer spezialisierter wird, genügt oft nicht mehr, um diesen Anforderungen gerecht werden zu können, und gezielte Aus- und Fortbildungsmaßnahmen im Bereich der Kommunikation müssen ergriffen werden.

Die Aus- und Fortbildung von Mitarbeitern hinsichtlich ihrer kommunikativen Fähigkeiten wird nur begrenzt von betriebsinternen Stellen übernommen. Extern bieten selbständige Unternehmensberatungsinstitute, Industrie- und Handelskammern, Wirtschaftsverbände usw. umfangreiche Fortbildungs- und Trainingsprogramme auch für den Kommunikationsbereich an, und zwar für die verschiedenen betrieblichen Hierarchieebenen, von der hochbezahlten Führungskraft bis zur Sekretärin.

In der Planung, Durchführung und Auswertung solcher Trainings sehe ich ein wichtiges Arbeitsfeld für Linguisten.

Die bestehenden Trainingsangebote sind äußerst zahlreich und unübersichtlich. An der Universität Dortmund läuft im Fach Psychologie z.Z. ein Projekt "Kommunikations- und Verhaltenstrainings". Sein Ziel ist, durch Umfragen in Organisationen die Trainingsangebote zu systematisieren.

> Das Ergebnis der Umfrage zeigt, daß sich, trotz zahlreicher Überschneidungen, das Trainingsangebot folgendermaßen grob untergliedern läßt:
>
> - Mitarbeiterführung. Hier steht eindeutig die Führungskomponente im Vordergrund (...)
> - Gesprächsführung. Im Vordergrund stehen interaktive Prozesse, also Gesprächsführung auch "von unten nach oben" oder auf einer hierarchischen Stufe.
> - Konfliktlösung. Derartige Seminare werden häufig innerbetrieblich mit festgelegtem Teilnehmerkreis (beispielsweise einer Abteilung) durchgeführt.
> - Sachorientierte Weiterbildungsangebote. Auch in derartigen Seminaren finden zunehmend Elemente aus Kommunikations- und Verhaltenstrainings Eingang.
> - Politische Bildung. Hinter Themen der Mitbestimmung verbergen sich manchmal auch Schwerpunkte wie Verhandlungstechniken, Selbstdarstellungsmöglichkeiten, Persönlichkeitsentwicklung etc.
> - Rhetorik. Neben einer reinen Rede-Schulung findet auch in derartigen Seminaren teilweise eine generelle Persönlichkeitsbildung statt.
>
> (LASOGGA/KOSCHMIEDER 1989: 5)

Ein ähnliches Projekt bereitet Reinhard Fiehler in Bielefeld vor, wobei Trainings konkret aufgezeichnet und dokumentiert werden sollen. Bisher fehlt es noch an einer systematischen Evaluation solcher Trainings, mit der die Effektivität nicht nur nach persönlichen Eindrücken bewertet wird.

---

[3] Handelsblatt/Karriere Nr.47 vom 18.11.1988, zitiert nach: LASOGGA/KOSCHMIEDER (1989: 5) 68% der Befragten haben dies bei Mehrfachnennungen angekreuzt.

Es gibt gerade im Bereich Beratung und Training durchaus Ansätze für eine inhaltliche Zusammenarbeit von Linguistik und betrieblicher Praxis, allerdings in der Regel vermittelt über die Arbeit an der Universität.

Ein bemerkenswertes Beispiel ist das "Forschungszentrum für Kommunikation und Schriftkultur e.V." (FOKS) beim Germanistischen Institut der RWTH-Aachen. Dort werden Beratung, Weiterbildung, Training und Expertisen für verschiedene kommunikative Bereiche angeboten, u.a. Rhetorik und Sprechausbildung, Medienberatung und Medienwirkung sowie Textverständlichkeit.

Als ein konkretes Beispiel für linguistische PROBLEMDIAGNOSE möchte ich eine Arbeit von GERD ANTOS (1988, 1989) nennen. Eine größere Firma bat ihn um Hilfe, weil in der Abteilung für telefonische Reklamationen Frustration und Hilflosigkeit der MitarbeiterInnen überhand nahmen. Denn in den Reklamationsgesprächen eskalierten die Konflikte.

ANTOS schnitt solche Reklamationsgespräche mit und analysierte sie mit folgendem Ergebnis: Die MitarbeiterInnen in der Abteilung waren sich zwar bewußt, daß eine Reklamationsabwicklung es erfordert, in geeigneter Weise auf die Emotionen der verärgerten Kundschaft einzugehen. Aber sie hatten neue Computeranlagen bekommen, und sie mußten zu Beginn des Telefonats zunächst die Schlüsseldaten der Kunden abfragen und in den Rechner eingeben.

Die Kunden, die in dieser Phase normalerweise zunächst ihren Ärger und ihre inhaltlichen Klagen loswerden wollten, durchschauten oder akzeptierten die Funktion der Fragen nicht, sie erschienen ihnen als ein Manöver, durch Pseudo-Sachlichkeit von den begangenen Fehlern abzulenken. Je nachdrücklicher die MitarbeiterInnen auf eine frühe Abarbeitung der notwendigen Identifizierungsphase drängten, desto eher eskalierten die Konflikte.

Was die EVALUATION betrifft, so hat z.B. RUTH BRONS-ALBERT (demn.) exemplarisch ein Verkaufs- bzw. Kommunikationstraining für Buchhändlerinnen und Buchhändler begleitet, dokumentiert und ausgewertet. Das Training war branchenspezifisch für den Buchhandel und wurde von einem der anerkanntesten Trainer in diesem Bereich durchgeführt.

BRONS-ALBERT hat ferner reale Verkaufsgespräche in der Buchhandlung vor und nach dem Training aufgezeichnet und auch Fragebögen ausgewertet. Eins ihrer Analyseergebnisse ist, daß die Betroffenen glauben, in ihrem kommunikativen Verhalten besser geworden zu sein, daß sie aber nicht besser geworden sind. Faktisch hatte das Training sehr wenig Auswirkungen auf das konkrete Kommunikationsverhalten gegenüber der Kundschaft.

3.2. BETRIEBLICHE AUSBILDUNG

Zu diesem Bereich habe ich selbst gearbeitet (BRÜNNER 1987); das Projekt betraf die berufspraktische Ausbildung von jungen Bergleuten. In einem Übungsbergwerk der Ruhrkohle AG wurden von den praktischen Unterweisungen Video- und Tonbandaufnahmen erstellt, es wurden Interviews mit den Beteiligten geführt, und es wurden Teile der Videoaufnahmen zusammen mit den Beteiligten angeschaut und diskutiert. Die Kommentare und Diskussionen wurden ebenfalls aufgezeichnet.

Meine diskursanalytischen Untersuchungen des Materials hatten auch praxisrelevante Ergebnisse, insofern deutlich wurde, daß die institutionellen kommunikativen Handlungsformen Konsequenzen haben für:

- den fachlichen Lernerfolg
- die Arbeitssicherheit
- die Produktion bestimmter beruflicher Einstellungen bzw. Verhaltensnormierungen, d.h. die berufliche Sozialisation.

Um nur ein Beispiel zu geben:

In Bezug auf die Arbeitssicherheit gilt in der Ausbildung die Norm, daß alle erforderlichen Sicherheitsmaßnahmen gelehrt und praktisch berücksichtigt werden, z.B. das Tragen von Arbeitshandschuhen oder die Sicherungsbeschilderung von Maschinen bei Reparaturen usw. Solche Maßnahmen werden in den Unterweisungen auch häufig und nachdrücklich thematisiert. Demgegenüber kommt es in der praktischen Berücksichtigung von Sicherheitsmaßnahmen oft zu problematischen Situationen, oder sie unterbleiben ganz.

Drei typische Fälle sind, daß erforderliche Sicherheitstätigkeiten vergessen werden oder daß sie von den Ausbildern wie selbstverständlich ignoriert werden oder daß den Beteiligten Fehler bei ihrer Ausführung unterlaufen.

Was die Ursache der Fehler betrifft, so zeigten die Analysen, daß es für die Ausbilder offenbar schwierig ist, die reale Arbeitssituation unter Tage und den Arbeitsablauf dort in Einklang zu bringen mit ihren Strukturierungsabsichten für den Ablauf der Unterweisung im Übungsbergwerk. Die verschiedenen "Welten" des Handelns interferieren oder vermischen sich im Bewußtsein und in der verbalen Darstellung, so daß Fehleinschätzungen der Handlungssituation entstehen. Die jeweils adäquaten Handlungsformen werden nicht ausreichend auseinandergehalten und differenziert, falsche Handlungsentscheidungen getroffen.

Das Vergessen und Ignorieren von Sicherheitsmaßnahmen hängt mit der Kenntnis der Arbeits- und Sicherheitspraxis unter Tage zusammen. Da dort unter dem Druck effektiver Produktion andere Maßstäbe gelten, bekommt die starke Betonung von Arbeitssicherheit in der Ausbildung einen nichtrealistischen Aspekt. Sicherheitstätigkeiten müssen zwar in der Ausbildung benannt und beachtet werden, aber wenn bei den Ausbildern eine Untertageorientierung auftritt, bekommt die Modalität ihrer Ausführung einen merkwürdigen Charakter, z.B. überbetont-demonstrativ oder nicht ernsthaft.

Manchmal wird die Sicherheitsmaßnahme nur "ersatzweise" verbal, nicht praktisch ausgeführt, obwohl die Gefahren auch in der Lernsituation real sind.

Aufgrund solcher Probleme dürfte den Auszubildenden ein sehr ambivalentes Verhältnis zur Arbeitssicherheit vermittelt werden — trotz der Betonung ihrer Wichtigkeit.

Das Videomaterial wurde der Ruhrkohle für die Ausbildung der Ausbilder zur Verfügung gestellt. Ich hatte zusammen mit Reinhard Fiehler die Möglichkeit,

Ausschnitte daraus in zwei Fortbildungsseminaren für Ausbilder selbst als Lehrmittel zu erproben.

Die Rückmeldungen aus der Selbstkonfrontation — beim Ansehen der Filme mit den Betroffenen — und aus der Fortbildung zeigten, daß solche Arbeit sehr sinnvoll sein kann. Die Ausbilder sind in der Regel einfach Bergleute, also viel mehr Fachleute als Pädagogen. Entsprechend sind sie überwiegend auf fachliche bzw. inhaltliche Probleme orientiert, wenig auf Verhaltens- und Kommunikationsprobleme in der Unterweisungssituation und in der Interaktion mit den Auszubildenden. Die Analysen zeigen jedoch, daß gerade auch solche Probleme immer wieder dazu führen, daß die Ziele der Ausbildung nicht so realisiert werden, wie es wünschenswert ist.

Meine Anregung, mit Unterstützung der Ruhrkohle aus Materialkorpus und Analyseergebnissen systematisches Unterrichtsmaterial für die Aus- und Fortbildung der Ausbilder zu entwickeln, ist bisher nicht realisiert worden. Ich vermute, daß dies mit der Krise im Bergbau und den schlechten wirtschaftlichen Randbedingungen zusammenhängt.

3.3. Zur Rolle diskursanalytischer Methodologie

Für Kommunikationsberatung und -schulung auf diskursanalytischer Grundlage sehe ich besondere Erfolgschancen. Mit dieser Methode lassen sich Probleme sowohl diagnostizieren als auch bearbeiten.

Gearbeitet wird hier mit authentischem empirischen Material aus der beruflichen Praxis, auch mit solchem, das von den Betroffenen selbst an ihrem Arbeitsplatz aufgezeichnet wurde. Aus den Erfahrungen mit anderen Bereichen, wie Arzt-Patienten-Gespräch, Beratungen oder Bürger-Verwaltungs-Kommunikation, läßt sich sagen, daß diskursanalytisches Vorgehen geeignet ist, in hohem Maße Aufmerksamkeit, Motivation und Akzeptanz zu erzeugen, und daß es einen individualisierten Problemzuschnitt sowie realistische, umsetzbare Lösungsformen ermöglicht.

Die Diskursanalyse ist in erster Linie deskriptiv, und nicht präskriptiv ausgerichtet. Darin liegt eine Chance: Das Problemverständnis der Betroffenen selbst wird ernst genommen und das Problem mit ihnen gemeinsam herausgearbeitet und definiert. Dies ist auch methodisch wichtig. Denn erstens ist das Problemverständnis der Betroffenen oft selbst Teil des Problems; zweitens werden sie ihre Kommunikationsprobleme immer entsprechend IHREM Problemverständnis lösen.

Die optimale Vermittlungsform für ein solches Training dürfte die längerfristige, zyklische Form sein; d.h. im Kurs werden die Probleme am Material identifiziert und bearbeitet, dann werden am Arbeitsplatz selbst die entwickelten alternativen Kommunikationsformen erprobt, die Ergebnisse wiederum dokumentiert, das Material erneut bearbeitet usf.[4]

---

[4] An der Universität Bielefeld wird z.Z. ein Zusatzstudiengang geplant, der berufsbegleitend für Angehörige von Beratungsberufen gedacht ist und mit diesem Konzept arbeiten soll.

Eine Schwierigkeit liegt in der Arbeit mit Transkripten, deren Erstellung ja relativ viel Zeit kostet. Lösungsmöglichkeiten liegen darin, teilweise vorbereitetes Material einzusetzen und z.T. direkt mit den Bändern zu arbeiten.

4. Ausbildung und Beschäftigung von LinguistInnen

Bisher läuft eine Zusammenarbeit von Linguistik und betrieblicher Praxis noch stark über universitäre Beschäftigung, weniger über eine Beschäftigung von LinguistInnen in Betrieben selbst. Das könnte sich jedoch in der nächsten Zeit ändern.

In den letzten Jahren sind viele interessante Studiengänge aufgebaut worden, die direkt für den einen oder anderen Bereich in der Wirtschaft qualifizieren sollen.

Ein Beispiel ist die Universität Siegen mit ihrem Studiengang "Angewandte Sprachwissenschaft (Sprache im Beruf)". Es handelt sich um einen Magister-Studiengang, der im Nebenfach studiert wird. Als Hauptfach werden Wirtschaftswissenschaften oder eine Natur- oder Ingenieurwissenschaft empfohlen.

Das Studium der Angewandten Sprachwissenschaft soll darauf vorbereiten, in Betrieben, Organisationen und Instituten im Bereich Sprache und Kommunikation arbeiten zu können. Es umfaßt die Gebiete mündliche Kommunikation, Praxis der Öffentlichkeitsarbeit, Umgang mit der Fachsprache und Popularisierung von Wissen. Das Studium erstreckt sich zu gleichen Teilen auf Deutsch und eine (Fach)fremdsprache. Ein Betriebspraktikum ist vorgesehen.

Die Zahl der Absolventen solcher Studiengänge wird vorläufig relativ klein bleiben müssen. Informationen darüber, an welchen Universitäten welche Studienschwerpunkte und Kombinationsmöglichkeiten mit anderen Fächern angeboten werden, enthält die sog. "Magister-Erhebung" der DGfS (CLÉMENT ET AL. 1987). Sie ist über DANIÈLE CLÉMENT in Wuppertal erhältlich.

Für eine Beschäftigung in der Wirtschaft halte ich aufs Ganze gesehen folgende Studienanteile bzw. Schwerpunkte für inhaltlich sinnvoll:

- linguistische und kommunikationswissenschaftliche allgemein
- diskursanalytisch-methodische
- sozialwissenschaftlich-methodische
- Fremdsprachen und Fachfremdsprachen
- Grundqualifikationen in EDV.

Praktika in Betrieben sind wichtig, um Erfahrungen zu sammeln, und sie tragen auch dazu bei, daß bei den Verantwortlichen in der Wirtschaft ein Bewußtsein von dem entstehen kann, was Linguisten tun und leisten können. Von solchen Bewußtseinsprozessen wird wesentlich abhängen, wieweit sich LinguistInnen in der Wirtschaft durchsetzen können, auch gegenüber Psychologen usw.

Es haben sich verschiedene Initiativen entwickelt, die sich um die Beschäftigung von Geisteswissenschaftlern und auch Sprachwissenschaftlern in der Wirtschaft bemühen.

Der Münchner Verein "Student und Arbeitsmarkt" etwa, eine Initiative, die getragen wird von Arbeitsamt, Universität, Arbeitgeberverbänden und Arbeitsministerium, kümmert sich um die Vermittlung von Geisteswissenschaftlern allgemein in die Wirtschaft. Er sieht die besten Chancen in den Bereichen EDV, Vertrieb, Personalwesen, Logistik und Öffentlichkeitsarbeit (BLÄSKE 1989).

Für LinguistInnen, die ja spezifischere Qualifikationen als andere Geisteswissenschaftler mitbringen, sind die Tätigkeitsfelder sicherlich zahlreicher.

5. Nutzen für die Linguistik

Zum Schluß möchte ich noch einen Aspekt betonen: Auch für die Linguistik als Wissenschaft ist es sehr nützlich und fruchtbar, sich mit betrieblich relevanten Fragestellungen und Problemen zu befassen.

Erstens können sich dadurch neue Sichtweisen auf die Sache ergeben. Z.B. war es in der Linguistik bis vor gar nicht langer Zeit üblich, sich fast ausschließlich mit Texten und "reinen" Gesprächen zu beschäftigen, d.h. mit solchen, die ganz durch kommunikative Tätigkeiten bestimmt sind. Ausgeblendet aus der praktischen Untersuchungsarbeit und aus dem Bewußtsein der universitären Wissenschaft waren Formen empraktischer Kommunikation, also Kommunikationsformen, bei denen praktische Tätigkeiten integraler Bestandteil sind und ihrerseits die Kommunikation prägen. Dabei handelt es sich oft um Formen institutioneller Kommunikation, von Gesprächen im Krankenhaus (z.B. Visite mit körperlicher Untersuchung) über Gespräche in der betrieblichen Produktion bis zu Unterweisungsgesprächen in der praktischen Ausbildung.

In den letzten Jahren zeigt sich immer deutlicher, daß solche Untersuchungen dazu beitragen, die Rolle der sprachlichen Kommunikation, ihre Funktionsmechanismen und die Formen des sprachlichen Handelns besser und umfassender zu erklären.

Zweitens bietet die Beschäftigung mit Problemen betrieblicher Kommunikation für die Linguistik die Chance, sich noch stärker auf praktisch verwendbare Ergebnisse hin zu orientieren und ihre Anwendungsrelevanz in einem gesellschaftlich wichtigen Bereich unter Beweis zu stellen.

Wenn die Wissenschaft darauf verzichtet, sich solcher praktischen Probleme anzunehmen, werden sie von linguistischen Laien bearbeitet, von Praktikern, von Psychologen usw. Das kann, muß aber nicht heißen, daß die Ergebnisse schlecht sind. Aber die Chance zur qualifizierten Zusammenarbeit und zum gegenseitigen Lernen zu verschenken, kann sich weder unsere Wirtschaft noch unsere Wissenschaft leisten.

LITERATUR

ANTOS, GERD

1988 Zwischen Kunde und Computer. Interaktionsprobleme bei telefonischen Reklamationsgesprächen. In: N. Gutenberg (ed.): *Kann man Kommunikation lehren? Konzepte mündlicher Kommunikation und ihrer Vermittlung.* Frankfurt/M. 9–17.

1989 Kontraproduktive Gespräche. Zur Diskrepanz zwischen Musterwissen und interaktioneller Durchführung. In: E. WEIGAND/F. HUNDSNURSCHER (ed.): *Dialoganalyse II.*. Referate der 2. Arbeitstagung Bochum 1988. Bd. 2. Tübingen, 253–264.

BLÄSKE, GERHARD

1989 Wie Absolventen "brotloser" Studiengänge umsteigen können. In: *Frankfurter Rundschau* vom 19.7.1989.

BRONS-ALBERT, RUTH

dem. *Auswirkungen von Kommunikationstraining auf das Gesprächsverhalten.*

BRÜNNER, GISELA

1978 *Kommunikation in betrieblichen Kooperationsprozessen. Theoretische Untersuchungen zur Form und Funktion kommunikativer Tätigkeit in der Produktion.* Diss. Osnabrück.

1987 *Kommunikation in institutionellen Lehr-Lern-Prozessen. Diskursanalytische Untersuchungen zu Instruktionen in der betrieblichen Ausbildung.* Tübingen: Narr.

BRÜNNER, GISELA/FIEHLER, REINHARD/HERLEMANN, BRIGITTE

1983 *Linguistische Berufsfelder außerhalb von Schule und Hochschule.* Osnabrück (= Beiheft 6 der Osnabrücker Beiträge zur Sprachtheorie).

CLÉMENT, DANIÈLE ET AL.

1987 *Linguistik studieren. Magisterstudiengänge, Diplomstudiengänge, Schwerpunkte in Forschung und Lehre in der Bundesrepublik Deutschland, zusammengestellt und kommentiert im Auftrag der Deutschen Gesellschaft für Sprachwissenschaft.* Hrsg.: Bergische Universität GHS Wuppertal, FB4, ZSB, Wuppertal.

LASOGGA, FRANK/KOSCHMIEDER, MARIETTA

1989 Kommunikations-und Verhaltenstrainings in Organisationen. In: *Uni-Report. Berichte aus der Forschung der Universität Dortmund* **9**: 5–6.

Zur Geschichte der Betriebslinguistik

Anne-Marie Henke
Paderborn

1.0 Einleitung

Seit einigen Jahren ist das Interesse der Linguistik für betriebsorientierte Fragestellungen und praxisbezogene Anwendungsmöglichkeiten beträchtlich gestiegen.

Diese Thematik ist nicht nur auf dem 24. Linguistischen Kolloquium in Bremen vom 4.–7.8.'89 ein Schwerpunkt gewesen, sondern bildete z.B. auf der 10. Jahrestagung der Deutschen Gesellschaft für Sprachwissenschaft in Wuppertal einen relevanten Bereich, in dem zu dem Thema "Verständlichkeit" u.a. Vorträge zur Kommunikationsberatung auf diskursanalytischer Basis gehalten wurden. In diesem Zusammenhang ist ferner auf Arbeiten von POGARELL (1987), BRÜNNER/FIEHLER (1983), FLUCK (1976), und MENTRUP (1978) zur Kommunikation in Institutionen der beruflichen Ausbildung oder linguistischen Berufsfeldern außerhalb von Schule und Hochschule, sowie auf Arbeiten zum innerbetrieblichen Kommunikationstraining von GEUENICH (1989) und zur industriellen Fremdsprachenbedarfsermittlung von HENKE (1989) zu verweisen. Diese Arbeiten sind nicht nur theoretischen Charakters, sondern auch praxisorientiert.

Die Betriebslinguistik ist in Auseinandersetzungen nicht widerspruchs- und kritiklos aufgenommen worden, da es den Anschein hat, als wäre dieses Thema ein geschichtsloses Reagieren auf die momentanen Beschäftigungsperspektiven. Es stellt sich daher die Frage nach einer Geschichte der Linguistik, die sich mit Ansätzen, linguistische Fragestellungen für die betriebliche Praxis nutzbar zu machen, beschäftigt. Die historische Entwicklung ist das Thema meiner Arbeit.

2.0 Die Wirtschaft als Untersuchungsgegenstand der Philologie

Im folgenden werde ich einen kurzen Abriß der Wirtschaftsgermanistik bzw. -linguistik von den Anfängen bis zum vorläufigen Höhepunkt durch MESSINGS Sammelband *Zur Wirtschaftslinguistik* (1932) vorstellen. Es zeigen sich innerhalb dieser Entwicklung zwei verschieden akzentuierte Analysebereiche: zum einen das Interesse der Linguistik an einem historischen Diskurs, zum anderen die Intention, konstituierend in den Wirtschaftsprozeß einzugreifen. Zur besseren Übersicht unterscheide ich zwischen beiden Bereichen.

2.1 DER HISTORISCHE CHARAKTER DER WIRTSCHAFTSLINGUISTIK

Seit Mitte des 19. Jahrhunderts erfolgen im deutschen Sprachraum Arbeiten wirtschaftshistorischen Charakters, wodurch die Wirtschaft erstmalig als Gegenstand der Philologie auftritt. Das Forschungsinteresse richtete sich zunächst auf die Beschreibung. Zum folgenden vgl. PETER (1973).

Es stellt sich erst einmal die Frage, woher das Interesse dieser wissenschaftlichen Disziplin an der Wirtschaftsgeschichte stammt. Um den Sachverhalt zu rechtfertigen, zitiert SCHRADER (1980) in seiner Arbeit *Sprachvergleichung und Urgeschichte* EICHHOFF (1836) aus dessen Vorrede zu *Parallèle des langues de l'Europe et de l'Inde:*

> Philologie und Geschichte gehen Hand in Hand und die eine leiht ihren Beistand der anderen; denn das Leben der Völker offenbart sich in ihrer Sprache, dem treuen Spiegel ihres Wechsels, und wenn die nationale Zeitrechnung stehenbleibt, wenn der Faden der Überlieferung reißt, dann beginnt der alte Stammbaum der Wörter, welcher den Fall der Reiche überlebt, ihre Wiege zu beleuchten. (5. 15).

Diese Art der Sprachforschung dient der Wirtschaftswissenschaft insofern, als anhand von Bedeutungserforschungen, Belegungen und Datierungen eine Möglichkeit gegeben ist, die Geschichte des Handels nachzuzeichnen. Damit greift die Wirtschaftsgermanistik zunächst noch nicht konstituierend in die Wirtschaftswissenschaft ein, sondern verbleibt beschreibend. Wichtige Arbeiten sind: *Hansisch-Venetianische Handelsbeziehungen im 15. Jahrhundert*, STIEDA (1894), in dem die Beziehung des Handelsverkehrs im deutschen Mittelalter zu den wirtschaftlichen Zentren Italiens vor dem Hintergrund der zeitweiligen Versuche Kaiser Sigmunds, den Handel durch Verbote zu unterdrücken, dargestellt werden. Hier wird auch auf die wirtschaftsprachlichen Entlehnungen aus dem Italienischen eingegangen. SCHRADERS *Linguistisch-historische Forschungen zur Handelsgeschichte und Warenkunde I* (1886) beschäftigt sich mit den Ursprüngen des Handels und Wandels in Europa. So zeichnet der Autor die Entstehung des Handelsverkehrs zu Wasser und zu Lande nach, belegt die Entwicklung der kaufmännischen Terminologie und untersucht darüber hinaus die ausländischen Handelsbeziehungen aus linguistischer Perspektive. STRIGL verfährt in seinem Werk *Kaufmännische Ausdrücke sprachgeschichtlich erläutert* (1909) ähnlich, indem er der Geschichte des Handels anhand der Sprachreflexion nachgeht. In diesen Werken geht es folglich vornehmlich darum, die Geschichte, Verwandtschaftsverhältnisse und Sprachquelle der Völker zu erforschen. So läßt sich aufgrund belegbarer Termini beispielsweise die Wirtschaftsform der Indogermanen als Viehzucht bestimmen und nachweisen, zu welchem Zeitpunkt z.B. der Schiffstransport für den Handelsverkehr aufkam.

Mit Beginn des 20. Jahrhunderts werden die wirtschaftssprachlichen Forschungen verstärkt betrieben. Noch haben diese Arbeiten vornehmlich historischen Charakter, obwohl auch Gründungen von Zeitschriften, z.B. *Wörter und Sachen, Kulturhistorische Zeitschrift für Sprach- und Sachforschung*, MEHRINGER/MEYER-LÜBKE (1909) oder die *Zeitschrift für Handelswissenschaft und Handelspraxis* (1908) eine Akzentverschiebung des Forschungsinteresses deutlich machen, indem hier individuelle sachbezogene linguistische Beiträge gedruckt werden. Weiterhin sind zu nennen: *Wörterbuch der deutschen Kaufmannssprache auf geschichtlichen Grundlagen* von SCHIRMER (1911) und *Vom Werden der deutschen Kaufmannssprache*, SCHIRMER (1925). Der Autor zeichnet die Handelsgeschichte der deutschen Hanse nach. Er weist nach, zu welchen Zeiten der Handel in den deutschen

Städten blühte, was aufgrund neugeschöpfter Kaufmannstermini zu bestimmen ist. So läßt sich auch belegen, wann im 13./14. Jahrhundert z.B. der Handel mit Frankreich oder Italien vorzugsweise betrieben wurde, was die Übernahme von französischen oder italienischen Lehnwörtern bzw. deren Eindeutschung zeigt. SIEBENSCHEINS *Abhandlungen zur Wirtschaftsgermanistik* (1936) behandelt zum Teil Wirtschafts- und Sozialgeschichte, beschäftigt sich aber auch mit sprachkritischen Bemerkungen zum Wechselgesetz oder zum Mahn- und Werbebrief und enthält eine Studie über die Industrialisierung als gestaltender Faktor des Sprachwandels in der deutschen Handelssprache.

Zusammenfassend möchte ich festhalten, daß seit Mitte des 19. Jahrhunderts im deutschen Sprachraum wirtschaftsgermanistische Arbeiten entstanden sind, die zunächst wenig konstituierende, sondern eher analysierende beschreibende Ziele verfolgten. Spätestens mit MESSING (1932) jedoch versucht die Wirtschaftslinguistik mit den von der Linguistik entwickelten Methodiken und Analyseverfahren auch konstituierend in den Wirtschaftsprozeß einzugreifen.

2.2 DER KONSTITUIERENDE CHARAKTER DER WIRTSCHAFTSLINGUISTIK

Der Begriff 'Wirtschaftslinguistik' ist von MESSING in seinem Sammelband *Zur Wirtschafts-Linguistik* (1932) erstmals geprägt worden. Der Band enthält zum Teil Nachdrucke von vorher veröffentlichten eigenständigen Schriften oder Aufsätzen, die z.B. in der von MESSING begründeten Zeitschrift *De Handelscorrespondent* (1921–23), ab 1924 weitergeführt durch die Monatsschrift *Spiegel van Handel en Wandel*, publiziert worden sind. Auch hier eignet sich ein Zitat, um das Interesse der Linguistik an der Wirtschaftswissenschaft zu begründen. So sagt MESSING in seinem Vorwort:

> Die Wirtschaftslinguistik dient der Menschheit, indem sie die sprechend-denkenden Menschen aufzeigt als Glieder einer zunächst national-, dann aber auch international geknüpften Kette, und sie erforscht und lehrt die Methoden, mittels derer wir die verschiedenen Völker aus ihrer Nationalkultur heraus verstehen und würdigen lernen. (S. 6)

Wichtige Beiträge aus dem o.g. Sammelband sind: *Die Sprachwissenschaft auf der Handelshochschule als Wissenschaft von der Nationalkultur der Völker* von MESSING, *Über die Beziehungen der Linguistik zur Logik und der Handelssprachkunde zur Wirtschaftswissenschaft* von JORDAN, *Unzulänglichkeit fremdsprachiger Wörterbücher* von SNYCKERS und *Sprache und Wirtschaftswissenschaft* von LEVY.

Es handelt sich bei diesem Sammelband um eine Fülle von Beiträgen, die unter den verschiedensten Perspektiven auf die Situation von Ausbildungen und Berufsanforderungen der Wirtschaft eingehen. Sie beschränken sich dabei nicht nur auf die beschreibende Ebene, sondern entwickeln praxisorientierte Innovationsanregungen. Entsprechend äußert sich WENDELSTEIN (1932) zur Diskrepanz von Allgemeinsprache und Berufssprache, indem er darauf hinweist, daß berufssprachliche Ausdrücke in der Allgemeinsprache oftmals nicht dekodiert werden können bzw. daß sich lautlich deckende Begriffe auf der Bedeutungsebene von Allgemein- und Berufssprache different sind. WENDELSTEIN verweist exemplarisch auf die Bedeutung des Begriffes 'Eisen' in der Allgemeinsprache verglichen mit der Bedeutung in "Luegers Lexikon der gesamten Technologie". Es ist ersichtlich, daß sich dieses Problem potenziert, wenn nationale Grenzen überschritten werden, d.h. wenn der Bereich 'Fremdsprachen' betroffen ist.

SCHROER (1932) geht in seinem Beitrag auf den Zusammenhang von Sprache und Sache ein. Er bezeichnet die Sprache als ein lebendiges Wesen, das sich stets in einem dynamischen Prozeß befindet. Aus seiner Sprachauffassung leitet SCHROER die didaktische Konsequenz ab, daß der Fremdspracherwerb innerhalb der wirtschaftswissenschaftlichen Ausbildung nicht in Form reiner Wortschatzerarbeitung erfolgen kann, sondern stets in einem Sprach-Sachzusammenhang verstanden und methodisch aufbereitet werden muß, da das Erlernen der Sprache ein Verständnis der Materie voraussetzt.

MESSING (1932) kritisiert die Situation der Sprachwissenschaft an der Handelshochschule, da die Fremdsprachen dort keineswegs den Stellenwert besitzen, den die fortschreitende Internationalisierung der Wirtschaft zwingend erfordert. Ich möchte anmerken, daß sich an diesem Problem bis heute grundlegend nichts geändert hat, trotz der Promotion der englischen Fachsprache. So zeigen Studien zur industriellen Fremdsprachenbedarfsermittlung, daß seitens der Wirtschaft ein enormer Bedarf an differenzierten Fremdsprachenkenntnissen besteht, dem in der Praxis nicht nachgekommen wird (vgl. HENKE 1989).

Durch MESSING ist der Zusammenhang von Sprach- und Wirtschaftswissenschaft in den Vordergrund des linguistischen Interesses gerückt. So sagt MESSING: "Frische lebendige Wirtschaftswissenschaft sieht den wirtschaftlich tätigen Menschen als sprechendes Wesen von Fleisch und Blut." (S. 118) MESSINGS Erklärungsversuch des Defizits besteht darin, daß er nationalorientiertes Fühlen, Denken, Handeln und Lehren der Handelshochschulen für diese Problematik verantwortlich macht. Der Autor weist nochmals ausdrücklich darauf hin, daß die Internationalisierung der Wirtschaft ein Verständnis für die Psyche des Fremden erfordert. Der Autor führt folgendes Beispiel an: Die Preise der Produkte, die im Ausland abgesetzt werden sollen, ergeben sich nicht nur rein rechnerisch, sondern basieren ebenfalls auf den Komponenten des Verkaufsgesprächs, der Verkaufspropaganda sowie der Überzeugung des Käufers (S. 119). Somit zieht MESSING eine wichtige Verbindung von Sprache, Kultur, Geschichte, Soziologie und Wirtschaft. Er bezieht sich hier zusätzlich auf das Ergebnis einer englischen Wirtschaftsstudie von 1929, die besagt, daß Englands Außenhandelsbilanzen im Zusammenhang mit Sprachkompetenz von Exportmitarbeitern stehen, insofern als Handelsüberschüsse mit Ländern erzielt werden, die entweder nicht industrialisiert sind oder vorzugsweise englisch sprechen, während Handelsdefizite mit nichtenglischssprachigen Ländern zu verzeichnen sind (S. 120). Diese Studie ist von REEVES (1985) verifiziert und erweitert worden.

MESSING hat seinen Ergebnissen entsprechend die Forderung einer 'nationenwissenschaftlichen Ausbildung' (S. 121) aufgestellt. Der Autor hat sich bei seinen Untersuchungen nicht nur auf die theoretische Ebene beschränkt, sondern griff aktiv in die Planung von wirtschaftswissenschaftlichen Ausbildungen ein. Er konzipierte entsprechende Lehrstühle an den Universitäten Amsterdam, Groningen, Utrecht und Leiden. In diesen Studiengängen wurde sowohl das Fach Wirtschaftssprache eingerichtet als auch das Erlernen von Fremdsprachen und Kultur als notwendig angesehen. Berücksichtigt man nun die Tatsache, daß diese Problematik bereits 1930 in den Vordergrund des wirtschaftslinguistischen Interesses gerückt war, und setzt man dies in Relation zur heutigen Wirtschaftslage, insbesondere im Hinblick auf den Stellenwert, den Kenntnis von fremder Sprache und Kultur im Rahmen des EG-Binnenmarktes 1992 einnehmen wird, so werden die Verdienste MESSINGS um so bedeutender.

BLUM (1932) unterstützt die o.g. Forderung insofern, als er eine Verbindung von der Geschäftssprache zur Psychologie des Geschäftsgeistes zieht. So werden auch hier den soziokulturellen Komponenten der Sprache eine relevante Bedeutung zugeschrieben. Mit praktisch-didaktischen Konsequenzen beschäftigt sich der Beitrag von LEVY (1932). Der Autor schlägt eine undogmatische wissenschaftliche Ausbildung vor, wobei soziologische Methoden in den Sprachunterricht aufgenommen werden sollten. Nur so sei es möglich, Rücksichtnahme auf das differenzierte Leben von Völkern im Sinne von sozialer Handlungskompetenz zu erreichen. Keine Sprache, so LEVY begründend, sei so international wie die von Wirtschaft und Handel.

Abschließend ist noch auf den Aufsatz von SNYCKERS (1932) hinzuweisen, in dem der Autor die Einrichtung des Faches Wirtschaftssprache an der Handelshochschule anregt, und eine Liste von Zielsetzungen innerhalb der sprachlichen Ausbildung aufstellt. Hiermit soll die Diskrepanz zwischen Theorie und Praxis der Lehre aufgehoben werden. Die Theorie schreibe zwar vor, daß der jeweilige Absolvent mit den staatlichen, geographischen, sozialen, wirtschaftlichen und kulturellen Gegebenheiten des fremden Landes vertraut sein solle, doch zeige es sich, daß die Praxis diesen Anforderungen in keiner Weise gerecht werde. Aus diesem Grund unterstützt SNYCKERS eine Kooperation von Universitäten und Handelshochschulen. Der Autor beschäftigt sich ebenfalls von linguistischer Seite her mit Fragestellungen der Rechtssprache; die heutige Linguistik greift dieses Thema seit einigen Jahren im Rahmen soziolinguistischer und semasiologischer Arbeiten erneut auf.

Interessant an den dargestellten Aufsätzen und Arbeiten erscheint mir, daß die Wirtschaftslinguistik, die durch MESSING (1932) bekannt wurde, mit praxisorientierten Anwendungsmöglichkeiten der Linguistik auf dem Gebiet der Wirtschaftswissenschaft Hilfestellung leisten kann.

3.0 Schluß

Ich möchte zusammenfassend festhalten: Seit Mitte des 19. Jahrhunderts sind im deutschen Sprachraum Arbeiten zur Wirtschaftslinguistik erschienen. Diese sind zunächst wirtschaftshistorischen Charakters und beschränken sich auf Analyse und Beschreibung.

Spätestens mit MESSING (1932) versucht die Linguistik, sich konstituierend auf dem Gebiet der Wirtschaft zu betätigen und entwickelt konkrete, praxisbezogene Anwendungsvorschläge. Nach den 30er Jahren wird diese Linie allerdings nicht weiter fortgesetzt; eine mögliche Ursache sehe ich in den nachfolgenden politischen Ereignissen.

Von Bedeutung bleibt, daß die wirtschaftslinguistische Entwicklung MESSINGS heute aktuell ist und von der Betriebslinguistik aufgegriffen werden muß.

LITERATUR

BLUM, T.

1932 Zur berufssprachlichen Ausbildung. In: MESSING (1932): 80–85.

BRÜNNER, G./FIEHLER, R.

1983 Kommunikation in Institutionen der beruflichen Ausbildung. In: *Osnabrücker Beiträge zur Sprachtheorie* **24**: 145–167.

EICHHOFF, F.G.

1836 *Parallèle des langues de l'Europe et de l'Inde.* (Ins Deutsche übersetzt, 2. Ausg. Leipzig 1845)

FLUCK, H.-R.

1976 *Fachsprachen. Einführung und Bibliographie.* München.

GEUENICH, A.

1988 Industrielles Kommunikationstraining als linguistisches Arbeitsfeld. In: REITER (1989): 115–125.

HENKE, A.-M.

1988 Industrielle Fremdsprachenbedarfsermittlung als linguistisches Arbeitsfeld. In: REITER (1989): 103–115.

JORDAN, L.

1932 Über die Beziehungen der Linguistik zur Logik und der Handelssprachkunde zur Wirtschaftswissenschaft. In: MESSING (1932): 198–271.

LEVY, H.

1932 Sprache und Wirtschaftswissenschaft. In: MESSING (1932): 304–317.

MENTRUP, W.

1979 *Fachsprachen und Gemeinsprache.* Düsseldorf.

MESSING, E.E.J.

1921 Handelssprachliche Forschung und sprachkundlicher Handelsunterricht. In: Ders. (1932): 77–85. (Originaldruck in: *Dt. Handelsschul-Lehrerzeitung*, 14. Okt. 1921, vergr.)

1930a Die Sprachwissenschaft auf der Handels-Hochschule als Wissenschaft von der Nationalkultur der Völker. In: ders.(1932): 116–123. (Bericht zum 1. Internationalen Kongreß für Handels-Hochschulunterricht, Lüttich, Sept. 1930)

1930b Zum Worte. In: ders. (1932): 111–115. (Referate. Internationaler Kongreß der Hochschulbildung in den Handelswissenschaften, Lüttich 8.–11. Sept. 1930)

MESSING, E.E.J. (HRSG.)

1932 *Zur Wirtschaftslinguistik. Eine Auswahl von kleineren und größeren Beiträgen über Wert und Bedeutung, Erforschung und Unterweisung der Sprache des wirtschaftlichen Verkehrs.* Rotterdam.

PETER, H.

1973 Historischer Überblick über die Wirtschaftslinguistik. In: *Bulletin der Internationalen Vereinigung Sprache und Wirtschaft* **1**: 11–16.

POGARELL, R.

1987 Linguistische Fragestellungen in der betrieblichen Praxis. In: WEBER, H./ ZUBER, R. (Hrsg.), *Linguistik Parisette. Akten des 22.Linguistischen Kolloquiums, Paris 1987.* Tübingen 1988.

REEVES, N.

1985 Education for Exporting Capability-Languages and Market Penetration. In: *The Incorporated Linguist* **24**, (3–4): 147–153.

REITER, N. (HRSG.)

1989 *Linguistische Arbeiten. Sprechen und Hören. Akten des 23. Linguistischen Kolloquiums, Berlin.* Tübingen: Niemeyer.

SCHIRMER, A.

1911 *Zur Geschichte der deutschen Kaufmannssprache.* Strassburg.

1911 *Wörterbuch der deutschen Kaufmannssprache auf geschichtlichen Grundlagen.* Strassburg.

SCHRADER, O.

1886 *Linguistisch-historische Forschungen zur Handelsgeschichte und Warenkunde.* Jena.

1907 *Sprachvergleichung und Urgeschichte.* Hildesheim/New York: Georg Olms 1980. (Nachdruck der Ausgabe Jena 1907)

SCHROER, A.

1921 Handels-Hochschule und Sprachwissenschaft. In: MESSING (1932): 128–135. (Original in: *De Handelscorrespondent*, Nov. 1921, vergr.)

SIEBENSCHEIN, H.

1936 *Abhandlungen zur Wirtschaftsgermanistik.* Praha.

SNYCKERS, A.

1928 Fremdsprachen an Universitäten und Handelshochschulen. In: MESSING (1932): 300–303. (Original in: *Zeitschrift für Handelswissenschaft und Handelspraxis* 11/1928)

SNYCKERS, A.

1932 Sprache und Wirtschaftssprache. In: MESSING (1932): 292–299. (Original in: *De Spiegel van Handel en Wandel*, Rotterdam 1928)

STIEDA, W.

1894 *Hansisch-Venetianische Handelsbeziehungen im 15. Jahrhundert.* Rostock.

STRIGL, H.

1909 *Kaufmännische Ausdrücke sprachgeschichtlich erläutert.* Wien.

WENDELSTEIN, L.

1932 Beruf und Sprache. In: MESSING (1932).

Betriebsorientierte Akzentverschiebungen in der Linguistenausbildung

Reiner Pogarell
Universität Paderborn

1. Ausgangslage

Die veränderten Beschäftigungsperspektiven ausgebildeter Linguisten und der daraus resultierende Rechtfertigungsdruck auf diese Disziplin führten während der letzten Jahre in den sprachwissenschaftlichen Fachbereichen zu vielfältigen Anpassungs- und Umstrukturierungsaktivitäten. Es wurden berufsorientierte Lehrangebote entwickelt und neuartige Studiengänge etabliert, deren Annahme allerdings noch nicht beurteilt werden kann.

Auffallend — und für viele in der Tradition verankerten Linguisten auch anstößig — dabei ist, daß der Bezug dieser innovativen Lehrangebote und Studiengänge zur traditionallen Linguistik so ohne weiteres nicht mehr erkennbar ist. Die Folge davon ist eine gewisse Fraktionsbildung innerhalb der Linguistikfakultäten. Hier die Anpasser, dort die Vertreter der reinen Lehre. Abgesehen davon, daß solche Fraktionierungen zu unerfreulich sind, ist dann eine sinnvolle und fruchtbare Kooperation nicht mehr möglich.

Für den von mir vertretenen Bereich Betriebslinguistik möchte ich die These vertreten, daß eine Zusammenarbeit nicht nur sinnvoll und wünschenswert, sondern auch möglich und unverzichtbar ist, weil sich die Betriebslinguistik nahezu ausschließlich der "normalen" linguistischen Methoden und Fertigkeiten bedient. Darüber hinaus behaupte ich, daß der geisteswissenschaftliche Charakter eines Linguistikstudiums für "viele" weder durch Selbstaufgabe noch durch Konservatismus erhalten werden kann, sondern durch anwendungsorientierte Innovation wie z.B. betriebsorientierte Akzentverschiebungen.

2. Das betriebslinguistische Angebot

Um deutlich zu machen, was betriebsorientierte Akzentverschiebungen sein könnten, muß ich zunächst einmal fragen, was denn die Linguisten den Betrieben anzubieten haben, bzw. wo sich Zusammenarbeitsmöglichkeiten zwischen Linguistik und Industrie eröffnen. Ich unterscheide dabei zwischen bekannten bzw. schon bewährten Bereichen, auf die ich hier auch nicht genauer eingehen will, und Bereichen, die erst seit kurzer Zeit als betriebslinguistische Betätigungsfelder erschlossen werden.

2.1 Bewährte Bereiche

Bewährt sind hauptsächlich die Bereiche, in denen die Linguistik als Basisdisziplin für fremde und eigene Sprachkenntnisse auftritt.

Linguisten, die eine oder mehrere Fremdsprachen auf hohem Niveau beherrschen, haben weiterhin gute und sogar wachsende Einstellungschancen. Anzumerken hierzu ist, daß die Industrie bisher zu sehr auf das Englische setzt und z.B. wichtige EG-Sprachen weitgehend ignoriert (siehe HENKE 1989).

Anzumerken ist aber auch, daß die philologischen Fachbereiche zwar regelmäßig fachsprachliche Serviceleistungen für andere Fakultäten erbringen (z.B. Wirtschaftsenglisch für Betriebswirte, technisches Französisch für Ingenieure), ihre eigenen Studenten jedoch lieber mit den historischen Aspekten der englischen Phonologie beschäftigen.

Ähnliches gilt auch für den Bereich Deutsch als Fremdsprache. Leider läßt sich zudem in der Industrie die unerfreuliche Tendenz erkennen, auf externe Billiganbieter zurückzugreifen. Die Erfolge solcher — mit unterbezahlten Lehrern arbeitenden — Winkelschulen sind derartig zweifelhaft, daß es hier zu einer Neuorientierung kommen muß.

2.2 Neue Bereiche

Die neuen linguistischen Tätigkeitsbereiche lassen sich ganz grob durch drei Qualifikationsangebote darstellen: kommunikative Kompetenz, didaktische Kompetenz und kommunikative Analyse- und Optimierungsfähigkeit.

Kommunikative Kompetenz heißt in der betrieblichen Praxis, qualifiziert sprechen und qualifiziert schreiben zu können. Didaktische Kompetenz bedeutet, diese beiden Fertigkeiten an andere Betriebsangehörige vermitteln zu können, und kommunikative Analyse- und Optimierungsfähigkeit beinhaltet, die vielfältigen betrieblichen Kommunikationsabläufe sowohl auf der formellen als auch auf der informellen Ebene beobachten, analysieren und dort — wo dies sinnoll erscheint — Optimierungsvorschläge entwickeln zu können.

Schulungsabteilung, Personalbüro, Öffentlichkeitsarbeit, Werbung und technische Dokumentation sind die betrieblichen Abteilungen, in denen Linguisten diese Qualifikationen anwenden können.

3. Betriebsorientierte Linguistenausbildung

Die drei Qualifikationen können innerhalb des Linguistikstudiums einerseits durch gesonderte Veranstaltungen sowie neue Studiengänge und andererseits durch Akzentverschiebungen im normalen Lehrangebot erworben werden.

3.1 Besondere Veranstaltungen und Studiengänge

3.1.1 Veranstaltungen

Relativ etabliert an den Universitäten sind inzwischen Kurse, die mündliche Kommunikationsfertigkeiten vermitteln und trainieren. Kommunikationstrainings, Rhetorikkurse, Gesprächskurse und Veranstaltungen zur Sprecherziehung werden seit einigen Jahren von sehr vielen Linguistikfachbereichen angeboten. Angenommen werden sie offensichtlich sehr gut nicht nur von geisteswissenschaftlich orientierten Studierenden; auch Studenten der Betriebswirtschaft sind häufig Gäste dieser Veranstaltungen.

Zumindest nach meinen Erfahrungen sehr beliebt sind auch Veranstaltungen, die Techniken und Hilfsmittel zielwirksamen Schreibens vorstellen und einüben. Möglicherweise können hier auch die von der Literaturwissenschaft angebotenen Kurse "Kreatives Schreiben" eingeordnet werden. Einen besonderen Stellenwert bei der Vermittlung schriftlicher Kommunikationsfertigkeiten haben Seminare, in denen technisches Schreiben eingeübt wird. Ich meine hier nicht nur die wohl inzwischen überall angebotenen EDV-Übungen, sondern Veranstaltungen, die die Voraussetzungen für den Beruf des technischen Redakteurs vermitteln. Die Einstellungschancen für Linguisten, die bereit sind, technische Dokumentationen (Gebrauchsanweisungen, Handbücher) zu verfassen, sind nach wie vor und auch perspektivisch ausgezeichnet.

3.1.2 Studiengänge

An mindestens drei bundesdeutschen Hochschulen gibt es zur Zeit Bestrebungen, einen Studiengang "technische Kommunikation" zu etablieren. Dies entspricht nicht nur den Wünschen der Industrie, die ein starkes Interesse an ausgebildeten technischen Redakteuren bekundet hat, sondern eröffnet auch der Linguistik bisher ungenutzte Möglichkeiten zur interdisziplinären Forschung. So sind in Paderborn an der Planung dieses Studienganges neben der Sprachwissenschaft auch die Pädagogik, die Psychologie und die Informatik beteiligt.

Auch andere neue Studiengänge orientieren mehr oder weniger direkt auf ein mögliches betriebliches Einsatzfeld. Bekannt sind mir u.a. die Studiengänge "Medienwissenschaft", "Datenbankwissenschaft", "Computerlinguistik" und "Praktische Kommunikation in Organisationen" (Nijmegen, Holland).

3.2 Akzentverschiebungen

Doch ist es auch innerhalb des normalen linguistischen Lehrangebots sehr leicht möglich, auf die drei betrieblich verwertbaren Qualifikationen zu orientieren. Dies funktioniert dann, wenn in den Veranstaltungen auch die Frage diskutiert wird, was denn mit den ermittelten Ergebnissen und den geübten Methodiken anzufangen sei. Natürlich kann und muß und soll nicht nun jede Veranstaltung einen anwendungsbezogenen Akzent erhalten; auch weiß ich nicht so recht, wie dies z.B. bei einer Einführung in das gotische Vokalsystem aussehen könnte, doch bleiben genügend viele Ausbildungsbereiche, in denen diese Akzentverschiebungen nicht nur betriebslinguistisch sinnvoll, sondern auch lernmotivierend wirksam sind.

Die folgenden Beispiele können nicht vollständig sein; sie entstammen aus meiner eigenen Lehrtätigkeit und sollen die Akzentverschiebungen aufzeigen, deren Anwendungsorientierung ich als besonders anschaulich empfunden habe.

3.2.1 Semasiologie

Die Semasiologie erforscht und beschreibt u.a. die Bedeutung sprachlicher Einheiten (Morpheme, Wörter, Syntagmen und Sätze) sowie die Wege und Ursachen von Bedeutungsveränderungen. Sie hat dazu umfangreiche und komplizierte Methodiken entwickelt und ist in der Lage, Bedeutungen und Bedeutungsstrukturen sehr genau und anschaulich zu beschreiben. Nach meinen Beobachtungen scheut sich diese linguistische Disziplin ganz besonders, sich praktischen Fragen zu stellen. Gerne werden Einheiten analysiert, die ausschließlich zum Zwecke der Analyse von den Analytikern geprägt wurden, und Schöpfungen wie "Rauchende Frauen streichen Fenster" sind dann unvermeidlich.

Dabei hat das die Semasiologie nun wirklich nicht nötig. Sie kann, und das ist zunächst der einfachste Aspekt, Aussagen über die Zielwirksamkeit gegebener sprachlicher Einheiten machen. Mit ihren ganz normalen Instrumentarien kann sie ermitteln, ob die gewünschten Bedeutungselemente vorhanden sind oder nicht, ob sie durch andere Elemente überlagert werden oder ob Widersprüche vorhanden sind. Sie kann das an die Lernenden vermitteln, wenn sie sich nicht nur mit den fensterstreichenden Raucherinnen beschäftigt, sondern auch funktionale Texte aus der Betriebswelt ihren Analysemöglichkeiten unterwirft. Beispielgebend könnte die auf Morris basierende Semantik von Georg Klaus sein, die zwar der Optimierung und Wirksamkeitsbestimmung politischer Propaganda dient, doch ohne weiteres auf betriebliche Performanzen übertragbar ist.

Die Semasiologie muß sich jedoch nicht nur auf die Analyse beschränken; sie kann auch konstituieren. Denn wenn sie Seme und Semstrukturen, wenn sie begriffliche, wertende und emotionale semantische Merkmale bereits vorhandener sprachlicher Einheiten isolieren und ihre Beziehungen untereinander darstellen kann, dann muß sie ebensogut aus vorgegebenen, aus gewünschten Semen die angemessenen Wörter oder Sätze bilden können. Die Semasiologie muß sich dabei allerdings der Erkenntnisse und Methodiken der Lexikologie bedienen.

3.2.2 Lexikologie

Mit Hilfe der Wortbildungslehre, die ich hier nach FLEISCHER (1983: 237) der Lexikologie zuordne, können die genommenen Seme durch Komposition, Derivation oder Präfigierung zu neuen Wörtern (oder neuen Phrasen) gebildet werden, was besonders innerhalb der Werbung und hier wieder besonders als Mittel der Produktnamensbildung zweckmäßig ist.

Besonders zweckmäßig besonders auch deshalb, weil die Werbewirtschaft, die ihre Produktnamen in aller Regel aufgrund intuitiver Einfälle prägt, ja nur zufällig gute, d.h. zielwirksame Produktnamen schöpft bzw. sich gleich um wirkliche Prägungen herumdrückt und sich englischer Worttrümmer bedient.

Ein innerhalb der Lexikologie weitgehend vernachlässigter Bereich ist die Wortfindung. Zwar erfährt man durch diese Disziplin, daß der deutsche Wortschatz aus ca. 10 Millionen Wörtern besteht, doch wie dieser praktisch zu erschließen ist, bleibt ein Geheimnis. Indessen hat die Lexikographie eine Vielzahl von Wörterbüchern erstellt, deren Benutzung ein tiefes Eindringen sogar in große Bereiche des Fachwortschatzes dann ermöglicht, wenn der Umgang mit Wörterbüchern ausführlich eingeübt wird. Mit der Hilfe von Synonym-, Antonym-, Feld-, Häufigkeits-, Wortlängen-, Regional-, Schichten- und Fachwörterbüchern kann der sonst ja nur theoretisch vorhandene Wortschatz zumindest weitgehend auch für die Praxis erschlossen werden.

Als Forschungsanregung möchte ich hinzufügen, daß die Häufigkeitswörterbücher den Anforderungen für eine zielwirksame Texterstellung bisher am wenigsten gerecht werden. Auch die Beschreibung und Erschließung von Gruppenwortschätzen bietet noch so manches Dissertationsthema. Bisher wurde noch zu sehr auf berufliche und regionale Sonderwortschätze (Gerber, Kernkraftwerker, Bewohner der Insel Föhr) orientiert; es interessierte aber der Wortschatz der deutschen Waschmaschinenbenutzer.

3.2.3 Grammatik

Kaum ein anderes Gebiet der Sprachwissenschaft wurde von Nichtlinguisten so ausgiebig in Anspruch genommen wie die Grammatik. In teuer zu bezahlenden Schreiblehrkursen wird z.B. vermittelt, daß kurze Sätze besser sind als lange, daß Verben besser als Substantive und daß Agensausblendungen durch Passivkonstruktionen immer schlecht seien. Im Einzelfall können diese Normen durchaus zielwirksam sein, doch hängt es von der kommunikativen Situation und von der kommunikativen Absicht ab, welchen sprachlichen Mitteln der Vorzug zu geben ist. So kann im Grammatikunterricht gezeigt werden, daß der Nominalstil lästige Satzklammern erspart, daß kurze Sätze Zusammengehöriges unnötig zerlegen können und daß die Agensausblendung eine legitime Methode zur Kenntlichmachung personenunabhängiger Vorgänge und Tätigkeiten sein kann.

Viele weitere Erkenntnisse der Grammatik sind bisher überhaupt noch nicht daraufhin untersucht worden, inwieweit sie sich für die Textproduktion nutzbar machen lassen. Als Beispiel nenne ich nur die Thema/Rhemagliederung und die Möglichkeit, auch innerhalb des Themas erwünschte, aber nicht unumstrittene Aussagen zu placieren.

Im übrigen kann die Grammatik auf der Suche nach anwendungsbezogenen Akzentverschiebungen auf Anregungen der Stilistik zurückgreifen.

3.2.4 Psychophonetik

Obwohl noch kein Zweig der Phonologie zu einer überzeugenden Zuordnung von Lauten und Bedeutungen gelangt ist, kann eine grundsäztliche Beziehung zwischen beiden Ebenen spätestens seit den maluma/takete-Versuchen nicht mehr abgestritten werden. Die Ertelschen Gegensatzpaare ermöglichen immerhin in groben Zügen die lautbedeutsame Wirkungsanalyse von Slogans, Firmen- und Produktnamen (ERTL 1969). Auch gibt es bereits Versuche, mit Hilfe der Psychophonetik Produktnamen neu zu kreieren (JOHANNISMEIER 1989)

3.2.5 Pragmalinguistik

Auch die Pragmalinguistik versteht sich in erster Linie als beschreibende Wissenschaft und verliert sich nicht selten in feine und feinste Differenzierungen. Dabei verfügt gerade sie über ein großes gestalterisches Potential sowohl für die schriftliche Texterstellung als auch für mündliche Kommunikationsvorgaben. Denn die Pragmalinguistik hat in einer Fülle von Einzeluntersuchungen sehr unterschiedliche Kommunikationssituationen bzw. Kommunikatiosvorgänge sowohl mündlicher als auch schriftlicher Art auf die darin vorkommenden Sprechakte hin beschrieben. Sie weiß, welche Sprechakte in der Werbung wirksam sind, welche Sprechakte das Verkaufsgespräch dominieren und mit welchen Sprechakten eine Gebrauchsanleitung optimal konzipiert werden kann (ein Überblick findet sich in POGARELL, 1988b).

Sieht man sich jedoch in der Literatur um, die Handlungsanweisungen und Handlungshilfen für bestimmte Kommunikationsabsichten enthält, so stellt man fest, daß Ingenieure, Psychologen und Betriebswirte diesen Markt beherrschen, indem sie hier und da pragmalinguistische Erkenntnisse verwerten, ansonsten aber frei und unbeschwert unbewiesene Normen vorgeben. Die Vielzahl von Rede- und Schreibanweisungen, die sich auf dem offensichtlich wachsenden Markt tummeln, könnten m. E. durch eine einzige Einführung in die Sprechakttheorie ersetzt werden, sofern in ihr die konstituierenden Möglichkeiten dieser Theorie deutlich würden. Ansätze dazu sehe ich in etwa in Polenz (1985), ein kurzes Beispiel findet sich in POGARELL (1989).

Ich betone noch einmal; pragmalinguistische Hochschulveranstaltungen müssen nicht in ihrer Substanz verändert werden, um die anwendungsbezogene Dimension dieser Theorie deutlich werden zu lassen. Es genügt, wenn die analytischen Fragen auch umgekehrt gestellt werden, d.h., nicht nur "was tut Sp 1", sondern auch "was muß Sp 1 tun und wie kann er dies sprachlich realisieren."

3.2.6 Wortfeldtheorie

Wissenschaftssystematisch hätte ich die Wortfeldtheorie eigentlich unter 'Semantik' oder unter 'Lexikologie' besprechen müssen. Wegen ihrer übergreifenden Anwendungsmöglichkeiten räume ich ihr jedoch einen eigenen Absatz ein.

Natürlich eignet sich die Wortfeldtheorie zunächst zur zielwirksamen Textproduktion, da sie eine exakte Wortwahl innerhalb eines gegebenen Feldes ermöglicht. Die auf dieser Theorie aufbauenden Wörterbücher von Wehrle-Eggers und Dornseiff sind entsprechend anwendungsfreundlich gestaltet; müßten jedoch einmal aktualisiert werden. Darüber hinaus können Theorie (TRIER 1973) und Wörterbücher dazu dienen, für breite Kommunikationsabsichten umfangreiches sprachliches Material zur Verfügung zu stellen. So können z.B. für eine formulierte Corporate-Identity Absicht die entsprechenden Wortfelder ermittelt und durch Wörter und Wendungen ausgefüllt werden. Damit ist es möglich, übergeordnete Kommunikationsziele auch unabhängig von der konkreten Kommunikationssituation optimal zu realisieren.

3.2.7 Soziolinguistik

Innerhalb dieses ausgedehnten Zweiges der Sprachwissenschaft eignen sich viele der entwickelten Methoden und gewonnenen Kenntnisse zur betriebsorientierten Anwendung. Ich kann deshalb nur auf zwei besonders leicht umsetzbare Teildisziplinen der Soziolinguistik hinweisen.

Die Erforschung sprachlicher Schichtungen, die Abgrenzung von Gruppen-, Regional- und Sondersprachen wird z.B. von der Werbung schon lange als Notwendigkeit erkannt und auch betrieben (siehe u.a. die Synchronisation deutscher

Werbespots in Österreich). Die Werbewirtschaft wird bestimmt dankbar für ausgebildete Linguisten sein, die dies mit den Methoden der Soziolinguistik optimaler durchführen können.

In der Multilingualismusforschung ist es gelungen, Sprachverhalten und Sprachbewußtsein von nahezu allen zahlenmäßig bedeutsamen Sprachgemeinschaften zu beschreiben. Aus diesen Kenntnissen heraus ist es möglich, auch die Sprachen für die jeweiligen betrieblichen Kommunikationsabsichten festzustellen und zu entscheiden, welche Sprachen in welcher Region für Werbung, Verkauf und Information notwendig oder wünschenswert sind. Danach dürfte es nicht mehr möglich sein, medizinische Beipackzettel für Italien nur in Italienisch zu verfassen, deutsche Verkäufer ohne Niederländischkenntnisse nach Holland fahren zu lassen und bei großangelegten Werbekampagnen in Spanien die Sprachen Katalonien und des Baskenlandes zu ignorieren.

3.2.8 Fachdidaktik

Immer noch der ausschließlichen Orientierung auf ein schulisches Arbeitsfeld verhaftet scheint mir die Fachdidaktik zu sein. Soweit die Erwachsenenbildung überhaupt als möglicher Tätigkeitsbereich einbezogen wird, stehen Volkshochschulen und ähnliche Einrichtungen im Vordergrund. Schon aus quantitativen Überlegungen heraus sollte das innerbetriebliche Weiterbildungssystem unbedingt einbezogen werden, da hier für viele Linguisten, die sich eigentlich auf einen Lehrerberuf vorbereitet hatten, Beschäftigungsmöglichkeiten zu finden sind, die den ursprünglich angestrebten Einsatzbereichen sehr nahe kommen (POGARELL, 1988a).

Allerdings wird die innerbetriebliche Weiterbildung auch durch einige besondere Bedingungen gekennzeichnet, auf die nach Möglichkeit vorbereitet werden sollte. So sind die Teilnehmer dieser Maßnahmen zwar hochmotiviert, doch ist ihre Anwesenheit häufig auf unausgesprochene Zwänge zurückzuführen. Zudem ist der Zeitfaktor von großer Wichtigkeit; eine Stunde, die die Lernenden als Zeitverschwendung betrachten, kann zum Sturz des Trainers führen. Dies ist möglich, weil die Lehrenden nicht den Autoritätsvorsprung genießen, den sie in Schule und außerbetrieblicher Erwachsenenbildung erwarten dürfen.

4. Zusammenfassung

Selbstverständlich gibt es über die genannten Bereiche hinaus noch viele weitere Möglichkeiten, linguistische Veranstaltungen auf betriebliche Anwendungsmöglichkeiten hin zu akzentuieren. Dazu gehören u.a. die Computerlinguistik, die Textlinguistik, die Sprachtheorie, die Kommunikationstheorie, die Übersetzungswissenschaft, die Medienwissenschaft und die Argumentationstheorie.

Ich hoffe aber, daß ich bis hierhin deutlich machen konnte, daß Betriebslinguistik, daß betriebsorientierte linguistische Hochschulausbildung kein Bruch mit der Geisteswissenschaft Linguistik bedeutet. Die angeführten Beispiele sollen gezeigt haben, wie gering die Modifikationen sein müssen, die aus normalen sprachwissenschaftlichen Veranstaltungen solche machen, die ihre Teilnehmern auf reale betriebliche Beschäftigungsmöglichkeiten hin disponieren.

Letztendlich kann dadurch auch ein Teil des auf der Sprachwissenschaft lastenden Rechtfertigungsdruckes genommen werden, ohne aus der Linguistik eine Hilfswissenschaft der Betriebswirtschaft oder einer anderen Populärwissenschaft zu machen.

LITERATUR

BAUDOIN, TOM

1988 *Cursus Mondelinge Communicatie I.* Nijmegen: Katholieke Universiteit

ERTEL, SUITBERT

1969 *Psychophonetik.* Göttingen: Hogrefe

FLEISCHER, WOLFGANG U.A. (HRSG.)

1983 *Kleine Enzyklopädie Deutsche Sprache.* Leipzig: Bibliographisches Institut

HENKE, ANNE-MARIE

1989 Industielle Fremdsprachenbedarfsermittlung als linguistisches Arbeitsfeld. In: REITER, NORBERT (HRSG.), *Sprechen und Hören.* Tübingen: Niemeyer 103–114

JOHANNISMEIER, BRIGITTA

1989 *Psychophonetische Aspekte der Produktbenennung.* Paderborn: Universität unveröffentlichte Magisterarbeit

KLAUS, GEORG

1971 *Sprache der Politik.* Berlin: Das europäische Buch

POGARELL, REINER

1988a Arbeitsplätze für Linguisten in Industriebetrieben? In: *Wirkendes Wort* **3**/88: 457–464

1988b *Linguistik im Industriebetrieb. Eine annotierte Auswahlbibliographie.* Aachen: Alano

1989 Optimierung industrieller Texte als linguistisches Arbeitsfeld. In: REITER, NORBERT (HRSG.), *Sprechen und Hören.* Tübingen: Niemeyer 91–102

POLENZ, PETER VON

1985 *Deutsche Satzsemantik.* Berlin, New York: Walter de Gruyter

TRIER, JOST

1973 *Aufsätze und Vorträge zur Wortfeldtheorie.* Hrsg. von A. van der Lee und O. Reichmann. The Hague, Paris: Mouton

VRIENS, J.P.

1988 *Praktische Communicatie in Organisaties.* Syllabus Beel II. Nijmegen: Katholieke Universiteit

Sprachmanagement

Barbara Steigüber
Hamburg

1. Was ist und was soll Sprachmanagement?

Die Firma SPRACHMANAGEMENT, deren Inhaberin ich bin, berät Industriebetriebe, staatliche Unternehmen und Verwaltungen, Wirtschaftsverbände und Vertreter freier Berufe bei ihren inner- und außerbetrieblichen Fragen der Kommunikation. Dazu gehört auch die Konzeption und Durchführung von Sprachtrainings. Zu meinen Auftraggebern gehören darüber hinaus auch Aus- und Weiterbildungsinstitutionen. Den Begriff SPRACHMANAGEMENT habe ich entworfen, um über ein sprachliches Symbol zu verfügen, das Kompetenz, Praxisnähe, Effizienz und sinnvolles Umgehen mit Sprache signalisiert.

SPRACHMANAGEMENT soll darauf verweisen, daß der einzelne Mensch im Hinblick auf die Sprachproduktion und den Umgang mit Sprache im Mittelpunkt steht, das heißt SPRACHMANAGEMENT stellt Sprache in den Mittelpunkt der Betrachtung und definiert Sprechen/Hören und Schreiben/Lesen als Handeln, das verantwortet werden kann und muß. Dementsprechend geht es in SPRACHMANAGEMENTtrainings darum, Sprache bewußt als Mittel zur positiven Veränderung individuellen Denkens und Handelns einzusetzen.

2. Der Bedarf für Sprachmanagement

In der Werbebranche heißt es, man könne einen Bedarf nicht wecken, sondern lediglich bewußt machen. Dies gilt auch für das Produkt SPRACHMANAGEMENT.

Die Lektüre einschlägiger Wirtschaftsmagazine zeigt für den Bereich der Kommunikation zweierlei:

> EUROPAWEIT werden vor allem 'Menschenumgang und Kommunikation' sowie 'Motivation, Antrieb und Energie' als besonders wichtig angesehen, während 'fachliche Fähigkeiten' nur eine mittlere Bedeutung zugeschrieben bekommen. So ergab zum Beispiel eine IMI-Befragung (INTERNATIONAL MANAGEMENT INSTITUTE in Genf) bei Unternehmen in ganz Europa, daß 'Kommunikation' mit 75 Prozent der Nennungen als wichtigstes Eignungskriterium einer Führungskraft angesehen wird, ...während 'fachliche Fähigkeiten' bei etwa 35 Prozent liegen. (Versäumen Deutschlands Manager den Anschluß in der Persönlichkeits-Bildung? In: *Wirtschaftswoche Nr.* **3**, Januar 1989 S. K 2)

> In der Bundesrepublik dagegen stehen fachliche Fähigkeiten im Vordergrund der betrieblichen Fort- und Weiterbildung. Die Personal/SCS-Weiterbildungsenquête ermittelte 85 Prozent der Nennungen bei der 'Anpassungsweiterbildung'. (Versäumen Deutschlands Manager den Anschluß in der Persönlichkeits-Bildung? In: *Wirtschaftswoche Nr.* **3** Januar 1989 S. K 2)

Nach diesen Zahlen zu urteilen, erschöpft sich das Angebot deutscher Unternehmen ihren Mitarbeitern gegenüber noch zu häufig im Anbieten von Fremdsprachkursen (z.B. Englisch) und Rhetorikkursen. Rhetorik wird dabei im wesentlichen auf die Vermittlung manipulativer Techniken und das Training von Mimik, Gestik und Körperhaltung reduziert. Darüber hinaus finden nach meinen Erfahrungen die weitaus meisten sogenannten Rhetorikkurse nicht unter Leitung von Fachleuten aus der Linguistik statt — dann sähen sie vermutlich anders aus — sondern werden von Unternehmensberatern, Ingenieuren, Psychologen und anderen durchgeführt.

Dies weist für die Situation in Deutschland auf grundlegende Defizite im Bereich der Wirtschaft hin: Es wird überproportional fachlich und unterproportional kommunikativ fort- und weitergebildet. Anders: Es geht offensichtlich weniger um Persönlichkeitsbildung als vielmehr um Anpassungsweiterbildung.

Die Ursachen für diese Haltung seitens der Wirtschaft liegen m.E. zum einen in der wenig flexiblen Einschätzung des tatsächlichen Bedarfs an Fort- und Weiterbildungsmaßnahmen und zum anderen an dem geringen Bewußtsein für das Gewicht, das der Sprache in ihrer Beziehung zum Denken und Handeln zukommt, sowie an der mangelnden Einsicht in die Beziehungsstrukturen von Sprache und Persönlichkeit.

Mögliche Folgen dieser Haltung lassen sich unter anderem an den folgenden Symptomen ablesen:

1. Fachleute aus der Technik, dem Ingenieurwesen, den Naturwissenschaften und aus den Rechtsabteilungen der Unternehmen sind nicht ausreichend in der Lage, sich dem Laien verständlich zu machen.
2. Manager und andere Führungspersönlichkeiten haben teilweise erhebliche Schwierigkeiten im Umgang mit sich und ihren Mitarbeitern, weil es ihnen an der Ausbildung ihrer sozialen, also auch ihrer kommunikativen Kompetenz mangelt.
3. Viele Mitarbeiter in den Unternehmen sind sich ihrer persönlichen Wertorientierungen nicht genügend bewußt und wirken deshalb wenig überzeugend, nicht sehr motiviert und zu wenig verantwortungsbereit.

Aus all dem wird klar, daß Wettbewerbsfähigkeit, Innovationsfreudigkeit und Unternehmenskultur nur dann dauerhaft erfolgreich bestehen bzw. entwickelt werden können, wenn Menschen mit fachlicher und sozialer Kompetenz mit diesen Aufgaben betraut werden können. Ein solches Potential läßt sich jedoch nur dann aufbauen, wenn der Bereich der Kommunikation und Persönlichkeitsbildung zukünftig stärkere Berücksichtigung innerhalb der Wirtschaft findet.

3. Nutzenstiftung und Anwendungsfelder von Sprachmanagement

SPRACHMANAGEMENT stützt sich in der Hauptsache auf den Zusammenhang von Sprache, Denken und Handeln, und hier besonders auf

1. Sprache als Instrument der Bewußtseinsbildung
2. Sprache als Mittel der Handlungsorientierung, sowie
3. Sprache als soziales Handeln.

Darüber hinaus stützt sich SPRACHMANAGEMENT auf die These, daß der individuelle Umgang mit der Sprache, also beispielsweise auch die sprachliche Repräsentation eines Unternehmens, Ausdruck individueller und unternehmerischer Werthaltungen ist.

Die Nutzenstiftung meines SPRACHMANAGEMENT-Konzepts läßt sich für die Wirtschaft aus drei Quellen erschließen:

a. aus den Inhalten meines speziellen sprachwissenschaftlichen Interessenbereichs, das heißt aus der Verknüpfung von Sprache mit Wahrnehmung und Bewußtsein auf dem Hintergrund eines verantwortungsfähigen Umgangs mit der eigenen Sprache. Dies ermöglicht Trainingsteilnehmern beispielsweise auch die Kontrollierbarkeit erreichter Ergebnisse.

b. aus den Unternehmen, für die ich arbeite. Als Sprachwissenschaftlerin bin ich in der Lage, Kommunikationsdefizite oder -fehler zu diagnostizieren und individuelle Lösungswege zu erarbeiten. Der erste Nutzen, den ein Auftraggeber haben kann, ist die Ermittlung des jeweiligen Beratungsbedarfs. Der zweite unternehmensorientierte Nutzen ergibt sich als Folge der unternehmensbezogen geplanten und durchgeführten Trainings: Da es immer und ausschließlich Menschen sind, die sprechen, denken und handeln, erschließt sich der Eigennutz durch den Gemeinnutz: Ein Mitarbeiter wirkt auftragsfördernd und prestigesteigernd für sein Unternehmen, indem er mittels seines optimierten Umgangs mit der eigenen Sprache an argumentativer Uberzeugungskraft gewinnt. Er erwirbt die Fähigkeit neue Handlungsinitiativen zu entwerfen und durchzuführen und erspart dem Unternehmen unter Umständen zeitraubende und unfruchtbare Auseinandersetzungen innerhalb und außerhalb des Hauses, indem er lernt, über konfliktfähige Kommunikationsverfahren zu verfügen. Er wird zu einem motivierteren und effektiver tätigen Mitarbeiter, indem er mittels der Sprache eine Steigerung seiner kommunikativen und sozialen Kompetenz erfährt.

c. aus dem ethischen Anspruch, den ich mit meinem Firmenkonzept verbinde. Die Offenlegung ethischer Grundpositionen erleichtert dem Unternehmen die Einschätzung eines Mitarbeiters oder Bewerbers und verhindert von vornherein mögliche Konfrontationen. Stellen sich die Positionen eines Mitarbeiters oder Bewerbers und eines Unternehmens als gleich oder verträglich heraus, erleichtert dies beiden Beteiligten, das notwendige Maß an Vertrauen in eine künftige Zusammenarbeit zu erbringen, denn auch der Mitarbeiter oder Bewerber muß sich entscheiden, ob er mit diesem oder jenem Unternehmen zusammenarbeiten will und kann.

Diese drei Quellen zur Nutzenstiftung erschließen einen reichhaltigen Fundus an Möglichkeiten, von denen ich hier aus Platzgründen nur einige nennen kann:

a. Verbesserung der persönlichen Kompetenz für die berufliche Entwicklung durch

1. den zielwirksamen Einsatz geschriebensprachlicher Kommunikationsmittel und -verfahren, oder
2. die planvolle Anwendung diskursfähiger Sprech- und Denkstrategien bei Verhandlungsaufgaben.

b. Entwicklung eines individuellen Führungsstils durch
   1. den gezielten Einsatz sprachlicher Strukturen zur partnerschaftlichen Orientierung im Beruf
   2. die Erweiterung des persönlichen Sprachrepertoires zur Lösung von Konflikten,
   3. die sprachliche Klärung eigener Werthaltungen, oder
   4. den ergebnisorientierten Einsatz sprachlicher Begriffe als Mittel der Entscheidungsfindung.

c. Entwicklung persönlicher Berufsleitbilder für Tätigkeiten außerhalb der Universitäten bzw. innerhalb von Unternehmen durch sprachliche Trainings der Selbstdarstellung zum Ausdruck eines eigenen wertorientierten und sinnstiftenden beruflichen Profils.

SPRACHMANAGEMENT bezieht sich vor allem auf zwei Bereiche der betrieblichen Kommunikation: auf die Außenkommunikation und auf die Schulungsabteilung, und dort auf die Vermittlung und Vertiefung muttersprachlicher Fähigkeiten und Fertigkeiten (Einteilung nach R.K. POGARELL).

AUSSENKOMMUNIKATION: Ein Unternehmen hat Probleme mit seiner Kundenkorrespondenz, also im Bereich Textproduktion und Textanalyse. Da die Sachbearbeiter dieses Unternehmens die Verfahren zur Produktion und Analyse von Texten nicht kennen, begehen sie Fehler sowohl hinsichtlich der Verstehbarkeit als auch in der Wahl geeigneter Kommunikationsverfahren und deren Umsetzung. Das Problem besteht schon recht lange, so daß sich im Laufe der Zeit bei den Mitarbeitern Unzufriedenheit gegenüber diesem Arbeitsbereich entwickelt hat. Die Kunden bekommen dies zu spüren und reagieren ihrerseits mit Angst oder Aggression. Bevor daher Verfahren der Textanalyse und Textproduktion erlernt und trainiert werden können, müssen die Mitarbeiter für diese Aufgabenstellung motiviert werden. Am ersten Tag des Trainings erstellen die Mitarbeiter deshalb zunächst ein persönliches Berufsleitbild mit Hilfe spezifischer Satzstrukturen, wie beispielsweise: *Ich sorge für* die Sicherstellung der Informationsübertragung zwischen Kunde und Unternehmen, *indem ich* die Kunden freundlich, überzeugend und sachbezogen über notwendige Vorgänge informiere. *Dadurch bewirke ich*, daß die Kunden Vertrauen in mein Unternehmen setzen können und sich gut betreut fühlen.

Dieses Verfahren ermöglicht es den Teilnehmern, ihre Nutzenstiftung gegenüber den Kunden und ihrem Unternehmen zu definieren. Dadurch erhöhen sie auch ihre eigene Arbeitsmotivation. Der Firmenleitsatz dient in diesem Zusammenhang dazu, die einzelnen Berufsleitbilder auf das gemeinsame Ziel hin zu vereinen.

Erst nach dieser Einleitungsphase trainieren die Mitarbeiter den Einsatz der für die jeweilige Aufgabe angemessenen Kommunikationsmittel und -verfahren. Das

Gesamtziel des Trainings lautet: Verbesserung der persönlichen Kompetenz für die berufliche Entwicklung durch den zielwirksamen Einsatz geschriebensprachlicher Kommunikationsmittel und -verfahren.

SCHULUNGSABTEILUNG: Ein Versicherungsunternehmen beauftragt einen Bausachverständigen mit der Erstellung eines Gutachtens zur Wertbestimmung eines Gebäudes. Der Sachverständige führt diese Aufgabe durch und legt sein Gutachten der Versicherung vor. Die Versicherung informiert den Versicherungsnehmer und den Antragsteller. Zwischen diesen Parteien entwickelt sich ein Streit, weil beide Seiten die Ergebnisse des Gutachtens nicht verstehen bzw. nachvollziehen können. Der Sachverständige war nicht in der Lage, sich sprachlich verständlich zu machen. Der Streit entstand, weil der Sachverständige nicht wußte, auf welche Art und Weise und mit welchen sprachlichen Mitteln er seine Arbeit Nichtfachleuten hätte vorstellen können. So arbeitete er beispielsweise seitenweise mit tabellarisch zusammengestelltem Zahlenmaterial und führte Begriffe ein, ohne sie zu erklären. Begriffserklärungen können jedoch dazu dienen, beim Leser Verstehbarkeit zu ermöglichen und unerläßliche Tabellen transparenter zu machen. Statt lapidar zu schreiben "Dem Ertragswert in Höhe von X DM ist der Vorzug zu geben" hätte er schreiben können "Das Ertragswertverfahren berechnet den Wert eines Gebäudes nach den Erträgen, die dem Eigentümer nach Abzug der Kosten verbleiben. Diese Kosten entstehen aus dem Mietausfallwagnis, den Instandhaltungskosten und den Kosten für die Hausverwaltung. Das Ertragswertverfahren ist dann gerechtfertigt, wenn der Eigentümer das Gebäude nicht selbst nutzen will, sondern es als Vermietungsobjekt erworben hat. Dies trifft im vorliegenden Fall zu. Der Verkehrswert entspricht daher dem Ertragswert und beträgt X DM."

Aus diesen beiden Beispielen wird deutlich, daß SPRACHMANAGEMENT sowohl die fachliche als auch die soziale Kompetenz des einzelnen Mitarbeiters im Unternehmen fördert.

4. Voraussetzungen

Um eine Firma wie SPRACHMANAGEMENT erfolgversprechend etablieren zu können, sollten die folgenden Voraussetzungen erfüllt sein:

a. Ein Firmenziel muß definiert und ein Firmenleitsatz formuliert werden. Der Leitsatz repräsentiert die Nutzenstiftung der Firma gegenüber ihren Auftraggebern und spiegelt gleichzeitig die Wertorientierung der Firma.

b. Die berufliche Tätigkeit muß sich auf eine solide Ausbildung stützen können. Für die Linguistik wird dies durch die im Studium vermittelten theoretischen Konzeptionen und Modelle erreicht. Nach meinen persönlichen Erfahrungen fehlt es hier allerdings an der Vermittlung praxisbezogener Einsatzmöglichkeiten dieser theoretischen Konzeptionen und Modelle.

c. Die Arbeit mit Sprache beinhaltet immer auch die Vermittlung ethischer Inhalte und Fragestellungen. Diese zielen sowohl auf den Trainer selbst als auch auf seine jeweilige Zielgruppe bzw. seinen jeweiligen Auftraggeber.

Der Firmenleitsatz von SPRACHMANAGEMENT lautet *Positiv denken und handeln*. Das bedeutet beispielsweise, daß Konflikte nicht nur als Ausdruck gegensätzlicher Meinungen verstanden werden, sondern auch und vor allem als Chance zur Neuorientierung. Die Eigenverantwortung des einzelnen Mitarbeiters im Unternehmen soll als positives Entscheidungspotential bewußt gemacht und ihr Einsatz gefördert werden. Es geht darum, Einsicht durch Sprache zu erreichen und dadurch u.a. Manipulation durch Sprache zu verhindern. Einsichten, die mit Hilfe von Sprache gewonnen werden, helfen, hier und jetzt über geistig-sprachliche Orientierungen verfügen zu können. Diese Orientierungen fließen in Verhalten ein, das wiederum mittels der Sprache kommentiert und bewußt und planvoll auf gefaßte Ziele hin abgestimmt werden kann.

5. Zwischen Universität und Wirtschaft

Neben einer gründlichen theoretischen Ausbildung von Linguisten an den Universitäten ist es ebenso notwendig, die verschiedenen linguistischen Studiengänge anwendungsbezogen zu bereichern und zu ergänzen. Nach meiner Einschätzung mangelt es der Linguistik weder an praktischen Einsatzmöglichkeiten noch an Fachleuten. Der Mangel herrscht vielmehr — wenigstens vorläufig — dort, wo es um die Entwicklung von Berufsleitbildern geht. Dies scheint eine Aufgabe zu sein, die der Linguistik als Geisteswissenschaft wenig behagt, die zu lösen aber unerläßlich ist, wenn sie ihre Verantwortung wahrnehmen und sich Märkte für ihre Absolventen eröffnen will. Die Aufgabe besteht darin, handfeste, seriöse und vor allem attraktive Nutzenangebote zu entwerfen. Die Erkenntnis, daß auch in bezug auf den Umgang mit unserer Sprache das Sein mehr ist als der Schein, hat sich noch nicht genügend weit durchgesetzt. Allerdings geht dieses Defizit nur zum Teil auf das Konto der Wirtschaft: Angebote, die nicht vorliegen, können nicht berücksichtigt werden. Regelmäßige Gelegenheiten zum Erfahrungs- und Informationsaustausch auf beiden Seiten sind daher dringend geboten. Offene Augen und Ohren und die Entwicklung von Qualitätsbewußtsein gegenüber der Kommunikation auf Seiten der Wirtschaft und die Weiterentwicklung verantwortlicher und zugkräftiger Konzepte seitens der Linguistik können schon kurz- und mittelfristig zu einem fruchtbaren Austausch von wirtschaftlichen und wissenschaftlichen Kenntnissen und zur Etablierung neuer Arbeitsbereiche für die Linguistik führen.

Darüber hinaus ist es in diesem Zusammenhang wünschenswert, daß Betriebslinguisten nach dem Eintritt ins Berufsleben Kontakt mit ihren Universitäten halten können, das bedeutet, daß dieser Kontakt auch von den Universitäten gewünscht wird. Betriebslinguisten erhalten dadurch die Möglichkeit, sich über neue Entwicklungen in der Linguistik zu informieren; Studenten der Linguistik können von den Erfahrungen bereits etablierter Betriebslinguisten profitieren.

Schließlich noch eine kurze Bemerkung zum Thema Ethik. Auf einem Symposium in diesem Jahr wurde von einem Wirtschaftswissenschaftler der Universität Kiel die Ansicht geäußert, die moderne Wirtschaft habe dadurch, daß sie die Ethik vergessen habe, eine unnötige Schwächung erfahren. Ich möchte diese Aussage dahingehend differenzieren, daß die Wirtschaft sich zwar an ethischen Werten orientiert, sich dieser Orientierungen und deren Auswirkungen aber in großem Umfang nicht bewußt ist, da sie sie nicht benennen, also sprachlich artikulieren kann. Das für eine bewußte ethische Orientierung notwendige Instrumentarium und *know how* kann die Sprachwissenschaft zur Verfügung stellen, wie das Beispiel SPRACHMANAGEMENT zeigt. Die Erhaltung unserer Umwelt, die Entwicklung neuer Arbeitsmärkte und Berufsbilder, oder die Förderung des individuellen Leistungswillens für die Gemeinschaft sind als ethische Legitimationen zu verstehen. Diese Legitimationen sind im jeweils konkreten Fall nicht ohne Sprachbewußtheit zu leisten. Nur das Wissen um ethische Orientierungen und die Fähigkeit, dieses Wissen zu versprachlichen, erlauben als Konsequenz einen verantwortungsvollen Umgang mit individuellen und gesellschaftlichen Fragestellungen: "Jede Konzeption vom eigenen und gesellschaftlichen Leben, die die eigene Verantwortlichkeit und die Verantwortlichkeit aller nicht vorrangig berücksichtigt, ist irrational" (TUGENDHAT, 1979: 356).

6. Zusammenfassung

a. Eine theoretisch und praktisch orientierte Betriebslinguistik kann im Bereich der Kommunikation zur Lösung anstehender unternehmerischer Aufgaben wirksam beitragen.

b. Betriebslinguisten sollten Kontakt zu ihren Universitäten halten können, um fachlich auf dem laufenden zu bleiben und noch Studierende von ihren Erfahrungen profitieren zu lassen.

c. Universitäten, Wirtschaftsunternehmen und praktisch tätige Linguisten sollten sich bereit finden, gegenseitigen Informations- und Erfahrungsaustausch zu betreiben, um bei allen Beteiligten eine Verbesserung und Erweiterung linguistischer Nutzenstiftungen herbeiführen zu helfen.

LITERATUR

DROSDOWSKI, GÜNTHER

1988 *Ist unsere Sprache noch zu retten?* Mannheim: Duden-Redaktion.

GRASS ROLF-DIETER

1988 Besser mit Moral. In: *Wirtschaftswoche* **49**/88 69. Düsseldorf.

HUMBOLDT, WILHELM VON

1977 Natur der Sprache überhaupt. In: *Sprachwissenschaft des 19. Jahrhunderts.* Hrsg. von H.H. CHRISTMANN. 19–47. Darmstadt: Wissenschaftliche Buchgesellschaft

POGARELL, REINER KARL

1988 Linguistische Fragestellungen in der betrieblichen Praxis. In: *Linguistik Parisette.* 319–33 . Tübingen: Verlag Niemeyer.

1988 Arbeitsplätze für Linguisten in Industriebetrieben? In: *Wirkendes Wort* **3**/88.457–464.

TUGENHAT, ERNST

1979 *Selbstbewußtsein und Selbstbestimmung.* Frankfurt/Main: Verlag Suhrkamp.

WIGGERSHAUS , ROLF HRSG.

1975 *Sprachanalyse und Soziologie. Die sozialwissenschaftliche Relevanz von Wittgensteins Sprachphilosophie.* Frankfurt/Main: Verlag Suhrkamp.

WITTGENSTEIN, LUDWIG

1979 *Tractatus logico-philosophicus.* Frankfurt/Main: Verlag Suhrkamp.

1973 *Philosophische Grammatik.* Frankfurt/Main: Verlag Suhrkamp.

1984 *Philosophische Untersuchungen.* Frankfurt/Main: Verlag Suhrkamp.

OHNE VERFASSER

1989 Versäumen Deutschlands Manager den Anschluß in der Persönlichkeits-Bildung? In: *Wirtschaftswoche* **3**; K 2.

Podiumsdiskussion
Wirtschaft und Linguistik im Dialog

Reiner Pogarell
Paderborn

Die Sprachwissenschaft, die sich in der Vergangenheit vornehmlich mit der Lehrerausbildung beschäftigte, sucht sich neue Betätigungsfelder. Dafür gibt es — bekannte — aktuelle Gründe, aber man muß fragen, warum die Disziplin Linguistik nicht schon viel eher ihre Nutzenstiftung in anderen Bereichen deutlich gemacht hat.

"Worin besteht schließlich der Nutzen der Sprachwissenschaft?" fragt Ferdinand de Saussure und antwortet so: "... es leuchtet ein, daß sprachwissenschaftliche Fragen ... alle ... angehen, die mit Texten umzugehen haben. Einleuchtender noch ist ihre Wichtigkeit für die allgemeine Kultur: im Leben des Einzelnen und der Gesellschaft gibt es nichts, was an Wirksamkeit und Wichtigkeit der Sprache gleichkommt. Es ist daher auch nicht richtig, daß ihr Studium nur Sache einiger Spezialisten sei: in der Tat beschäftigt sich alle Welt mehr oder weniger damit. Aber die paradoxe Folge des daran geknüpften Interesses ist, daß es kein Gebiet gibt, wo mehr absurde Vorstellungen, Vorurteile, Wunderlichkeiten und Willkürlichkeiten zutage getreten sind. In psychologischer Hinsicht haben diese Irrtümer sogar ein gewisses Interesse; der Sprachforscher aber hat die Aufgabe, sie zu kennzeichnen und möglichst vollständig zu zerstreuen."[1]

Mit Texten umzugehen, Texte zu produzieren und auch manigfaltige mündliche Konnexionen sicherzustellen hat heute im erheblichen Maße die Industrie. Es wäre sicher einmal lohnend zu untersuchen, wie hoch der Prozentsatz industrieller mündlicher und schriftlicher Performanzen ist, mit denen wir beruflich und privat konfrontiert werden. Der literarischen Textproduktion kann man sich eventuell entziehen, der industriellen nicht. Und da auch im industriellen Bereich genügend viele "Wunderlichkeiten" und "Willkürlichkeiten" dokumentiert werden können (man denke nur an wunderliche Gebrauchs- und willkürliche Redelehranweisungen), wurde es eigentlich höchste Zeit, daß sich in Bremen Industrievertreter und Linguisten zu einem konstruktiven Dialog zusammensetzten.

Natürlich warten Industrie und Wirtschaft nicht auf akademisch ausgebildete Linguisten, machte Udo Schwingel (Corporate Research und Development Administrator bei der Bremer Firma Jacobs Suchard) deutlich. Diese müßten schon auf die Industrie zugehen und zeigen, was sie eigentlich können. Doch sah auch er, dem bisher praktische Erfahrungen mit betrieblich orientierten Sprachwissenschaftlern fehlen, sehr viele mögliche Berühungsebenen und Einsatzbereiche.

Betriebspraktika und Gemeinschaftsprojekte seien geeignete Formen entgegenkommender Zusammenarbeit.

---

[1] *Grundlagen der allgemeinen Sprachwissenschaft.* 2. Aufl., Berlin 1967, S. 8

Die angemessene Einrichtung, um auf die Industrie zuzugehen, sieht FLORIAN MENZ (Kontext, Wien) u.a. in der Organisationsform Verein/Institut, die nicht nur eine breite Palette von Dienstleistungsangeboten ermögliche (u.a. verständliche Formulare und Informationstexte), sondern auch die Verbindung zwischen Praxis und Forschung sicherstelle.

Für diese Verbindung setzt sich auch MARITA TJARKS-SOBHANI (selbständige Industriedozentin, München) ein, die vor Jahren — eher zufällig — den Weg von der Universität in die Industrie fand.

Heute mache sie die Erfahrung, daß diese Kooperation für beide Seiten sehr sinnvoll sei. Die Industrie könne sich den Luxus sparen, bei der Textproduktion auf die Hilfe der Linguisten zu verzichten; der Sprachwissenschaft böten sich Möglichkeiten zur interdisziplinären Forschung.

Von extensiver interdisziplinärer Zusammenarbeit ist auch der Erfolg der Arbeit von CLAUS NOACK (Siemens AG, Daten- und Informationstechnik, München) abhängig. Er verfaßt und erstellt technische Dokumentationen im Computerbereich und vermittelt diese Fertigkeit an andere Siemensangestellte sowie an Studenten der TU Berlin. Die Anwendung linguistischer Methoden sind für ihn ebenso selbstverständlich wie die der Psychologie und der Pädagogik. Ein positives Bild über die Möglichkeit, Linguisten für seine zukunftsträchtige Tätigkeit einzusetzen, konnte Noack schon deshalb zeichnen, weil Siemens im Bereich der Technischen Dokomentation bereits Linguisten beschäftigt.

Die kontroversen und trotzdem zielwirksamen Beiträge wurden von den zuhörenden Linguisten kontrovers und trotzdem konstruktiv aufgenommen. Stellungnahmen wie "Die Linguistik ist halt eine Orchideenwissenschaft" oder "Linguistik soll einfach nur Spaß machen" blieben die Ausnahme und machten zudem nur deutlich, welche Mißverständnisse das Zierpflanzendasein mit sich bringt; denn Spaß macht eine anwendungsorientierte Linguistik allemal.

Überraschung, Interesse und auch Vorsicht kennzeichneten die meisten Einwürfe und Fragen, wobei im Verlauf der Diskussion eine deutliche Hinwendung zu praxisbezogenen Fragestellungen erkennbar wurde. Welche Zugangsmöglichkeiten es gebe, wie hoch der Anteil technischer Qualifikationen sein müsse, ob die Industrie unzumutbare Anpassungsleistungen verlange, wer denn überhaupt linguistische Fertigkeiten zu schätzen wisse.

Fragen, Antworten und Stellungnahmen machten deutlich, wie notwendig und sinnvoll der Dialog von Linguist und Wirtschaft für die Einlösung der Saussureschen Aufgabenzuweisungen ist. Deutlich wurde aber auch, wie weit schon in manchen Bereichen die Praxis industrieller und linguistischer Zusammenarbeit an akademischen Vorbehalten vorbeigegangen ist.

Verbesserte Kommunikation als Dienstleistung:
"KONTEXT. Institut für Kommunikations- und Textanalysen"

Florian Menz
Kontext, Wien

1. Warum unser Institut "KONTEXT" heißt

Wer mit wem wann wo und wie spricht, hat Einfluß auf die Bedeutung des Gesagten, auf den Text. Rolle, Status, soziale Schicht, Situation, Stil der Gesprächspartner, sowie auch Ort und Zeitpunkt sind der KONTEXT, der den Ablauf und die Wirkung eines Gesprächs bestimmt. Ja, man kann durchaus sagen, daß oft in ein und demselben Gespräch verschiedene "Sprachen" gesprochen werden.

Verschiedene Sprachen bedeuten jedoch verschiedene Wirklichkeiten: Mißverständnisse, Unverständlichkeit, Sprachlosigkeit, aber auch Ineffizienz oder unnötiger Ärger sind die Folgen, die wir alle aus unserem Alltag kennen.

Warum tauchen diese Probleme trotz aller Bemühungen unweigerlich immer wieder auf? Warum entstehen Kommunikationsstörungen vor allem im Umgang mit Institutionen, etwa in Krankenhäusern, auf Ämtern, bei Versicherungen, in großen Betrieben?

Einige klärende Antworten kann die angewandte Linguistik liefern.

Sie hat ein wissenschaftliches *know how* entwickelt, mit dem die Bedingungen und Gesetzmäßigkeiten von Kommunikation umfassend analysiert werden können. Die grundlegende Erkenntnis ist: Damit Kommunikation funktioniert und Verbesserungen nicht am Wesentlichen vorbeigehen, müssen Text und KONTEXT verstanden und beachtet werden. Dies betrifft gleichermaßen schriftliche und mündliche Kommunikation.
Darum heißen wir: KONTEXT. Institut für Kommunikations- und Textanalysen.

2. Was macht KONTEXT?

KOMMUNIKATIONSANALYSEN

- Interaktion im Krankenhaus
- Kommunikation in Bildungsinstitutionen (Schule, Universität)
- Berichterstattung, Journalsendungen, Live-Diskussionen im Österreichischen Fernsehen
- Sprache in der Politik
- Gespräche in Beratungsstellen
- Psychotherapeutische Kommunikation

TEXTANALYSEN

Verständlichkeit und Verstehen von

- Gesetzestexten
- Verwaltungstexten (Formulare, Bescheide etc.)
- Informationsschriften und populärwissenschaftlichen Publikationen

Öffentlicher Sprachgebrauch

- Öffentlichkeitsarbeit
- Berichterstattung in den Medien

UMSETZUNG DER ANALYSEERGEBNISSE IN DIE PRAXIS

Entwicklung und Durchführung von Fortbildungs- und Schulungsveranstaltungen, etwa zur Gestaltung

- von Arzt-Gesprächen
- von Beratungsgesprächen
- von verständlichen Formularen, Bescheiden und Informationstexten

GRUNDLAGENFORSCHUNG

Weiterentwicklung von qualitativen und quantitativen Methoden in den Sozial- und Textwissenschaften.

3. Organisationsstruktur

Wir haben aus verschiedenen Gründen die Organisationsform eines Instituts (Verein) gewählt:

- Gegenüber dem Auftreten als Einzelpersonen hat ein Institut den Vorteil eines frei wählbaren, gemeinsamen Namens, verstärkter Kapazität, größerer Flexibilität (Aufteilung der anfallenden Aufträge), fachlicher Ergänzung und erleichterten Erfahrungsaustausches untereinander.
- Institutionalisierung: Unser Institut ist Mitglied des "Verbandes Wissenschaftlicher Gesellschaften Österreichs" und hat über dessen Infrastruktur u.a. erweiterte Möglichkeiten der PR- Arbeit.
- Institutionalisierte Verbindung zur Universität: "Kontext" hat als Verein einen Wissenschaftlichen Beirat, in dem z.Z. Vertreter aus den Fachbereichen Sprachwissenschaft, Soziologie, Psychologie und Rechtswissenschaften sitzen. Der Wissenschaftliche Beirat unterstützt den Verein in beratender Funktion.

4. Wer wir sind

Institutsleiterin: Mag. Johanna Lalouschek Studium der Linguistik, Psychologie und Germanistik.

Forschungsschwerpunkte: Interaktion im ORF (Club 2, Wahlkampfveranstaltungen etc.); Kommunikation zwischen Arzt und Patient; sprachliche Minderheiten; Interviewerstellung und -auswertung.

Geschäftsführer: Mag. Dr. Florian Menz

Studium der Linguistik und Anglistik in Wien und Berlin. Forschungsschwerpunkte: Textverständlichkeit; Medienberichterstattung; Arzt-Patient-Kommunikation; sprachliche Minderheiten; Schulungsseminare zu Textverständlichkeit und Textverstehen; politische Bildung für Lehrer.

Controller: Mag. Peter Nowak

Studium der Linguistik und Psychologie; psychotherapeutische Ausbildung.

Forschungsschwerpunkte: Öffentlicher Diskurs über AIDS; Psychotherapeutische Intervention; Kommunikation zwischen Arzt und Patient; Kommunikationstraining mit Ärzten.

"KONTEXT. Institut für Kommunikations- und Textanalysen"

Gemeinnütziger wissenschaftlicher Verein zur Förderung der Sprachwissenschaft

Sitz: 1050 Wien, Margaretenplatz 4/23

Telefon: (0222) 54 77 64, 82 38 294

Linguistik und technische Dokumentation

Claus Noack
Siemens AG, München

Ein Betätigungsfeld für Linguisten ist das Erstellen von technischer Dokumentation. Zur Zeit gibt es in der Bundesrepublik Deutschland ca. 25.000 – 30.000 Technische Redakteure. Diese Technischen Redakteure arbeiten z.B. im Maschinenbau, Anlagenbau, Kraftwerksbau, Haushaltsgerätebereich, Unterhaltungselektronik und in der Datenverarbeitung.

Gemeinsamkeiten in der Ausbildung von Technischen Redakteuren und Linguisten

- Syntax:
  Der Linguist ist vertraut mit metasprachlicher Terminologie. Die heute in der Linguistik verwendeten formalisierten Beschreibungs- und Notationsverfahren bei natürlichen Sprachen lassen sich direkt umsetzen in die Praxis der Beschreibung künstlicher Sprachen.
- Probleme der Sprachnormierung:
  Der Linguist besitzt die Fähigkeit, die Komplexität von Problemen der sprachlichen Normierung zu erfassen und angemessen darzustellen. Diese Probleme begegnen in der Praxis zum Beispiel beim Bedarf, bestimmte alternativ mögliche sprachliche Formen innerhalb einer Redaktion (einer Manualreihe, einem einzelnen Buch) zu vereinheitlichen.
- Wortbildung:
  Systematische Kenntnisse der Wortformen und ihres Gebrauchs sind Voraussetzungen für eine weiterhin notwendige Rationalisierung der Textdatenverarbeitung in der Technischen Rekation: Kreativität und Kenntnisse bei der Automatisierung von Schritten der Stichwortregister-Produktion, des (halb-)automatischen Orthografietests etc. werden benötigt.

Wie kann diese allgemeine Ausbildung für den Beruf des Technischen Redakteurs genutzt werden?

- Erlernen von Analysemethoden für sprachliche Zusammenhänge
  - Analyse auf Wortebene (z. B. Methoden der Terminologie)
  - Textanalyse (formaler Aufbau von Texten, Textgliederung, Verständnis von Texten etc.)
  - Analyse auf Bedeutungs- und Handlungsebene (Semantik, Pragmatik)
  - Kenntnis von Zusammenhängen zwischen Sprache und Verstehen (Kognitionstheorien)
- Leider fehlt die technische Ausbildung, z.B. in Richtung Maschinenbau, Datenverarbeitung, Elektrotechnik

Wie kann die spezielle linguistische Ausbildung für den Beruf des Technischen Redakteurs in der Datenverarbeitung genutzt werden?

- Psycholinguisten:
  Vergleich von Mensch-Mensch-Kommunikation mit Mensch-Maschine-Kommunikation
  Unterschiede und Gemeinsamkeiten beider Kommunikationsformen; daraus abgeleitete Gestaltungsgrundsätze für die Konzipierung von online-Dokumentation.
- Computerlinguistik:
  Das in der Computerlinguistik erworbene EDV-Wissen ist im Hinblick auf den Bereich technische Dokumentation vor allem für die Software-Dokumentation interessant.
- EDV-Kenntnisse
  - Betriebssysteme
  - Texteditoren
  - Programmiersprachen (meist PROLOG, LISP oder PASCAL)
  - Programmiererfahrung mit formalen Grammatiken
- EDV-relevante Kenntnisse
  - Compilertheorie
  - Theorie der formalen Sprachen
  - formale Semantik/Logik (Prädikatenlogik, Aussagenlogik)

Mehr über den Beruf des Technischen Redakteurs erfahren Sie bei der *tekom*, ein Zusammenschluß von Technischen Redakteuren in der Bundesrepublik.[2] Zur Zeit versucht die *tekom*, das Berufsbild des Technischen Redakteurs zu etablieren. Die Aufgabe von *tekom* besteht unter anderem aus:

- Erstellen und Durchsetzen eines Berufsbildes in Zusammenarbeit mit der Bundesanstalt für Arbeit (BA) und mit dem Bundesinstitut für Berufsbildung (BIPP).
- Erstellen eines Konzepts für eine Hochschulausbildung in Zusammenarbeit mit der BA.
- Anbieten von Weiterbildungsangeboten für Technische Redakteure.
- Beratung von Instituten, Hochschulen usw. zum Thema technische Dokumentation, Ausbildung usw.

[2] Gesellschaft für technische Kommunikation e.V., Tel 0711-654235.

Linguistik und Wirtschaft aus Unternehmenssicht
(Thesen)

Udo Schwingel
Jacobs Suchard, Bremen

- Die Linguistik befindet sich möglicherweise in einer Sackgasse, da sie bisher mehr oder weniger als "Elfenbeinturm-Forschung" in Erscheinung tritt. Die derzeitige Suche nach neuen Betätigungsfeldern ist ein Weg zu mehr Praxisorientierung.
- Allerdings warten Industrie und Wirtschaft nicht unbedingt auf den Betriebslinguisten, dazu sind diese noch zu unbekannt.
- Doch sind neben Betriebsärzten, Betriebspsychologen, Betriebsphilosophen, Datenschutzbeauftragten, Umweltschutzbeauftragten möglicherweise grundsätzlich auch Betriebslinguisten denkbar.
- Die Bedürfnisse nach Sprachberatung müssen nicht neu geweckt, sondern von den Linguisten bewußt gemacht werden, sie selbst müssen ihre Einsatzfähigkeit demonstrieren.
- Mögliche Demonstrationsobjekte und Einstiegsbereiche können Betriebspraktika der Studenten in Industrie und Wirtschaft sein, aber es sind auch gemeinschaftliche Projekte denkbar. Darüber hinaus müßten sich die Linguisten um zielgruppengerechte Publikationen bemühen.
- Zur Überwindung von Berührungsängsten zwischen Linguistik und Industrie können Marketing- und PR-Aktivitäten, wie z.B. Veröffentlichungen in Fachzeitschriften, Veranstaltungen von gemeinsamen Seminaren, Kongressen, Kolloquien und ähnlichem beitragen.
- Das heißt: Zugehen auf die Wirtschaft, miteinander sprechen, damit klar wird, was die Linguistik anzubieten hat, was Linguisten eigentlich können.
- Mögliche Einsatzbereiche für Linguisten finden sich u.a. in folgenden Bereichen: Aus- und Weiterbildung, Werbung, technische Dokumentation, Übersetzungsbereiche, Produktionsbeschreibung und Corporate Identity.
- Betriebslinguisten sollten, um bessere Einstiegsmöglichkeiten zu haben, neben der sprachwissenschaftlichen Ausbildung möglichst auch eine fachspezifische Ausbildung (Zusatzstudium) absolviert haben, wobei hier technische oder betriebswirtschaftliche Qualifikationen im Vordergrund stehen.
- Ohne fachspezifische Ausbildung könnten Betriebslinguisten als Berater und Gesprächspartner (Hilfestellung leistend) in Industrie und Wirtschaft denkbar, bzw. einsetzbar sein. Hier wäre eine engere Kooperation von Wirtschaft und Hochschule wünschenswert.

- Die Linguistik dient als Analyse- und Optimierungsverfahren für die Kommunikation, d.h. sie kann dazu beitragen, daß mehr Mißverständnisse und Irritationen abgebaut werden, bzw. im Sinne der Verständigung, die Botschaft, die abgesandt wird, vom Empfänger besser verstanden wird. Hier kann sie auch in der Industrie wertvolle Dienste leisten.

Informationstexte in der Industrie: Eine Aufgabe für Linguisten

Marita Tjarks-Sobhani
München

Die Informationsflut steigt ständig: die Industrie produziert immer mehr Texte, um zu informieren, zu schulen oder um dem Benutzer den Umgang mit ihren Produkten zu ermöglichen. Um einen anschaulichen Eindruck von der Papiermenge zu bekommen: Stellt man die Ordner nebeneinander, die zur Technischen Dokumentation[3] eines U-Boots gehören, dann ist diese Reihe etwa so lang wie das U-Boot selber![4] Erstaunlich mutet es da zunächst an, daß die Industrie sich — nach wie vor — den Luxus leistet, beim Verfassen dieser Texte weitgehend auf die Hilfe derjenigen Leute zu verzichten, die sich ein ganzes Studium lang mit Texten und der Textproduktion befassen: den Linguisten. Ich bin — durch Zufall! — in die Industrie 'geraten' und mache nun seit etlichen Jahren die Erfahrung, daß eine Kooperation zwischen Leuten in der Industrie und der Linguistik ausgesprochen effektiv ist — für beide Seiten!. Ich möchte meine Erfahrungen reflektieren, um dazu beizutragen, daß eine solche Kooperation systematisch angegangen wird und nicht länger dem Zufall überlassen bleibt.

Ein (zufälliger) Weg in die Industrie:

Wissenschaftliche Mitarbeiterin an einem Germanischen Seminar, Teilnahme an einem (von der Industrie in Auftrag gegebenen) Projekt mit der Zielsetzung, technische Texte auf ihre Verständlichkeit hin zu überprüfen und dann gemeinsam mit den Verfassern neu zu schreiben; aufgrund der guten Erfahrungen 'Abwerbung' zu einem großen Konzern; dort ca. 4-jährige Tätigkeit. Während dieser Zeit: Beraterin und Co-Autorin für Technische Dokumentation, gleichzeitig Schulung auf technischem Gebiet. Danach als 'Industriedozentin' selbständig gemacht, wegen der Angebote auch von anderen Firmen.

Dienstleistungen für die Industrie:

- Ich analysiere Texte, Handbücher und gesamte Dokumentationen unter dem Aspekt der Verständlichkeit und der benutzerfreundlichen Aufbereitung.
- Auf der Grundlage meiner Analyse führe ich Schulungen für Technische Redakteure durch oder entwerfe alternative Konzepte für die Dokumentation.
- Ich setze diese Konzepte in konkrete Texte um oder, wenn die Konzepte im Hause selber umgesetzt werden sollen, führe entsprechende Beratungen durch.

Was war schwierig, was war leicht auf dem Weg in die Industrie?

Zu Beginn der Zusammenarbeit mit der Industrie gab es zwei Probleme:

---

[3] Zum Begriff der Technischen Dokumentation vgl. den Aufsatz von Claus Noack in diesem Sammelband.

[4] Beispiel von Karl-Heinz Gabriel, vorgetragen auf der Herbsttagung der Gesellschaft für technische Kommunikation in Fulda 1986.

1. Intersubjektiv nachvollziehbare Kriterien zu finden, wann ein Text verständlich und benutzerfreundlich aufbereitet ist

   Zwar hatte ich gelernt, Texte zu analysieren, z.B. den thematischen Aufbau oder Kontextbedingungen zu beschreiben, Sprechakte zu klassifizieren usw., aber ich kannte keine Kriterien, um von den Ergebnissen solcher Analysen Rückschlüsse auf Verständlichkeit oder optimalen Aufbau eines Textes zu ziehen. Dieses Problem habe ich versucht in den Griff zu bekommen, indem ich auf Erkenntnisse benachbarter Disziplinen zurückgegriffen und versucht habe, diese mit meinen linguistischen Kenntnissen 'zu mischen' und dann Lösungen zu erarbeiten. Bei dieser Vorgehensweise hatte — und habe ich noch heute — oftmals Bedenken hinsichtlich der Legitimität. Aber in der Praxis muß man konkrete Hilfen geben; alle 'Wenn und Abers', die gerade mit geisteswissenschaftlichen Theorien und Erkenntnissen verbunden sind, muß man ausgefochten haben, bevor man seinen Rat gibt. Ich versuche mir Rückhalt zu holen, indem ich noch immer Kontakt zu 'meiner' Universität halte oder ich rede mir — meiner ruhigen Gemütsverfassung zuliebe — ein, daß der Erfolg letztendlich solche Entscheidungen bestätigt.

2. Das mangelnde Wissen um technische Zusammenhänge

   Es ist schon mühsam, seitenlang Technische Dokumentation zu lesen, beispielsweise zu Speicherleitungssystemen oder Raumkoppelstufen, ohne daß man genau weiß, worum es im einzelnen geht! Der Vorteil ist, daß die Einsicht dieser Schwäche dazu zwingt, der Industrie — jedenfalls bei solchen Themen — Kooperation anzubieten und einen so davor bewahrt, als Heilsverkünder aufzutreten.

Leicht hingegen war es, für mich wider Erwarten, Techniker für die Beschäftigung mit Sprache zu begeistern.

Seminare gebe ich vorwiegend für Technische Redakteure, also für Leute, die von der Ausbildung her weitgehend Ingenieure, Informatiker o.ä. sind. Zwar gehen sie nun in ihrem Beruf täglich mit Sprache um, aber welche Dimensionen sich hinter der Sprache eröffnen, davon haben sie oftmals noch nichts gehört und es fasziniert sie, über ihr tägliches Handwerkszeug Sachen zu erfahren, die für sie neu sind und dennoch einen praktischen Bezug zu ihrer Arbeit haben, wie z.B. die Erkenntnisse darüber, wie der Mensch Informationen im Gehirn verarbeitet oder welche Auswirkungen die Strukturierung der Sprache nach der Dependenzgrammatik auf Fragen der Textverständlichkeit haben kann.

Perspektiven: Die Chancen für Linguisten in der Industrie

Es ist jedermann bewußt, daß viel "Info-Schrott"[5] produziert wird. Linguisten könnten diesen Zustand verbessern, weil sie die Fähigkeit haben, diejenigen Faktoren isolieren und optimieren zu können, die das Textverstehen beeinflussen. Diese Fähigkeit fehlt den 'Nicht-Linguisten'. Sie können es zur Zeit aber nicht (oder nur selten), weil ihnen viel Wissen um betriebswirtschaftliche oder techni-

[5] In Herbert Lechner, Sprache, Elektronik und optischer Journalismus. In: *Sprache in der Elektronikwirtschaft.* München, ca. Ende 1989.

sche Zusammenhänge fehlt, ohne die der Linguist nicht gleich effektiv eingesetzt werden kann, sondern erst 'rangezogen' werden muß. Da die Innovationszeiten aber immer kürzer werden und die Textproduktion damit immer umfangreicher, wird es der Industrie zu teuer, die Linguisten erst auszubilden, bevor sie eingesetzt werden können. Es ist zu überlegen, inwieweit die Universitäten und Hochschulen diesen Part der Ausbildung von Linguisten mit übernehmen können, ohne ein reines Dienstleistungsunternehmen für die Industrie zu werden.

Sprachtheorie

Der Sprachbegriff der Linguistik und die Schwierigkeiten der Sprachkontaktforschung

Johannes Bechert
Universität Bremen

Das Thema dieses Vortrags hat sich aus der gemeinsamen Arbeit mit Wolfgang WILDGEN an einem Buchmanuskript ergeben, das den Titel trägt: "Einführung in die Sprachkontaktforschung". Sieht man sich Literaturübersichten an wie Michael CLYNE's *Forschungsbericht Sprachkontakt* von 1975 oder die Einführung *Language contact and bilingualism* von René APPEL und Pieter MUYSKEN (1987), so stellt man fest, daß über die Wirkungen des Sprachkontakts auf die beteiligten Sprachen/Varietäten, insbesondere über die langfristigen Wirkungen, recht wenig zu erfahren ist, dagegen viel Detailliertes, wenn auch oft Auseinanderlaufendes und Widersprüchliches, über den soziologischen, sozialpsychologischen und individualpsychologischen Kontext, in dem Sprachkontakte stattfinden. So lobenswert die interdisziplinäre Zusammenarbeit ist, so auffällig bleibt es, daß gerade in dem Teilbereich der Sprachkontaktforschung, in dem die Linguisten aufgrund ihrer Ausbildung am besten bewandert sein sollten, am wenigsten geschieht. Das ist meiner Ansicht nach kein Zufall, sondern es hängt mit den dominierenden Forschungsinteressen der Sprachwissenschaft von heute und mit dem Sprachbegriff der Linguisten zusammen.

Peter MÜHLHÄUSLER (1985: 51f) hat sich dazu wie folgt geäußert:

> The story of linguistics in the twentieth century is that of reducing an intrinsically open system to a closed one. Whilst this has led to enormous advances in our understanding of formal languages in a number of ways, the numerous drawbacks of such an approach are now becoming apparent. I shall restrict myself to enumerating those which seem to be most relevant to the topic of language mixing:
>
> (i) Systems are seen as self-contained wholes where the value of each element is determined by its relations to other elements. This means that elements (such as phonemes or morphemes) are not comparable across systems and it is not clear how borrowing or mixing could be accommodated. *The ideal speaker-hearer is a bad mixer.*
>
> (ii) Languages are regarded as states rather than processes. Since borrowing, by definition, involves a change of state, and typically triggers off restructuring, it is not amenable to static description but cuts across the synchrony-diachrony dichotomy.
>
> (iii) Related to (ii) is the impossibility of identifying borrowed elements once they are integrated within a static system. Hence, borrowing is frequently assigned to performance or *parole* rather than competence or *langue*.
>
> (iv) Languages are seen as independent variables. However, it would seem that linguistic borrowing will have to be described in terms of external linguistic and, in at least some instances, extralinguistic forces.

(v) The view that all languages are of equal complexity or equally good or bad, has been particularly detrimental to the explanation of linguistic change, including change caused by borrowing. Qualitative judgements (such as successful vs. unsuccessful integration of loans) are an essential aspect of any explanation of language mixing.

From these observations it can easily be seen why language contact studies should have declined to such a disquieting degree: There is simply no room at the centre of linguistics, as defined by the majority of practitioners of this discipline. .. Unless linguists are prepared to give up static models in favour of dynamic ones, language mixing will continue to lead a marginal existence and the role of mixture will continue to be misrepresented and misunderstood when it comes to analysing real-life linguistic data.

Die Wirkungen des dominierenden Sprachbegriffs werden bei Michael GIESECKE (1987: 274–276) in einer allgemeineren Form noch eindringlicher geschildert:

Die von *de Saussure* skizzierte Bestimmung des Objektbereichs hat sich im Wissenschaftsbetrieb durchgesetzt. Wenn heute von einer "Allgemeinen Sprachwissenschaft" oder der "Linguistik" die Rede ist, dann im Sinne einer Wissenschaft von dem inneren Bezirk der *langue* als synchronem Zeichensystem. Das heißt zugleich, daß auch die konstitutiven Abgrenzungen, die *de Saussure* vorgenommen hat, weiterhin gelten. Auch bei den neueren sprachwissenschaftlichen Ansätzen reproduziert sich, teilweise gegen den Willen der Inauguratoren, die Unterscheidung zwischen *parole* und *langue* auf den unterschiedlichsten Ebenen des Theorieaufbaus, beispielsweise als Unterschied zwischen "Performance" und "Competence", "Äußerungsbedeutung" und "Satzbedeutung" oder im Prinzip der Generierung von "Oberflächenstrukturen" sprachlicher Äußerungen aus "Tiefenstrukturen" der *langue*. Auch die hierarchischen Festlegungen *de Saussures* bleiben erhalten: "Sprechen", sei es in pragmatischen, sprechakttheoretischen oder psycholinguistischen Konzepten, wird als Gebrauch bzw. als Realisierung der *langue* modelliert. Es ist erklärt, wenn es auf das "grammatikalische System, das virtuell in jedem Gehirn existiert" zurückgeführt ist. Die Trennung zwischen der "Sprache" und den Gegenständen der äußeren Sprachwissenschaft (Dialekten, Standardsprachen, Creole, Pidgin, Schriftsprache) bleibt erhalten. Ebenso ist die Rekonstruktion von Sprachsystemen älterer Zeit eine Voraussetzung für die historische Linguistik. Und immer sind es die Äquivalente der synchronischen, inneren *langue*, die gut expliziert werden können. Die konzeptuellen Äquivalente der *parole*, der diachronen und der äußeren Sprachwissenschaft erweisen sich als vielschichtig, "zufällig" und abgeleitet.

De Saussures Prophezeiung, daß die Beschäftigung mit den aus dem inneren Bereich der Sprachwissenschaft ausgegrenzten Gegenständen zwar notwendig bleibt, sich aber nicht streng systematisch durchhalten läßt, ist m.E. weitgehend eingetroffen. Symptomatisch ist die allgemein verbreitete Unterscheidung zwischen einer "harten" und einer "weichen" Linguistik. Zur letzteren zählen die klassischen Beispiele der äußeren Sprachwissenschaft wie z.B. die Sprachpolitik und -planung, die Beschäftigung mit den älteren Sprachstufen und mit der *parole* bzw. der *Konversation*. Die spektakulären Erfolge liegen im Bereich der harten Systemlinguistik. Ihre Ergebnisse lassen sich technologisch umsetzen. Computerlinguistik und programmierte Sprachen sind Bereiche, die, staatlich gefördert, expandieren.

Was *de Saussure* selbst nicht voraussehen konnte, war, daß sein Sprachbegriff nicht nur von der Wissenschaftlergemeinschaft, sondern auch von der übrigen Gesellschaft bereitwillig aufgenommen, prämiert und verbreitet wurde. Zumindest in der Lebenswelt der Bundesrepublik ist sein Reflexionsprodukt "Sprache als Zeichensystem" zu einem Gemeingut geworden. Man kann nicht mehr so tun, als ob es ein Alltagswissen von "Sprache" gäbe, welches von seinem Konzept frei ist. Dies bedeutet nun freilich auf der anderen Seite, daß "die Sprache" (*langue*) und deren Komposita (Sprachwissenschaft, Sprachgeschichte, Sprachgebrauch und so weiter) wieder zu Konzepten mit der üblichen alltagsweltlichen Vagheit, zu "Phänomenen" geworden sind — was sie für *de Saussure* nicht waren. In gewisser Weise kann man sagen, daß "die Sprache" an die Stelle im Theorieaufbau getreten ist, die für *de Saussure* die "menschliche Rede" oder die "Kommunikation" besaß. Das hat weitreichende Konsequenzen: Will man sich beispielsweise mit der Geschichte der Reflexion über "Sprache" befassen, so muß zunächst in einem reflexiven Akt geklärt werden, ob das Phänomen "menschliche Rede" oder das "neue" Phänomen *langue* gemeint ist — ganz gleich, mit welchen theoretischen Modellen man zu arbeiten beabsichtigt. Diese Schwierigkeit gab es vermutlich zu Beginn unseres Jahrhunderts noch nicht.

An manchen Stellen von GIESECKEs Text kommen dem Leser Bedenken, z.B. gegen die Zuordnung der "Oberflächenstruktur" zur *parole,* gegen die Behauptung, die Ergebnisse der harten Systemlinguistik ließen sich technologisch umsetzen, oder gegen den etwas laienhaft anmutenden Ausdruck "programmierte Sprachen". Trotzdem sind seine Beobachtungen von großem Wert. Die Konfrontation der beiden Texte zeigt übrigens auch, wie stark MÜHLHÄUSLER von SAUSSURE abhängig ist, z.B. mit der Übernahme der Opposition *parole/langue* in (iii) und der Begriffe *external linguistic* und *extralinguistic* in (iv). In einem solchen Kontext hat der Begriff der *Dynamik,* wie in manchen anderen Kontexten auch, etwas Beschwörendes: er soll eine Verdinglichung rückgängig machen, kann es aber nicht; die Rede von der Dynamik löst das von SAUSSURE geschaffene Objekt *langue* nicht wieder auf. GIESECKEs Gegenvorschläge, auf die ich hier nicht eingehe, laufen auf den Übergang in eine andere Wissenschaft hinaus, eine systemtheoretische, in soziologisch-medienwissenschaftlichen Diskussionskontexten entwickelte Kommunikationstheorie, die an die Stelle der Sprachwissenschaft treten soll. Das wird der Verfasser den Sprachwissenschaftlern selbst plausibel machen müssen. Mir ist anhand der beiden Texte etwas anderes aufgefallen, nämlich wie merkwürdig es ist, die Sprachwissenschaft auf einen vorgefaßten Begriff von der Sprache zu gründen; das ist etwa so, wie wenn die Psychologie mit einem von vornherein feststehenden Begriff von der Seele anfangen wollte.

Was ich im folgenden vorhabe, ist etwas vergleichsweise Schlichtes, nämlich ein paar Vorannahmen über Sprache zu benennen, die sich in der Sprachkontaktforschung als hinderlich erweisen. Da SAUSSUREs *langue* bereits zu unserer Alltagswelt gehört, können wir, wie ich annehme, uns weitgehend alltagssprachlich verständigen.

Als Sprecher einer standardisierten europäischen Schriftsprache bzw. deren etwas gelockerter umgangssprachlichen Variante, allenfalls noch eines Regional- oder Lokaldialektes, sind wir es gewohnt, Sprachen als etwas relativ *Festes*, *Dauerhaftes*, *wenig Veränderliches* anzusehen. Zugleich sind Sprachen für uns etwas *Einheitliches, Geschlossenes*: für die europäischen Schriftsprachen, soweit sie zugleich Landessprachen sind, d.h. in irgendeinem Staat Europas das maßgebliche — oder ein maßgebliches — Verständigungsmittel, gibt es autoritative Wörterbücher und Grammatiken, die den Sprachgebrauch beschreiben und zum Teil auch gegen Varianten absetzen, die zwar ebenfalls im Gebrauch sind, aber als "unkorrekt" gelten. Sprache hat für uns also auch etwas *Normatives*. Hierin unterscheiden sich allerdings die Sprachwissenschaftler von den Laien unter den Sprechern: sie wollen den Sprachen nichts vorschreiben, sondern sie nur so beschreiben, wie sie tatsächlich gesprochen werden; es sei denn, sie befassen sich mit Sprachstandardisierung. Aber in den anderen Punkten unterscheidet sich die Einstellung der meisten Sprachwissenschaftler sehr wenig von derjenigen der übrigen Sprecher europäischer Sprachen. Sie wissen sehr wohl, daß Sprachen sich ständig verändern; aber sie sehen bei der Beschreibung häufig davon ab und trennen analytisch in *Synchronie* und *Diachronie*. Auch für die Linguisten ist Sprache praktisch etwas Festes, Dauerhaftes und wenig Veränderliches; und da sie Sprachen als Systeme, d.h. als geordnete Zusammenhänge beschreiben, zugleich etwas Einheitliches, Geschlossenes. Auch von der *sauberen Trennbarkeit der Sprachen voneinander*, von ihrer *Unterscheidbarkeit* sind wir überzeugt, Sprecher wie Sprachwissenschaftler.

Obwohl die *Verschiedenheit* der Sprachen offenkundig ist, bestätigt uns die leichte Übersetzbarkeit von Texten aus einer europäischen Sprache in die andere den Eindruck der *Austauschbarkeit* von Sprachen gegeneinander: die Bedeutungen sind "im Grunde" dieselben, auch wenn die einzelnen Wörter einer Sprache oft in die andere je nach Kontext verschieden übersetzt werden müssen, da sie in dieser nur Teil-Äquivalente haben: die durch Übersetzung miteinander gleichgesetzten Wörter haben verschiedene Bedeutungsmannigfaltigkeiten. Der trotzdem vorherrschende Eindruck der Austauschbarkeit der Sprachen kann sich übrigens radikal ins Gegenteil verkehren, sowie wir aus unserer mehr oder weniger einheitlichen und gemeinsamen europäischen Kultur heraustreten: dann wird die Invarianz der Bedeutungen von Sprache zu Sprache äußerst fraglich — ohne daß die Sprachwissenschaft bisher ernsthafte Konsequenzen aus diesem Umstand gezogen oder ihn auch nur genau beschrieben hätte. Unsere Linguistik ist eben in Europa entwickelt worden und hat ihre Grundlagen in der griechisch-römischen Antike, auch wenn sie daneben Anregungen aus dem Vorderen Orient und Indien aufgenommen hat.

Da wir nicht mehr — wie noch im 19. Jahrhundert — an die Überlegenheit der europäischen Sprachen über andere glauben, gehört heute die Ansicht, alle Sprachen seinen *gleichwertig*, d.h. im wesentlichen *von gleichem Differenziertheitsgrad*, zu unserem Credo; die Beobachtung von Pidginsprachen ist mit diesem Glauben freilich nicht vereinbar.

Daß Sprachkontakt linguistisch so schwierig zu untersuchen ist, hängt mit diesen Vorannahmen über die Sprache zusammen. Sie werden der Reihe nach kurz besprochen.

Unveränderlichkeit und Einheitlichkeit : Die von William LABOV begründete moderne Soziolinguistik hat bekanntlich umfassend und überzeugend nachgewiesen, daß das Gegenteil dieser zwei Vorannahmen richtig ist. Man sollte erwarten, daß solche Entdeckungen den Sprachbegriff in der Linguistik grundlegend verändert hätten — Entdeckungen, die durch die Beobachtungen bei der Materialsammlung für die großen Sprachatlanten seit hundert Jahren bereits vorbereitet waren. Das ist jedoch nicht der Fall gewesen. Ein Grund dafür könnte LABOVs Kompromißbereitschaft gewesen sein, die sich in seinen theoretischen Konstrukten zeigt: Variablenregel — Kompromiß mit der CHOMSKY-Linguistik; (KAY / McDANIEL 1979; SANKOFF / LABOV 1979) phonologischer Raum — Kompromiß mit dem taxonomischen Phonologie-Konzept, also mit SAUSSURE (WEINREICH / LABOV / HERZOG 1968: 149, 171 fn. 56, 172; LABOV 1972: 181); "Resolving the Neogrammarian controversy" -Kompromiß mit den Junggrammatikern (LABOV 1981). Darüber hinaus läßt sich jedoch eine allgemeine Regularität formulieren: Neue Richtungen haben sich in der Sprachwissenschaft meist so etabliert, daß sie das Territorium der bis dahin dominierenden Forschungstraditionen de facto unangetastet gelassen haben; sie untersuchten andere Probleme, rückten einen neuen Aspekt des Forschungsgegenstandes ins Zentrum ihres Interesses, verwendeten andere Methoden usw., so daß sie die Aktivitäten ihrer Nachbarn nicht störten. Dabei sind die Neuerer selbst durchaus nicht immer friedfertig gewesen; aber das Endergebnis der Auseinandersetzung folgt dem Prinzip der gegenseitigen Nichteinmischung. Dies läßt sich wahrscheinlich aus einem soziologischen Modell der wissenschaftlichen Tätigkeit ableiten -vielleicht aus einem Modell, das speziell für Geisteswissenschaften gilt. Oder gibt es doch eine sachliche Berechtigung für das hartnäckige Festhalten an der Vorstellung von der Einheitlichkeit und Stabilität der Sprache? Ich komme darauf zurück.

Unterscheidbarkeit der Sprachen: Sowie man von den "überdachenden" europäischen Schriftsprachen zu den Dialekten übergeht, verliert sich die klare Unterscheidbarkeit der Idiome in einem Kontinuum kleinster Unterschiede von Ort zu Ort, ja von einem Ortsteil zum anderen. So gibt es bekanntlich ein westgermanisches Dialektkontinuum im Gebiet der Schriftsprachen Deutsch und Niederländisch/Flämisch, ein westromanisches im Bereich aller romanischen Schriftsprachen Europas mit Ausnahme des Rumänischen/Moldauischen, ein skandinavisches auf dem Areal der Schriftsprachen Norwegens, Schwedens und Dänemarks, ein nordslawisches im Bereich der ost- und westslawischen Schriftsprachen, ein südslawisches mit den Schriftsprachen Slowenisch, Serbokroatisch, Makedonisch und Bulgarisch, das von dem nordslawischen Kontinuum durch die Sprachgebiete des Ungarischen und des Rumänischen/Moldauischen geographisch getrennt ist, usw. In diesen Dialektkontinua besteht jeweils gegenseitige Verständlichkeit der lokalen Mundarten benachbarter Orte bzw. Ortsteile (von einigen "Sprachinseln" abgesehen, wie Baskisch, oder Sorbisch in der DDR — die aber ihrerseits wieder kleine Dialektkontinua bilden). Je größer die Entfernung zweier Orte voneinander in einem solchen Kontinuum ist, desto geringer die gegenseitige Verständlichkeit der Ortsdialekte; von einem bestimmten Punkt an ist sie praktisch Null. Die klare Unterscheidbarkeit von Sprachen kommt somit in Europa teilweise erst durch die Ausbreitung und Durchsetzung überregionaler Schriftsprachen seit Beginn der Neuzeit zustande. Heute setzt sich dieser Prozeß vielfach fort, indem die Ortsdialekte von Regionaldialekten mit großräumigerer Geltung zurückgedrängt werden. Allerdings gibt es auch auf der Ebene der Ortsdialekte klare Grenzen da, wo zwei Kontinua aneinanderstoßen, z.B. zwischen Westgermanisch und Westromanisch in Belgien, in Lothringen und im Elsaß, in der Schweiz, in Südtirol usw.

Auch aus der klaren Unterscheidbarkeit zweier Sprachen/Varietäten im ganzen folgt noch nicht, daß jeder Teil einer beliebigen Äußerung eindeutig der einen oder der anderen zugeordnet werden kann. Beispiele:

(1) Englisch/Spanisch, aus der Konversation von US-Amerikanern mexikanischer Herkunft (PFAFF 1979: 309):

So yo y un bunche de guys – about twenty guys ,
– I and a bunch of guys – – –
"Also ich und ein Haufen Kumpels – ungefähr zwanzig Kumpels,

and they were from the Ramargang ellos
– – – – – – they
und die sind von der Ramar-Bande gewesen, die

vivían allá en Harlandale.
lived there in Harlandale.
haben da gewohnt in Harlandale."

Der auffälligste Codewechsel in diesem Satz, vorbereitet durch *bunche* und *guys* im spanischen Text, führt eine Nebenbemerkung ein; die Rückkehr zum Hauptgedanken bringt auch das Spanische zurück. Das einleitende englische Wort *so* gehört ebenfalls einer anderen Ebene an als der Hauptinhalt des Satzes: es markiert die Satzverknüpfung innerhalb der Konversation. Der Codewechsel scheint also eine klare kommunikative Funktion zu haben, indem er drei Ebenen der Mitteilung gegeneinander absetzt. Aber ist das erste Vorkommen von *guys* eine englische Augenblicks-Entlehnung ins Spanische, oder ist hier bereits auf Englisch umgeschaltet? *bunche* ist durch den spanischen Substantivausgang *-e* oberflächlich hispanisiert, aber *guys* ist unverändert englisch. Es ist also nicht klar, wo der Codewechsel stattfindet, vor oder nach dem ersten Vorkommen von *guys*.

(2) Niederländisch/Englisch, CRAMA / VAN GELDEREN 1984, zitiert bei APPEL / MUYSKEN (1987: 126):

Weet je {*wat* / *what*} *she is doing?*
Do you know – – – –
"Weißt du, was sie tut?"

Das in beiden Sprachen ungefähr gleichlautende und gleichbedeutende Wort niederländisch *wat* = englisch *what* dient als "Gelenk", als Überleitung von der einen zur anderen Sprache.

(3) Deutsch/Französisch, aus dem deutschen Sprachgebiet in Lothringen (CADIOT 1980: 328):

die quatre Millionen
– vier –
"die vier Millionen"
(französisch: *les quatre millions*)

Hier ist beim Hören der ersten Silbe des Wortes *Millionen* noch offen, ob deutsch *Millionen* oder französisch *millions* herauskommen wird; erst die zweite und dritte Silbe entscheiden für das deutsche Wort. Diese Unsicherheit scheint nur auf der Seite des Hörers zu existieren; aber wer weiß, in welchem Moment sich der Sprecher zwischen Französisch und Deutsch entscheidet? Vielleicht auch erst mitten im Wort *Millionen*.

Solche Fälle sind nicht so selten, daß sie nicht bei Sprachmischung zu "mehrfachen Etymologien" führen könnten, d.h. dazu, daß ein Wort der neuen Mischung mit gleichem Recht auf die erste wie auf die zweite (die dritte usw.) Herkunftssprache zurückgeführt werden kann. MÜHLHÄUSLER (1979) bringt Beispiele dafür aus dem Tok Pisin in Papua-Neuguinea. Der Wortschatz dieser Sprache stammt zum großen Teil aus dem Englischen; die Grammatik hat ein durchaus unenglisches Aussehen, und neben Wörtern englischer Herkunft gibt es solche aus Sprachen, die in der Region zuhause sind, wie dem Tolai, und auch aus anderen ehemaligen Kolonialsprachen, vor allem dem Deutschen. Bei manchen Wörtern ist es unentscheidbar, ob sie aus dem Englischen oder dem Deutschen kommen:

(4)

Tok Pisin	Deutsch	Englisch	Übersetzung zu Tok Pisin
ais	Eis	ice	'Eis'
anka	Anker	anchor	'Anker'
bet	Bett	bed	'Bett', 'Regal'
mas	Mast	mast	'Mast', 'Fahnenstange'
rip	Riff	reef	'Riff'
sadel	Sattel	saddle	'Sattel'

(aus MÜHLHÄUSLER 1979: 219)

Es gibt solche mehrfachen Etymologien aber auch für die Alternative Tolai/Englisch:

(5)

Tolai		Englisch		Tok Pisin	
atip	'(stroh-,binsen-...) gedecktes Dach'	on top	'obenauf'	antap	'obenauf'; 'Dach'
bulit	'Saft (in Pflanzen)'	blood	'Blut'	blut } bulut } bulit }	'Blut' 'Pflanzensaft', 'Leim'
dur	'schmutzig'	dirty	'schmutzig'	doti	'schmutzig'
ikilik	'klein'	a little bit	'ein bißchen'	liklik	'klein'; 'ein bißchen'

(aus MÜHLHÄUSLER 1979: 220f und 1986: 2)

Solche mehrfachen Etymologien gibt es natürlich auch für Wörter europäischer Sprachen, z.B. der germanischen oder romanischen Sprachen; nur findet man sie da oft nicht in den etymologischen Wörterbüchern, weil deren Verfasser die Notwendigkeit verspüren, sich für *eine* Etymologie zu entscheiden.

Semantische Austauschbarkeit: So wenig wir mit dem Ineinanderfließen verschiedener Sprachen oder auch nur einzelner Wörter aus ihrem Lexikon rechnen, so sicher sind wir, daß die Sprachen im Grunde alle dasselbe sagen: unterscheiden wir sie auf der einen Seite oft zu sehr, so achten wir auf der anderen Seite fast immer zu wenig auf die tatsächlichen semantischen Unterschiede. Daß die verschiedenen Sprachen mit ihren unterschiedlichen Ausdrucksmitteln nicht immer ein und dasselbe, ohne Schwierigkeiten Übersetzbare ausdrücken, kann man um so deutlicher bemerken, je weiter man sich vom Ausgangspunkt Europa entfernt.

Ein gutes Beispiel hierfür ist die Erörterung der Frage, ob es im Alttürkischen den Unterschied zwischen Substantiven und Adjektiven gegeben hat, bei GRØNBECH (1936). Das Alttürkische ist auf Inschriften aus Zentralasien bezeugt, die aus dem 7./8. Jahrhundert n.Chr. stammen und mit dem Sammelnamen "Orchon-Inschriften" bezeichnet werden. Der Orchon ist ein Fluß in der Mongolei. GRØNBECH schreibt a.a.O. zum Thema "Substantiv und Adjektiv" (1936: 23f):

> Die Nomina zerfallen in verschiedene Unterabteilungen, indem Zahlwörter und Pronomina sich durch einige formale und syntaktische Besonderheiten auszeichnen. Dagegen ist zwischen Substantiven und Adjektiven weder in formaler, noch in syntaktischer Hinsicht irgendwelcher Unterschied wahrnehmbar. Dies hat seinen Grund darin, daß man auch nicht begrifflich zwischen ihnen sondern kann. Die Nomina bezeichnen nicht ein Wesen oder eine Sache, sondern deren Begriff in unbestimmtem Umfang, weder substantivisch noch adjektivisch festgelegt; dies heißt, man spricht vom Begriff, ohne zu betonen, ob derselbe als Sache oder als Eigenschaft zu verkörpern ist. Eine erste Folge von diesem Nominalbegriff ist die, daß die Sonderung zwischen Einzahl und Mehrzahl in der Flexion ursprünglich keinen sprachlichen Ausdruck fand. Die älteste Sprache besaß keine Mehrzahlformen. .. Daß heute alle Türksprachen ein Pluralsuffix besitzen, beweist, daß

sich der Nominalbegriff mit der Zeit verschoben hat, sein Fehlen in den Inschriften aber, daß die Vorstellung einer Vielheit als Gegensatz zum Individuum eine Neuerung ist. ..

Diejenigen Wörter, die wir Adjektiva nennen, weil sie häufig eine Eigenschaft bezeichnen, unterscheiden sich also in keiner Hinsicht von den übrigen Nomina; wenn sie allein stehen, flektieren sie wie jedes andere Nomen: ***ädgüg*** "dein Vorteil" [mit Possessivsuffix der 2. Person Singular], ***aqyγ*** "den weißen (Schimmel)" [Akkusativ]; und Nominalkomposita wie ***ädgü kiši*** "gute Menschen", ***aqγat*** "weißes Pferd" sind genau so gebildet wie solche, deren erster Bestandteil ein Stoffname oder eine Geschlechtsangabe ist: ***tämir qapyγ*** "eisernes Tor", ***qyz oγul*** "Tochter" [wörtlich "Mädchen Sohn"]. Ein Adjektiv wie z.B. ***uluγ*** ließe sich ebenso treffend als ein Substantiv definieren: "derjenige der groß ist". ..

Der Nominalbegriff ist also so vielseitig, daß er mehrere unserer sprachlichen Kategorien umspannt. Ein türkisches Nomen ist also weder ein Substantiv, noch ein Adjektiv, sondern eben beides zu gleicher Zeit. Was dem türkischen Sprachdenken als ein und dieselbe Vorstellung erscheint, betrachten wir bald von diesem, bald von jenem Gesichtspunkt. Was der Türke als Genus denkt, drücken wir entweder als Einzahl oder als Mehrzahl aus; was er sich als Begriff vorstellt, sind wir nur imstande entweder als Ding oder als Eigenschaft wiederzugeben, so daß ein Nomen, welches im einen Augenblick sich mit einem deutschen Substantiv vollkommen deckt, im nächsten sich scheinbar als ein Adjektiv entpuppt.

Bei einem türkischen Nomen, welches einem deutschen Substantiv entspricht, darf man also nicht an erster Stelle an ein Individuum denken, auch nicht an eine Mehrheit davon, sondern lediglich an das Genus oder den Begriff. Wie diese allgemein gehaltene Vorstellung im konkreten Fall festzulegen ist, bleibt dem Zuhörer zu entscheiden überlassen. Die Sprache kümmert das nicht. Umgekehrt darf man nicht von einem, uns adjektivisch anmutenden Nomen immer die Bezeichnung einer Eigenschaft erwarten. In allen Dialekten kann man "Adjektiva" finden, die wir nur als Substantiva auffassen können. Oft steht man einem Wort ganz ratlos gegenüber.

Mit "Genus" ist in diesem Text "Gattung" gemeint, es handelt sich also um den logischen, nicht um den grammatischen Begriff, der "Genus" genannt wird. Ein grammatisches Geschlecht gibt es in den Türksprachen nicht. Mit den "Dialekten" sind hier die Türksprachen insgesamt gemeint. — Die Grenzen der semantischen Vergleichbarkeit von Sprachen werden hier deutlich, wie ich hoffe.

Gleicher Differenziertheitsgrad: Daß Pidginsprachen weniger differenziert sind als Erstsprachen von Sprachgemeinschaften, ist wohl inzwischen allgemein bekannt; insbesondere fehlt Pidginsprachen oft das, was man Stilistik nennt. Daraus ergibt sich, daß nicht alle sprachlichen Verständigungsmittel gleichwertig sind.

Zusammenfassung; Kontinua und Prototypen: Aus dem Bisherigen geht hervor, daß die Annahme der Unveränderlichkeit und Einheitlichkeit von Sprachen nicht den Tatsachen entspricht, und daß die übrigen hier diskutierten Annahmen zumindest nicht immer zutreffen: die Unterscheidbarkeit von Sprachen ist oft nur bis zu einem gewissen Grad gegeben, semantische Austauschbarkeit im ganzen nur innerhalb einer und derselben Kultur, gleicher Differenziertheitsgrad nicht bei Pidgins im Verhältnis zu anderen Sprachen.

Die Annahme von der Unveränderlichkeit und Einheitlichkeit einer Sprache zu einem bestimmten Zeitpunkt (Synchronie) ist jedoch *methodisch* oft zweckmäßig, um die Voraussetzungen für bestimmte Untersuchungen zu erleichteren, d.h. sie ist eine Vereinfachung des tatsächlichen Sachverhalts, die legitim sein kann, z.B. um bestimmte Aspekte der inneren Struktur des sprachlichen Systems darzustellen. Darin liegt ein Grund dafür, daß sich diese Vorstellung hält, obwohl sie nicht zutrifft.

Ein wichtigerer Grund für die Beständigkeit solcher Vorstellungen ganz allgemein ist jedoch der, daß die Begriffe, die wir uns von ganzen Sprachen machen, ähnlich gebaut sind wie unsere Begriffe von den Ordnungen *in* der Sprache - und von den Ordnungen in der Welt: man geht von den klaren Fällen aus und vertraut darauf, von diesem Ausgangspunkt her auch die Grenzfälle entscheiden zu können. Mit anderen Worten: die Grenzen der Anwendbarkeit der Begriffe, die wir uns von den Sprachen im ganzen wie von den Kategorien in den Sprachen bilden, liegen nicht von vornherein fest, sondern ergeben sich aus dem Gebrauch dieser Begriffe. Die klaren Fälle sind die *Prototypen*. Wir verwenden Begriffe wie *Deutsch*, *Französisch* usw. auf Grund der klaren Fälle, und für die tatsächlichen Sachverhalte gibt es verschiedene Grade der Zugehörigkeit zu diesen Kategorien. In der Erfahrung primär gegeben sind die sprachlichen Kontinua, während die einzelnen "Sprachen", aus denen sie bestehen sollen, zum Teil erst durch unsere begriffliche Arbeit — und durch die Selbstreflexion der Sprecher auf das, was sie tun — zustandekommen. Im Grunde ist also in dem Ausdruck *Sprachkontakt* selbst schon die verkehrte Setzung der Prioritäten enthalten, die uns die Untersuchung des Phänomens erschwert: *Sprache* erscheint als das primär Gegebene, der *Kontakt* dieser Sprachen als das Sekundäre. Es verhält sich aber umgekehrt: Verständigungsmittel werden in der Interaktion ausgehandelt, Sprachen entstehen aus dem Miteinander-Sprechen der Menschen, also aus dem "Sprachkontakt".

LITERATUR

APPEL, RENÉ / PIETER MUYSKEN

1987 *Language contact and bilingualism.* London: Edward Arnold.

CADIOT, PIERRE

1980 Situation linguistique de la Moselle germanophone: un triangle glossique. In: PETER HANS NELDE (ED.), *Sprachkontakt und Sprachkonflikt / Languages in contact and conflict / Langues en contact et en conflit / Taalcontact en taalconflict.* (= *Zeitschrift für Dialektologie und Linguistik, Beihefte*, Heft 32.) Wiesbaden: Franz Steiner, 325–334.

CLYNE, MICHAEL

1975 *Forschungsbericht Sprachkontakt. Untersuchungsergebnisse und praktische Probleme.* Kronberg/Ts.: Scriptor Verlag.

CRAMA, R. - H. VAN GELDEREN

1984 *Structural constraints on code-mixing.* University of Amsterdam, Institute for General Linguistics.

GIESECKE, MICHAEL

1987 Die "Grundfragen der Allgemeinen Sprachwissenschaft" und die alternativen Antworten einer systemischen Kommunikationstheorie. In: DIRK BAECKER ET AL. (ED.), *Theorie als Passion. Niklas Luhmann zum 60. Geburtstag.* Frankfurt am Main: Suhrkamp, 269–297.

GRØNBECH, KAARE

1936 *Der türkische Sprachbau. I.* Kopenhagen: Levin & Munksgaard.

KAY, PAUL / MCDANIEL, CHAD

1979 On the logic of variable rules. In: *Language in Society* **8**, 156–187.

LABOV, WILLIAM

1972 On the Mechanism of Linguistic Change. In: WILLIAM LABOV, *Sociolinguistic Patterns.* Philadelphia: Univ.of Pennsylvania Press, 160–182.

1981 Resolving the Neogrammarian controversy. In: *Language* **57**, 267-308.

MÜHLHÄUSLER, PETER

1979 *Growth and Structure of the Lexicon of New Guinea Pidgin.* (= *Pacific Linguistics*, Series C, No. 52.) Canberra, A.C.T.: Department of Linguistics, Research School of Pacific Studies, The Australian National University.

1985 Patterns of contact, mixture, creation and nativization: their contribution to a general theory of language. In: CHARLES-JAMES N. BAILEY – ROY HARRIS (EDS.), *Developmental Mechanisms of Language.* Oxford: Pergamon Press, 51–87.

1986 *Pidgin & Creole Linguistics.* Oxford: Basil Blackwell.

PFAFF, CAROL W.

1979 Constraints on Language Mixing: Intrasentential Code-Switching and Borrowing in Spanish/English. In: *Language* **55**, 291–318.

SANKOFF, DAVID / LABOV, WILLIAM

1979 On the uses of variable rules. In *Language in Society* **8**, 189–222.

WEINREICH, URIEL / LABOV, WILLIAM / HEROG, MARVIN I.

1968 Empirical Foundations for a Theory of Language Change. In: W.M. LEHMANN AND YAKOV MALKIEL (EDS.), *Directions for Historical Linguistics. A Symposium.* Austin and London: University of Texas Press, 95–188.

Eine Existenzerhellung der linguistischen Analyse

Ljudmil Douridanoff
Universität Sofia

Wenn wir, mit der Sprache sprechend, einen Weg zur Sprachanalyse vorbereiten, ist es überhaupt möglich, dem langjährigen Linguozentrismus zu entgehen, falls wir noch tiefer in das Wesen der Sprache eindringen KÖNNEN? Wie soll man denn das In-der-Welt-Sein mit der Sprache AUSLEGEN? Ist es unentbehrlich die alte Auseinandersetzung, ob die Sprache "das Wahrhaftere und das Höhere" ist, weil "das Vernünftige [...] nur als Sprache [existiert]" (HEGEL 1941: 133), neu zu beleben, oder soll man versuchen, aus dem abgeschlossenen hermeneutischen Zirkel hinauszugehen, um die Opposition Rezeptivität der Sprache vs. Rezeptivität der Sinnlichkeit radikal aufzuheben?

Wenn wir in die antike Tradition zurückblicken und den Menschen als *ζῶον λόγον ἔχον* nochmals auslegen, dann kommen wir zum Wesen des Menschendaseins als das Vermögen, in die Kommunikation einzutreten, und das menschliche Dasein grundsätzlich qua Mitsein als die MÖGLICHKEIT von An- und Ab-Wesen des Miteinanderseins zu bestimmen. Die Kommunikation als Ur-Distanz und In-Beziehung-Treten (BUBER 1962: 411–418) ist nicht nur sprachbedingt oder nur auf die Sinnlichkeit einbezogen, sondern existiert geist- und leibhaft, ***sprach- und sinn***bedingt DASEINSMÄSSIG (Abb. 1). In bzw. durch die Kommunikation transzendiert der Mensch sein Selbst und existiert als ek-statisches Lebewesen.

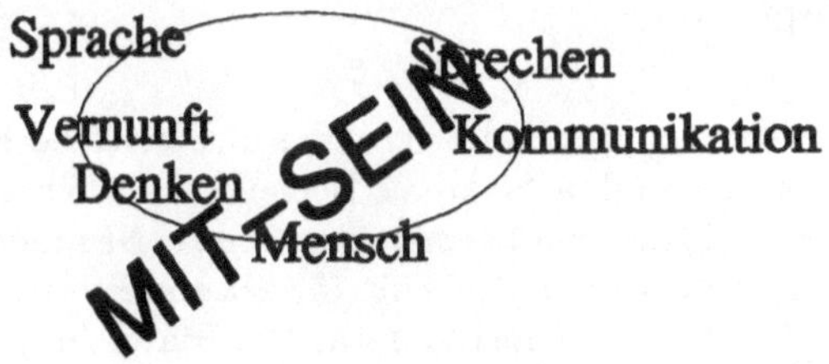

Abb. 1

Die starke neopositivistische Schwelle der 50-iger und 60-iger Jahre in den USA versucht die Kommunikation mit den wissenschaftlichen Begriffen WESENTLICH zu bestimmen. Die Ko-Produktion von Psychiatrie, Psychoanalyse, Psychologie, Soziologie und Linguistik hat neue Schritte in der Überwindung des Linguozentrismus gemacht und die Kommunikation als Ansatzpunkt jeder Analyse bestätigt, dessen Grundsätze bleiben:

1. Die Kommunikation als Interaktionsprozeß (BIRDWHISTELL 1970, 1971; PARSONS/SHILS 1951; PARSONS 1968)
2. Die Kommunikation als interpersönliches Mehrkanalsystem (BIRDWHISTELL 1970; POYATOS 1975, 1983).

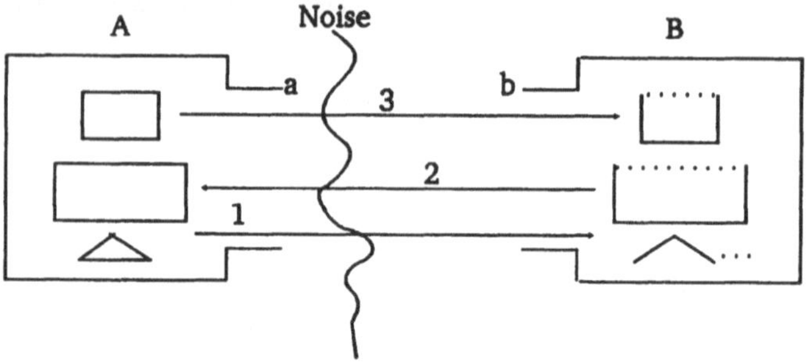

Abb.2

Man kann diese Ko-Produktion zwischen den Gruppen von Palo Alto (Kalifornien) und Philadelphia (Eastern and Western Pennsylvania Psychiatric Institute) als das "unsichtbare College" bezeichnen, ein Ausdruck von SOLLA PRICE (1963) und CRANE (1972). Die Forscher des "unsichtbaren College" haben zugleich den MONISMUS des linearen Modells der Kommunikation (Abb. 2) und die absolut zentrale Position der Sprache *a priori* erschüttert und ein entwickeltes Mehrkanal-Interaktionsprozeß-Schema eingebaut (Abb. 3).

Time: $T^1\ T^2\ T^3\ T^4\ T^5\ T^6 \ldots T^n$
(Audio-acoustic vocal) Channel
(Kinesthetic-visual) Channel
(Odor-producing-olfactory) Channel
(Tactile) Channel
(BIRDWHISTELL 1970: 70)

Abb. 3

Das neue Modell der Kommunikation gründet in der INTERAKTION von mehreren Kanälen (d.h. verbale und nichtverbale Ebenen), ebenso wie von Botschaften mit Diskontinuitäts- und Kontinuitätscharakter, die als Neuinformations- und Integrationsaspekt von BIRDWHISTELL (1970: 75) gekennzeichnet worden sind. Die Frage ist hier, wie der Mensch seinen LEIBHAFTEN Status im nebeneinander mit dem geistlichen transzendiert, EK-STATISIERT? Den intersubjektiven Zeit-Raum (bzw. als Proxemik, s. HALL 1966, und als Chronemik, s. POYATOS 1983, bezeichnet) bildend, schwingt der Mensch im Abgrund zwischen EIN-falt und ZWIE-spalt, sich selbst als Persönlichkeit in einer Rolle (*person in role*, s. PARSONS 1968: 438) modellierend und von der Rolle gleich abweichend, sein ganzes Dasein als Mitseiendheit STIFTEND und davon hinausgehend, sich selbst und sein Dasein TRANSZENDIEREND. In der Schwingung begibt sich dieses Doppelwesen der Kommunikation, das sich wesentlich durch den Begriff der INTERAKTION er-gibt. Das *inter-actio* gründet in einem *inter-esse*, in der primären Spannung des als-symbolicum der Sprache ALS Rede, noch mehr ALS Mit-teilung, ALS mit-teilende Kommunikation. In dieser Bewegung hin und her, hinein zu sich Selbst, zu seinem innersten Wesen, UND hinaus zu den Anderen, deren Gemeinsamkeit wir TEILEN, hat sich das Intra- und Intersubjektive INTEGRIERT. Diese Integration hat ebensogut Sprachspuren einer spätlateinischen und römischen Vermischung von *inter* und *intrā* (SCHMALZ 1928: 510) hinterlassen. Das DOPPEL-Wesen der Kommunikation ist am deutlichsten von PARSONS (1968: 436) hervorgehoben:

> 1) that each actor BOTH[1] acting agent and object of orientation BOTH[1] to himself and to others; and
>
> 2) that, as acting agent, he orients to himself AND[1] to others, in ALL of the primary modes and aspects.
>
> The actor is knower AND[1] object of cognition, utilizer of instrumental means AND[1] himself a means, emotionally attached to others AND an object of attachment, interpreter of symbols AND himself a symbol. From these premises derives the fundamental proposition of the DOUBLE CONTINGENCY[1] of interaction."

Jeder INTERAKTANT ist also ZUGLEICH sich Selbst auslegend und Andere auslegend, sich Selbst steuernd und Andere steuernd, was vom "unsichtbaren College" durch die Entgegensetzung demonstrativ vs. instrumental (BIRDWHISTELL 1970: 232) bezeichnet wird. Der Kommunikationsakt selbst ist niemals NUR demonstrativ (bzw. NUR instrumental), denn, seinem Wesen nach, macht er ein Doppeltes aus. (BIRDWHISTELL 1970: 107). Die Redundanz als Verdoppelung spielt auch eine ZWEI-fache Rolle: in bzw. durch dieses ZWIE- ... stiftet jede Be-DEUTUNG des Kommunikationsaktes (in der Annahme, DASS er eine solche haben KANN) und wird zugleich auf das allereinfachste DEUTEN-FÜR-... der Bedeutung in seinem Zurückgekehrtsein zurückgeschoben.

Das Wesen jeder Sprachanalyse KANN also nicht- lingouzentrisch sein, sondern das EIGENTLICHE Wesen der linguistischen Analyse liegt MEISTENS außerhalb sich in der Kommunikationsanalyse als Merkmal-Interaktionsprozeß, der im DYADEN-prinzip gründet,was man auch als das Prinzip des ZWIE- ... bezeichnen kann .In bzw. durch das Prinzip des ZWIE-... er-gibt sich die Kom-munikation als minimale konstitutive Gemeinsamkeit-von-ZWEI (Dyade) und WIRD zugleich im DEUTEN der Bedeutung des Kommunikationsaktes (durch die Redundanz) für die Anderen ZUGÄNGLICH.

Wenn wir das Prinzip des ZWIE-... wesentlich befragen, dann sind wir nochmals bei einer DOPPEL-Bewegung, zugleich schöpferisch und zerstörend. Also, das Prinzip des ZWIE-... als wesentlicher Ansatzpunkt der Kommunikation, ist zugleich:

1. konstitutiv (Dyaden stiftend), und
2. destruktiv (durch Redundanzen sich Selbst DEUTEND und für die Anderen zugänglich WERDEND[2] d.h. die intersubjektiven Dyaden ZERFALLEND).

---

[1] von mir hervorgehoben [L.D.]

[2] Human beings do not all mature at the same rate and at maturity they are not sensorily equal. Redundancy [...] makes the contents of messages available to a greater portion of the population than would be possible if only one modality were utilized to teach, learn , store, transmit, or structure experience (BIRDWHISTELL 1970: 107). [...] all natural languages that survive are sufficiently redundant that they can be learned by the members

Dieses Prinzip des ZWIE-... als Doppelbewegung dürfen wir nicht vergessen, wenn wir auf das Mehrkanal-Schema des Kommunikationsaktes in seiner Vollendung bei POYATOS (Abb. 4) zurückblicken.

Die Sprache spricht (HEIDEGGER 1986: 12, 20, 30). Aber nicht NUR sie er-gibt den Menschen, sondern auch das einen-KÖRPER-Haben das in der Kommunikation auch SPRICHT. Das Sprechen des Menschen ist also das übereingekommene TRANSZENDIEREN des menschlichen Daseins in geist- und leibhafter Art und Weise; erst ein solches SPRECHEN er-gibt das ek-statische Wesen des menschlichen Daseins qua Mitsein, d.h. in bzw. durch die Kommunikation als ***potentia sine qua non*** jedes Menschen.

LITERATUR

BIRDWHISTELL R.

1970 *Kinesics and Context.* Philadelphia: University of Pennsylvania Press.

1971 *Kinesics: inter- and intrachannel communication* research. In: KRISTEVA J. ,REY-DEBOVE J. eds. *Essays in Semiotics.* The Hague: Mouton.

BUBER M.

1962 *Werke. I Bd. Schriften zur Philosophie.* Heidelberg: Lambert Schneider Verlag.

CRANE D.

1972 *Invisible Colleges. Diffusion of Knowledge in Scientific Communities.* Chicago: University of Chicago Press.

HALL E.T.

1966 *The Hidden Dimension.* New York: Doubleday.

HEGEL G.W.F.

1941 *Werke. Glockner. Bd. 18. Vorlesungen über die Geschichte der Philosophie.* II Bd. Stuttgart: Fr.Frommanns Verlag.

HEIDEGGER M.

1986 *Unterwegs zur Sprache.* 8. Auflage. Pfüllingen: Günther Neske Verlag.

MEAD M.

1964 *Continuities in Cultural Evolution. The Terry Lectures.* Vol. 34. London: Yale University Press.

PARSONS T. /SHILS E.

1951 *Toward a General Theory of Action.* New York: Macmillan.

PARSONS T.

1968 Interaction: social interaction. In: *The International Encyclopedia of the Social Sciences* 7. Macmillan.

---

of any Homo sapiens group. [...] that learning is possible both because of the redundancy, [...] and because language has been conceptualized the world over as a part of culture that can be learned by members of different cultures (MEAD M. 1964: 45).

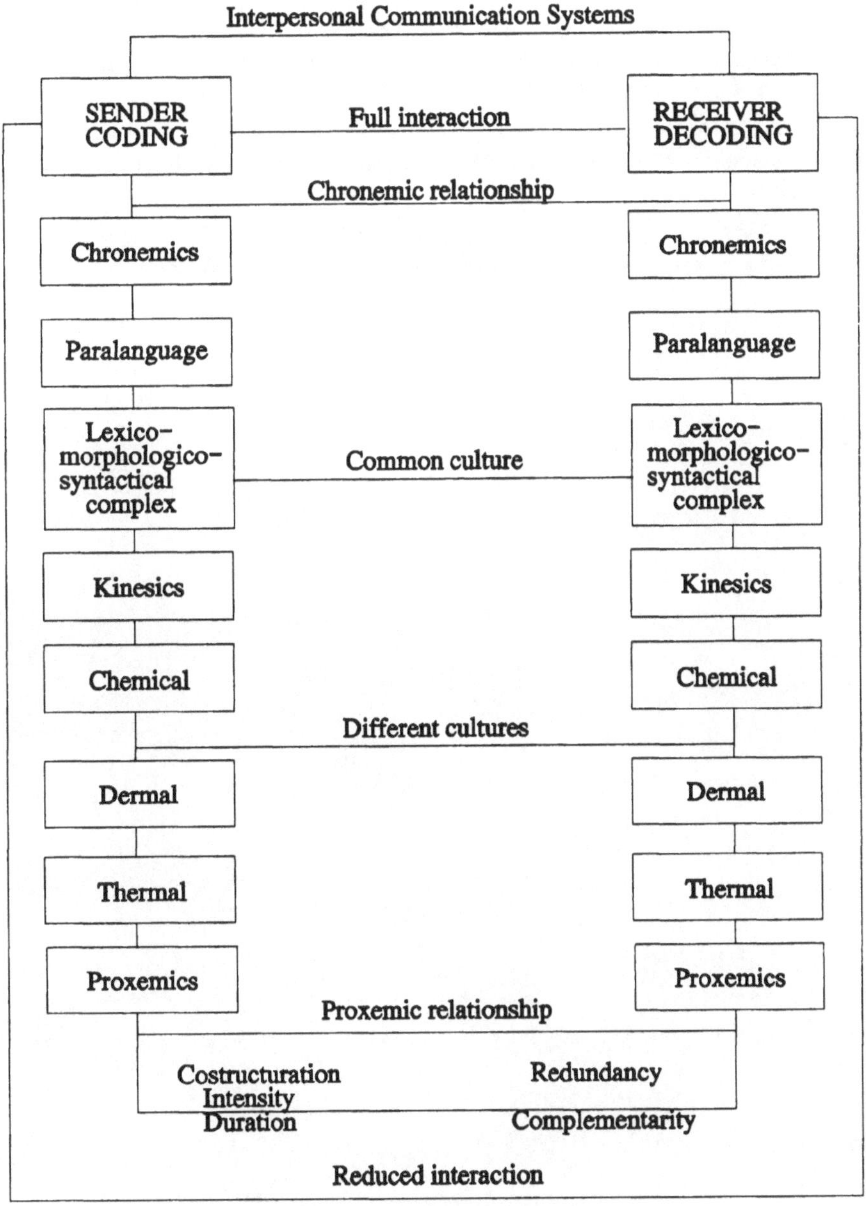

Abb. 4 (Poyatos 1983: 130)

POYATOS F.

1975 Cross-cultural Analysis of Paralinguistic 'Alternants' in Face-to-Face Interaction. In: KENDON A. /HARRIS R. /KEY M.B. EDS., *Organization of Behavior in Face-to-Face Interaction.* The Hague: Mouton.

1983 Language and Nonverbal Systems in the Structure of Face-to-Face Interaction. In: *Language and Communication* **3**(2).

SCHMALZ

1928 *Lateinische Syntax und Stylistik.* 5. Auflage. neubearb. v. HOFMANN J.B. (Hb. d. klass. Altertumswiss., hg. von OTTO W. II 2). München.

SOLLA PRICE D.J. DE

1963 *Little Science, Big Science.* New York: Columbia University Press.

Hat es in der Sprachwissenschaft eine "junggrammatische Revolution" gegeben?*

Eveline Einhauser

Seitdem KUHNS Paradigma-Modell, das sich bekanntlich vornehmlich an den Naturwissenschaften orientiert, auch in die Geschichtsschreibung der Sprachwissenschaft Eingang gefunden hat, ist die Angemessenheit dieser Übernahme immer wieder in Zweifel gezogen worden. Da es jedoch nicht gelungen ist, eine überzeugende Alternative zu entwickeln, zeichnet sich inzwischen eine allgemeine Anerkennung von KUHNS Modell ab. So gehört der Begriff des Paradigmas heute zum festen Bestandteil des Vokabulars eines Sprachwissenschaftsgeschichtsschreibers und wird nur noch selten als definitionsbedürftig empfunden. Gerade diese etwas unreflektierte Verwendung dürfte allerdings mit dazu beigetragen haben, daß man sich bezüglich der Festlegung der einzelnen in der Historiographie der Sprachwissenschaft auszumachenden Paradigmen alles andere als einig ist.

Vor allem auch die Phase der junggrammatischen Sprachforschung ist ausgesprochen gegensätzlich bewertet worden: Die einen sehen darin durchaus ein eigenständiges Paradigma (s. z.B. BAHNER 1981, RŮŽIČKA 1977), die anderen lediglich eine Fortsetzung der SCHLEICHERSCHEN Forschungspraxis beziehungsweise des von BOPP und GRIMM eingeleiteten Paradigmas der historischen Sprachwissenschaft (s. PEARSON 1977, DIDERICHSEN 1974, ROBINS 1978 u.a.), und es kommt, wie im Fall E.F.K. KOERNERS, sogar vor, daß ein Wissenschaftler beide Positionen im Wechsel vertritt (s. KOERNER 1978b, 1978c u. 1981). Um diesen Widerspruch zu lösen, muß in erster Linie die Frage nach einer durch die Junggrammatiker ausgelösten Revolution geklärt werden, denn KUHNS Modell zufolge stellt eine wissenschaftliche Revolution die unabdingbare Voraussetzung für den Beginn eines neuen Paradigmas dar.

Zu diesem Zweck habe ich den 1986 erschienenen Aufsatz "Has there been a 'Chomskyan revolution' in linguistics" von Frederick NEWMEYER herangezogen (und entsprechend das Thema dieses Vortrags formuliert). NEWMEYER hat – auf der Basis von KUHNS Modell, zugleich aber auch in engem Zusammenhang mit CHOMSKYS Ansatz — eine Reihe von Kriterien herausgearbeitet, die seiner Ansicht nach bei der Entscheidung für oder gegen den revolutionären Charakter einer Forschungsrichtung zu berücksichtigen sind. Der folgende Punktekatalog ist somit als eine Abstraktion aus zum Teil speziell an der Chomskyschen Revolution festgemachten Kriterien zu verstehen.[1]

---

* Es handelt sich bei diesem Vortrag um eine leicht überarbeitete Fassung des abschließenden Kapitels meiner Dissertation (EINHAUSER 1989).

[1] Für NEWMEYER dient also der Untersuchungsgegenstand — die revolutionäre Wende zwischen dem taxonomischen Strukturalismus und der generativen Transformationsgram-

1. Die intellektuelle Ebene

1.0 NEWMEYER differenziert zwischen Veränderungen auf der intellektuellen und der soziologischen Ebene sowie drittens den Auswirkungen im institutionellen Bereich. Auf intellektueller Ebene sind für ihn vier Aspekte maßgebend, die einen neuen Ansatz als revolutionär auszeichnen:

(1) Es muß eine Theorie aufgestellt werden, die bisherige Überzeugungen bezüglich möglicher Grundlagen und Methoden einer sprachwissenschaftlichen Theorie widerlegt und deren Leistungsfähigkeit zudem durch die praktische Umsetzung überprüfbar wird.

(2) Als Basis dieser Theorie dient ein anderer Aspekt oder ein anderes Teilgebiet des Gegenstandsbereichs als bisher und eröffnet grundlegend neue Einsichten in das Phänomen der Sprache.

(3) Zu berücksichtigen ist die Wirkung, die der neue Ansatz auch außerhalb der eigenen Disziplin verzeichnen kann.

(4) Der neue Ansatz muß einen deutlichen Bruch mit dem vorausgegangenen Ansatz darstellen. Jedoch spricht es nicht von vornherein gegen die Annahme, es habe sich eine Revolution vollzogen, wenn noch gewisse Bindungen an die bisherige Tradition auszumachen sind.

1.1 Von diesen vier Kriterien treffen auf den junggrammatischen Ansatz lediglich das erste und das zweite zu, und auch diese nur mit gewissen Einschränkungen: Die junggrammatische Richtung steht mit ihrem starken Rückgriff auf die Psychologie in eindeutigem Gegensatz zur Sprachforschung GRIMMS, BOPPS und vor allem SCHLEICHERS und hat somit ihre Theorie maßgeblich auf einen Bereich gestützt, der als eine mögliche Grundlage für die Sprachwissenschaft zuvor nicht in Erwägung gezogen wurde. Die daraus resultierende Aufwertung der Analogie führte in Verbindung mit dem Postulat von der Ausnahmslosigkeit der Lautgesetze und dem Grundsatz, daß die an der Gegenwartssprache gewonnenen Erkenntnisse auf frühere Sprachstufen übertragbar sind, zu der Entwicklung einer Methode, die sich gegenüber dem an die Vorstellung von der Sprache als einem Naturorganismus gebundenen Ansatz SCHLEICHERS in der Tat als überlegen herausstellte. Die Leistungsfähigkeit ihrer Methode haben die Junggrammatiker zur Genüge unter Beweis gestellt; noch heute profitieren Sprachhistoriker von den Ergebnissen ihrer Forschungspraxis.

Von einer Widerlegung explizit vertretener Ansichten der Vorgänger kann jedoch nur insofern die Rede sein, als mit der junggrammatischen Erklärung des Sprachwandels durch die menschliche Psyche die Überzeugung widerlegt wurde,

---

matik — zugleich als Grundlage für die Ermittlung jener Kriterien, anhand derer eben dieser revolutionäre Charakter erst einmal nachzuweisen sein wird. Zweifelsohne ließen sich Bedenken gegen die Angemessenheit dieser Vorgehensweise anbringen. Andererseits befindet sich die Theorie der Sprachwissenschaftsgeschichtsschreibung derzeit noch in einem Stadium, in dem ein derart zirkuläres methodisches Vorgehen vertretbar erscheint, um überhaupt erst einmal eine Basis für die weitere Forschungspraxis schaffen zu können.

die Sprache sei ein eigenständiger, vom Menschen weitgehend unabhängiger Organismus. Konkrete Einwände gegen einen Einbezug psychologischer Faktoren von seiten der Vorgänger konnte es hingegen schon deswegen kaum geben, weil die Psychologie sich erst in der zweiten Hälfte des 19. Jahrhunderts als eine wissenschaftliche Disziplin etablierte.

1.2 Bezüglich der Forderung, als Basis müsse der neuen Theorie ein anderer Aspekt des Gegenstandsbereichs dienen als bisher, ist festzustellen, daß die Veränderung der Untersuchungsgrundlage sich eher als eine Erweiterung denn eine Verschiebung darbietet. Das heißt, die Junggrammatiker haben sich nicht von der Laut- und Formenlehre ab und der Syntax zugewendet, wie dies zum Beispiel bei CHOMSKY der Fall war, sondern waren bestrebt, alle drei Bereiche zu berücksichtigen und darüber hinaus die von ihnen häufig kritisierte etymologische Forschung ihrer Vorgänger auf eine sicherere wissenschaftliche Basis zu stellen. Dies führte jedoch nicht zu vollkommen neuen, als revolutionär zu bezeichnenden Erkenntnissen.

1.3 Das dritte Kriterium erfüllen die Junggrammatiker mit Sicherheit nicht: sie haben keine interdisziplinäre Revolution ausgelöst, keine sichtbare Wirkung auf andere Wissenschaften ausgeübt. Auch die positivistische Grundhaltung, die häufig als typisches Merkmal der junggrammatischen Sprachforschung angesehen wird und durch die sich nahezu die gesamte deutsche Philosophie im letzten Drittel des 19. Jahrhunderts geprägt zeigt, ist nicht ursprünglich von der Sprachwissenschaft ausgegangen, sondern ist vielmehr als eine Wirkung des allgemeinen "Zeitgeistes" zu betrachten, die sich in der Sprachwissenschaft ebenso niedergeschlagen hat wie in den übrigen philosophischen Wissenschaften.

1.4 Schwierig gestaltet sich die Beurteilung des junggrammatischen Ansatzes im Hinblick auf den vierten Punkt. Ein Vergleich mit den vorausgegangenen Ansätzen zeigt, daß die Nähe der Junggrammatiker zu ihren Vorgängern doch noch vergleichsweise groß ist: vor allem durch die unveränderte Überzeugung, daß eine wissenschaftliche Betrachtung der Sprache nicht von dem ihrem Objekt eigenen Phänomen des Wandels absehen kann und durch die — trotz der Befürwortung gegenwartssprachlicher Untersuchungen — dementsprechend grundsätzlich historische Ausrichtung des Ansatzes. Zudem stellt die junggrammatische Methode im Grunde genommen nur eine erweiterte, wenn auch erheblich verbesserte Fassung der Schleicherschen Methode dar, denn das Kernstück bildet hier wie dort die Annahme lautgesetzlicher Veränderungen.

Der eigentliche Gegensatz zwischen den beiden Ansätzen besteht in der unterschiedlichen theoretischen Fundierung. Hier weichen die Positionen SCHLEICHERS und der Junggrammatiker in der Tat in extremer Weise voneinander ab und führen nicht nur zu gegensätzlichen Anschauungen über den Standort der Sprachwissenschaft, sondern vor allem auch zu völlig unterschiedlichen Erklärungsversuchen in bezug auf die Veränderbarkeit der Sprache. Dabei kommt HERMANN PAUL in seinen *Prinzipien der Sprachgeschichte* den im Rahmen moderner Theorien angestellten Überlegungen zum Sprachwandel bereits sehr nahe. Insgesamt betrachtet sieht es aber wohl doch so aus, als sei die Traditionsanbindung der Junggrammatiker zu stark gewesen, als daß man von einem revolutionären Bruch (vgl. NEWMEYER

1986: 5) sprechen könnte, wenngleich es nach außen hin, auf der soziologischen Ebene, durchaus den Anschein haben mochte, als sei dieses Faktum gegeben gewesen.

Zieht man zwei weitere Aspekte hinzu, die über NEWMEYER hinaus berücksichtigenswert erscheinen, so bestätigt sich diese Auffassung:

(5) Eine Änderung des Forschungsziels, des Motivs, von dem der jeweilige Ansatz geleitet wird.[2]

(6) Die Möglichkeit, den Auslöser der "Revolution" benennen und damit den Zeitpunkt des "Revolutionsausbruchs" festmachen zu können.

1.5 Mit Sicherheit ist die Forschung der Junggrammatiker gegenüber der ihrer Vorgänger nicht mehr von der Euphorie über die (wenn auch nur angeblich neue) Erkenntnis SIR WILLIAM JONES' von der Verwandtschaft der europäischen Sprachen mit dem, wie man glaubte, sehr viel älterem und wegen seines Formenreichtums bewunderten Sanskrit geprägt, wie dies insbesondere bei JACOB GRIMM und BOPP der Fall war. In nicht unerheblichem Maße dürfte in dieser Anfangsphase der Sprachwissenschaft ein aus dem anhaltenden Wirken der Romantik hervorgehendes Nationalbewußtsein als treibende Kraft fungiert haben, wie dann in der Folge noch einmal bei SCHERER. SCHLEICHERS Forschung ist zwar frei von solch idealistischen Beweggründen, aber auch sie wird vornehmlich von der "genealogischen Idee" gelenkt, das heißt von dem Bestreben, die Verwandtschaftsverhältnisse der indogermanischen Sprachen exakt festzulegen und die gemeinsame Ursprache zu rekonstruieren. Bei den Junggrammatikern hingegen rückt die Sprache in ihrer Eigenschaft als ein spezifisch menschliches Ausdrucks- und Verständigungsmittel, als das Resultat des Zusammenspiels psychischer und physischer Vorgänge in den Vordergrund.[3]

Jedoch darf man nicht übersehen, daß dieses Bemühen, das eigentliche "Wesen" der Sprache zu erforschen, letztlich doch nur als Mittel zum Zweck diente, um nämlich auf einer sichereren theoretischen Basis als zuvor historisch ausgerichtete Sprachforschung betreiben zu können. Somit hat sich also das Motiv, von dem die junggrammatische Sprachwissenschaft geleitet wurde, noch nicht grundsätzlich geändert. Dazu kommt es erst mit SAUSSURE. Wohl aber ist mit der dem Sprachvergleich nunmehr an die Seite gestellten Grundlagenforschung ein merklich stärkeres Interesse an der Funktionalisierung sprachwissenschaftlicher Erkenntnisse zu verzeichnen. Auch wenn die Überlegungen zu Problemen des Sprachunterrichts oder der Frage der Orthographiereform eher ein Nebenprodukt als ein die Sprachforschung bestimmendes Motiv darstellten, kann man hierin doch zumindest eine Interessenerweiterung sehen, wenn auch keine Änderung der primären Forschungsziele.

[2] Die Umschreibung "leitendes Motiv" ist hier dem Begriff des Forschungsziels vorzuziehen, weil sie weniger die Vorstellung von konkreten Einzelzielen weckt, als die eines umfassenderen, übergreifenden Zieles, das die Frage nach dem Sinn und den zentralen Aufgaben der Sprachwissenschaft mit einbezieht.

[3] Im Grunde genommen muß man sagen, das Bestreben, das Phänomen der Sprache als solche, "an und für sich" zu ergründen, rückt *wieder* in den Vordergrund, denn derartige Versuche haben bekanntlich eine lange, "vorwissenschaftliche" Tradition.

1.6 Im Hinblick auf den sechsten Punkt ist festzustellen, daß sich die Herausbildung des junggrammatischen Ansatzes über einen vergleichsweise langen Zeitraum erstreckt. Somit erscheint es fraglich, ob man die zweifellos bedeutenden, andererseits aber doch wohl auch nicht völlig unerwarteten Publikationen des Jahres 1876 noch als revolutionäre Ereignisse bezeichnen kann, die vergleichbare Wirkungen hervorgerufen haben wie zum Beispiel das Erscheinen von CHOMSKYS *Syntactic structures*. Ebensowenig ist das von KARL BRUGMANN verfaßte Vorwort des zwei Jahre später erschienenen ersten Bandes der *Morphologischen Untersuchungen auf dem Gebiete der indogermanischen Sprachen* als revolutionsauslösend anzusehen, denn wenn damit auch einiger Aufruhr evoziert wurde, so war es doch eher der provokative Stil als der programmatische Inhalt, der die Kritik auslöste.

Das legt die Überlegung nahe, die Revolution bereits viel früher anzusetzen, nämlich 1868 mit dem Erscheinen von WILHELM SCHERERS *Zur Geschichte der deutschen Sprache*. Dagegen spricht jedoch, daß die Wirkung des Buches zwar im ganzen positiv war und sein anregender Wert im allgemeinen auch von den Junggrammatikern durchaus anerkannt wurde, daß diese es andererseits aber auch an Kritik durchaus nicht fehlen ließen, die, mag sie zum Teil noch so sehr persönlich gefärbt gewesen sein, in der Sache berechtigt war. Die Unterschiede zwischen dem Ansatz SCHERERS und dem der Junggrammatiker sind zu groß, um von einer SCHERERSCHEN Revolution sprechen zu können, aus der als direktes Resultat die junggrammatische Forschungspraxis hervorgegangen ist. Das hieße immerhin, daß das Verhältnis zwischen ihm und den Junggrammatikern vergleichbar gewesen wäre mit dem DE SAUSSURES zum taxonomischen Strukturalismus oder dem CHOMSKYS zur generativen Transformationsgrammatik. In diesem Zusammenhang darf jedoch weder der Einfluß WHITNEYS vergessen werden, noch die bedeutende Rolle, die LESKIEN bei der Herausbildung der junggrammatischen Richtung zukam, wodurch die Position SCHERERS gegenüber den Junggrammatikern eine deutliche Relativierung erfährt. Zudem sind es nicht SCHERERS Publikationen, sondern die der Junggrammatiker gewesen, die die Diskussion um den neuen Ansatz auslösten. Und so trifft denn auch das erste der von NEWMEYER unter soziologischen Gesichtspunkten zu berücksichtigenden Kriterien auf die Junggrammatiker zu.

2. Die soziologische Ebene

2.1 NEWMEYER vertritt die Ansicht, daß an Stelle von KUHNS Forderung einer grundsätzlichen Anerkennung des neuen Ansatzes innerhalb der gesamten wissenschaftlichen Gemeinschaft der Frage nachzugehen ist, ob der neue Ansatz allgemein diskutiert wird, das heißt, ob er eine derartige Wirkung hat, daß er von keinem Wissenschaftler der betreffenden Disziplin ignoriert werden kann (vgl. NEWMEYER 1986: 6ff.). In der Tat dürfte es in den 70er und 80er Jahren des vorangegangenen Jahrhunderts kaum einen Sprachwissenschaftler gegeben haben, der nicht in irgendeiner Weise zum Ansatz der Junggrammatiker Stellung genommen hat. Wo dies nicht in Form einer aktiven Beteiligung an den direkten, sich vor allem in Rezensionen niederschlagenden Auseinandersetzungen geschehen ist, geben Anmerkungen und Literaturhinweise in den eigenen Publikationen Aufschluß über den jeweiligen Standpunkt. Ein Ignorieren war jedenfalls kaum möglich.

Daß viele nur nach außen hin Kritik geübt, sich in ihrer Forschungspraxis hingegen der neuen Richtung angeschlossen haben, zeigt aber auch, daß man differenzieren muß zwischen persönlich und sachlich motivierten Auseinandersetzungen. Mit anderen Worten: wird ein Ansatz kontrovers diskutiert, so ist damit noch nicht unbedingt seine grundsätzliche Neuartigkeit bewiesen. Bemerkenswert ist in diesem Zusammenhang auch, daß gerade die Wirkung des "Anwärters", der an sich die größten Aussichten hätte haben müssen, als revolutionär betrachtet zu werden, unverhältnismäßig schwächer ausgefallen ist als zum Beispiel die des ersten Bandes der *Morphologischen Untersuchungen:* Die Progressivität der Inhalte von PAULS *Prinzipien* aufgedeckt zu haben, ist genau genommen erst das Verdienst der Sprachwissenschaftsgeschichtsschreibung des 20. Jahrhunderts. Sie zeigt sich zudem in der Häufigkeit, mit der auf PAUL in neueren, verschiedensten Themen gewidmeten Veröffentlichungen Bezug genommen wird. Die eher zurückhaltende Aufnahme der *Prinzipien* zur Zeit ihres Erscheinens kann vermutlich darauf zurückgeführt werden, daß die Diskussion um den junggrammatischen Ansatz bereits sehr stark in bestimmte Bahnen gelenkt war, das heißt, abgesehen von vornehmlich persönlich motivierten Auseinandersetzungen zeigte man sich vor allem auf die Lautgesetzfrage fixiert und auf den damit zusammenhängenden Versuch nachzuweisen, daß der junggrammatische Ansatz so neu und bahnbrechend gar nicht ist, wie seine Vertreter es vielfach darstellten.

Ob PAUL darüber hinaus die etwas schwache Reaktion auf sein Werk nicht möglicherweise durch seinen anspruchsvollen Stil ungewollt selbst provoziert hat, muß dahingestellt bleiben. Immerhin schreibt EDUARD SIEVERS nach einer ersten Lektüre der *Prinzipien* in einem Brief an PAUL:

> ...ich habe Dein opus — für welches ich Dir bestens danke, sogar gleich auf einen satz wenigstens durchgeschnuppert, auch bereits die übliche lärmtrompete im colleg geblasen. Du bist doch ein grosser schlaumeier und die sachen sind äusserst wichtig, hie und da einen kleinen tiftel ausgenommen, über den wir wohl einmal reden werden — aber, die hand auf's herz, alter junger, glaubst Du nicht selber dass es sehr arger caviar für die völker ist? Ich fand es stellenweise nicht ganz leicht zu lesen, und ich stecke doch in den grundanschauungen einigermassen mit drin, abgesehen vom philosophischen, das mir stets einiges bauchgrimmen und verdauungsbeschwerden erregt. (SIEVERS an PAUL, 2.11.1880)

Und in einem weiteren Brief heißt es:

> Mit meinem "Urtheil" über deine Principien hast Du mich wohl etwas falsch verstanden; ich dachte nur an das factische, dass viele Leute zu faul sein werden das Buch zu lesen, gerade diejenigen welche fortwährend nach einer "Systematik" sich die Kehle heiser schreien, wie Scherer u. Consorten. Ich nannte also Dein Buch Caviar nicht weil es falsch zubereitet ist, sondern weil die Leute noch nicht gelernt haben überhaupt Caviar zu essen.(SIEVERS an PAUL, 25.12.1880)[4]

---

[4] Die Briefe befinden sich im Nachlaß von HERMANN PAUL, Universitäts Bibliothek München, Abteilung Handschriften und Alte Drucke (Signatur: Nachl. HERM.PAUL

2.2 Das zweite im soziologischen Bereich angesiedelte Kriterium betrifft die Reaktion der Vertreter des bisherigen Paradigmas, "the Old Guard", wie NEWMEYER sie nennt (1986: 9): sie müssen sich dem neuen Ansatz gegenüber neutral bis ablehnend verhalten, die neue Theorie jedenfalls nicht für ihre eigene Forschungspraxis übernehmen. Denkt man zum Beispiel an POTT und vor allem an CURTIUS als die (neben dem bereits verstorbenen SCHLEICHER) namhaftesten Vertreter der den Junggrammatikern gegenüber "alten Garde", so trifft auch dieses Kriterium zu.

3. Der Einfluß im institutionellen Bereich

Es bleibt schließlich die Frage, ob es den Junggrammatikern gelungen ist, sich institutionell zu etablieren und ob sie womöglich gar zu einer Expansion ihrer Disziplin beigetragen haben. Letzteres ist mit Bestimmtheit zu verneinen, von einem verstärkten, vor allem auch institutionell gestützten sprachwissenschaftlichen Interesse kann im letzten Drittel des 19. Jahrhunderts nicht die Rede sein. Gefördert wurde die Philologie im traditionellen Sinne, die ihrerseits wieder im Hinblick auf ministerielle Unterstützung — damals wie heute — häufig das Nachsehen gegenüber den Naturwissenschaften hatte. Der Bedarf an Philologen im umfassenderen Sinne wurde zudem durch das wachsende Interesse an der neueren Literaturwissenschaft verstärkt. Dies wiederum hatte zur Folge, daß der Einfluß der "Berliner Neuliterarhistoriker", wie SCHERER und seine Anhänger und Schüler von den Junggrammatikern oftmals bezeichnet wurden, bei Stellenbesetzungen zunächst weitreichender war als der der Junggrammatiker, die sich mit diesem Teilgebiet der Philologie wenn überhaupt, so nur am Rande beschäftigten.

Trotz der anfänglichen Schwierigkeiten läßt sich in Deutschland aber doch eine langanhaltende junggrammatische Tradition beobachten: Noch heute gehören vor allem die Handbücher und die Kompendien der Junggrammatiker zu den Standardwerken der sprachhistorisch orientierten Germanisten wie der Indogermanisten und werden nur langsam durch strukturalistisch ausgerichtete diachronische Arbeiten ersetzt oder vielmehr ergänzt, denn mit ihren umfassenden Materialsammlungen wird eine Vielzahl der junggrammatischen Werke auch in Zukunft ihren Wert als Hochschullehrbuch und wissenschaftliches Arbeitsinstrument behalten und ihren Platz neben den modernen, sich weniger auf eine möglichst vollständige Darlegung einzelner Sprachwandelerscheinungen als auf deren systembezogene Erklärung konzentrierenden Darstellungen behaupten können.

Die *Mittelhochdeutsche Grammatik* von HERMANN PAUL, um nur ein Beispiel anzuführen, gehört noch mehr als hundert Jahre nach ihrem Erscheinen (1881) zu den unumgänglichen Grundlagenwerken eines jeden Mediävisten, obwohl die späteren Bearbeiter stets darauf bedacht waren, den junggrammatischen Charakter des Werkes weitgehend unangetastes zu lassen, so daß kaum Einflüsse moderner diachronischer Ansätze festzustellen sind. Und auch die beiden bedeutenden

acc.V.14636). Der zweite wurde 1978 von BAUR veröffentlicht (BAUR 1978: 358f.), der erste 1989 von mir (343f.).

junggrammatischen Organe — die *Indogermanischen Forschungen* und die seit 1955 in Halle beziehungsweise Leipzig und Tübingen erscheinenden *Beiträge zur Geschichte der deutschen Sprache und Literatur* — können mittlerweile auf eine rund hundertjährige Tradition zurückblicken.

Aber obwohl die Sprachwissenschaft in Deutschland sich dem junggrammatischen Ansatz länger verpflichtet zeigte als außerhalb der 'Heimat' der Junggrammatiker, wo die mit dem Erscheinen von SAUSSURES *Cours* ausgelöste Revolution zur Herausbildung der verschiedenen strukturalistischen Schulen führte, die fortan die Forschungspraxis bestimmten, hat der junggrammatische Ansatz doch auch in Deutschland seine Vormachtstellung verloren, als in den 30er Jahren die vor allem mit dem Namen LEO WEISGERBERS verbundene inhaltbezogene Grammatik in den Mittelpunkt rückte. Der Einfluß dieser "(west)-deutsche[n] 'Sonderform der Auseinandersetzung mit den Junggrammatikern"' (NEUMANN zit. nach HELBIG 1974: 148), deren Entstehung und weitgehend auf Deutschland beschränkte Anerkennung wohl vor allem als eine Folge der wisenschaftlichen Isolierung während des Dritten Reiches gesehen werden muß, schlägt sich noch heute in so weit verbreiteten Grammatiken wie der von ERBEN oder von DROSDOWSKI (= Duden-Grammatik) nieder. Insofern läßt sich also auch für Deutschland eine Ablösung der junggrammatischen Forschungspraxis durch einen primär synchronisch ausgerichteten Ansatz feststellen, auch wenn es hier keine strukturalistische Revolution gegeben hat, denn die in den 50er und 60er Jahren einsetzenden Bemühungen, den Anschluß an die internationale Entwicklung der Linguistik wiederzugewinnen, wird man allenfalls als räumlich begrenzte revolutionäre Nachwehen bezeichnen können.

Zusammenfassend bleibt festzuhalten: Es hat keine junggrammatische Revolution im Sinne von KUHN gegeben, und da der Begriff des Paradigmas eng mit dem der Revolution verknüpft ist (kein Paradigmenwechsel ohne eine Revolution), wird man auch die Frage nach einem junggrammatischen Paradigma verneinen müssen. Andererseits würde man dem Ansatz der Junggrammatiker nicht gerecht, wollte man in ihm lediglich eine Fortsetzung oder Erweiterung des historisch-vergleichenden Paradigmas sehen. Vielmehr ist der junggrammatische Ansatz als eine Phase des Übergangs zwischen der historisch-vergleichenden Sprachwissenschaft des 19. Jahrhunderts und der strukturellen Linguistik des 20. Jahrhunderts aufzufassen, das heißt, er steht zwischen zwei ausgesprochen gegensätzlichen Phasen in der Sprachwissenschaft, wobei er sich der vorausgegangenen ebenso verpflichtet zeigt, wie er der folgenden vorgreift. Daraus ergibt sich der Vorschlag, das Paradigma-Modell KUHNS durch das Element der "Übergangsphase" zu ergänzen. Zentrales Kennzeichen einer solchen Phase ist ein ausgewogenes Verhältnis von Tradition und Fortschritt, Kontinuität und Diskontinuität.

LITERATUR

BAHNER, WERNER

1981 Theoretische und methodologische Aspekte in der Geschichte der Sprachwissenschaft. In: *Linguistische Studien,* Reihe A, **86**, 1–18.

BAUR, GERHARD W.

1978 Aus der Frühzeit der "Beiträge". Briefe der Herausgeber 1870–1885. In: *Beiträge zur Geschichte der deutschen Sprache und Literatur* **100**, 337–368.

DIDERICHSEN, PAUL

1974 The foundation of comparative linguistics: revolution or continuation? In: HYMES (1974), 277–306.

EINHAUSER, EVELINE

1989 *Die Junggrammatiker. Ein Problem für die Sprachwissenschaftsgeschichtsschreibung.* Trier: Wissenschaftlicher Verlag Trier.

HELBIG, GERHARD

1974 *Geschichte der neueren Sprachwissenschaft.* Reinbek bei Hamburg: Rowohlt. (1. Aufl. 1970)

HYMES, DELL (ED.)

1974 *Studies in the history of linguistics. Traditions and paradigms.* Bloomington, London: Indiana University Press.

KOERNER, E.F.K.

1978a *Toward a historiography of linguistics. Selected essays.* Amsterdam: Benjamins.

1978b Towards a historiography of linguistics: 19th and 20th century paradigms. In: KOERNER (1978a), 21–54.

1978c 1876 as a turning point in the history of linguistics. In: KOERNER (1978a), 189–209.

1981 The neogrammarian doctrine: breakthrough or extension of the Schleicherian paradigm. A problem in linguistic historiography. In: *Folia linguistica historica* **2**, 157–178.

KUHN, THOMAS S.

1976 *Die Struktur wissenschaftlicher Revolutionen. Zweite revidierte und um das Postscriptum von 1969 ergänzte Auflage.* Frankfurt: Suhrkamp. (Übers. von: *The structure of scientific revolutions.* Second edition, enlarged. Chicago, London: University of Chicago Press. — 1. Aufl. 1962)

NEWMEYER, FREDERICK J.

1986 Has there been a 'Chomskyan revolution' in linguistics? In: *Language* **62**, 1–18.

OSTHOFF, HERMANN / BRUGMANN, KARL

1974 *Morphologische Untersuchungen auf dem Gebiete der indogermanischen Sprachen.* Hildesheim, New York: Olms. (Nachdruck der Bände I–III von 1878–1880)

Paul, Hermann

1880 *Principien der Sprachgeschichte.* Halle: Niemeyer.

1975 *Prinzipien der Sprachgeschichte.* 9., unveränderte Auflage. Tübingen: Niemeyer. (Nachdruck der 5. Aufl. 1920)

Pearson, Bruce L.

1977 Paradigms and revolutions in linguistics. In: *Lacus forum* **4**, 384–390.

Robins, R.H.

1978 The neogrammarians and their nineteenth-century predecessors. In: *Transactions of the philological society 1978. Commemorative volume: the neogrammarians.* 1–16.

Růžička, Rudolf

1977 *Historie und Historizität der Junggrammatiker.* Berlin: Akademie-Verlag.

Scherer, Wilhelm

1868 *Zur Geschichte der deutschen Sprache.* Berlin: Duncker. (2. Ausgabe 1978)

Der Handlungscharakter der Sprache bei Karl Bühler und Bronislaw Malinowski

Stefan Henzler
Hamburg

Einige Jahre vor dem Aufkommen des linguistischen Strukturalismus in Europa und den USA sahen sich der Ethnologe BRONISLAW MALINOWSKI (1884–1942) und der Psychologe KARL BÜHLER (1879–1963) in Auseinandersetzung mit speziellen Sachproblemen ihrer jeweils eigenen Disziplin mit der Sprache als Forschungsgegenstand konfrontiert. Unabhängig voneinander gelangten sie zu ähnlichen Sprachauffassungen, die wenig ins strukturlinguistische Paradigma passen und deshalb von der Linguistik in ihrer Bedeutung bis heute meist unterschätzt zu werden pflegen.

Malinowski hatte es bei seinen ersten größeren Feldforschungen (1915–1918 auf den Trobriand-Inseln im Osten Neuguineas) mit den besonderen Schwierigkeiten der Übersetzung und Beschreibung einer der europäischen Zivilisation sehr fernstehenden Eingeborenensprache zu tun (MALINOWSKI 1920: 35; 1923: 299f). Für viele kulturspezifische Begriffe, z.B. spezielle Techniken der Güterbeschaffung, Termini für bestimmte Gebräuche, Glaubensüberzeugungen oder magische Riten, fand er nicht einmal eine annähernd treffende Übersetzung, weil bei uns oft keine auch nur entfernt vergleichbaren Phänomene existieren. Bei der Bedeutung grammatischer Formen stieß er (1923: 303) auf subtile Verschiedenheiten, etwa zwischen dortigen Verbmodifikationen und den indoeuropäischen Tempora, die damalige Grammatikwerke unter Annahme scheinbarer Strukturäquivalenzen einfach unterschlugen. Weil die *sprachliche* Andersartigkeit letztlich aus *kultureller* Andersartigkeit der Sitten und Rituale, der sozialen und psychischen Grundeinstellungen, der technischen Fertigkeiten und der gesellschaftlichen Organisationsprinzipien herrührt, forderte und suchte Malinowski fortan in theoretischen Erwägungen (1920; 1923; 1935, Teil 4 und 6) und empirischen Einzelanalysen (1920; 1922; 1935) eine allgemeine THEORIE DER SYMBOLE UND DER BEDEUTUNG ("a theory of symbols", "a Science of Symbolism and Meaning", 1923: 296), die den Zusammenhang zwischen sprachlichen Gegebenheiten und den sie bedingenden kulturellen Determinanten möglichst präzise erfaßt und im konkreten Einzelfall — linguistisch wie ethnographisch — beschreiben hilft.

Bühler unternahm in seiner ersten großen Forschungsarbeit (1907/08) als Repräsentant der 'Würzburger Schule' der Denkpsychologie eine experimentelle Analyse komplexer Denkprozesse. Er schloß aus dem, was seine Versuchspersonen unmittelbar nach dem Lösungsversuch kleiner Denkaufgaben über das dabei Erlebte berichten konnten, auf Arten und Abläufe des Denkens. So hatte er es beim "Auffassen von Gedanken" wesentlich mit dem "Verstehen von Sätzen" (ebd., II, 12) und bei der "Ausgestaltung der Erinnerung" mit dem "Finden der Sätze" zu tun (ebd., III, 74) und befand sich in diesen Teilbereichen *denk*psychologischer Forschung am Rande der genuin *sprach*psychologischen Fragen, "nach welchen Gesetzen sich an das Denken das Sprechen anschließt" (ebd., III, 85) und "wie ... sich der zu verstehende Gedanke aus den Wortbedeutungen auf(baut)" (ebd., II, 18). Bühlers (dafür nicht eingerichtete) Versuche lieferten nur wenige Hinweise; z.B., daß der Sprecher zwischen den Bedeutungen und dem sprachlichen Produkt ein spezifisches (weder 'logisch', noch 'assoziativ' konfiguriertes) "Wissen um die Satzform" als "Operationsplan" einsetzt (ebd., III, 86) oder daß der Hörer Syntax und Wortbedeutungen des zu Verstehenden als Anweisungen zur Sinnkonstitution verwertet (ebd., II, 18). Doch Bühler begann daraufhin eine gründliche nahezu lebenslange Arbeit an einer allgemeinen Sprachtheorie (vgl. BÜHLER 1909 bis 1969), die den Zusammenhang zwischen sprachlichen Leistungen im Gebrauch und möglichst allen sie bedingenden Faktoren angemessen erfassen und damit empirische Fragen in allen Bereichen der Sprachforschung leitend bewältigen helfen sollte.

Für Malinowski und Bühler geriet also die Sprache als Träger kultureller Fakten oder kognitiver Inhalte ins Blickfeld der Forschung. Als Nichtlinguisten blieben sie dabei von Saussures Postulaten unbelastet: Sprache reduzierte sich für sie nicht auf *autonom beschreibbare einzelsprachliche Systeme* syntaktischer, semantischer und (später einfach zusätzlich auch) pragmatischer Natur; vielmehr waren für beide auch die Einzelsprachen zuallererst *von sozialen und psychischen Determinanten abhängige Instrumente* zum Transport von Bedeutungen, Systeme von Zeichen, deren eigentliches Wesen mit der gleichberechtigten und isolierten Analyse von Syntax, Semantik und Pragmatik à la Morris hoffnungslos verfehlt wird. Wie jedes Zeichensystem erfüllen auch die sprachlichen ihrem Wesen nach außer ihnen befindliche Zwecke (Funktionen), nämlich *zu bedeuten*, und sie sind deshalb und dafür in Sprachprozessen *entstanden*, werden dafür prozessual *verwendet* und besitzen deshalb und dafür eine auf ihre äußerlichen Zwecke hin organisierte interne *Struktur*. So ist die SEMANTIK als Theorie des Bedeutens, die nach Wesen, Arten und Abläufen dieses semiotischen Prozesses fragt, für Malinowski wie für Bühler das Kernstück einer jeden Semiotik, von dem 'Pragmatik' gar nicht trennbar ist — denn wo sonst als in der VERWENDUNG der Zeichen sollte das Bedeuten geschehen? — und von dem die Fragen der GENESE (Wie entsteht Bedeutung? Wie entstand sie?) und der STRUKTUR (Wie wird Bedeutung strukturell realisiert?) stets funktional abhängig bleiben.

Sprachliche Bedeutung ergibt sich für MALINOWSKI (1923: 306f) großenteils aus der Beziehung zwischen den Sprachformen und der Umgebung, in der jene im konkreten Einzelfall Verwendung finden. Die 'Umgebung' denkt er sich gestaffelt vom LINGUISTIC CONTEXT, dem Bezug zu vorangehenden und nachfolgenden Sprachformen, über den CONTEXT OF SITUATION, der den Bezug zu allen unmittelbaren Umständen der Äußerung, also neben den benutzten Sprachformen zu Zeitpunkt, Ort, beteiligten Personen und gerade stattfindenden Ereignissen umfaßt, bis hin zu KULTUR und UMWELT (culture, environment) der jeweiligen Sprachgemeinschaft, in denen beide Kontextstufen immer verankert bleiben.

Schriftliche Dokumente, geschaffen in der Absicht, ohne eine unmittelbare Äußerungssituation verständlich zu sein, transportieren ihre Bedeutung vornehmlich über den linguistischen Kontext alleine; ein volles Verständnis des gesprochenen Wortes hingegen wird stets nur möglich im weiteren Rahmen des Situationskontextes, im ethnographischen Falle sogar nur mit ausführlichen Erläuterungen zur fremden Kultur und Umwelt. Der Linguistik, die sich damals fast ausnahmslos mit geschriebener Sprache befaßte, hielt Malinowski mit einigem Recht entgegen, "the one relevant and real" "perspective" zur Bildung fundamentaler linguistischer Begriffe liege in der ethnographischen Analyse gesprochener Sprache und ihrer kontextuellen Bezüge, stellt doch das in konkreten Situationen rezenter Kulturen gesprochene Wort den ursprünglichsten beobachtbaren Sprachtypus dar (ebd., 307f).

Abgesehen von der empirisch-ethnographischen Ausrichtung dieses Programms ist auch für Bühler das gesprochene Wort, in sehr freier Interpretation von Platons Dialog *Kratylos*: die "sprachliche Mitteilung" von *einem* (dem Sprecher) an einen *anderen* (den Hörer) über die *Dinge* (Gegenstände und Sachverhalte der Welt, der Phantasie usw.) als "die an Grundbezügen reichste Erscheinungsform des konkreten Sprechereignisses" der Ausgangspunkt sprachlicher Theoriebildung (im "Organonmodell der Sprache", BÜHLER 1934: 24ff). Die Art und Weise, wie die Bedeutung der sprachlichen Mitteilung von ihrer 'Umgebung' mitkonstituiert wird, verfolgte Bühler in seinen ganz eigenen Termini verschiedener sprachlicher und die Sprache umgebender FELDER — zwar ohne speziellen Blick auf die ethnographisch sichtbaren Kulturdifferenzen, aber an zahlreichen Beispielen bis tief in Details nicht nur indoeuropäischer Sprachstrukturen hinein und in so gründlicher Durchdringung des allgemeinen theoretischen Problems, daß sich die Felderlehre (BÜHLER 1934, Kap. II und III) von der Sache her wie eine theoretische Ausgestaltung von Malinowskis Kontextbegriffen liest.

Die SYMBOLWERTE, die lexikalisch-konventionellen Bedeutungsspielräume der Wörter, werden nach Bühlers Felderlehre durch die in den syntaktischen Bezügen der Sätze enthaltenen FELDWERTE im sog. SYNSEMANTISCHEN UMFELD ergänzt. Außerdem determinieren deiktische Ausdrücke mit anaphorischen Vor- und Rückverweisen im ZEIGFELD bedeutungskonstitutive Bezüge auch über die Satzgrenze hinaus. Ungefähr so weit sprach Malinowski von 'linguistic context'. In gesprochener Sprache werden 'Symbolwerte' jedoch häufig erst im direkten Bezug auf die gemeinten Gegenstände und Sachverhalte des Situationskontextes spezifiziert, und 'Feldwerte' im 'synsemantischen Umfeld' sind oft in hohem Grade substituiert durch solche aus dem SYMPRAKTISCHEN oder EMPRAKTISCHEN UMFELD, nämlich den Ereignissen und Handlungen der Sprechsituation, ohne daß solche alltäglichen 'syntaktischen Ellipsen' (z. B. 'einen schwarzen' als Bestellung im Café, vgl. BÜHLER 1934: 157) semantisch in irgendeiner Form unvollständig wären. Deiktische Ausdrücke wiederum verweisen mit den Techniken des Zeigfeldes der Sprache auf räumliche, zeitliche und personale Faktoren der Sprechsituation (Bühler: DEMONSTRATIO AD OCULOS) und erhalten erst aus diesen konkreten Bezügen ihre referenzsemantische Bestimmung.

Auch schriftliche Sprachformen enthalten situationsbezogene Bedeutungsanteile. Die Beschriftung eines Gegenstandes mit seinem Namen (z.B. auf den Schildern der Ortseingänge) stellt einen Fall physisch bezogenen Bedeutens im SYMPHYSISCHEN UMFELD dar. Und mit den Mitteln des Zeigfeldes ist es möglich, auf bloß vorgestellte (vergangene oder fiktive) Situationen zu verweisen (Bühler: DEIXIS AM PHANTASMA), deren Verständnis lediglich mehr oder weniger allgemeine Kenntnisse über Kultur und Umwelt der Sprachgemeinschaft erfordert.

"To form a view of the nature of language", beobachtete Malinowski, wie die Trobriander die Sprache in den gemeinsamen Handlungen ihres Stammeslebens einsetzen (MALINOWSKI 1923: 310ff). Grundbetätigungen der Versorgung wie etwa die Lagunenfischerei führen entsprechend erfahrene arbeitsteilig kooperierende Stammesmitglieder nach tradierten Regeln durch. Neben GEFÜHLSÄUSSERUNGEN über Erfolg oder Mißerfolg einzelner Operationen, die — solange es die Beute verjagen könnte — sehr verhalten bleiben, werden stark situationsgebundene gestische, mimische und sprachlich-deiktische Zeichen sowie hochgradig auf die jeweiligen Arbeitsgeräte und Arbeitsvorgänge spezialisierte technische Ausdrücke benutzt, die als HINWEISE UND ANWEISUNGEN zur Koordination der einzelnen Teilhandlungen dienen: zur Anordnung der Kanus um einen gesichteten Fischschwarm, zum Ablassen des die Beute einschließenden Ringnetzes oder zum schließlichen Eintreiben der Fische in die kleineren Fangnetze.

Sprache ist hier "the one indispensable instrument for creating the ties of the moment without which unified social action is impossible" (ebd., 310). Sie ist wesensmäßig verknüpft mit dem Situationskontext und dem Ziel der Tätigkeit ("essentially bound up with the context of situation and with the aim of the pursuit", ebd., 311). Ihre Bedeutung ergibt sich nur durch persönliche Teilnahme an dieser Art von Tätigkeit, sie wird nicht durch Nachdenken, sondern durch Handeln ("not through reflection but through action") erlernt (ebd., 311f).

Diesen Handlungscharakter tätigkeitsspezifischer Sprache ("technical language, in matters of practical pursuit", ebd., 311) zeichnet nach Malinowski auch die anderen schon in rezenten Kulturen vorfindlichen sprachlichen Gebrauchsweisen aus: die von ihm (1922; 1935) ausführlich untersuchte SPRACHE DER MAGIE deshalb, weil die Eingeborenen glauben, mit ihr in das reale Geschehen handelnd, d.h. wirkungsvoll eingreifen zu können; die Sprache der (1923: 315) als PHATIC COMMUNION bezeichneten Pflege des Sozialkontakts, weil die rein gesellige Unterhaltung zwar keine (von zweckgerichteten Betätigungen determinierte) INSTRUMENTELLE, sondern eine (situativ angeblich nicht determinierte) SOZIALE Funktion erfüllt, gleichwohl aber eine Form von Handeln verkörpert; und sogar die ERZÄHLENDE REDE, die bei den Eingeborenen "primarily a mode of social action rather than a mere reflection of thought" sein soll (ebd., 313).

Für Malinowski ist Sprache deshalb in ihren ursprünglichen und bis heute vorherrschenden Gebrauchsweisen ein MODUS MENSCHLICHEN VERHALTENS, "a mode of action and not an instrument of reflection" (ebd., 312). Sie koordiniert Handlungen und ist selbst ein Teilstück der Handlungskontinua menschlicher Sprachgemeinschaften, während ihr Gebrauch als GEDANKENINSTRUMENT, "as a means for the embodiment or expression of thought", eine ihrer abgeleitetsten und spezialisiertesten Funktionen ("one of its most derivate and specialized functions") darstellt, die sich erst in den zivilisierten Gemeinschaften zusätzlich und ohne völlige Abkoppelung vom ursprünglichen "pragmatic character" herausgebildet hat (ebd., 316).

Auch Bühler betonte die Integration der Sprache in Handlungskontinua — vom empraktischen Umfeld und der sprachlichen Mitteilung im konkreten Sprechereignis war schon die Rede. Doch mit größerer theoretischer Präzision und ohne diese gewisse Einseitigkeit, die Malinowski in dem Bemühen unterlief, der Sprachforschung den damals vernachlässigten Handlungsaspekt pointiert entgegenzuhalten, versuchte Bühler, dem komplexen Funktionsgeflecht des Sprachgebrauchs in thematisch weitreichenden Modellbildungen sehr synthetischen Charakters gerecht zu werden.

So ist die im empraktischen Umfeld situierte tätigkeitsspezifische Sprache, wie sie Malinowski bei den Trobriandern genau beobachtete, über die FELDERLEHRE mit den anderen sprachlichen Gebrauchsweisen in einen stringenten Zusammenhang jeweiliger 'linguistischer' und 'situativer' Kontextbezüge gebracht.

Bühlers sprachtheoretisches 'Axiom C' (1934: 48ff) integriert "in zwei sich kreuzende(n) Dichotomien" auf anspruchsvolle Weise Gebrauchs- und Systemmomente: als 'Gebrauchsmomente' die einzelne, im Alltagskontinuum situierte SPRECHHANDLUNG und das einzelne, seinen ursprünglichen Situationskontext transzendierende (mündlich überlieferte oder schriftlich fixierte) SPRACHWERK; als 'Systemmomente' den im Sprachgebrauch vollzogenen SPRECHAKT (Searles späteren *speech act*) und das im Sprachgebrauch angewendete SPRACHGEBILDE (Saussures *langue*); wobei alle Bezüge zwischen den "vier Momenten" in ihrem theoretischen Stellenwert diskutiert werden.

Nach dem 'Organonmodell' (BÜHLER 1934: 24ff) konstituiert sich die Bedeutung menschlicher Sprache grundsätzlich und erschöpfend in APPELL, AUSDRUCK und DARSTELLUNG, "drei weitgehend variablen Sinnbezügen" oder "semantischen Funktionen" (ebd., 28), die meist viel zu eng als konkrete Kommunikationsfunktionen mißverstanden wurden — JAKOBSON (1960) ist der dafür prominenteste Fall. Unter 'Appell' versteht Bühler schlichtweg alle Dimensionen des äußerlich beobachtbaren VERHALTENS von Sprecher und Hörer, die zur Semantizität der Sprache in irgendeiner Weise beitragen; der 'Ausdruck' umfaßt entsprechend alle Dimensionen des in der Wahrnehmung des andern und im Bewußtsein über sich selbst zugänglichen inneren ERLEBENS, soweit es in die Semantik der Sprache Eingang findet; die 'Darstellung' schließlich umfaßt alle semantisch relevanten Dimensionen des sprachlichen Bezugs zu den Gegenständen und Sachverhalten der WELT.

"Weitgehend unabhängig variabel" sind die drei Sinnbezüge deshalb, weil sie in den verschiedenen sprachlichen Gebrauchsweisen unterschiedlich gewichtet werden und — funktional wie strukturell — vielfältige konkrete Erscheinungsformen aufweisen. In den handlungskoordinierenden HINWEISEN tätigkeitsspezifischer Sprache dominiert die Verhaltensdimension des Appells, die Malinowski zurecht als elementar hervorhob. Spricht er jedoch von handlungsbegleitenden GEFÜHLSÄUSSERUNGEN, so dominiert die Erlebnisdimension des Ausdrucks, und im Gebrauch der Sprache als GEDANKENINSTRUMENT dominiert der Weltbezug der Darstellung, der nach Bühler zum Wesen der Menschensprache gehört und deshalb — weniger dominant — auch schon bei rezenten Kulturen vorhanden ist.

Obwohl also Malinowski durchaus Erscheinungen aller drei Sinnbezüge bewußt wahrgenommen hat, war es Bühler, der die genetisch wie systematisch diffizile Verschränkung der Verhaltensdimension mit den nicht einfach auf Verhalten rückführbaren Dimensionen des inneren Erlebens und des Weltbezugs von Sprache in teilweise wenig bekannten Schriften erforschte (u.a. 1921; 1925; 1927; 1936; 1969). Bühler behandelte Vorstufen menschlicher Sprache von den niederen Tieren über Bienen- und Ameisensprache bis hin zu intelligenten Schimpansenleistungen. Er entwickelte ein genetisches Modell von Verhaltens- und Motivationsstufen (INSTINKT als Stufe phylogenetisch entstandener triebmotivierter Verhaltensprogramme; DRESSUR als Stufe ontogenetisch erlernbarer, in der Lust wiederholten Funktionierens motivierter Verhaltenssequenzen; INTELLEKT als Stufe aktuell kombinierbaren, in der Kreativität motivierten einsichtigen Verhaltens = Handeln), wobei jede Stufe bestimmte Grundlagen für die dreifache Semantik menschlicher Sprache enthält.

Bühler konzipierte eine allgemeine Handlungstheorie, wonach sich das sinnvolle Verhalten der Lebewesen aller Entwicklungsstufen aus der Koordination innerer BEDÜRFNISSE und äußerer GELEGENHEITEN auf der Basis jeweils entwicklungsspezifischer körperlicher und geistiger Einrichtungen ergibt. Die 'körperlichen und geistigen Einrichtungen' werden zum Menschen hin immer komplexer und ermöglichen neben der Verhaltensdimension schrittweise auch inneres Erleben und Vorformen der Fähigkeit, sich darstellend auf die Welt zu beziehen. Neben höchst interessanten Überlegungen zum Ursprung der Semantizität im Sozialverhalten von Tieren und Menschen versuchte Bühler immer wieder, die menschliche Sprache als neben dem Denken komplexeste Erscheinungsform dieser körperlichen und geistigen Evolution in das globale Zusammenspiel der Sinn- und Strukturkomponenten physiologischen und psychischen Geschehens einzuordnen.

Auch Malinowski stellte sprachgenetische Überlegungen an, die weitere Parallelen zu Bühler enthalten. Genauer Untersuchung wert wäre bei beiden Autoren auch das Verhältnis der Sprachbedeutungen zu den Sprachformen. Beides würde bestätigen, was aus den vorgetragenen Überlegungen sichtbar werden sollte: Malinowski und Bühler arbeiteten an sprachtheoretischen Fragen, die von der Systemlinguistik einschließlich orthodoxer Sprechaktklassifikationen vernachlässigt wurden und gerade heute, da sich eine Überwindung allzu einseitiger Strukturforschung in der Linguistik anzubahnen scheint, größte Aktualität besitzen.

Wie bedeutsam Malinowskis und Bühlers Überlegungen sind, wird gerade erst entdeckt. So war es Malinowski (und nicht J. R. FIRTH), der die wesentlichen Gedanken des 'Britischen Kontextualismus' entwickelte und damit indirekt die moderne Soziolinguistik beeinflußte (SCHMIDT 1984). Und es war Bühler, der die älteren einseitigen Sprachtheorien WUNDTS, HUSSERLS und MARTYS in seiner Synthese der dreifachen Semantizität überwand, was in seiner Tragweite erst jetzt allmählich erkannt und aufgearbeitet wird (ESCHBACH 1984; 1988; GRAUMANN/HERRMANN 1984). Und es sind beide, bei denen die heutige Pragmalinguistik Antizipationen ihrer Fragestellungen und so manche Orientierung finden kann.

LITERATUR

BÜHLER, KARL

1907/1908 Tatsachen und Probleme zu einer Psychologie der Denkvorgänge. In: *Archiv für die gesamte Psychologie* **9**, 297–365 (I), 12, 1–92 (II und III).

1909 Grundlegung der allgemeinen Grammatik und Sprachphilosophie. In: (Rezension zu:) ANTON MARTY: *Göttingische Gelehrte Anzeigen* **171**, 947–979.

1921 *Die geistige Entwicklung des Kindes*. Jena. 2. erw. Aufl.

1925 Die Instinkte des Menschen. In: *Bericht über den 9. Kongreß für experimentelle Psychologie*. Jena 1926, 3–23.

1927 *Die Krise der Psychologie*. Jena

1934 *Sprachtheorie. Die Darstellungsfunktion der Sprache*. Jena

1936 Die Zukunft der Psychologie und die Schule. Wien (*Schriften d. Päd. Inst. d. Stadt Wien* **11**)

1969 Der Modellgedanke in der Psychologie. In: BÜHLER: *Die Uhren der Lebewesen und Fragmente aus dem Nachlaß*. Wien, 169–220.

ESCHBACH, ACHIM (HG)

1984 Bühler-Studien. 2 Bde. Frankfurt/M

1988 Karl Bühler's Theory of Language. *Proceedings of the Conferences held at Kirchberg*, August 26, 1984 *and Essen*, November 21–24, 1984. Amsterdam

GRAUMANN, CARL FRIEDRICH/HERRMANN, THEO (HG)

1984 *Karl Bühlers Axiomatik. Fünfzig Jahre Axiomatik der Sprachwissenschaften*. Frankfurt /M

JAKOBSON, ROMAN

1960 Linguistics and Poetics. In : SEBEOK, THOMAS A. (HG) *Style in Language*. New York, 350–377.

LIPCZUK, RYSZARD

1985 Bronislaw Malinowskis Beitrag zur Sprachforschung. In: *Zeitschrift für Phonetik, Sprachwiss. u. Komm. -forsch.* **38**, 321–325.

MALINOWSKI, BRONISLAW

1920 Classificatory Particles in the Language of Kiriwina. In: *Bulletin of the School of Oriental Studies* **1**. 1917–1920, Part 4, 33–78

1922 Words in Magic — Some Linguistic Data. Kap. 18 in: MALINOWSKI: *Argonauts of the Western Pacific. An Account of Native Enterprise Enterprise and Adventure in the Archipelagoes of Malanesean New Guinea*. London.

1923 The Problem of Meaning in Primitive Languages. Supplement I in: OGDEN, C. K. RICHARDS, I. A. *The Meaning of Meaning. A Study of the Influence of Language upon Thought and of the Science of Symbolism.* London 10. Aufl. 1949, 296–336 (zuerst 1923)

1935 *Coral Gardens and their Magic. A Study of the Methods of Tilling the Soil and of Agricultural Rites in the Trobriand Islands. Vol. 2: The Language of Magic and Gardening.* London 1935

SCHMIDT, BERND

1984 *Malinowskis Pragmasemantik.* Heidelberg

Kann man die Urheimat der Goten berechnen?
Anmerkungen zu Zielen und Methoden der Linguistik

Jürgen Kristophson
Bochum

Die Frage nach der Urheimat der Goten interessiert hier eigentlich überhaupt nicht, sie ist nur durch eine Polemik MAŃCZAK (1987): PENZL (1985) inspiriert worden, aber sie läßt sich doch verwenden, um Ziele und Methoden der Linguistik abzuklären. Durch das Zählen und Berechnen von Informationen über Sprache sollte es möglich sein, zu weiterführenden Erkenntnissen zu kommen. Hier ergibt sich sofort die Frage, was wir eigentlich wollen. Es ist nämlich recht viel. Neben dem rein linguistischen Erkenntnisinteresse, etwa wie die Beziehungen zwischen den Elementen der Sprache aussehen, steht ein anderes Interesse — wissenschaftsgeschichtlich eher älter —, aus der Sprache etwas auf die Wirklichkeit zu schließen.

Das banalste Thema dieses zweiten Interesses ist das der Etymologie, also warum heißt das *Auto* 'Auto', was bedeuten 'nomina propria' usw. Weiter versucht man aus Lehnbeziehungen, zu deren Annahme man auch durch etymologische Untersuchungen gelangt, etwas über kulturelle Ereignisse zu erfahren. Aus der Gliederung von Wortfeldern, der Entwicklung eines abstrakten Wortschatzes u.ä. will man sich sogar dem Denken und Fühlen vergangener Epochen annähern. Aus solchen Untersuchungen sind auch Aussagen zur Lokalisierung und Chronologisierung gemacht worden, also eben auch zur Urheimat bestimmter Gruppen. Man sagt, weil *Wolf, Bär* und *Birke* gute alte slavische Wörter sind, *Buche, Elefant* und *Kamel* aber nicht, stammen die Slaven aus einer Zone, die durch die genannten Tiere und Pflanzen positiv und negativ umschrieben werden kann. Dieses Vorgehen klingt überzeugend und ist sogar sachlich richtig. Die Schwäche dieser Argumentation besteht darin, daß ausschließlich mit der Opposition *einheimisch : fremd* operiert wird, also Entlehnung zum Entscheidungskriterium erhoben wird. Aber fast alle Sprachen kennen auch andere Möglichkeiten, den Wortschatz zu erweitern wie Bedeutungsverschiebung, Derivation, Komposition. Ausdrücke wie *Eisbär* und *Rüsseltier* können für das Deutsche eine Urheimat mit Elefanten und Eisbären annehmen lassen. Dazu gehörte noch das Phänomen, daß sehr viele Sprachen alte Wörter für *Einhörner* und *Lintwürmer* besitzen. Bei entsprechender Beleglage könnten also oft nur widersprüchliche Schlüsse gezogen werden. Denkt man an Sprachen mit extrem niedrigem Fremdwortanteil wie Isländisch oder mit extrem hohem wie Englisch, so wird deutlich, daß mit sehr unterschiedlichen Sprachattitüden zu rechnen ist, die eine sozusagen objektive Etymologie nicht gestatten.

Es bleibt vor allem eine linguistische Ausgangsschwierigkeit bestehen, nämlich daß jede Wortgeschichte einen individuellen Einzelfall darstellt, der eine Spezialuntersuchung erfordert. Es gibt ja nun auch andere Veränderungsprozesse in der Sprache, die etwas allgemeiner aussehen, z.B. Lautwandelprozesse. Wer aber versucht, z.B. den *e/o* Wandel des Russischen zu beschreiben, muß zu jeder Bedingung gleich kontradiktorische Gegenbeispiele nennen und noch einige zusätzliche Unwägbarkeiten einkalkulieren, so daß es im Grunde sinnlos ist, hier von Regeln zu sprechen. Also auch Lautwandelerscheinungen tragen oft Einzelfallcharakter. Aber spätestens seit dem Vorliegen des Phonembegriffs wissen wir, daß offenbar eine Tendenz zu einer Regelmäßigkeit der Phonemsysteme besteht, so daß man bei Veränderung eines Lauts auf die Veränderung anderer Laute schließen kann. So etwas wäre eine *wenn-dann* Beziehung und insofern keine theoretisch banale Feststellung. Für das Problem SPRACHE : WELT würde aber auch nichts ausgesagt werden. Aber auch morphologische und syntaktische Veränderungen geben ein wenig für diese Fragestellung her. Angeblich besitzen die neueuropäischen Sprachen eine Tendenz zum Analytismus, aber was besagt das für das Verhältnis SPRACHE : WELT.

Außerdem bleibt auch diese sogenannte Tendenz zum Analytismus eine unspezifizierte Einzelaussage. Interessant wird es, wenn analytische und synthetische Erscheinungen gegeneinander abgewogen werden, d.h. in irgendeiner Form gemessen werden. Würde man noch andere Erscheinungen hinzunehmen, so käme man dahin, wohin ALTMANN/LEHFELDT (1973: 15) wollten: "(zu der) Aufdeckung des Konstruktionsmechanismus der Sprache ..., an dem man nicht allein die offensichtlichen, kategorischen sondern auch die latenten Mechanismen der Sprache ablesen kann". Dieses ist ein hohes theoretisches Ziel, aber selbst wenn man nur bescheiden Aussagen zu ganz gewöhnlichen, in der linguistischen Literatur ständig vorkommenden Begriffen machen will, wie Regel, Analogie, Produktivität, arbeitet man schon in dieser Richtung. Man muß die sprachlichen Daten in irgendeiner Form zählen, messen, gewichten. Man erhält, wenn man richtig und exakt vorgeht, gute linguistische Aussagen, aber nichts zum Problem von SPRACHE : WELT.

Nach diesen fast a-priori-Zweifeln soll MAŃCZAK 1987 zu Wort kommen, da er die Dinge offenbar positiver sieht. Er widerspricht zunächst seinem Widerpart PENZL (1985: 157), der behauptet hatte: "(daß) ein direkter Schluß von Sprachlichem auf Nichtsprachliches wie Urheimat, Siedlungen, Wanderungen einfach unmöglich ist". An sich hat PENZL mit seiner Behauptung mindestens partiell recht, denn Negativschlüsse haben meistens ihre Berechtigung und gesunder Skeptizismus ist durchaus angebracht, besonders in der historischen Sprachwissenschaft, aber anderseits auch wenig befriedigend. Daher ist MAŃCZAKS Widerspruch verständlich und beachtenswert. Worin besteht jetzt dieser Widerspruch? Nun, in der einfachen Aussage, daß benachbarte Sprachen sich ähnlicher sind als weniger benachbarte, und in Belegen dafür durch romanische und slavische Beispiele. Ist eine Sprache mit der Nachbarsprache nicht verwandt, so deutet das auf Wanderungen (z.B. Ungarisch, Rumänisch im Verhältnis zum Slavischen). Da nun Gotisch nach MAŃCZAK dem Althochdeutschen, d.h. dem Süddeutschen, überhaupt am nächsten steht, soll daraus folgen, daß die Urheimat der Goten in der Nähe der Süddeutschen lag. Die Grundannahme MAŃCZAKS, also daß aus räumlicher Nähe sprachliche Nähe bzw. auch umgekehrt zu folgern sei, ist sicherlich grundsätzlich richtig, aber zu monokausal.

Vor allem wären einige linguistische Einwände vorzubringen. Was soll eigentlich sprachliche Ähnlichkeit bedeuten? Ähnlichkeit besteht immer gemäß der

Meßgrößen, die man anlegt. Ähnlichkeit besteht auch zwischen nicht verwandten Sprachen, worauf gerade die Sprachbunddiskussion Wert gelegt hat. Ist Ähnlichkeit das Gleiche wie Verwandtschaft, wie es bei MAŃCZAK anklingt? Zweifellos nicht, Ähnlichkeit beruht auf gemeinsamen Merkmalen, Verwandtschaft auf Beziehungen zu einer Vorform. Ähnlichkeit ist bei einer geringen Zahl von Meßgrößen manipulierbar, bei vielen schon erheblich weniger. Aber im Lauf der Geschichte kann Ähnlichkeit zwischen Sprachen zu- oder auch abnehmen. Verwandtschaft ist weniger manipulierbar, sie nimmt auch immer ab. Das Problem bei verwandten Sprachen ist aber nicht, welche einer anderen ähnlicher sei, sondern wie eine Sprachfamilie zu gliedern wäre, was für die Gliederung ausschlaggebend sein könnte, was auch fernerstehende Sprachen zu einer Familie zusammenzufassen erlaubte. Nach MAŃCZAK gibt es hier einen alten Streit, ob man Sprachfamilien nach Morphologie und Lautlehre einerseits oder anderseits nach dem Wortschatz gliedern sollte. MAŃCZAK entscheidet sich für den Wortschatz, wobei er die Regel aufstellt, je größer der gemeinsame Wortschatz desto näher die Verwandtschaft. Er berücksichtigt bei der Bewertung die Textfrequenz und nicht die Lexikonfrequenz. Allerdings sind gerade häufig in Texten vorkommende Wörter grammatische Formwörter wie Hilfsverben, Pronomina, Konjunktionen, die die Grenzen und damit den Gegensatz zwischen Lexikon und Grammatik verwischen. Bei allen seinen Beispielen zeigt sich, daß die eigene Schicht des Wortschatzes überwiegt, insofern ist Englisch germanisch, Rumänisch natürlich romanisch usw.

Besagt dieses Vorgehen etwas über die Gliederung einer Sprachfamilie? Dies ist nicht a priori zu entscheiden, aber trotzdem ist es eher weniger wahrscheinlich, daß brauchbare Ergebnisse herauskommen. MAŃCZAK geht ähnlich vor wie die Glottochronologen, die aus der Rate des Wortaustausches eine Zeitspanne der Auseinanderentwicklung ermitteln wollen. Bei MAŃCZAK zählt gerade umgekehrt die Rate der erhaltenen Wörter, aus der dann ein Grad der Verwandtschaft abgeleitet wird. Bei dem Operieren mit Daten aus dem Wortschatz sind die Dialektometriker (GOEBL 1989, HUMMEL 1989) überzeugender, die Daten aus Sprachatlanten in graphische Darstellungen umsetzen und so zu erstaunlichen Abbildungen eines Sprachgebiets kommen. Gegen die Dialektometriker ist nur einzuwenden, daß sie synchrone, typologische Gliederungen bieten und keine genetische, diachrone. Für die genetische, diachrone Gliederung spielen gerade solche Kriterien wie früher, später, jünger, älter eine entscheidende Rolle. Diese werden aber gerade bei MAŃCZAKS Basierung auf erhaltenen Elementen des Wortschatzes vernachlässigt, da zählt nur ALT. Außerdem ist das Bewahren, ebenso wie der Austausch von Wörtern eine Zufallsentscheidung (man denke an die Vielzahl der Wörter für Kopf im Indogermanischen, den Ersatz von *pulcher* durch *formosus* oder *bellus* im Spätlateinischen), deshalb ist gerade der Wortschatz nicht so sehr geeignet, Sprachfamilien zu gliedern, sondern eben doch trotz der eingangs geäußerten Skepsis der Wandel lautlicher und morphologischer Zustände, wobei sich hohe Frequenz und auch Zusammenhänge innerhalb der Familie beobachten lassen. Der schwächere Aussagewert dieser letzteren Veränderungen, der durch die Beispiele von MAŃCZAK suggeriert wird, liegt an dem kritischen Punkt, wo ein Wandel gegen Null, der Wegfall einer größeren Anzahl morphologischer Kennzeichnungen, stattfand. MAŃCZAK hat aber trotzdem nicht recht, wenn er für einen größeren Aussagewert des Lexikons argumentiert. Nach seiner Auffassung stimmen nach grammatischen Phänomenen Gotisch und Lateinisch mehr überein als Latein und Französisch, deren Zusammenhalt gerade die hohe lexikalische Gemeinsamkeit belegt. Dies ist natürlich nicht richtig, denn einerseits setzen französische Nullendungen ebenso wie französische Nichtnullendungen bestimmte lateinische Endungen fort, anderseits bilden Latein und Gotisch zwei Spätstufen des Indogermanischen, Französisch aber eine Spätstufe des Latein. Diese Verhältnisse haben eine völlig unterschiedliche Qualität.

Damit wurde schon fast Ergebnissen vorgegriffen, über die noch zu berichten ist. Es ist wichtig zu prüfen, welche Daten überhaupt etwas über sprachliche Zusammenhänge aussagen, wie Daten auf die Behandlung mit numerischen Kalkülen reagieren, wie die Ergebnisse zu interpretieren seien und schließlich, was sich für die Ausgangsfragestellung, nämlich für das Verhältnis SPRACHE : WELT, gewinnen ließe.

Zunächst sei das Problem SPRACHE : SCHRIFT angesprochen. Nach KRISTOPHSON (1989b) stellen Schriftsprachen bzw. Pseudoschriftsprachen — d.h. vom Linguisten erfundene — die Idealform von Sprache, in jedem Fall ein Modell, mit dem sich gut arbeiten läßt, dar. Nach dieser Konzeption ist Sprache die Präsenz und Distribution von Buchstaben, die in einem Regelapparat in Form etwa einer Grammatik oder eines Lexikons festgelegt sind. Insofern entfällt zunächst ein Gegensatz von Sprache oder Schrift. Bei KRISTOPHSON (1986) wurde streng nach orthographischen Kriterien vorgegangen und primär nur eine Klassifikation von Orthographien erreicht, sekundär auch anderes. Als wichtigste Erkenntnis ergibt sich, daß trotz jeweils unterschiedlicher Veränderung von Sprache und Orthographie, und d.h. von Schrift überhaupt, beide Größen eben nicht unsensibel in ihrem Verhältnis zueinander sind. Die Veränderungen laufen nicht parallel, aber sie finden doch statt. Sogar die griechische Schreibtradition, die an sich bewußt veränderungsunwillig vorgibt der attischen Orthographiereform von 402/3 v. Chr. zu folgen, falsifiziert diese Erkenntnis nicht.

Da Schriftsprache ein von Menschen konstruiertes Modell von Sprache ist, erscheint es einleuchtend, daß Veränderungen der Wirklichkeit auch Veränderungen im Modell nach sich ziehen, bzw. umgekehrt, daß aus verändertem Modell auf eine veränderte Wirklichkeit geschlossen werden darf. Diese Erkenntnis ist keineswegs banal, erstens ist sie materialmäßig gut abgestützt, zweitens gibt es Ansichten von Philologen, die Schriftdaten überinterpretieren oder umgekehrt sie als völlig unerheblich für linguistische Fragestellungen verwerfen. Aus dem Umgang mit der Schrift kann man außersprachliche Einsichten gewinnen, wie Reformeifer, Beharrungsvermögen, Bestreben nach Eigenständigkeit oder um Wahrung größerer Zusammenhänge. Selbst die Verbindung von Schrift und Konfession ist ja bekannt und braucht nicht mehr erwähnt zu werden.

War die Untersuchung der Orthographien streng synchron ausgerichtet und das Ergebnis daher eine typologische Klassifikation, die aber sozusagen ungefragt auch der zeitlichen Differenzierung Rechnung trug, so wurde in zwei weiteren Untersuchungen auch der diachrone Aspekt berücksichtigt (KRISTOPHSON 1978, 1989a). Als wichtigste Voraussetzung (vgl. KRISTOPHSON 1983) wurde das über hundert Jahre alte Postulat der Indogermanistik angenommen, daß Neuerungen für die Gliederung einer Sprachfamilie verantwortlich zu machen sind und nicht Archaismen. Dies war schon als Kritik an MAŃCZAK erwähnt. Weiter sollen die Veränderungen etwa gleichmäßig geschehen sein. Dies bestimmte auch die Auswahl der Sprachfamilien, nämlich die slavische und die romanische. Für das Indogermanische kommt dieses Vorgehen nicht in Frage, da die Zeitdifferenz der überlieferten Sprachen zu groß ist. Als Modell liegt hier ein mit dem Terminus Explosionsmodell benanntes zugrunde. Das bedeutet, ein Ballon wird aufgeblasen, er wird größer bis er platzt, die Partikel fliegen jetzt irgendwohin. Die Gesamtuntersuchung soll sozusagen die Flugbahnen nachzeichnen. Das technische Vorgehen ist bei KRISTOPHSON (1978, 1989a) beschrieben. Einzelheiten müssen hier entfallen.

KRISTOPHSON (1978) ergab für die Slavia folgendes Ergebnis. Es bestehen drei Gruppen: 1. Serbokroatisch, Slovenisch, Tschechisch. 2. Bulgarisch, Russisch. Beide Gruppen sind in sich überdurchschnittlich, aber gleich nahe verwandt. 3. Polnisch als relativ isolierte Sprache. Das unterscheidende Merkmal, das exklusiv die Gruppe 1 bindet, ist die Entwicklung einer Quantitätenopposition. Diese Gliederung weicht von der üblichen begründbar ab.

Die Gliederung der Romania erfolgte bei KRISTOPHSON (1989a) auf die gleiche Vorgehensweise, nur auf Grund einer größeren Materialbasis. Als Resultat ergibt sich ein Dendrogramm, eine Idealgeographie und eine Tabelle, die den Isolierungsgrad für jede einzelne Sprache angibt. Folgende Gliederung der Romania würde sich daraus ergeben: Iberia, Gallia und isolierte Äste Sardisch, Italienisch und Rumänisch; Engadinisch und Friaulisch sind sich am nächsten verwandt, gehören aber zur Gallia; Katalanisch gehört eindeutig zur Iberia; das Ostromanische gibt es überhaupt nicht.

Als theoretische Erkenntnis dürfte folgendes gelten. Sprachfamilien sind nach Neuerungen zu gliedern, Archaismen besagen wenig, sie führen zu isolierten Ästen. Sprachen mit vielen Neuerungen dürften wahrscheinlicher Kolonial- oder Auswandererssprachen bilden, archaische Sprachen dürften dagegen eher als in der Urheimat verbliebene gelten.

Sieht man sich die Gliederung der Romania unter dem Gesichtspunkt an, daraus Schlüsse auf die Urheimat der romanischen Sprachen zu ziehen (angenommen die sei unbekannt), so würde die Wahl eher auf die stark isolierten Sprachen Rumänisch, Italienisch, Sardisch fallen, da die Verwandtschaftsgrade der übrigen romanischen Sprachen recht fein abgestuft sind und deshalb diese Zonen eher als Kolonialgebiet einzustufen wären. Sardinien als Insel böte einige Schwierigkeiten für eine mögliche romanische Urheimat, dagegen könnte man an eine früh vergessene Kolonie denken. Rumänien aber wäre als mögliche Urheimat der romanischen Sprachen durchaus plausibel.

Überträgt man die gewonnenen Erkenntnisse und die sich daraus ergebenden möglichen Spekulationen auf die eingangs erwähnten Goten und die Berechnungen MAŃCZAKS, so dürfte MAŃCZAKS postulierte gotischalthochdeutsche Nähe bei allen methodischen Bedenken der sardischrumänischen Nähe innerhalb der Romania entsprechen. Das sardischrumänische Verhältnis besagt aber gerade für eine geographische Nachbarschaft nichts, es falsifiziert sie eher. Analog den romanischen Spekulationen würde das bedeuten, Gotisch und Althochdeutsch hätten sich früh getrennt, das Sprachgebiet jeder der beiden Sprachen könnte die Urheimat für die jeweils andere sein. Beide könnten aber auch frühe Absprengsel aus einer dritten Urheimat sein.

Lautete die Ausgangsfrage, ob man die Urheimat des Gotischen berechnen könne, so muß die Antwort: "nein, aber ..." lauten. Berechnen läßt sich die Gliederung einer Sprachfamilie. Aus den Berechnungen ergeben sich kontaktreichere und isoliertere Sprachen. Die Wahrscheinlichkeit, daß isoliertere und konservativere Sprachen eher der Urheimat verbunden sind, ist größer als bei Sprachen mit einer großen Anzahl von Neuerungen. Allerdings sind die Szenarien einer möglichen äußeren Sprachgeschichte sehr vielgestaltig. Es ergibt sich wieder die Einsicht, daß sprachliche Aussagen nur Indizien für außersprachliche Zustände sind, die Beweislast für die Zusammenhänge müssen andere Disziplinen tragen.

Will man aber wenigstens Indizien für die Beziehungen von Sprachwandel, Sprachfamilie und soziokulturellen Zuständen bzw. auch Veränderungen liefern, so sollte man als Idealmaterialsammlung romanische, slavische, vielleicht auch germanische Sprachen heranziehen, da hier die innere und äußere Sprachgeschichte relativ gut bekannt ist. Hier könnte man am ehesten allgemeine Prinzipien, z.B. auch für Urheimatfragen herausarbeiten. Die Indogermanistik dagegen, der wir unendlich viel für Sprachwandel, Sprachfamilie als Phänomene an sich verdanken, sollte sich auf Materialsammlung, Erstellung von Korrespondenzregeln bescheidener Natur beschränken, weitergehende Aussagen aber zu nicht ganz auf der Hand liegenden sprachlichen Phänomenen, z.B. der Laryngale, oder gar zu einer indogermanischen Kultur möglichst vermeiden. Die Indogermanistik war so etwas wie ein Hasardgewinn, aber wie man Zins und Zinseszins berechnen kann, doch eben nicht den Hasardgewinn, sollte man den heuristischen Wert unserer bescheidenen, angeblich nichts Neues bietenden europäischen Philologien nicht unterschätzen.

LITERATUR:

ALTMANN, GABRIEL/LEHFELDT, WERNER

1973 *Allgemeine Sprachtypologie*. München: Fink.

GIRKE, WOLFGANG/JACHNOW, HELMUT (ED.)

1978 Slavistische Linguistik 1977. *Slavistische Beiträge* Bd. 120. München: Sagner.

GOEBL, HANS

1989 Dialektometrie: Ein Hilfsmittel zur Erkennung komplexer dialektgeographischer Ordnungsstrukturen. In: WILLE (1989), 79–96.

HUMMEL, LUTZ

1989 Einige Ergebnisse dialektometrischer Untersuchungen zu dialektalen Ordnungsstrukturen des Deutschen. In: WILLE (1989), 215–221.

KRISTOPHSON, JÜRGEN

1978 Überlegungen zur Anwendung mathematischer Methoden im Bereich der historischen Sprachwissenschaft. In: GIRKE/JACHNOW (1978), 86–102.

1983 Zur Meßbarkeit von Sprachverwandtschaft. In: *Folia Linguistica Historica* **IV**, 305–314.

1986 *Klassifikation von Orthographiesystemen.* Neuried: Hieronymus.

1989a Gliederung einer Sprachfamilie (hier der Romania) mit Hilfe eines numerischen Kalküls. In: WILLE (1989), 213–214.

1989b Plädoyer für die Einzelsprache. In: REITER (1989), 331–340.

MAŃCZAK, WITOLD

1987 L' habitat primitif des Goths. In: *Folia Linguistica Historica* **VII/2**, 371–380.

PENZL, H.

1985 Zur gotischen Urheimat und Ausgliederung der germanischen Dialekte. In: *Indogermanische Forschungen* **90**, 147–167.

REITER, NORBERT (ED.)

1989 *Sprechen und Hören. Akten des 23. Linguistischen Kolloquiums Berlin 1987.* Tübingen: Niemeyer.

WILLE, RUDOLF (ED.)

1989 *Klassifikation und Ordnung. Studien zur Klassifikation Bd. 19.* Frankfurt: Indeks.

From Functional Linguistic Stylistics to a General Stylistics of Human Activity

Jiří Nekvapil
Prag

We are living in an age when individual scholarly disciplines and subdisciplines do not exist in isolation (this is true whether it concerns the objects of their research, the methods they employ, or their patterns of organisation) but, with varying degrees of success, reach out beyond their own confines. Linguistics has also been extensively drawn into this process (NEKVAPIL, 1986), especially in some of its branches, and here we shall be concentrating our attention on stylistics.

The lines along which we are thinking may be intimated by such questions as:

1. How might we construct a general stylistics, i.e. a stylistics which does NOT concern itself merely with the selection and organisation of LINGUISTIC means?
2. Is it possible to construct a general stylistics by employing the knowledge acquired from the construction of linguistic stylistics?
3. Can the construction of a general stylistics have a reverse influence upon the structure of linguistic stylistics?
4. Is it best to construct a general stylistics by the progressive construction of individual systems, for instance, linguistic and various non-linguistic stylistics, or is it more suitable from the beginning to construct individual systems within a particular general framework?
5. Is it possible in constructing non-linguistic systems of stylistics to employ the knowledge acquired from constructing linguistic stylistics?

Linguists themselves touched marginally on these questions when they noted the supra-linguistic nature of the concept of style; for instance the Prague linguist KAREL HAUSENBLAS (1971: 41f.), connects the sphere of style with that of human activity in general and defines style as a certain mode of activity, that is, a principle of how this activity proceeds, — which is just one of a number of possible principles. Likewise, BARBARA SANDIG (1986) based her theory of style on the general theory of action (*Handlung*) and defined style as a "*Art der Handlungsdurchführung*" (p. 23). What is hinted at in these works can be summarized as follows: Fundamentally, style is bound up with human activity in general; human activity is logically on a higher plane than verbal activity and therefore whatever we can discover about activity as a whole will also be relevant to verbal activity, and of course, this also applies to problems of style. This line of thinking would clearly lead us to the conclusion that it would be appropriate to create a general stylistics within a particular general framework, e.g. in the form, these days, of a theory of human acitivity or action (*Handlung*).

We can, however, set our sights lower. In the various types of human activity certain isomorphic features can undoubtedly be found. But descriptions of types of human activity have not all been afforded the same thoroughness, and it is probably a worthwhile enterprise to scrutinise some not widely studied spheres of activity through the prism of the epistemological structures elaborated with some other already developed scientific discipline, for example, linguistics, and only then to attempt a more general statement on specific types of activity. This would amount to a search for the answer to question five, and is the object of this present work. It has been proclaimed by many authors that linguistics has a special standing among the social sciences because of its relative exactness and wealth of methodologies. The practical application of the conceptual apparatus of linguistics to other spheres of social phenomena was then attempted, as is the case with some models elaborated in classical structural phonology, morphology, Saussurian semiology and, later, generative grammar (cf. MARCUS, 1975). It would also be useful to attempt to apply the conceptual apparatus of Prague functional linguistic stylistics (for this variant of stylistics see, e.g., DUBSKÝ, 1971; DOLEŽEL AND KRAUS, 1972; KRAUS, 1986).

Here we shall be dealing with the functional analysis of a specific type of activity, that is, with an outline of the stylistics of dress (Cz. *odívání*). An analysis of this kind is immediately prompted by just flicking through any standard fashion journal in which the concept of style occurs frequently. In the context of linguistics, matters of dress are nothing new; we might mention here the Russian ethnographer PETR BOGATYREV, who published in the journal of the Prague Linguistic Circle, no less (cf. BOGATYREV, 1936), or the monograph by the French scholar of semiotics ROLAND BARTHES (1967) on system in fashion, wherein he followed up the conceptual apparatus of FERDINAND DE SAUSSURE, or some of the results of, in particular, French Linguistics. But the question of dress in this respect should not be overlooked even by today's linguistics. When endeavouring — even in connection with the formulation of a general semiotic theory — to make a complex analysis of communicative events the linguist must include in his research BOTH linguistic AND non-linguistic signs, for instance, the means of expression employed in dress. An analysis of the information potential of the latter (cf., e.g., HOFFMANN, 1981) is important because such means may serve in principle in any day-to-day communicative event (in contrast to the frequently researched, but more or less exclusive, signs of art). It is worth mentioning too, that fashion theorists themselves would be only too pleased to use the conceptual apparatus of linguistics for their own ends — as evidenced by, for example, MARC-ALAIN DESCAMPS (1979, esp. p. 53).

Let us now turn back to stylistics in dress; in constructing this we shall begin with the conceptual apparatus of functional stylistics set out by ALOIS JEDLIČKA and others (1970) in the spirit of the tradition of the Prague School of Linguistics. This particular publication is selected in part for its systematicness and in part for the fact that it is not overloaded — from the point of view of our present purpose — with terminological detail. In this analysis of modes of dress it is perfectly possible to employ such concepts as are derived from functional linguistic stylistics or indeed whole sub-systems of it, in particular: individual and objective style-forming factors, style-sphere, style stratum, stylistic type, systems of functional styles, marked and unmarked means, synonymy (variation), stratification of means and the stylistic use of means. It can be seen that these concepts are not narrowly connected to particular types of activity, but that they are of general validity.

We shall now look briefly at the concept of means, here meant in the same terms as in Prague functionalism (cf. DANEŠ, 1987). The general concept 'means' has the reflex 'linguistic means' only in linguistics, while in the sphere which interests us here it becomes 'dress means'. The general concept of means can, analogously with the concept of linguistic means, be understood at various levels of complexity; in the field of dress, for instance, as an element of dress or as some varyingly complex construction. It is clear that the STYLISTICS of dress is operating here over a certain GRAMMAR of dress, which could take the form — in the same way as the grammar of a language — of a multilevel hierarchy. It would then be reasonable to speak of the different internal functions of the variously complex components of dress and of its global external functions (to quote, for instance, DANEŠ's model of language, 1971). The subject of a general stylistics analysis is, then, the manifestation of any type of activity, selected at random, say manifestation of language or a manifestation of dress.

What follows now is a more concrete illustration, based on examples of some of the above concepts, of how a stylistics of dress could be created. We shall start from that which has the main influence on the creation of a particular style, that is, "style-forming factors". It is surely beyond doubt that manifestations of dress are influenced by individual style-forming factors such as the intellectual maturity of the individual, his nature and temperament, sensitiveness, his personal leanings and psychological attitudes (the linguistic aspects of these factors are dealt with by JEDLIČKA et al., 1970). As far as objective style-forming factors are concerned, it is plain that styles, whether linguistic or in dress, are constituted by the exercise of the various style-forming factors in varying degrees. For instance, age and sex differences are fundamental to style in dress but far less so to linguistic style. Stylists of language have so far dealt little with the somatic factor, and yet this is one of the most important style-forming factors in dress. Important to style in BOTH language AND dress are environment and situation which are connected with the most pertinent style-forming factor, namely the FUNCTION of the particular manifestation.

There are (in agreement with SKARLANTOVÁ and ZÁRECKÁ 1978) three main style-spheres in dress:

1. by age and sex — men's, women's, children's and teenagers' wear;
2. by function — homewear, workwear, casual and sports wear and formal attire;
3. by the somatic factor — clothes to suit various type of figure.

In addition we might also consider the seasonal aspect (cf. BARTHES, 1967, 252f.) and select as an instance the style-sphere of winter wear. These spheres have, of course, been construed to a high degree of generalisation. In practise, style-spheres of a lower order of generalisation apply. For instance, out of the global style-sphere of men's wear we might extract the part sphere of winter casual and sportswear for men of such and such statistics. It is clear, then, that in creating a stylistics of dress we would have to come to grips with the problem — all too familiar in the functional stylistics of language as well — of the level of generalisation at which the style-spheres (or styles) are to be constituted.

For each of the above style-spheres in dress there surely exists a typical stylistic stratum of means. In the style-sphere of formal attire we have today, for instance, ruching, flounces and flares. The choice and organisation of these means as manifested in the above spheres of dress are governed by appropriate stylistic norms which shape a given type of style. A case in point: today, in the style-sphere of formal attire, we see a recourse to historical elements. A stylistics of dress could then pursue the question of the stylistic features of the individual means of varying complexity, employed in dress and of the relations — especially those of synonymy — existing between them. In this a number of stylistic categories known from functional liguistic stylistics (cf. JEDLIČKA et al., 1970) can be applied. For instance, means in dress can be differentiated according to territory, social contraints, relation to the stylistic stratum the period of their incidence, frequency, expressivity, and origin. Some of these categories would not, of course, be of such cogency in a stylistics of dress as in linguistic stylistics.

Let us now consider in what way the stylistics of dress and that of language converge and what possibilities a comparison of the two offers. It would seem to be due to the closeness of the two types of activity, not, however, so much for their both being of a creative nature or that there are rational factors in both, e.g. the question of choice (which is also present in certain art-forms), as, and particularly so, that the formation of manifestations of both language and dress is something proper to all and a part of the everyday life of man. This is why, in the spheres of both language and dress, a tension between the individual and social aspects can be so clearly observed (cf. the problem of the individualisation of expression in both language and, in particular, fashion in the conditions prevailing in Czechoslovakia today). There are, naturally, huge differences between the stylistics of language and that of dress — due mostly to the fact that a linguistic system and stylistic norms of language expression evolve less dynamically than systems of means in dress and stylistic norms of manifestations in dress.

It is certainly not the linguist's job to write stylistics of various types of non-verbal activity, or even to write a general stylistics. However, faced by these, he is better able to appreciate the specific nature of his own subject as well as some areas of overlap. It also gives an agreeable twinge to have discovered that the results of linguistic study can be of use in solving questions of a non-linguistic nature and that they may even provide the foundations for ambitious generalisations on the essentials of human activity as such.

Of course, the questions formulated at the start of this paper will need to be investigated by specialists other than linguists: philosophers, methodologists of science, semioticists and by specialists in more specific fields, for instance, fashion theorists themselves.[1]

---

[1] This article is a somewhat modified version of the final chapter of '*Studies in Func-*

REFERENCES

BARTHES, ROLAND

1967 *Système de la mode*. Paris: Seuil.

BOGATYREV, PETR

1936 Kroj jako znak (Costume as a Sign). In: *Slovo a slovesnost* **2**, 43–47.

CHLOUPEK, JAN AND JIŘÍ NEKVAPIL (EDS.)

1986 *Reader in Czech Sociolinguistics*. Praha: Academia.

DANEŠ, FRANTIŠEK

1971 On Linguistic Strata (Levels). In: *Travaux linguistiques de Pragues* 4. Praha: Academia, 127–143.

1987 On Prague School Functionalism. In: DIRVEN AND FRIED (1987), 3–38.

DESCAMPS, MARC-ALAIN

1979 *Psychosociologie de la mode*. Paris: PUF.

DIRVEN, RENÉ AND VILÉM FRIED (EDS.)

1987 *Functionalism in Linguistics*. Amsterdam/Philadelphia: Benjamins.

DOLEŽEL, LUBOMÍR AND JIŘÍ KRAUS

1972 Prague School Stylistics. In: KACHRU AND STAHLKE (1972), 37–48.

DUBSKÝ, JOSEF

1972 The Prague Conception of Functional Style. In: FRIED (1972), 112-127.

FRIED, VÁCLAV (ED.)

1972 *The Prague School of Linguistics and Language Teaching*. London: Oxford University Press.

HAUSENBLAS, KAREL

1971 *Výstavba jazykových projevu a styl* (Structure of Discourses and Style). Praha: UK.

HOFFMANN, HANS-J.

1981 Kommunikation mit Kleidung. In: *Communications (Sankt Augustin)* 7, 269-290.

JEDLIČKA, ALOIS ET AL.

1970 *Základy české stylistiky* (An Outline of Czeck Stylistics). Praha: SPN.

KACHRU, B. B. AND H. F. W. STAHLKE (EDS.)

1972 *Current Trends in Stylistics*. Edmonton: Linguistic Research, Inc.

KRAUS, JIŘÍ

1986 On the Sociolinguistic Aspects of the Notion of Functional Style. In: CHLOUPEK AND NEKVAPIL (1986), 83–93.

---

tional Stylistics' (Prague: Academia, in press), edited by JAN CHLOUPEK and myself. I would like to express my special thanks to DAVID SHORT from the *University of London* for his valuable suggestions concerning the English equivalents of Czech functionalist terminology.

NEKVAPIL, JIŘÍ

1986 Některé mechanismy a možnosti interdisciplinarity jazykovědy (Some Mechanisms and Possibilities of the Interdisciplinarity of Linguistics). In: NEKVAPIL AND ŠOLTYS (1986), 129–159.

NEKVAPIL, JIŘÍ AND OTAKAR ŠOLTYS (EDS.)

1986 *Teoretické otázky jazykovědy* (Theoretical Problems of Linguistics). (= Linguistica XVI). Praha: Ústav pro jazyk český ČSAV.

SANDIG, BARBARA

1986 *Stilistik der deutschen Sprache*. Berlin/New York: de Gruyter.

SKARLANTOVÁ, JANA AND JAROSLAVA ZÁRECKÁ

1978 *Základy oděvního výtvarnictví* (An Outline of Dress Designing). Praha: SPN.

Sprachlicher Ikonismus: Die Kodierung von Subjekt und direktem Objekt im Türkischen

Christoph Schroeder
Universität Bremen

Die Untersuchung ikonischer Elemente in der Sprache hat bis vor wenigen Jahren eher eine Randexistenz in der Sprachwissenschaft gehabt; sprachlicher Ikonismus wurde und wird zum Teil heute noch vorschnell mit dem Lexikon in Verbindung gebracht und erscheint entsprechend synonym mit 'Onomatopöie'. Auf die Bedeutung der PEIRCE'schen Zeichentriade aus Ikon, Index und Symbol für das Verstehen grammatischer Strukturen hat zuerst JAKOBSON (1965), der Wegbereiter eines von der Semiotik geprägten Sprachverständnisses, hingewiesen. Im folgenden werde ich nach kurzen theoretischen Darstellungen der semiotischen und sprachlichen Grundlagen des Ikonismus seine Erklärungsrelevanz für die Grammatik anhand eines Beispiels aus dem Türkischen demonstrieren.

1. Semiotische Grundlagen

Der Begriff 'Ikon' stammt aus dem Griechischen und bedeutet 'Abbild'. Es war der Stammvater der modernen Semiotik, Charles Sanders PEIRCE (1839–1914), der dem Ikon seinen Platz in der Semiotiktheorie zugewiesen und seine Bedeutung für das Verstehen jedes Zeichens dargelegt hat. In der 'Speculative Grammar', seinem wichtigsten semiotischen Werk, faßt PEIRCE ein Verständnis vom Zeichen zusammen:

> "Ein Zeichen steht in der Vorstellung, die es hervorruft oder modifiziert, für etwas. Das, was es darstellt, ist ein Objekt; das, was es vermittelt, seine Bedeutung, und die Vorstellung, die es hervorruft, ist sein Interpretant" (CP 1.339, Übers. aus Eco 1987: 102).

Im gleichen Paragraphen fügt PEIRCE noch hinzu:

> "Letztlich ist der Interpretant nichts anderes als eine weitere Vorstellung, der das Licht der Wahrheit weitergereicht wird; auch er hat als Vorstellung wiederum einen Interpretanten. Und schon wieder stehen wir vor einer unendlichen Reihe."

PEIRCE' Feststellung beinhaltet drei entscheidende Merkmale des Zeichens:

- Alles, was für etwas stehend interpretiert werden kann, ist ein Zeichen.
- Das Zeichen ist eine Triade aus Objekt, Repräsentation und Interpretant.
- Der Verstehensprozeß zwischen Objekt, Repräsentation und Interpretant — von PEIRCE und später bei MORRIS (1938) 'Semiose' genannt — ist ein unendliches Kontinuum, in dem innerhalb eines kulturellen Bedeutungsuniversums immer wieder neue Aspekte der Darstellung die Darstellung erklären.

Da das Zeichen eine Triade ist, gibt es drei Ebenen seiner Untersuchung:

1. Die eindimensionale Ebene des Zeichens/der Repräsentation 'an sich' — bei MORRIS die 'syntaktische Ebene';
2. die zweidimensionale Ebene der Zeichen-Objekt-Beziehung — bei MORRIS die 'semantische Ebene';
3. die dreidimensionale Interpretantenebene — bei MORRIS die 'pragmatische Ebene'[1]

Ich beschäftige mich im wesentlichen mit der zweiten, der Zeichen-Objekt-Beziehung:

In bezug auf das Objekt unterscheidet PEIRCE zwischen a) IKON, b) INDEX und c) SYMBOL. Diese drei Zeichentypen sollen kurz definiert werden:

a. Ein IKON ist ein Zeichen, das kraft seiner Ähnlichkeitsbeziehung zum Objekt zum Zeichen wird.
b. Ein INDEX ist ein Zeichen, das kraft seiner kausalen Verbindung zum Objekt zum Zeichen wird.
c. Ein SYMBOL ist ein Zeichen, das kraft einer Konvention für das Objekt stehen kann.

Ich formuliere im folgenden 5 Punkte, die das Wesen des Ikons als Zeichen und damit auch das Phänomen der 'Ähnlichkeit' etwas genauer beschreiben sollen:

1. Es gibt weder Ikon noch Index noch Symbol in der puren Form. So wie das Symbol den Index und/oder das Ikon braucht, um verständlich zu sein, vereinigen auch Index und Ikon Elemente der anderen Zeichentypen in sich. Das Zeichen ist also graduell zu beschreiben: Es kann ± ikonisch/ ± indexikalisch/ ± symbolisch sein. Diese Verhältnisse verschieben sich: Zeichen haben nach PEIRCE eine Tendenz dazu, bezüglich ihrer Bedeutung allgemeiner, symbolischer zu werden.
2. Auch das ikonische Zeichen entsteht innerhalb eines bestimmten Zeichensystems und ist abhängig von den Regeln dieses Systems.
3. Wie alle Zeichen, so repräsentiert auch das ikonische Zeichen nicht das 'reale Objekt', sondern das Bezeichnete, das heißt die psychische Vorstellung von der Objekterfahrung. Entsprechend kann auch das ikonische Zeichen 'lügen' bzw. zur allgemeinen Form werden.
4. Das ikonische Zeichen repräsentiert nicht alle, sondern nur mehr oder weniger der aufgrund von kulturellen und kognitiven Voraussetzungen des Interpretanten und Interpreten als strukturell relevant und prototypisch empfundenen Aspekte des Bezeichneten.

---

[1] Ein Wort zum Interpretanten: Der Interpretant ist zum einen die von SAUSSURE als 'Zeichen' bezeichnete sinngebende Verbindung zwischen Bezeichnendem und Bezeichnetem. Er geht aber auch darüber hinaus und stellt die Verbindung zum kulturellen Kontext her, in dem jedes Zeichen immer wieder neue Bedeutungen erfährt. Der Interpret in der konkreten Kommunikationssituation ist nur ein Aspekt des Interpretanten. Jede Kommunikationssituation allerdings trägt mit zur Modifizierung der Bedeutung des Zeichens bei.

5. Es gibt nach PEIRCE drei Typen des Ikons: a) BILDER, b) DIAGRAMME, c) METAPHERN.
   a. Bei BILDERN werden die Qualitäten des Bezeichneten scheinbar unmittelbar wiedergegeben. Wir können bei den Bildern von einer Gradhaftigkeit ausgehen, die bei einer konventionellen Darstellung lediglicher spezifischer Objekteigenschaften beginnt und bis zu einer über die Grenzen des Zeichensystems hinaus verständlichen Imitation der Objekteigenschaften geht.
   b. Im DIAGRAMM wird aus der (scheinbaren) Übereinstimmung von Qualitäten, die wir im Bild erleben, eine Analogie der Relationen. Dabei können die Teile, die das Diagramm konstituieren, symbolische Formen sein, wie es in der Mathematik, der Geometrie, bei technischen Diagrammen und in der Sprache der Fall ist. Entscheidend ist die isomorphe Verbindung zwischen Zeichen und Bezeichnetem.
   c. METAPHERN sind bei PEIRCE Zeichen, die den herausragenden Charakter einer Darstellung repräsentieren, indem sie zwischen dieser und einer anderen Darstellung eine Parallelität darstellen. Metaphern sind also Ikone nicht, weil eine Ähnlichkeits oder Analogiebeziehung zwischen Zeichen und Bezeichnetem besteht, sondern eine interpretantenabhängige Parallelbeziehung zwischen zwei Inhalten. So wird ein Inhalt A nicht durch sein symbolisches, indexikalisches oder ikonisches Zeichen zA, sondern durch das Zeichen z.B. eines Inhalts B repräsentiert. Interessant ist hier die Frage, was denn das Zeichen z.B. prädestiniert für die Darstellung des 'herausragenden Charakters' von Inhalt A: So ist es z.B eine universale Tendenz in Sprachen, Begriffe aus der räumlichen Deixis metaphorisch für die Darstellung zeitlicher Bezüge zu verwenden[2]

2. Ikonische Zeichen in der Sprache

An dieser Stelle muß ich zunächst einmal das Thema einengen: Ikonismus im Lexikon steht nicht im Vordergrund meiner Überlegungen. Ikonismus im Lexikon manifestiert sich im wesentlichen in Bildern, obwohl auch hier von einem fließenden Übergang zu den Diagrammen die Rede sein muß: Die Lautsymbolik liegt in dem Grenzbereich zwischen diagrammatischem und bildnishaftem Ikonismus; die synästhetischen Zuordnungen, die die vermeintliche Ähnlichkeit zwischen Lauten und Inhalten ausmachen, entstehen erst in Opposition zu anderen Zuordnungen. Auf der anderen Seite der Skala, im Grenzbereich zwischen nichtsprachlicher (lautimitierender) und sprachlicher Verwendung der Artikulationsorgane liegt der Bereich der Lautmalereien; zwischen den Lautmalereien und der Lautsymbolik manifestiert sich die Onomatopöie. BÜHLER (1934) hat hier unterschieden zwischen erscheinungstreuer Onomatopöie — quasi konventionalisierte Lautmalerei — und relationstreuer Onomatopöie, das heißt onomatopoetische Formen, bei denen eine Übertragung von nicht-akustischen Eigenschaften des Bezeichneten zu

[2] Vgl. hierzu LAKOFF/JOHNSON 1980.

phonetischen Sequenzen stattfinden, in denen die Eigenschaften des Bezeichneten zu stecken scheinen. Im Türkischen fällt dabei im Gegensatz zum Deutschen auf, daß es eine große Anzahl von Formen gibt, die die syntagmatische und paradigmatische Einfachheit von Lautmalereien aufweisen, jedoch von ihrem Bezeichneten her zum Bereich der relationstreuen Onomatopöie gerechnet werden müssen[3]

Mir geht es im folgenden um diagrammatischen Ikonismus und seine Manifestation in Syntax und Morphologie. Diagrammatischer Ikonismus ist dabei nur EIN Bereich der Nicht-Arbiträrität grammatischer Formen, nämlich der der Motivation durch eine Ähnlichkeitsbeziehung zum Bezeichneten. Motivation des sprachlichen Zeichens äußert sich aber auch auf den anderen Ebenen der PEIRCE'schen Zeichentriade:

- Auf der Ebene des 'Zeichens an sich' durch das, was SAUSSURE 'relative Motiviertheit' genannt hat: Die Tendenz zur Gleichförmigkeit der Paradigmen, Analogiebildung, Durchsichtigkeit der Wortbildungen u.a..
- Auf der pragmatischen Ebene zum einen in der Einwirkung des Kontextes auf die aktuelle 'Verwirklichung' des Zeichens und zum anderen in der 'sprachökonomischen Motiviertheit' nach dem 'Prinzip des geringsten Kraftaufwandes' von ZIPF (1935).

Die pragmatische Motiviertheit wiederum steht in engem Zusammenhang mit der indexikalischen Motiviertheit, die sich beispielsweise in der Kürze von Wörtern und Formen äußert, deren Verständlichkeit auf der unmittelbaren kausalen Verbindung mit dem außersprachlichen Kontext 'hier und jetzt' beruht (Deixiswörter, Pronomen, Imperativformen).

Die verschiedenen Aspekte der Motiviertheit spielen zusammen und stehen im Konflikt zueinander. So zeigt HAIMAN (u.a. 1985) auf, wie sprachökonomische Motiviertheit zu einem Verlust ikonischer Durchsichtigkeit führt: Das 'Prinzip des geringsten Kraftaufwandes' steht einer absoluten Isomorphie — beispielsweise in der Kodierung aller impliziten grammatischen Kategorien auf der Oberfläche — gegenüber. Zu Konflikten zwischen ikonischer und pragmatischer Motiviertheit siehe ferner GIVÓN (1985) und auch POSNER (1980), der für die Reihenfolge von Attributen in Nominalphrasen im Deutschen pragmatische Prinzipien als primär motivierend vor ikonischen Prinzipien sieht.

Ich nähere mich endlich der Frage, was diagrammatische Ikonizität in der Sprache ist und welche Bedeutung sie in der Sprache hat. Eine erste grobe Skizzierung soll genügen, bevor ich zu den Beispielen komme:

Der Mensch ist Urheber der Sprache.

Diagrammatischer Ikonismus macht die Urheberschaft deutlich.

Das heißt — wenn wir die anderen Bereiche der Motiviertheit für einen Moment ausschließen — : Die Art und Weise, wie Konzepte in der Grammatik zueinander in Beziehung gesetzt werden, ist diagrammatisch ikonisch zu der Art und Weise, wie

[3] Vgl. SCHROEDER (1989) für Beispiele sowie eine ausführlichere Untersuchung von Ikonismus im Lexikon des Türkischen.

der Mensch sich und seine Umwelt prototypisch kategorisiert. Diese prototypische Kategorisierung steht in engem Zusammenhang mit den kognitiven Fähigkeiten und den unbewußten, kulturabhängigen (Vor-) Urteilen des Menschen. Ikonisches 'Schlüsselprinzip' ist dabei:

Was semantisch markierter ist, wird auch formell (syntaktisch, morphologisch, phonologisch) merkmalhafter dargestellt[4]

Ein Prinzip, das sich aus dem 'ikonischen Schlüsselprinzip' ableiten läßt, ist beispielsweise HAIMAN's (1985) 'Prinzip der Selbstständigkeit':

Die linguistische Isoliertheit einer analytischen Form korrespondiert mit ihrer konzeptuellen Unabhängigkeit.

Dies drückt sich im Türkischen als einer agglutinierenden Sprache u.a. darin aus, daß bei grammatischen Kategorien, die sich sowohl als gebundenes Morphem als auch analytisch kodieren lassen, die semantisch markiertere Form die analytische ist. Beispiele für derartige Formen sind im Türkischen das Präteritum, das pronominale Subjekt und — eingeschränkt — die Kodierung der Reflexivität und der Reziprozität.

3. Ikonismus im Türkischen

3.1. EINIGE TYPOLOGISCHE EIGENSCHAFTEN DES TÜRKISCHEN

Das in der Türkei gesprochene Standardtürkische ist eine SOV-Sprache mit den bei GREENBERG (1963) klassifizierten 'typischen' universalen Eigenschaften einer SOV-Wortstellung: Modifizierung der Verbal- und Nominalphrase vor dem Kopf, Adverb-Verb-, Infinitiv-Verb-, Adjektiv-Nomen-, Genitiv-Nomen-, Relativsatz-Nomen-Stellung und vorwiegend Postpositionen. Grammatische Morpheme werden im Türkischen vorwiegend suffigiert; auch dies ist 'typisch' für eine Sprache, bei der das Verb auf das Objekt folgt. Zeit-, Modus- und Aspektkategorien werden im Türkischen als Suffixe im Verbparadigma repräsentiert; die Person wird obligatorisch als Verbsuffix kodiert, Ausnahme ist die 3. Pers. Plural: Ihre Kodierung ist keine Personenkodierung, sondern wird durch das allgemeine Pluralsuffix *-ler/-lar* ausgedrückt. Die Kodierung der 3. Pers. Plural am Verb ist nur obligatorisch, wenn das Subjekt das Merkmal 'belebt' trägt. Als Suffixe am Nomen erscheinen in der Reihenfolge der Nennung Plural — Possessiv — Kasus (Akkusativ, Genitiv, Dativ, Lokativ, Ablativ, Instrumental). Die Vokale aller grammatischen Morpheme im Türkischen — mit Ausnahme der Präsens- und der Potentialiskodierung, beide sind ursprünglich eigenständige Verben — unterliegen einer Vokalharmonie. Die Vokalharmonie bestimmt die Vokalqualität innerhalb der Wortgrenzen, anders ausgedrückt: Die Vokalharmonie markiert die Zugehörigkeit von Suffixen zu einem Wort.

Da die Vokalharmonie sich nicht auf das Lexem bezieht, läßt sich in bezug auf das lautliche Verhältnis zwischen Lexem und grammatischem Morphem im Türkischen feststellen, daß das Lexem variationsreicher und regelloser — also auffälliger

---

[4] Zur Darstellung und Diskussion semantischer Markiertheitsoppositionen vgl. MAYERTHALER (1980, 1981).

— vertont ist als das grammatische Morphem; dem Lexem steht darüber hinaus ein größeres Inventar an Vokalen zur Verfügung und es kann im Gegensatz zum grammatischen Morphem mehrsilbig sein. Ich sehe hier einen ikonischen Zusammenhang: Das Lexem ist nach SAUSSURE die maximal arbiträre sprachliche Form; seine Bedeutung ist weniger relativ, einmaliger und pragmatisch unabhängiger als die des grammatischen Morphems. Dies findet ikonischen Ausdruck in der weniger aufwendigen Vertonung des grammatischen Morphems im Gegensatz zum Lexem.

3.2. DIAGRAMMATISCHER IKONISMUS UND DIE ROLLEN SUBJEKT UND DIREKTES OBJEKT IM TÜRKISCHEN

Im folgenden soll ein Beispiel für ikonische Motiviertheit im Türkischen etwas eingehender beleuchtet werden: Der Zusammenhang zwischen der merkmalhaften Repräsentation der Nominalphrasen, die die grammatischen Rollen Subjekt und direktes Objekt im einfachen transitiven Satz ausfüllen und den semantischen Merkmalen *belebt/unbelebt* und *bestimmt/unbestimmt.*

Zunächst zu Belebtheit und Bestimmtheit als Merkmale des Subjekts im Türkischen:

Folgt man den Argumentationen von KEENAN (1976), MAYERTHALER (1981, 1987), COMRIE (1981) und anderen, so ist sprachuniversal das 'ideale' Subjekt die Verbindung zwischen der semantischen Rolle Agens und der pragmatischen Rolle Topic. Zu den prototypischen Merkmalen des Agens gehören weiterhin seine Bestimmtheit und Belebtheit. Das Subjekt ist in dieser Argumentation die Kategorie des 'prototypischen Sprechers': der Mensch als der belebte, definite Ausgangspunkt des Sprechens.

Ikonische Evidenz für eine Affinität zwischen der grammatischen Rolle Subjekt und den semantischen Merkmalen *belebt* und *bestimmt* findet sich im Türkischen in den besonderen syntaktischen Restriktionen, denen 'untypische', d.h. unbelebte und/oder unbestimmte Nomen in der Subjektrolle unterliegen. Ich fasse zusammen aus ERGUVANLI (1987):

1. Sätze mit nicht-verbalen Prädikaten erlauben keine unbestimmten Nominalphrasen als Subjekte in der Satzanfangsposition.
2. Unbestimmte Subjekte von intransitiven Verben unterliegen keiner syntaktischen Restriktion, wenn sie belebt sind; sie können jedoch nicht in der Satzanfangsposition stehen, wenn sie unbelebt sind.
3. Unbestimmte und unbelebte Subjekte im einfachen transitiven Satz tauschen die Position mit dem direkten Objekt, wenn dieses bestimmt und belebt ist.

Die drei Regeln machen deutlich, daß in der Satzanfangsposition, d.h. im unmarkierten Satz in der Subjektposition, nur Nominalphrasen mit den semantischen Merkmalen *belebt* und/oder *bestimmt* zugelassen sind.

Der dritte Satz, in dem es um den Positionstausch mit dem direkten Objekt geht, soll hier genauer untersucht werden: Wie oben angedeutet, ist die unmarkierte Wortstellung in einem einfachen transitiven Satz im Türkischen Subjekt — direktes Objekt — Verb. Das Subjekt bekommt in dem Fall, da es in der Satzanfangsposition steht, eine definite Lesart (vgl. auch Beispiel (14), unten). Wie aber steht es mit dem Objekt? Wir können im Türkischen 4 Kategorien des direkten Objekts feststellen, deren Grad von Bestimmtheit und, in der Folge, deren formelle Repräsentation jeweils verschieden ist:

1. Das 'Gattungsobjekt'

Das Gattungsobjekt ist nicht kasusmarkiert; es ist die optimal merkmallose Kategorie des direkten Objekts. Seine Position ist unmittelbar vor dem Verb; indirektes Objekt und Modifizierungen der Verbalphrase stehen vor dem Gattungsobjekt.

Das Gattungsobjekt hat eine unbestimmte, nicht-referentielle Lesart; es ist unbelebt. Zur Verdeutlichung zwei Zitate aus GRØNBECH (1936):

> S.25: "Bei einem türkischen Nomen, welches einem deutschen Substantiv entspricht, darf man also nicht an erster Stelle an ein Individuum denken, auch nicht an eine Mehrzahl davon, sondern lediglich an den Genus [hier ist die 'Gattung' gemeint, Anm. C.S.] oder den Begriff."

> S.59: "*at* [tk. 'Pferd', Anm. C.S.] bezeichnet nicht an erster Stelle ein Pferd oder viele Pferde, sondern das Pferd als Begriff, die Gattung Pferd, alle denkbaren Pferde."

Beispiele:

(1) *Ahmet kitap oku-yor*
Ahmet Buch les-PROGR
Ahmet liest Buch.

(2) *Anne-m bana çorap al-dı*
Mutter-POSS 1 SG mir Strumpf kauf-PRÄT
Meine Mutter kaufte mir Strümpfe.

2. Das unbestimmte Objekt

Das unbestimmte direkte Objekt ist markiert durch den unmittelbar vorangestellten unbestimmten Artikel *bir*. *bir* ist gleichzeitig das Zahlwort 'eins'.

Der unbestimmte Artikel vereinzelt die allgemeine Lesart des Gattungsobjektes; das unbestimmte Objekt im Türkischen entspricht etwa dem unbestimmten Objekt im Deutschen. Unbestimmtes Objekt können sowohl belebte als auch unbelebte Nominalphrasen sein (zu den Ausnahmen komme ich im Zusammenhang mit der 4. Objektkategorie).

Bei einem unbestimmten Objekt im Plural wird ein Quantor *bazı*, *kimi* ('einige') oder *birtakım* ('eine Anzahl')[5] vorangestellt.

Auch das unbestimmte Objekt steht unmittelbar vor dem Verb.

[5] Bei *birtakım* ist die Pluralmarkierung obligatorisch; bei *bazı* und *kimi* ist sie optional. *kimi* steht nur mit belebten Nominalphrasen. Bei adjektivischen Erweiterungen der Nominalphrase stehen *bazı* und *kimi* vor der erweiterten Nominalphrase; *birtakım* kann vor dem Kopf der Nominalphrase stehen.

Beispiele:

(3)

Ayşe	*Almanya'da*	*bir*	*ev*	*al-dı*
Ayşe	Deutschland LOK	UNBEST ART	Haus	kauf-PRÄT 1 SG

Ayşe kaufte in Deutschland ein Haus.

(4)

Bizim	*komşu-muz*	*bir*	*gelin*	*arı-yor*
Unser	Nachbar-POSS 1 PL	UNBEST ART	Braut	such-PROGR 3 SG

Unser Nachbar sucht eine Braut.

(5)

Ağa	*biz-e*	*bazı*	*arsa-lar*	*göster-di*
Großgrundbesitzer	wir-DAT	einige	Grundstück-PL	zeig-PRÄT 1 SG

Der Großgrundbesitzer zeigte uns einige Grundstücke.

3. Das spezifische unbestimmte Objekt

Das spezifische unbestimmte Objekt ist mit dem unbestimmten Artikel und dem Akkusativsuffix (ı/u/ü/i-entspr. Vokalharmonie) markiert. Es hat eine unbestimmte Lesart; sein Bezeichnetes ist jedoch durch eine vorangestellte Ergänzung oder auf andere Art in den Referenzbereich eingeführt.

Ist die Nominalphrase in Objektrolle erweitert, so stehen indirektes Objekt und Modifizierungen der Verbalphrase vor dem Verb; andernfalls steht auch das spezifische unbestimmte Objekt unmittelbar vor dem Verb.

Beispiele:

(6)

Ahmet	*biz-de*	*unut-tuğ-u*	*bir*
Ahmet	wir-LOK	vergess-PART-POSS 1 SG	UNBEST ART

kitab-ı	*alma-y-a*	*gel-di*
Buch-AKK	hol-y-DAT	komm-PRÄT 3 SG

Ahmet kam, um ein Buch zu holen, das er bei uns vergessen hatte.

(7)

Komşu-muz-un	*anne-si*	*oğlu-n-a*
Nachbar-POSS 1 PL-GEN	Mutter-POSS 3 SG	Sohn-n-DAT

bir	*gelin-i*	*bul-ur*
UNBEST ART	Braut-AKK	find-AOR 3 SG

Die Mutter unseres Nachbarn findet schon eine (bestimmte) Braut für ihren Sohn.

4. Das bestimmte direkte Objekt

Das bestimmte direkte Objekt ist mit dem Akkusativsuffix markiert. Es hat eine definite Lesart und entspricht damit etwa dem bestimmten direkten Objekt im Deutschen. Modifizierungen der Verbalphrase stehen bei einem bestimmten Objekt vor dem Verb. Das indirekte Objekt kann vor dem Verb oder vor dem bestimmten direkten Objekt stehen.[6]

Beispiele:

(8)

Arkadaş-ım	*kalem-i*	*bana*	*hediye*	*et-ti*
Freund-POSS 1 SG	Stift-AKK	mir	Geschenk	mach-PRÄT 3 SG

Mein Freund schenkte mir den Stift.

---

[6] Auch bei der Stellung des indirekten Objekts spielen die Parameter Belebtheit und Bestimmtheit eine Rolle. Ich gehe darauf jedoch hier nicht weiter ein.

(9) *Abi-m* *kız-ı* *gör-me-di*
Älterer Bruder-POSS 1 SG Mädchen-AKK seh-NEG-PRÄT 3 SG
Mein älterer Bruder hat das Mädchen nicht gesehen.

Gehen wir nun entsprechend dem o.g. ikonischen Schlüsselprinzip davon aus, daß die maximal merkmallose Form die maximal semantisch unmarkierte Form ist, so stellen wir fest, daß das 'typische Objekt' im Türkischen das unbestimmte, unbelebte, nicht-referentielle Gattungsnomen ist und ein diagrammatisch-ikonischer Zusammenhang zwischen formeller Markierung und Grad der Bestimmtheit beim Objekt besteht. Dabei hat die Tatsache, daß Pronomen, Eigennamen, Genitivgruppen (Bezugsnomen und Genitivattribut) sowie Nomen mit Possessivsuffixen als Objekte obligatorisch mit dem Akkusativsuffix markiert werden (vgl. unten Beispiele (10)–(12)), nichts mit der Bestimmtheit zu tun — hier liegt sie schließlich auf der Hand —; ich interpretiere dies vielmehr als analoge Anpassung: Tatsächlich weist GRØNBECH (1936:160f.) darauf hin, daß in älteren Dialekten des Türkischen das Akkusativsuffix bei Eigennamen, Genitivgruppen, Nomen mit Possessivsuffix und durch Demonstrativpronomen determinierten Nominalphrasen in der Rolle des direkten Objekts vielfach entbehrlich war.

(10) *Sen ben-i davet et-me-di-n*
Du ich-AKK Einladung mach-NEG-PRÄT-2 SG
Du hast mich nicht eingeladen.

(11) *Komşu-muz-un anne-si oğlu-n-un*
Nachbar-POSS 1 PL-GEN Mutter-POSS 3 SG Sohn-POSS 3 SG-n-GEN
sevgili-si-n-i sev-mi-yor
Geliebte-POSS 3 SG-n-AKK lieb-NEG-PROGR 3 SG
Die Mutter unseres Nachbarn mag die Geliebte ihres Sohnes nicht.

(12) *Sen bu-n-u nasıl yap-i-yor-sun?*
Du dies-n-AKK wie mach-i-PROGR-2 SG
Wie kannst du dies tun?

Den genannten Objektkategorien stehen im einfachen transitiven Satz drei Kategorien des Subjekts gegenüber, bei denen, wie oben gezeigt, ein ikonischer Zusammenhang zwischen semantischen Merkmalen und syntaktischer Restriktion besteht:

1. Das 'typische' Subjekt

Das 'typische' Subjekt steht am Satzanfang, ist belebt und/oder bestimmt.

Beispiele:

(13) *Öğretmen-imiz yazma-y-ı iyi öğret-mi-yor*
Lehrer-POSS 1 PL Schreiben-y-AKK gut lehr-NEG-PROGR 3 SG
Unser Lehrer lehrt das Schreiben nicht gut.

(14) *Deprem ev-imiz-i yık-tı*
Erdbeben Haus-POSS 1 PL zerstör-PRÄT 3 SG
Das Erdbeben zerstörte unser Haus.

2. Das mögliche Subjekt

Das 'mögliche' Subjekt ist mit dem unbestimmten Artikel als unbestimmt markiert. Steht es in einem Satz zusammen mit einem bestimmten direkten Objekt, das zusätzlich das Merkmal *belebt* trägt, so können Subjekt und Objekt die Plätze tauschen.

(15) *Bir deprem biz-i kolay kolay korkut-maz*
UNBEST ART Erdbeben wir-AKK leicht leicht schreck-NEG AOR 3 SG
Ein Erdbeben kann uns nicht so leicht schrecken.

(16) *Bizi bir deprem kolay kolay korkutmaz*
Uns kann ein Erdbeben nicht so leicht schrecken.

3. Das 'unmögliche' Subjekt

Das 'unmögliche' Subjekt ist das unbestimmte, unbelebte, nicht- referentielle Gattungsnomen. Steht es in einem Satz zusammen mit einem direkten Objekt, das die Merkmale *bestimmt* und *belebt* trägt, so wechseln Subjekt und Objekt obligatorisch die Plätze. Das Subjekt steht dann unmittelbar vor dem Verb.

Beispiele:

(17) *Biz-i deprem korkut-maz*
Wir-AKK Erdbeben schreck-NEG AOR 3 SG
Uns schrecken Erdbeben nicht.

(18) *Ben-i köpek ısır-dı PRÄT 3 SG*
Ich-AKK Hund beiß
Mich hat ein Hund gebissen (im Sinne von: Ich bin vom Hund gebissen worden).

(19) *Ben-i macera bekli-yor*
Ich - AKK Abenteuer wart - PROGR 3 SG
Mich erwarten Abenteuer.

4. Zusammenfassung und Interpretation

Ich komme jetzt, etwas rasant und einige Stufen der Argumentation überspringend, zu einer abschließenden Zusammenfassung und Interpretation. Drei Punkte sind mir wichtig:

1. Wir können im Türkischen für Nominalphrasen mit den semantischen Merkmalen *bestimmt* und *belebt* bzw. *unbestimmt* und *unbelebt* Affinitäten in bezug auf die grammatische Rolle feststellen, die ikonisch — durch syntaktische und morphologische Merkmallosigkeit — repräsentiert werden.
2. Meine darauf aufbauende These lautet, daß es im Türkischen zwei natürliche, d.h. semantisch unmarkierte Klassen von Nominalphrasen gibt. Die eine Klasse sind die belebten und bestimmten Nominalphrasen; sie werden idealerweise durch Pronomen und Eigennamen vertreten und füllen die Subjektrolle aus. Die andere Klasse sind die unbelebten, unbestimmten und nichtreferentiellen Nominalphrasen; sie sind idealerweise die 'Gattungsnomen' und füllen die Objektrolle im Satz aus.
3. Diese beiden Klassen erscheinen nur innerhalb der Zuordnungen in einem semantischen Markiertheitsverhältnis zueinander. Das heißt, in der 'Subjektgruppe' ist ein Gattungsnomen semantisch markierter als ein Pronomen und wird entsprechend merkmalhaft — durch syntaktische Verschiebung —

repräsentiert. In der 'Objektgruppe' wird dieses Markiertheitsverhältnis umgekehrt: 'Untypische' Objekte werden merkmalhaft — durch morphologische Markierung — repräsentiert.

Zwischen den beiden Klassen gibt es jedoch kein semantisches Markiertheitsverhältnis per se. Das heißt: Unbestimmte, unbelebte, nicht referentielle Nominalphrasen sind nur dann semantisch markierter als bestimmte und belebte Nominalphrasen, wenn sie eine untypische grammatische Rolle — die des Subjektes — ausfüllen. Das liegt daran, daß jede der beiden Klassen prototypisch einen anderen menschlichen Erfahrungsbereich vertritt:

Die eine den Bereich des Menschen, die andere den Bereich des Nicht-Menschen, der Umwelt.

Zwischen diesen beiden Erfahrungsbereichen gibt es kein hierarchisches Verhältnis per se.

Diese letzten Sätze wenden sich gegen Ansätze in der Theorie der morphologischen Natürlichkeit, nach denen alle semantischen Markiertheitsoppositionen kognitiv begründet vom prototypischen Sprecher als dem absoluten Sprachmittelpunkt ausgehen.

Abkürzungen

AOR	Aorist
DAT	Dativ
GEN	Gentitiv
LOK	Lokativ
PART	Partizip
PL	Plural
POSS	Possessiv
PRÄT	Präteritum
PROGR	Progressiv
SG	Singular
UNBEST ART	unbestimmter Artikel

Literatur

Bühler, Karl

1934 *Sprachtheorie.* Ungekürzter Neudruck 1982, Stuttgart: Fischer.

Comrie, Bernhard

1981 *Language Universals and Linguistic Typology.* Syntax and Morphology. Oxford: Blackwell.

Eco, Umberto

1987 *Semiotik. Entwurf einer Theorie der Zeichen.* Aus dem Englischen übersetzt von Günther Memmert. München: Fink.

Erguvanli-Taylan, Eser Emine

1987 The Role of Semantic Features in Turkish Word Order. In: *Folia Linguistica* **12**, 215–227.

GIVÓN, TALMY

1985 Iconicity, Isomorphism, and Non-Arbitrary Coding in Syntax. In: JOHN HAIMAN (ed.), *Iconicity in Syntax*. Amsterdam: Benjamins, 187–219.

GREENBERG, JOSEPH

1963 Some Universals of Grammar with Particular Reference to the Order of Meaningful Elements. In: JOSEF GREENBERG (ed.), *Universals of Language*. Cambridge/Mass: MIT Press, 110– 113.

GRØNBECH, KAARE

1936 *Der türkische Sprachbau 1*. Kopenhagen: Levin & Munksgaard.

HAIMAN, JOHN

1985 *Natural Syntax*. Cambridge: UP.

JAKOBSON, ROMAN

1965 Quest for the Essence of Language. In: ROMAN JAKOBSON, *Selected Writings 2*. The Hague: Mouton, 345–359.

KEENAN, EDWARD L.

1976 Towards a Universal Definition of 'Subject'. In: CHARLES LI (ed.), *Subject and Topic*. New York: Academic Press, 305–333.

LAKOFF, GEORGE, MARK JOHNSON

1980 *Metaphors We Live By*. Chicago: UP.

MAYERTHALER, WILLI

1980 Ikonismus in der Morphologie. *Zeitschrift für Semiotik* **2**, 19–37.

1981 *Morphologische Natürlichkeit*. Wiesbaden: Athenaion.

1987 System-Independent Morphological Naturalness. In: WOLFGANG U. DRESSLER (Hrsg.), *Leitmotifs in Natural Morphology*. Amsterdam: Benjamins, 25–58.

MORRIS, CHARLES

1938 *Foundations of the theory of signs*. Chicago: UP.

PEIRCE, CHARLES SANDERS

1931–1958 *Collected Papers*, Vol. **1–7**. Cambridge/Mass: Harvard UP.

POSNER, ROLAND

1980 Ikonismus in der Syntax. Zur natürlichen Stellung der Attribute. *Zeitschrift für Semiotik* **2**, 57–59.

SAUSSURE, FERDINAND DE

1967 *Grundfragen der allgemeinen Sprachwissenschaft*. 2. Auflage. Aus dem Französischen übersetzt von Herman LOMMEL. Berlin: de Gruyter.

SCHROEDER, CHRISTOPH

1989 Sprachlicher Ikonismus: Theoretische Grundlagen und Beispiele aus dem Türkischen. *Papiere zur Linguistik* **2**.

ZIPF, GEORG

1935 *The Psycho-Biology of Language*. Boston: Houghton Mifflin.

Vorbemerkungen zur Durchgründung von Kasussemaktivität

H. G. Still
Berlin

'Was Kasus heißt, setzt sich aus sehr verschiedenartigen Schichten zusammen, ...'
(H. Schuchardt, 1925)

Einleitung

Schon in der Zeit lateinischer Adaptation griechischer Konzepte der Grammatik begegnet uns Verwirrung dort, wo der Bereich der *πτώσεις*, der CASUS, behandelt wird. Mißverständnisse und Pauschalisierungen verstellen oft noch heute ein erfolgreiches Nachdenken über 'das, was Kasus heißt'. Grundschaffend ist eine transparentistische Fassung der CONDITIO PER QUAM grammatischer Erscheinungsweisen, zusammen damit die Fassung ihrer texturalen Bestimmung. Auf dieser Basis ergibt sich die Notwendigkeit einer dynamistischen Beurteilung der Daten. In welchen Prioritäten das Gefaßte zu durchgründen ist, steht nicht in freiem Belieben. Erst wenn 'mit Deutlichkeit' (Leibniz, 1881: 422 f.) gewußt wird, können Forderungen einer 'Ethik der Terminologie' (C. S. Peirce,1932: 129ff.) Sinn bekommen. Entgegen einer zu weit getriebenen Meinung strukturalistischer Grammatologie-Kritik ist ein allgemein in Bezug gebrachter Kasus-Begriff an sich nichts Unstatthaftes. Er dient einem Bezeichnungserfordernis, das längst dem nurlateinischen Relevanzbereich enthoben wurde. Die aufgrund einer wechselhaften Anwendungsvergangenheit schon für den griechischen Ausgangsterminus festzustellende Doppeldeutigkeit — formale Geltung einerseits, funktionsbezügliche Geltung andererseits — hat ihren Wert ('Nomen est pars orationis cum casu...', so — im 4. Jh. — Donat, 1864: 373). Nähere Klärung und Differenzierung sind aber notwendig. Kasualität ist entsprechend ihrer multiplexen (resp. multiplanen) 'Verwobenheit' zu erfassen. In gewisser Reaktion zur Auffassung von engl. 'involved' sprechen wir von KASUSINVOLVENZEN, um in verschärfter, aber noch übergreifender Weise auf jene Dimension Bezug zu nehmen, in der das zu Durchgründende sowohl typologisch als auch ENTEMOLOGISCH differenziert ist. Für die spezielle Bewertung wird es wichtig sein, der Verschiedenheit von PERSTRUKTALER, KONZIPALER und DIKTURALER RELEVANZ Rechnung zu tragen. Theoretologisch lassen sich basal einheitliche Charakteristika ausmachen. Charakteristisch für das Kasuelle überhaupt ist eine spezifische PROLEVANZ. Diese kann — sowohl von Sprache zu Sprache als auch im Bau ein und derselben Sprache — sehr verschieden AKZIPIERT sein.

Allgemeine Bemerkungen

"Dort, wo ein Seiendes ist, bezüglich dessen etwas als Ausgesagtes Bestand hat, finde sich Erkennen." (PARMENIDES, um 480 vor Christus, Fragm. 8, Verse 34 ff.). Schwierig ist die Herstellung einer funktionalen Entsprechung dann, wenn nicht der als ein sich selbst Genügendes abstrahierte Seinsgrund, *τὸ ἐόν*, auch nicht die Verhältnisse des substantiell Gegebenen, sondern die Mittel des Sagens, die mediiert mediierende Realität sprachlichen Bedeutens Gegenstand fragender Behandlung werden. Vorprojizierte Konzepte und Interessen verunmöglichen nicht selten ein wirkkonformes Erfassen sprachlicher Prozessualität.

Das Beiwort 'vorprojiziert' ist allerdings NICHT UNBEDINGT im negativen Sinne aufzufassen. Die durch das Denken erfaßbare Wahrheit ist verschiedener Gestalt je nach dem PRINZIP, auf das die 'Gegebenheiten eines Problems' bezogen werden. Erkenntnis ist stets Betrachtung von etwas mittels eines Prinzips ('es siempre contemplación de algo a través de un principio', ORTEGA Y GASSET [1958: 13]).

Während nun die Prinzipien an sich hinsichtlich einer Vorrangigkeit nicht ausgezeichnet sind, wird eine solche entscheidend, wenn verschiedene Prinzipien objektbezogen konzertieren und Intention wie Attention auf den Fragegegenstand abzustimmen sind. 'We begin by asking what is the mode of being of the subject of inquiry, that is, what is its absolute and most universal Firstness', stellt C.S. PEIRCE (1931: 286) mit gutem Recht klar. In Ansehung des Gegenstandsbereichs der Linguistik, des Bereichs sprachlicher Äußerungen, ist es von meridianer Bedeutung vier Prinziplichkeiten in differenziertem Verbund zu sehen:

A — die Dimension der UNIVERSALITÄT, der Prinzipien menschlicher Sprachlichkeit überhaupt. Es handelt sich um die Menge jener Prinzipien, die in quasi ungebundener Zyklik für das, was die Sprache des Menschen ist und sein kann, konstitutiv sind. Sie charakterisieren die Modi des Nennens und Sagens und betreffen die Ausprägemöglichkeiten von Sprache im Absoluten.

Γ — die Dimension der SYSTEMATIZITÄT, die Prinzipien innereinzelsprachlicher Korrelativität. Es handelt sich um die Charakterisierung gebundener Bestimmtheit im Rahmen einer jeweils abgegrenzten Komplexion. Γ ruht auf A, insofern im Bereich von Γ nichts konkretionsfähig wäre ohne A.

Σ — die Dimension der Wirkförmigkeit, die Prinzipien signativer Wirkungsrichtung resp. Wirkungsschichtung. Diese Dimension wirkt sich in entscheidender Weise auf den 'Sprachgebrauch' aus, auf den gemeinschaftlich topisierten wie auf den individuell geschöpften. Σ und A, Energetik und Possibilierung, begrenzen gewissermaßen das Feld, auf dem sich Γ sowohl verfestigt als erneuert. Die Wirkförmigkeit, die SEMAKTIVITÄT, ist das prävalente Kennzeichen sprachlicher Form. Die Exponenten und Verfahren des Grammatikariums sind auf sie hin bestimmt, wenn auch nicht immer unmittelbar. Und das gilt auch für die Gliederungen kasueller Kategorialität. Entsprechend geht es dem eigentlichen Durchgründen einer Sprache darum, auf die Wirkförmigkeit hin verstandene Repräsentationen sprachlicher Struktur zu eruieren und im Denken zu vergegenwärtigen ('per acquisitionem intelligentiae in effectu', wie es bei AVICENNA (—1037) gemäß lateinischer Wiedergabe (*Metaphysica* [*al-Ilāhijjāt*, lat.], I,1) heißt).

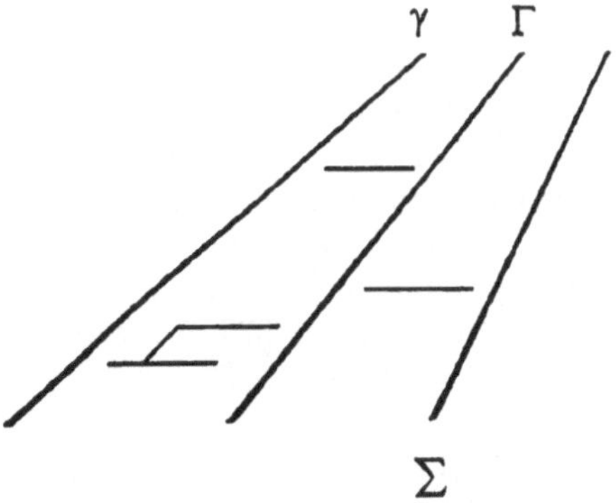

Darst. 1

γ — die Dimension der TRANSFERENTIALITÄT, der Komplex EPITECHNISCH bedingter Kontinua im Rahmen einer HISTORISCH EPLIIERTEN Sprache. 'Todas las cosas humanas, al ser históricas, tienen su prehistoria' Alle menschlichen Dinge haben damit, daß sie geschichtlich sind, auch ihre Vorgeschichte (ORTEGA Y GASSET, 1958: 15). Es geht hier also um die Prinzipien diachronisch aufzuklärender Konstanz.

DARST. 1 versteht sich als modellhaft abstrahierte Veranschaulichung der prinziplichen Bezogenheit. Die den Universalgrund definierende Dimension A ist dabei nicht besonders symbolisiert.

Als 'semaktiv' werden nicht Komplexitäten IN ACTU, sondern Komponenten (Elementarwertigkeiten) PRO ACTU charakterisiert. Gefragt wird nach dem Wie der Wirkung des Grammatikariums, sofern es satzlich in Funktion genommen ist, und dabei — das wäre der Idealfall — gemäß den Modalitäten seiner mentalen Repräsentation. 'Semaktivität' ist also nicht mit dem zu identifizieren, was Möglichkeiten sekundärer resp. IMPONIERTER Sinneffekte ausmacht, auch nicht mit dem, was einige einfach 'kommunikative Bedeutung' ('communicative meaning') nennen. Gewiß ist der Ausdruck 'Bedeutung' unverzichtbar und auf allgemeiner Besprechungsebene auch fachwortlich am Platze. Bedeutung hat, 'was über sich hinausweist'. Für den Aufbau eines Verständnisses der sematischen Beziehungsmäßigkeiten ist das Konzept 'Bedeutung' allerdings viel zu ungenau.[1]

Das Sprachliche 'lebt' aus einem iterativen Prozeß mutueller Abstimmung. Es besteht auf Grund der Einzelwertigkeiten strukturlicher Konvention, auf Grund von SEMASTRUKTEN, die im Normalfall immer wieder erneut auf das Phonetaktische übertragen werden. Es 'geschieht', 'verwirklicht sich', durch die

[1] Vergl. W. v. HUMBOLDT, *Ueber die Buchstabenschrift und ihren Zusammenhang mit dem Sprachbau*, 1824 (gedr. 1826), Abhandl.... der Königl. Akademie der Wissenschaften zu Berlin, bes. S.176ff., sowie desgl. Einleitung über die Verschiedenheit des menschlichen Sprachbaues, 1836, S.LV ff. (§ 8).

vom EPLIKANTEN (von dem, der Sätze, PRÄDIKAMENTATIONEN, epliiert, vom Sprecher also) geforderte AKTUALISIERUNG. Das Sprachliche WIRD also ZU BEDEUTUNG. Der Analyse geht es zunächst nicht um 'Bedeutungen' , sondern um RELEVANZEN. Diese sind unterschiedlicher Natur. Sie können — wobei man sich außerhalb des Strukturwertlichen befände — 'inzitamentale Funktion' bekommen. 'Kommunikativität' hat ein Fundament signifikativer resp. signiert signifikativer (z.B. kasueller) Gestaltungen zur Voraussetzung; anders gesagt: ein SEMAKTIVES KONSTRUKTINUUM. Auf dieser Basis ruht das, was sich aus dem 'Bund von Bedeutung und Bezeichnung', aus dem Bund von 'innerer' und 'äußerer Form' ergibt; aus dem also' was — so SCHUCHARDT(1925: 5) — den 'Symbolismus' der Sprache ausmacht.

Obwohl Sprache als Struktur ('come struttura') auf eine andere Struktur hin angelegt ist ('struttura che vuol essere altra struttura'), hat — es sei nochmals betont — das Ausgehen von der Elementarwertigkeit des Grammatikariums linguistisch den Primat. Da das Grammatikarium aber als Wirkvorgang Bestand hat, darf es von dem, was es derart bestimmt, nicht abgetrennt werden. Nur ein analytisch-energetisches Beschreiben, das die Gestaltungen der Prädikation durchsichtig macht eben das, was wir INTEGRATIVE DIFFERENTIALGRAMMATIK nennen wollen, wird diesem Gegebensein gerecht. Es geht nicht darum, grundlegende Unterscheidungen der matrikalen Methode zu entwerten. Es ist nur so, daß viele linguistische Unterscheidungen die integrative Grammatik nicht unmittelbar betreffen, da sie prozessural irrelevant sind.

Im Grundgedanklichen sowie als Postulat ist das Konzept einer energetisch-multiplanen Behandlung selbstverständlich kein Novum. Nahezu alle wesentlichen Aspekte, die auch unser Fragen betreffen, sind in den sprachtheoretischen Schriften HUMBOLDTS angesprochen, wenn nicht schon erörtert worden. Allerdings nicht selten in verschlungener, unentschiedener Weise. Wie eine Replik wirkt es, wenn Rupert FIRTH in einer 1948 veröffentlichten Darlegung bestätigt, daß die sprachlichen Gliederungen und Gestaltungsordnungen durch AKTIVITÄT aufrechterhalten werden ('... Such systems are maintained by activity'), daß es erforderlich sei, sie in ihrem Aktivität-Sein zu untersuchen ('in activity they are to be studied') und daß dies erst die Grundlage sei für eine systemische Linguistik ('It is on these grounds that linguistics must be systemic, FIRTH, 1948: 398).

Auf grundsätzlicher Diskussionsebene wird man die Trefflichkeit dieser Feststellungen kaum in Zweifel ziehen. Allein die Schwierigkeiten ergeben sich beim Durchgründen der unverrückbaren Wand semantaktischer Textur.

Sofern es gelingt, einen semio-energetischen Standpunkt einzunehmen, muß er kontrollierbar sein. In Analogie zu dialektologischer Erfragung wären linguistischerseits präinformierte Nativalsprachige zur Bestätigung der Valenz sprachwissenschaftlicher Befunde heranzuziehen; in einem Verfahren, das wir INDUZIERTE ENQUETIERUNG nennen wollen.

Kasualität

Wenn in engziehenderer Weise auf den Komplex der CASUS Bezug genommen wird, dann in Entsprechung zu der bisher weit ausgreifend für die Betrachtung von Sprache überhaupt umrissenen Orientierung. Ein vielsichtiges, gleichwohl relevanzgestuftes Fragen ist gefordert.

Satzlich stehen zwei 'Hierarchien' in einem komplementären Verhältnis zueinander: die PRÄDIKAMENTALE und die PERSTRUKTAL-AXIALE. Die eine ist von makrosemantischer Schicht aus herabgerichtet auf die — potentiell — SEMAKTIVE GRUNDLINIE (auf das KONSTRUKTINUUM, wie es oben schon bezeichnet wurde), die andere geht von eben dieser Basis aus, ist in der Grundlinie 'versiegelt' und wird vom Eplikanten prinzipiell 'gewußt', und zwar in gleichem Maße wie die Beziehungen makrotaktischer Verknüpfung. Das Perstruktale semantemangebildeter Kategorialität bleibt aber im Diskurs für den Eplikanten in der Regel nur latent,[2] attentionell eine 'Zweitheit'. Das 'Wissen' des Sprechers umfaßt RELEVANZEN (die Gliederungen des semaktiven Potentials der Grundlinie) und DISPOSITIONEN (Anordnungen, semantaktische Klammerungen, Konstrukte 'en bloc'), und letztere sind, was auf prädikamentaler Stufe oft allein prädominiert. Phänomene PRÄDIKAMENTALER NEUTRALISATION von Semaktivität der Grundlinie sind häufig. Im Prinzip 'weiß' der in einem Grammatikarium Kompetente aber um sein Potential und kann es im prädikativen Kontinuum bei entsprechender Gestaltung der Konstruktion geradezu DEMARKATIV verwenden. Demarkative Okkurrenzen sind für die Analyse aufschlußreich.[3]

Empirische Beobachtungen vielfältiger Art zusammenfassend, ist KASUS — in Übereinstimmung mit HUMBOLDTSCHEN Überlegungen — als EXPONENT, als Zeichen eingebundener Bezugsbestimmung aufzufassen. Ein gleichsam als Achse zu sehendes Semantem wird in den Modus einer bestimmten PROMARKATION gesetzt. Die SYNTHESIS, in welcher diese Beziehung besteht, ist nur von einem Distanzpunkt intellektualer Anschauung in analytischer Ausbreitung restituierbar.[4]

Obwohl die sematische Relevanz flexioneller Kategorien in z.T. entscheidender Hinsicht aus den Konstruktionen im Diskurs deduzierbar ist, äußert sie sich in diskreter Exponentialität. Bei oberflächlicher Betrachtung werden die kasuellen Kategorien oft ausschließlich in Rücksicht auf die syntaktische Funktion des signierten Semantems bezw. als Traktion eines schemastiftenden Verbs bewertet. Eine nur prädikamentale, bezugskorrelative Auffassung kann aber dem primären

---

[2] Zur Frage der Latenz allgemein sei erinnert an: M. BRÉAL, *Les idées latentes du langage*, 1868.

[3] Für eine Okkurrenz teilweise demarkativ eingesetzter Kasualität zitieren wir aus Gottfried BENNS Erzählung *Diesterweg* (erstm. veröffentlicht 1918); die Mitteilung ist leider unangenehm: '..., völlig entleert des eigenen Lebens, hatte er seines Namens selbst vergessen: es galt den Arm, es galt das Messer, und auch die Säge war ihm da. ...'. Im Nhd. sind es an sich nur PIVOTALE MORPHE(-s, -m, -n), die eine kasuelle Signatur wirkförmig zeichnen, und das kaum noch am Nomen selbst.

[4] Vergl.: W. v. HUMBOLDT, *Einleitung über die Verschiedenheit des menschlichen Sprachbaues*, S.CCLXV ff. (§ 21, Act des selbstthätigen Setzens in den Sprachen).

Moment, der semastruktiven Auszeichnung kasueller INVOLVENZ, nicht nachgehen. Ein semaktiver Kasus wirkt aus seiner origonalen, anders gesagt: abdukalen Dynamik. Diesem Charakteristikum hat sich die analysierende Aufmerksamkeit letztlich zuzuwenden. Eine andere Sache ist die AKZEPTION, die konkretere Funktion, der eine Promarkation dienstbar gemacht ist. Wieder eine andere Sache die PARTIVIERUNG einer Konstituente, ihr In-Funktion-Setzen im Satz, d.h. im Rahmen einer prädikamentalen Disposition.

DARST. 2 zeigt eine Möglichkeit graphischer Symbolisierung. Die große Spitze weist in die Richtung satzlicher Epliierung gemäß rechtsläufiger Schriftaufzeichnung. '←' repräsentiert die abdukal aktualisierte Semaktivität des 'nur in seinen Beugungen verschiedenen Worts'.

Darst. 2

Da Kasualität in eigenartiger Weise abstrakter Natur ist, wäre die pauschale Bezeichnung 'Bedeutung' in Zusammenhängen genauerer Charakterisierung unangemessen. Es ist notwendig, einer gestuften Konkretierung gerecht zu werden.

Auf abstraktester Stufe relationaler Fassung überhaupt bestehen rein formale Gebilde, SEMIOPHÄNOMENALE INVARIANTEN. Die nicht weiter zerlegbaren Formative solcher Gebilde nennen wir ENTEME (H. G. STILL, 1987).

Als Letztgründe sowohl stativierter als auch dynamivierter Anschauung ermöglichen sie ein Gegenwärtigsein von Realität in Gedanken. Aufgrund ihrer 'Ablösbarkeit' und 'Objektunabhängigkeit' sind sie universal. Sie bilden die CONDITIO PER QUAM jedweder Form signativer Contour bzw. Deixis. Wenn LEIBNIZ feststellt: 'Linea est extensum quod describitur motu puncti ...' (1903: 547), 'Linea infinita est immobilis' (1903: 149), ist das, wovon er spricht, entematischer Qualität.[5] C. S. PEIRCE unterscheidet 'formal elements' als das, was sich in dem abzeichnet, was er 'phaneron' nennt.[6]

Auch das Grammatikarium einer Sprache kann — abstraktprinziplich — entemologisch gedeutet werden, und zwar mittels konstanter Charakteristika. Auch in Ansehung des Sprachlichen finden die Modi symbolischer Apperzeption ihre Entsprechung in PERSTRUKTEN. Was den Funktionen des 'Bedeutens' zugrunde liegt,

[5] Man beachte die folgenden Bestimmungen: '... Ordo est relatio inter multa, qua quodlibet a quolibet discriminatur', '... Observare est percipere cum reflexione', '... Combinatoria agit ... de notis (sive characteribus) universalibus', '... Signum est perceptum ex quo colligitur existentia non percepti', '... Alphabetum Cogitationum humanarum est catalogus eorum quae per se concipiuntur, et quorum combinatione caeterae ideae nostrae exurgunt'. LEIBNIZ, *Opuscules*, S. 476, 493, 556, 497 und 430.

[6] '.., by the phaneron I mean the collective total of all that is in any way or in any sense present to the mind, quite regardless of whether it corresponds to any real thing or not', *Collected Papers* Bd. I S. 141.

sind Perstrukte. Für das eigentliche Darstellen sind diese als solche 'zu anschauungsleer'. Das 'Bedeuten' hat erst im KONZIPALEN seine unmittelbare Wirklichkeit, d.h. in Einheiten, die sich dem Bewußtsein 'sinnfällig' in konkreterer Form darbieten.

Von größter Feinförmigkeit ist jener 'Zwischenbereich', in dem sich Perstruktales ('rein Formales') und Konzipales ('konkretale Füllung') einander verbinden. Es lassen sich Unterschiede in der PROMARKATION feststellen. Während Präpositionen — idealtypisch gesehen — konkretal promarkiert sind, hat das Kasuelle an verschiedenen Schichten Anteil.

BSP.:

A. Matth. 22, 21

1. dtsch. (Luther 1545)
   So gebet dem (IV) *Keiser / was des Keisers* (II-II) *ist / vnd Gotte* (IV) */ was Gottes* (II) *ist.*
2. griech. (Nestle–Aland, 25. Aufl.)
   καὶ τὰ (V) *τοῦ θεοῦ* (II–II) *τῷ θεῷ* (IV–IV)
3. lat., Vulgata (Nestle–Aland, 22. Aufl.)
   et quae (V) *sunt Dei* (II), *Deo* (IV)
4. ital. (Società Biblica, 1982)
   e a Dio quello che è di Dio
5. hebr. (Bible Society Jerusalem, 1976)
   וְלֵאלֹהִים אֶת אֲשֶׁר לֵאלֹהִים
   wle`lohīm `et `ăṣer le`lohīm
6. chin. (Bible Society Hong Kong, 1981)
   上帝的物當歸給上帝
   shang ti tê wu tang kuei kei shang ti

B.

1. *Romae* (III) *mense* (VI)...
2. ... *O Domine* (VII), *audi nos* (V). *Fac nos* (V), *quia fecisti nos* (V)....
   (Augustinus, Serm., CXX)

I	⇔o ⇔
II	(o)
III	(→o ←)
IV	⇒o
V	→o
VI	o ⊣
VII	$\dot{\wedge}$

Darst. 3

Die in DARST. 3 gezeigte Symbolik ergab sich im Verlauf der Prüfung und Vergleichung kasueller Gebrauchsweisen. Sie hat hypothetischen Charakter. Im

Unterschied zum Kasuellen ist die Semantik von Präpositionen — ital. *a* resp. *di* (Bsp. A 4), hebr. ‘l-’ , urspr. Nomen (A 5) — beziehungsweise ‘Partikeln’ — chin. ‘tê’ (A 6) ‘hoher Herrscher *tê* Dinge sollen zurück-ge-geben hoher Herrscher’, hebr. ‘‘et’, urspr. Nomen (A 5) — ‘direkt’, unmittelbar operational und syntaktisch ‘ungebunden’ verfügbar. Sie entspricht ‘ohne Brechung’ den konzipalen Zuordnungserfordernissen und löst nicht selten die kasuelle Gestaltung einer Sprache auf.

Von der Stufe der Prädikamentation aus läßt sich das beurteilen, was typusmäßig kennzeichnend ist. Idealtypisch wäre der Gegensatz KATENATIV (‘Druck’) vs. PHRASIV (‘Fluß’). ‘Kasus-Sprachen’ setzen der satzlichen Dispositionsklammer das Prinzip konstituentenabdukaler Signierung ‘entgegen’. Ihre Prozessualität ist katenativ. In einer Sprache rein phrasiver Prädikamentation wären allein die dispositiven Zuweisungen (zusammen mit konzipalen Korrelationen) DIKTURAL relevant.

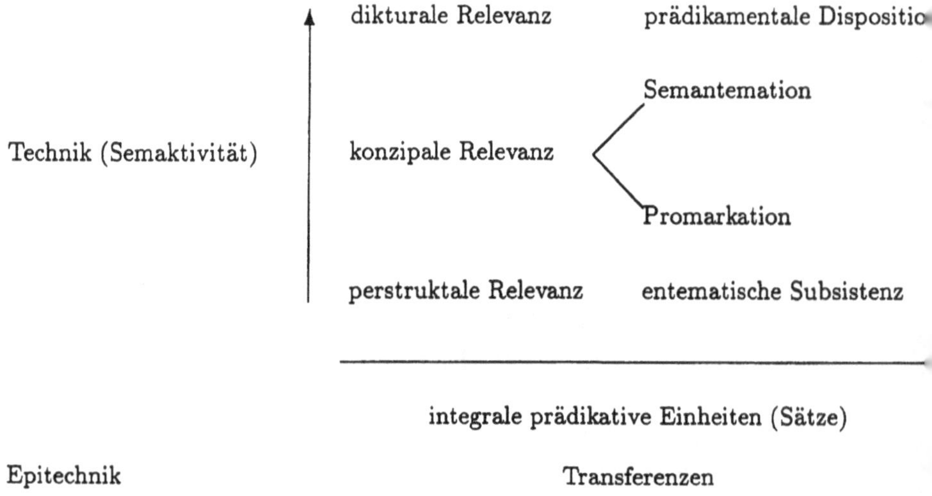

Darst. 4 Inhaltsanalytische Partitur

Der Charakter dieses Beitrags gestattet es nicht, alles erläuterungsmäßig Notwendige bis ins Letzte auszuführen. Betont sei, daß es keinesfalls unser Anliegen war, im Sinne einer Kommunikation bloßer Andersheit terminologische Neuheiten ihrer selbst wegen einzuführen. Wir werden nur mehr Klarheit erlangen, wenn wir bestimmte Bezeichnungen anderen vorziehen.

LITERATUR

AVICIENNA (–1037)

1977 Metaphysica [*al-Ilāhiǧǧāt*, lat. 12. JH.]. Ref.: *Avicenna Latinus. Liber De Philosophia prima sive Scientia divina.* S. VAN RIET (ed.). [Vol. I.] Louvain: Peters. Leiden: Brill.

BRÉAL, M.

1868 *Les idées latentes du langage.* Paris: Hachette.

DONATUS (1. Hälfte 4. Jd.)

1864 Donati grammatici urbis Romae ars grammatica ['Ars maior']. Ref.: *Grammatici Latini.* Vol IV. H. KEIL (ed.). Lipsiae: Teubner, 367–402.

FIRTH, J.R.

1948 The Semantics of Linguistic Science. In: *Lingua* **1**(4), 393–404.

HUMBOLDT, W. v. (–1835)

1824 Ueber die Buchstabenschrift und ihren Zusammenhang mit dem Sprachbau. [Vorgetragen am 20. Mai 1824.] In: *Abhandlungen der historisch-philologischen Klasse der Königlichen Akademie der Wissenschaften zu Berlin. Aus dem Jahre 1824.* Berlin: Dümmler [i.Comm.], 1826, 161–188.

1836 Einleitung über die Verschiedenheit des menschlichen Sprachbaues und ihren Einfluß auf die geistige Entwickelung des Menschengeschlechts. CCCCXXX S. In: HUMBOLDT, W. v., *Über die Kawi-Sprache auf der Insel Java* [Bd. I]. Berlin: Druckerei der Königlichen Akademie der Wissenschaften. In Commission bei F. Dümmler.

LEIBNIZ, G.W. (–1716)

1881 Meditationes de Cognitione, Veritate et Ideis. [Veröffentlicht 1684.] Ref.: *Die philosophischen Schriften von Gottfried Wilhelm Leibniz.* Herausgegeben von C. I. GERHARDT. Bd. IV. Berlin: Weidmann, 422–426.

1903 *Opuscules et fragments inédits de Leibniz.* L. COUTURAT (ed.). Paris: Alcan.

ORTEGA Y GASSET, J.

1958 *La idea de principio en Leibniz y la evolución de la teor'ia deductiva.* [Verfertigt 1947.] Buenos Aires: Emecé.

PARMENIDES (– um 480 v. Chr. –)

1956 Ref.: *Die Fragmente der Vorsokratiker.* Griechisch und Deutsch von H. DIELS. Achte Auflage herausgegeben von W. KRANZ. Bd. I. Berlin: Weidmann.

PEIRCE, C. S. (–1914)

1931 *Collected Papers of Charles Sanders Peirce.* C. HARTSHORNE, P. WEISS (eds.). Vol. I. Cambridge (Mass.): Harvard University Press.

1932 *Collected Papers* [...]. Vol. II. [...].

SCHUCHARDT, H.

1925 *Das Baskische und die Sprachwissenschaft.* Akademie der Wissenschaften Wien. Philosophisch-historische Klasse. Sitzungsberichte. 202. Band. 4. Abhandlung. Wien, Leipzig: Hölder Pichler Tempsky [i. Komm.].

STILL, H. G.

1987 Considerations Concerning the Compatibility of Grammatical Findings in Comparative Inquiry. [Vorgetragen am 14. August 1987] In: *Proceedings of the Fourteenth International Congress of Linguists, Berlin, August 10–15, 1987.* W. BAHNER, J. SCHILDT, D. VIEHWEGER (eds.). Berlin: Akademie-Verlag [im Druck].

Ökologie der Sprache:
Eine ökologische Perspektive in der Linguistik

Wilhelm Trampe

I. Jede wissenschaftliche Theorie besitzt einen Entstehungs-, Begründungs- und Verwendungszusammenhang. Während in der Wissenschaftstheorie bislang dem Begründungszusammenhang durch die strukturelle Rekonstruktion von Theorien größte Beachtung geschenkt wurde, wurde dem Entstehungs- und Verwendungszusammenhang kaum Aufmerksamkeit entgegengebracht. Eine ökologische Perspektive auf Wissenschaft stellt dagegen die Vernetztheit von Wissenschaft und Umwelt und die Zusammengehörigkeit des Entstehungs-, Begründungs- und Verwendungszusammenhanges in den Vordergrund ihrer Überlegungen. Wissenschaftliches Handeln geschieht nicht in einem ethischen und sozialen Freiraum, sondern verändert auch unsere Lebensformen, wie unsere Lebensformen wissenschaftliches Handeln verändern. Durch die Wahl einer bestimmten Perspektive – in diesem Fall einer ökologischen – werden bestimmte Vorentscheidungen getroffen, die die 'Fakten' in den 'Scheinwerfer der Theorie' (POPPER) stellen – nichts anderes besagt das Schlagwort von der Theorieabhängigkeit jeder Beobachtung. Erst im Lichte einer Theorie geraten bestimmte Phänomene in den Gesichtskreis des Beobachters.

Der hier vertretene Ansatz sieht in der Erweiterung linguistischer Perspektiven um eine ökologische einen Weg zur Schaffung neuer Fragestellungen und Erklärungsmöglichkeiten, zur Reduzierung und Überwindung der Kluft zwischen den sog. Geisteswissenschaften und Naturwissenschaften (Linguistik und Biologie) und zur Erschließung neuer Verwendungszusammenhänge; denn wenn sich die ökologische Krise auch im sprachlichen Verhalten zeigt, ist auch die Linguistik gefordert — denn ökologische Probleme sind Überlebensprobleme.

Meine Hauptthese, die sowohl den Begründungs- als auch den Verwendungszusammenhang betrifft, lautet: Eine ökologische Perspektive vermag der Linguistik sowohl in theoretischer als auch in praktischer Hinsicht eine fruchtbare Perspektivenerweiterung zu eröffnen.

Die Stützung dieser These kann hier leider nur in sehr fragmentarischer und allgemeiner Form erfolgen.[1]

Ich beginne zunächst mit einigen Bemerkungen zum Entstehungszusammenhang — mit der Betrachtung der heuristischen Ideen zur 'Ökologie des Geistes' bei BATESON — und zur Modernität des Ökologie-Begriffs.

II. Wenn in den verschiedensten Kontexten von 'Ökologie' die Rede ist, so ist häufig unklar, um was für eine Ökologie es eigentlich geht: um eine 'biologische Ökologie' (also um eine biologische Theorie der Lebewesen-Umwelt-Verhältnisse)

---

[1] Für eine ausführliche Darstellung sei auf TRAMPE 1990 verwiesen.

oder um eine 'Ökologie des Geistes'. Der Begriff 'Ökologie des Geistes' wurde von Gregory BATESON geprägt, dessen Beiträge auf so unterschiedlichen Arbeitsgebieten wie Anthropologie, Psychologie, Biologie, Philosophie u.a. viele Impulse für eine Verallgemeinerung des Ökologie-Begriffs gegeben haben (und auch für die Popularisierung des Ökologie-Begriffs durch die New-Age-Bewegung), ohne daß BATESON selbst eine exakte Definition seines allgemeinen Ökologie-Begriffes gegeben hätte. Vielmehr übt sich BATESON auch hier in seinem heuristischen Prinzip der Verbindung von lockerem und strengem Denken:

> Nach meiner Ansicht kommen die Fortschritte im wissenschaftlichen Denken von einer 'Verbindung lockeren und strengen Denkens', und diese Kombination ist das wertvollste Werkzeug der Wissenschaft. (BATESON 1983: 117)

An anderer Stelle heißt es:

> Habe ich es mit einem vagen Begriff zu tun und fühle, daß die Zeit noch nicht reif ist, diesen Begriff streng auszudrücken, dann präge ich irgendeinen losen Ausdruck, der für diesen Begriff steht, möchte aber nicht das Ergebnis vorentscheiden, indem ich dem Begriff einen zu bedeutungsvollen Terminus beilege. (BATESON 1983: 127/128)

Wenn BATESON 'Ökologie' schreibt, scheint er damit eine Mischung aus biologischer Ökologie, Systemtheorie, Kybernetik und Gestalttheorie zu meinen. Neben den Vorteilen, die mit BATESONs Begriffs-Heuristik verbunden zu sein scheinen, können erhebliche Nachteile aus einem ausschließlich vagen Gebrauch von Begriffen entstehen. Ein typisches Beispiel scheint mir der Ökologie-Begriff zu sein. Die ökologische Krise verhalf dem Ökologie-Begriff zu einer traurigen Popularität, so daß es modern wurde, in Wissenschaft und Praxis von 'Ökologie' zu reden. So lassen sich in den verschiedensten Wissenschaftsdisziplinen, in denen sich als 'ökologisch' verstehende Ansätze auftauchten, wie z.B. ökologische Psychologie, ökologische Ethik, ökologische Pädagogik, Sozialökologie, Kulturökologie etc. sehr unterschiedliche Ökologiebegriffe und ein uneinheitliches Ökologieverständnis feststellen. Oft haben diese Ansätze mit der biologischen Ökologie, wie sie im Jahre 1866 von HAECKEL getauft wurde als 'Wissenschaft von den Beziehungen des Organismus zur umgebenden Außenwelt' wenig oder nichts gemeinsam (HAECKEL 1866: 289). Um einer weiteren Inflationierung des Ökologie-Begriffes entgegenzuwirken, versucht sich die hier vertretene ökologische Perspektive auf Sprache im Gegensatz zu anderen Ansätzen eng an der biologischen Ökologie und ihrer Begrifflichkeit zu orientieren.

Es kann nämlich möglicherweise über eine Beschäftigung mit den Begriffen, Modellen und Prinzipien einer anderen Wissenschaft fruchtbringend über das eigene Erfahrungs- und Erkenntnisobjekt nachgedacht werden. Nach BATESON erweist sich besonders das Auffinden von Analogien als wichtiges heuristisches Prinzip. Diese können sich ebenfalls bei der Entwicklung einer Theorie der Ökologie der Sprache als hilfreich erweisen.[2]

[2] Analogiemodelle haben in der Geschichte der Linguistik bislang eine bedeutende Rolle gespielt. Man denke nur an Modellvorstellungen wie: Sprache als Organismus, als Organ, als Instrument, als Tätigkeit, als System und als Spiel.

Ein ökologischer Ansatz, wie der hier vertretene, vermag durch die angestrebte interdisziplinäre Orientierung bis zu einem gewissen Grade integrierend zu wirken, indem Begriffe und Modellvorstellungen aus den sog. 'Naturwissenschaften' auf 'geisteswissenschaftliches Gebiet' übertragen werden — aber auch umgekehrte Relationen sind unvermeidbar.

Dabei darf allerdings nicht der Fehler gemacht werden, unkritisch 'naturwissenschaftliche' Theorien auf die menschliche Sprache zu übertragen, wie beispielsweise SCHLEICHER im Bereich der Sprachwissenschaft unkritisch Zusammenhänge zwischen DARWINscher Theorie und Sprachwissenschaft herzustellen versuchte (SCHLEICHER 1873).

In Anlehnung an die biologische Ökologie wird die kritische Aufnahme von ökologischen Fragestellungen, Begriffen und Erklärungsmodellen durch einen linguistischen Erklärungsansatz — einer Ökologie der Sprache — nicht nur möglich, sondern sogar notwendig, um zu der Entwicklung einer allgemeinen Ökologie zu kommen, die als eine interdisziplinäre Theorie aller informationellen, energetischen und materiellen Prozesse in ökologischen Systemen angesehen werden kann.

III. In der Linguistik ist Ökologie alles andere als ein Standardthema. Ansätze, die sich die Bezeichnung 'ökologisch' geben, bleiben eher eine Randerscheinung (z.B. HAUGEN 1972, BALLMER 1982 oder ENNINGER/HAYNES 1984). Allerdings muß man sich auch hier fragen, was für ein Ökologie-Begriff diesen Ansätzen jeweils zugrundeliegt.

Eine linguistische Theorie, die Sprache und Sprachen nicht abstrakt, isoliert von der Umwelt untersucht, könnte bereits im weitesten Sinne als 'ökologisch' bezeichnet werden. Doch reicht nach der hier vertretenen Auffassung diese vage Bestimmung nicht aus, denn damit wäre lediglich ein modernes Etikett für bereits bestehende Erklärungsmöglichkeiten in der Linguistik geschaffen, die bereits sprachliches Handeln und dessen Resultate in spezifischen Umwelten untersuchen.

Fragestellungen, die für die biologische Ökologie typisch sind und die für die Linguistik eine Perspektivenerweiterung darstellen, sind die nach der dynamischen Umweltabhängigkeit von sprachlichen Elementen, nach der Vernetztheit und den Strukturen und Funktionen von Leben-Umwelt-Einheiten, nach Rückkoppelungsprozessen, nach Gleichgewichtsniveaus der Funktionsnetze, nach der Belastbarkeit usw.

Diese Fragestellungen vermögen der Linguistik neue theoretische Erklärungsmöglichkeiten zu eröffnen.

IV. Um das informationelle, energetische und materielle Zusammenwirken lebender Organismen mit ihrer Umwelt erklären zu können, bedient man sich in der biologischen Ökologie der Modellvorstellung vom Ökosystem. Ein Ökosystem kann definiert werden als Wirkungsgefüge von Lebewesen und deren organischer und anorganischer Umwelt, das zwar offen aber bis zu einem gewissen Grade zur Selbstregulation und Selbstorganisation fähig ist (nach ELLENBERG 1973: 1). Die Gesamtheit aller Lebewesen eines Ökosystems, die Biozönose (Lebensgemeinschaft), und deren Biotop (Lebensraum) stehen in einem Zustand gegenseitiger Rückkoppelung bzw. Wechselwirkung.

Da es in einer ökologischen Perspektive auf Sprache um das Studium sprachbenutzender Organismen in ihrer Umwelt geht, betrachtet auch sie Ökosysteme.

In Ergänzung der biologischen Ökologie, die bislang ihr Schwergewicht auf die Untersuchung von Stoff- und Energieflüssen in Ökosystemen legte, geht es einer linguistischen Untersuchung von Ökosystemen um die Beschreibung und Erklärung von Informations-, Kommunikations- und Sprachprozessen in Ökosystemen. Ein zentraler Bereich von empirischen Untersuchungen einer ökologisch orientierten Linguistik — kurz: ökologischen Linguistik oder Öko-Linguistik (vgl. dazu auch FINKE 1983 und TRAMPE 1990) — ist also die Ökologie der Sprache, als Lehre von den an sprachliche Kommunikationsformen (einschließlich der nonverbalen) gebundenen wechselseitigen Prozessen in Ökosystemen.

Kennzeichen jeder ökolinguistischen Untersuchung ist die paradigmatische Auffassung von der wechselseitigen Abhängigkeit zwischen dem Auftreten von Sprache auf unterschiedlichen Organisationsniveaus und ihren jeweiligen Umwelten.

Ökosysteme werden in linguistischer Perspektive als Kommunikationssysteme aufgefaßt.

Wie im Ökosystem Organismus/men und Umwelt ein System bilden und wie auf pragmatischer Ebene sprachliches Verhalten und sozialer und situativer Kontext nicht voneinander zu trennen sind, bilden auf dem Organisationsniveau natürliche Sprache 'Sprache' und 'Welt' ein System — genauer: ein offenes, dynamisches, komplexes, multistabiles, selbstorganisiertes Sprache-Welt-System.[3]

Die Modellvorstellung von Sprache als geschlossenem System erweist sich aus einer ökolinguistischen Perspektive somit als inadäquat. Sprache-Welt-Systeme sind informationale Systeme in Ökosystemen. Sprache-Welt-Systeme stellen das theoretische Basiselement und die paradigmatische Modellvorstellung einer Ökologie der Sprache dar.

Sprache-Welt-Systeme lassen sich auf verschiedenen sprachlichen Organisationsstufen beobachten. Ebenso wie Ökosysteme lassen sie sich auf verschiedenen Organisationsniveaus hierarchisch gliedern, einander zuordnen und zerlegen. (s. Abb. 1)

Auf der Ebene natürlicher Sprache bilden die Sprachgemeinschaft und das dazugehörige Sprachbiotop ein natürliches Sprache-Welt-System, das eine notwendige Voraussetzung darstellt für die Entstehung anderer sprachlicher Organisationsebenen. So bilden Sprecher-Hörer-Individuen und Sprecher-Hörer-Gruppen ebenfalls mit ihrem Sprachbiotop Sprache-Welt-Systeme. (s. Abb. 2)

Das Sprachbiotop — als die Welt-Komponente in Sprache-Welt-Systemen — kann definiert werden als der Gesamtbereich dessen, was das sprachliche Verhalten und das Sprachsystem eines Sprecher-Hörer-Individuums/einer Sprecher-Hörer-Gruppe/einer Sprecher-Hörer-Gemeinschaft bzw. Sprachgemeinschaft zu einem bestimmten Zeitpunkt und Ort bestimmt und worauf sprachliche Prozesse zurückwirken. Das Sprachbiotop einer Sprachgemeinschaft läßt sich z.B. weiter differenzieren in: Sprachbedürfnisse/Sprachbedarf und Umwelt. Durch die Einführung

[3] Der Begriff 'Sprache-Welt-System' stammt von Peter FINKE 1974 und 1983.

Sprachsphäre
(Gesamtheit aller Sprach-Welt-Systeme)
Universalien
↑
Sprache-Welt-System-Komplex
↑
Sprache-Welt-System ←——————————————
(unterschiedliche Komplexitäts- und Autarkiegrade):
natürliches Sprache-Welt-System — künstliches Sprache-Welt-System
relativ autark — nicht autark
↑

Sprecher-Hörer-Gemeinschaft
(heterogene Kompetenz)
↑
Sprecher-Hörer-Gruppe
(relativ homogene Kompetenz)
↑
Sprecher-Hörer-Individuum
(Organismus-Modell)

} + Sprachbiotop = ——————

↑
Sprachsystem
↑
Text
↑
Satz
↑
Wort
↑
Monem
↑
Phonem
↑
Laut

Abb. 1: Stufenfolge der sprachlichen Organisationsebenen (als Ganzheiten aufgefaßt) — in Analogie zur Stufenfolge der Organisationsebenen der Materie.

der ökolinguistischen Modellvorstellung des Ökosystems ergeben sich für die Linguistik neue Fragestellungen und Erklärungsmöglichkeiten. Dieses sei am Beispiel der Betrachtung der Diachronie in einer Ökologie der Sprache ansatzweise demonstriert; hier Theorie der Sukzession von Sprache-Welt-Systemen genannt — als Theorie der Abfolge von Sprache-Welt-System-Zuständen —, da jede Sprachveränderung als wechselseitige Relation und Beeinflussung von Sprachgemeinschaft und Sprachbiotop aufzufassen ist. Im Rahmen eines permanenten Prozesses der Sprache-Welt-System-Entwicklung lassen sich drei Eigenschaften hervorheben, die

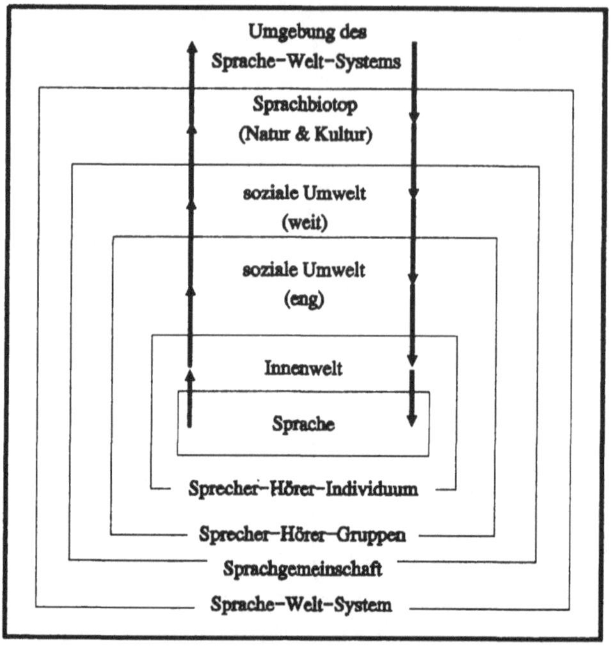

Abb. 2: Darstellung des Modells eines Sprache-Welt-Systems aus einer psycholinguistischen bzw. autökologischen Perspektive.

die Struktur und Funktion generell bestimmen — nämlich Kreativität, Stabilität und Diversität.

Zur Kreativität: In Sprache-Welt-Systemen wird Sprache nicht nur weitergegeben — wie es Informations- und Kommunikationstheorien vielleicht vermuten lassen — sondern kreativ erzeugt. Sprachliche Kreativität bildet die Voraussetzung für die Entstehung von Stabilität — als Ergebnis der homöostatischen Organisation von Sprache-Welt-Systemen.

Die Dynamik der Sukzession von Sprache-Welt-Systemen und Ökosystemen läßt sich systemtheoretisch auch beschreiben als Dynamik von Selbstorganisationsprozessen.

Das Homöostase-Prinzip in Sprache-Welt-Systemen kann als das zentrale Prinzip innerhalb von Prozessen der Selbstorganisation von Sprache-Welt-Systemen und Ökosystemen angesehen werden. Der auf den jeweiligen Sukzessionsstufen realisierte Ordnungszustand — Stabilitätstyp — kann als Fließgleichgewicht (BERTALANFFY) bezeichnet werden.

Verbunden mit dem Erreichen eines solchen ausgezeichneten Zustandes ist in der Regel ein bestimmter Grad an sprachlicher Vielfalt/Diversität. In der Regel ist mit der zeitlichen Abfolge von Sukzessionsstadien ein Steigen des Diversitätsgrades sprachlicher Ausdrucksformen (auch in syntaktischer Hinsicht) zu erwarten. Für Sprache-Welt-Systeme ebenso wie für biologische Ökosysteme garantiert das Homöostase-Prinzip allerdings kein krisenfestes Bestehen. In der Evolution des

Menschen dürfte die Fähigkeit, über ein Sprache-Welt-System verfügen zu können, einen entscheidenden Evolutionsvorteil begründet haben, doch sind Sprache-Welt-Systeme vor Störungen und Zerstörungen nicht sicher.

Wie nach Konrad LORENZ "Leben" als Erkenntnisvorgang angesehen werden kann, so auch die Sukzession von Sprache-Welt-Systemen — ohne daß zwangsläufig damit eine Höherentwicklung oder gar Überlebensgarantie verbunden zu sein braucht, denn auch das Aussterben der Spezies Homo sapiens wäre demnach ein 'Erkenntnisvorgang'.

Der Mensch vermag zwar mit Hilfe technischer Systeme immer mehr Informationen zu speichern, kommt aber dem Aussterben immer näher.

V. Damit sind wir bereits bei den Möglichkeiten der Technikfolgenbewertung, die eine ökolinguistische Perspektive möglich macht. Im Rahmen des Verwendungszusammenhangs tun sich aber nicht nur Möglichkeiten auf, empirisch überprüfbare Hypothesen zur möglichen Veränderung von Sprache-Welt-Systemen durch die Einführung moderner Informations- und Kommunikationssysteme zu formulieren, sondern auch eine ökologische Theorie der Sprachkritik und -pflege zu begründen. Die Entwicklung von menschlicher Kultur wäre ohne Sprache nicht möglich gewesen — dieses gilt leider auch für die immensen irreversiblen Ökosystemzerstörungen. Der moderne Mensch paßt sich nicht mehr seiner natürlichen Umwelt an, sondern versucht zunehmend, die natürliche Umwelt und seine eigene Natur ausgewählten Bedürfnissen und Werten anzupassen. Die Fähigkeit, die hierfür Voraussetzung war und ist, ist das Leben in Sprache-Welt-Systemen. Bereits WITTGENSTEIN sprach von Sprachen als Lebensformen (WITTGENSTEIN 1953: § 23, § 241 u.a.). In Sprache-Welt-Systemen müßten also auch Indikatoren der ökologischen Krise zu finden sein.

Als Indikatoren einer unökologischen Sprachpraxis oder "sprachlichen Umweltverschmutzung" sind beispielhaft zu nennen: 1. Spracheuthrophierung (= massenhaftes Auftreten sprachlicher Ausdrucksformen — z.B. Schlagworte, Floskeln etc.), 2. Sprachverarmung (Ausrottung sprachlicher Vielfalt), 3. Tatsachenverschleierung z.T. durch Euphemismen (z.B. "Vorfluter", "Umweltverträglichkeitsprüfung", "Pflanzenbehandlungsmittel", "Flurbereinigung", "Entwicklungshilfe", "Entsorgungspark", "Nebenwirkungen", "das Aussterben von Pflanzen und Tieren", "Energieerzeugung", "Kernkraft" usw.), 4. Bedeutungsverschleppung (z.B. "Wachstum der Wirtschaft", "Preisklima", "Waschmaschine mit Ökosystem", Vorsilben "Bio-" oder "Öko-" usw.), 5. Verdinglichung/Maschinisierung (z.B. "Menschenmaterial", "Ferkelmaterial", "die Erneuerung von Linden" usw.), 6. Sprachnivellierung (z.B. "Grünland", "Straßenbegleitgrün" usw.).

Diese Beispiele zeigen, daß sich der teilweise unverantwortliche Umgang mit der Natur auch im sprachlichen Verhalten nachweisen läßt. Aufgrund der wechselseitigen Rückkoppelung in Sprache-Welt-Systemen sind negative Rückkoppelungen, wie in allen lebenden Systemen, von existentieller Bedeutung. Diese notwendigen negativen Rückkoppelungen vermag eine ökologische Sprachkritik in Sprache-Welt-Systeme einzubringen. Ökologische Sprachkritik und -pflege versteht sich im Gegensatz zu vielen traditionellen Ansätzen, die sich bevorzugt mit fehlender Grammatikalität, Stilkritik, Überfremdung usw. auseinandersetzen und vielfach politisch konservativistische Züge aufweisen, insofern als nicht-konservativ, da sie jede Veränderung, die den Grad der sprachlichen Kreativität und Vielfalt in Sprache-Welt-Systemen unverändert läßt oder erhöht, positiv beurteilt. Eine Ökologie der Sprache schafft die Voraussetzung dafür, die Verletzung, Zerstörung und Verfremdung der natürlichen Umwelt im Rahmen der Sprache-Welt-System-Theorie in eine Beziehung zu sprachlichen Handlungen zu setzen. Aus einer ökologischen Perspektive wird die linguistische Mithilfe bei der Erhaltung und Gestaltung anthropogener Ökosysteme aufgrund der angedeuteten ökologischen Relevanz von Sprache somit zu einer Notwendigkeit und Selbstverständlichkeit.

LITERATUR

BATESON, G.

1983 *Ökologie des Geistes.* 6. Auflage, Frankfurt/Main.

BALLMER, T.T.

1982 *Biological foundations of linguistic communication — Towards a biocybernetics of language.* Amsterdam/Philadelphia.

VON BERTALANFFY, L.

1968 *General system theory. Foundations, development, applications.* New York.

ELLENBERG, H.

1973 Ziele und Stand der Ökosystemforschung. In: ELLENBERG, H. (Hrsg.) (1973), *Ökosystemforschung.* Berlin/Heidelberg/New York, 3–31.

ENNINGER, W./HAYNES, L.M.(EDS.)

1984 *Studies in language ecology.* Wiesbaden.

FINKE, P.

1974 *Theoretische Probleme der Kasusgrammatik.* Kronberg 1974.

1983 Politizität. Zum Verhältnis von theoretischer Härte und praktischer Relevanz in der Sprachwissenschaft. In: FINKE, P. (Hrsg.) (1983), *Sprache im politischen Kontext.* Tübingen 1983, 15–75.

HAECKEL, E.

1866 *Generelle Morphologie der Organismen, Bd. II., Allg. Entwicklungsgeschichte der Organismen.* Berlin.

HAUGEN, E.

1972 The Ecology of Language. In: DIL, S. (ed.) (1972), *The Ecology of Language, Essays by Einar Haugen*, Stanford, 325–329.

SCHLEICHER, A.

1873 *Die Darwinsche Theorie und die Sprachwissenschaft.* 2. Aufl., Weimar.

TRAMPE, W.

1990 *Ökologische Linguistik.* Opladen (im Erscheinen)

WITTGENSTEIN, L.

1953 *Philosophische Untersuchungen.* Oxford.

Ist Wortstellung grammatisch oder pragmatisch motiviert?

Bemerkungen zu einer problematischen Fragestellung

Heinrich Weber
Universität Tübingen

1. Vorbemerkungen

1.1. Das Verhältnis von Grammatik und Pragmatik wurde in jüngerer Zeit kontrovers diskutiert. Als Prüfstein diente dabei nicht selten die Wortstellung, so z.B. auf dem Internationalen Germanistenkongreß in Göttingen 1985, wo es u.a. um die "grammatische oder pragmatische Organisation von Rede" ging, oder auf dem Lunder Symposion 1986, wo Marga REIS anhand der "Stellung der Verbargumente im Deutschen" "Stilübungen zum Grammatik: Pragmatik-Verhältnis" machte. Eugenio COSERIU hat 1987 gezeigt, daß die Analyse der Wortstellung alle Bereiche der Linguistik betrifft.

1.2. In dem erwähnten Vortrag nutzt Marga REIS die Wortstellungsproblematik, um grammatische und pragmatische Faktoren voneinander abzugrenzen und die Auseinandersetzung zwischen Generativisten und Funktionalisten weiterzubringen. Sie sieht in der Grammatik die "Systematik der sprachlichen Ausdrucksformen" (die syntaktischen, morphologischen, phonologischen, lexikalischen und semantischen Aspekte), in der Pragmatik dagegen die übrigen Faktoren, die das kommunikative Sprachverhalten bestimmen (die kommunikativ-funktionalen, referentiellen, textuellen, rhetorisch-stilistischen und kognitiven Aspekte). Für sie ist die Grammatik nicht aus den Bedingungen der Sprachverwendung ableitbar, sondern folgt ihren eigenen autonomen Gesetzen. Ihre Auffassung ist darum "modular".

Konkret zeigt sie durch genaue empirische Analyse bestimmter Merkmale der Wortstellung im Mittelfeld des deutschen Satzes (Pronominalität, Definitheit, Thema-Rhema-Gliederung, Betonung, stilistisch normale Wortstellung), "daß bei der Erklärung des Stellungsverhaltens der Verbargumente die Rolle/Stärke rein pragmatischer Faktoren im allgemeinen überschätzt und die i.e.S. grammatischer Faktoren unterschätzt wird." (REIS 1987: 173) So läßt sich beispielsweise das Stellungsverhalten der Pronomina *das* und *es* in *Dann habe ich ihm das / *das ihm gesagt* vs. *Dann habe ich *ihm es / es ihm gesagt.* (REIS 1987: 159) nicht aus pragmatischen Faktoren deduzieren, sondern nur als grammatische Eigengesetzlichkeit erklären.

1.3. Diese Analysen können als zutreffend akzeptiert werden. Ich möchte noch einen Schritt weiter gehen: Sie sind nicht bloß empirisch zutreffend, sondern folgen zwingend aus der verwendeten Methode. Entsprechend der Methodologie der generativen Grammatik werden Regularitäten aus Grammatikalitätsurteilen abgeleitet, die ein kompetenter Sprecher (meistens der Autor selbst) anhand mehr oder weniger isolierter Beispielsätze gewinnt. Der kompetente Sprecher gibt ein Urteil darüber ab, ob der untersuchte Satz ein Satz seiner Sprache ist, d.h. den grammatischen Regeln seiner Sprache entspricht. Sein Urteil bezieht sich allein auf die Dimension der Korrektheit. Er urteilt nicht darüber, ob der Satz verständlich, sinnvoll, schön, beleidigend, wahr oder in anderer Hinsicht pragmatisch interessant ist. Grammatikalitätsurteile beziehen sich also *per definitionem* auf grammatische Regularitäten. Sie sagen noch nichts über die Faktoren, die außer der Grammatik auf die konkrete Wortstellung einwirken.

2. Fragestellung

2.1. Um diese Faktoren außerhalb der Grammatik näher ins Auge fassen zu können, beziehe ich mich auf die Kompetenztheorie Eugenio COSERIUS. COSERIU vertritt in gewissem Sinne ebenfalls eine "modulare" Sprachauffassung. In einem ersten Schritt unterscheidet er drei Ebenen der menschlichen Sprachkompetenz:

1. die allgemeinsprachliche Kompetenz, die allen Menschen gemeinsam ist und in der Fähigkeit besteht, in Übereinstimmung mit Denken und Wirklichkeit, d.h. kongruent, zu sprechen und mit den Sprachzeichen auf die Wirklichkeit Bezug zu nehmen (Referenz oder Bezeichnung),
2. die einzelsprachliche Kompetenz, die auf die Mitglieder von Sprachgemeinschaften beschränkt ist und in der Fähigkeit besteht, in Übereinstimmung mit den Normen dieser Gemeinschaft, d.h. korrekt, zu sprechen und mit bestimmten sprachlichen Ausdrücken bestimmte Inhalte zu verbinden (Bedeutung),
3. die Diskurskompetenz, die sich auf die individuellen Kommunikationssituationen bezieht, die Kenntnisse für das Sprechen in solchen Situationen, d.h. für das angemessene Sprechen, umfaßt und das Wissen einschließt, wie man seine Absichten einem Hörer vermittelt (Sinn).

Die Normen der spezielleren Kompetenzebenen können die Normen der allgemeineren Ebenen aufheben. So kann die Grammatik allgemeine Prinzipien des Sprechens aufheben, und die individuelle Textproduktion kann die Prinzipien, Normen und Regeln der allgemeinsprachlichen Ebene und der einzelsprachlichen Ebene aufheben. Wir werden nachher Beispiele für solche Aufhebungen kennenlernen.

2.2. Versteht man nun unter "Pragmatik" sowohl die Faktoren der allgemeinsprachlichen als auch die Faktoren der textuellen Ebene, so wirken — neben der einzelsprachlichen Grammatik — drei Faktorengruppen auf die Wortstellung ein:

1. Die allgemeinsprachliche Ebene der Kompetenz kann als Pragmatik VOR der Grammatik aufgefaßt werden. Denn sie wird bei allem Sprechen vorausgesetzt. Sie gestaltet die Wortstellung dort, wo keine speziellen einzelsprachlichen Regeln zur Verfügung stehen, und sie hat selbst Einfluß auf die Ausbildung einzelsprachlicher Grammatikregeln.
2. Pragmatik kann auch IN der einzelsprachlichen Grammatik auftreten, ist aber dort keinesfalls notwendig. Die Grammatik kann neben den allgemeinsprachlichen Prinzipien stehen, sie kann sie aufgreifen und grammatikalisieren, sie kann sie aber auch aufheben.

3. Der Text ist nicht nur Produkt von allgemeinen Prinzipien und einzelsprachlicher Grammatik, sondern auch von zusätzlichen individuellen Faktoren. So kann es durchaus Gründe geben, gegen allgemeine Prinzipien oder gegen einzelsprachliche Regeln im Interesse der Ausdrucksabsicht zu verstoßen. Hier wirkt die Pragmatik NACH der Grammatik.

Ich habe im folgenden eine Reihe von Beispielen zusammengestellt, die zeigen sollen, wie sich — neben den Regeln der einzelsprachlichen Grammatik — die eigentlich pragmatischen Faktoren auf die Wortstellung im konkreten Sprechen auswirken können.

3. Pragmatik vor der Grammatik

3.1. Ein allgemeines Prinzip der Wortfolge besteht sicherlich darin, daß die Wortstellung zeitliche, räumliche und andere Beziehungen in der Wirklichkeit abbildet. Man spricht hier von Ikonizität. Caesar schrieb nach Rom *Veni vidi vici* und nicht *Vici vidi veni*, weil nur die erste Version die Reihenfolge der Ereignisse richtig abbildet. Die ikonisch richtige Reihenfolge kann zwar durch die einzelsprachliche Grammatik aufgehoben werden, vgl.: *Um zu siegen, besichtigte Caesar das Schlachtfeld, nachdem er angekommen war.* Ob dies hier zweckmäßig wäre, sei dahingestellt. Noch deutlicher ist die ikonische Abbildung zweier unterschiedlicher wirklicher Zeitabläufe in dem folgenden Satzpaar:

Maria heiratete und bekam ein Kind. vs.

Maria bekam ein Kind und heiratete.

3.2. Ein anderes allgemeines Prinzip ist schon lange erkannt worden. Der Franzose Henri WEIL formulierte 1844 als Grundprinzip, daß die Folge der Wörter der Folge der Vorstellungen, d.h. dem Gedankengang entsprechen soll (vgl. SCAGLIONE 1981: 341). BEHAGHEL verwendet im 4. Band seiner "Deutschen Syntax" die folgende Formulierung:

> Das oberste Gesetz ist dieses, daß das geistig eng Zusammengehörige auch eng zusammengestellt wird. (BEHAGHEL 4, 1932, 4)

Dieses Prinzip kann z.B. herangezogen werden, wenn es darum geht, die Grundwortstellung im deutschen Satz zu definieren. In den "Grundzügen" finden wir die These, daß die syntaktische Grundreihenfolge der Satzglieder die Enge der syntaktischen Bindung zum Verb widerspiegelt. So bildet die Wortstellung ab, daß auch in gedanklicher Hinsicht ein Objekt enger zum Verb gehört als eine adverbiale Bestimmung und ein direktes Objekt enger als ein indirektes Objekt, vgl. z.B.:

(daß) die Kinder in einer Zoohandlung mit großem Eifer nach einem geeigneten Wellensittich gesucht haben (vgl. HEIDOLPH u.a. 1981: 714)

Allerdings muß man damit rechnen, daß der allgemeine Zusammenhang einzelsprachlich interpretiert und modifiziert wird.

Umgekehrt kann dieses Prinzip auch erklären, warum durchaus grammatisch korrekte deutsche Sätze in anderer Hinsicht zu beanstanden sind, vgl. z.B.:

Die, die die, die die Plakate abgerissen haben, anzeigen, werden belohnt.

Diese Sätze haben den Nachteil, daß Zusammengehöriges durch Einschübe getrennt wird. Schon CHOMSKY hat hingewiesen auf "Begrenzungen bei der Sprachverwendung, wie sie durch Organisation und Begrenztheit des Gedächtnisses gesetzt sind" (CHOMSKY 1965/1969: 21). Er weist auf Forschungen hin, nach denen "ein optimaler Perzeptionsmechanismus, selbst einer mit einem beschränkten Gedächtnis, unbegrenzt links-verzweigende und rechtsverzweigende Strukturen akzeptieren kann, hingegen gehen eingeschachtelte (deshalb letztlich auch selbsteingebettete) Strukturen über seine Gedächtniskapazität hinaus" (1965/1969: 26). In diesem Bereich kann es Konflikte zwischen einem allgemeinen Prinzip des Zusammenhangs und der Verständlichkeit und bestimmten Konstruktionstypen der einzelsprachlichen Grammatik geben. Wie aktuell diese Konflikte sind, zeigt die seit Jahrhunderten geführte Diskussion um den deutschen Schachtelsatz.

3.3. Allgemein gilt sicherlich auch die Thema-Rhema-Gliederung des Satzes. Bei BEHAGHEL findet sich folgende Formulierung dieses Prinzips:

> Ein zweites machtvolles Gesetz verlangt, daß das Wichtigere später steht als das Unwichtige, dasjenige, was zuletzt noch ins Ohr klingen soll. [..] Es stehen die das Vorhergehende aufnehmenden Satzglieder vor den nichtaufnehmenden, d.h. es stehen die alten Begriffe vor den neuen. (BEHAGHEL **4**, 1932, 4)

Vernachlässigt man dieses Prinzip, so werden die Sätze nicht eigentlich grammatisch falsch, sie klingen aber seltsam und sind schwerer verständlich. In einem Eigenbericht der Tübinger Friedhofsgärtner in unserer Tageszeitung habe ich einen Text gefunden, dessen Stilprinzip gerade die — unmotivierte — Umkehrung der Thema-Rhema-Gliederung ist:

> *Ein Müllberg von 35000 Lkw-Ladungen entsteht jährlich neu in der Bundesrepublik allein durch Trauerkränze, 10000 Lastwagen davon füllt der Plastik-Müll. Wenn nun die Arbeitsgemeinschaft Tübinger Friedhofsgärtner ihren Beitrag für eine saubere Umwelt leistet, verzichtet sie konsequent auf Arbeitsmaterialien, die nicht in den Kompost gehören. [...] Kissen und Herzen aus Holzabfällen und Korkresten [...] halten Naturharze in Form. Nylonschnüre ersetzen schnell oxidierende unverzinkte Eisendrähte und Hanf.* (SWP 26.10.88)

3.4. Ein weiteres Prinzip besteht darin, daß die ungewöhnliche Stellung eines Satzteiles dazu dient, es stärker hervorzuheben. (vgl. COSERIU 1987: 253) Eine sehr wichtige Anwendung dieses Prinzips besteht in der "Ausdrucksstellung" im Deutschen, d.h. in der Stellung eines emotional hervorgehobenen Satzglieds am Satzanfang, z.B.:

> *Bestraft muß er werden!* (DRACH [4]1963: 18)

Die genannten Prinzipien erheben keinen Anspruch auf Vollständigkeit. Ob es noch weitere Prinzipien gibt, müßte im einzelnen untersucht werden.

4. Pragmatik in der Grammatik

4.1. Wenn es eine autonome einzelsprachliche Grammatik gibt, so muß man mit arbiträren, pragmatisch nicht motivierten Wortstellungen rechnen. COSERIU hat darauf hingewiesen, daß die Wortstellung kein absichtlich geschaffenes Zeichen für einen Inhalt ist, sondern automatisches Ergebnis der linearen Realisierung der Sprache (vgl. COSERIU 1987: 256). Die Beliebigkeit der Wortstellung zeigt sich im Sprachvergleich: Ob das attributive Adjektiv vor oder nach seinem Bezugssubstantiv steht, ist allenfalls typologisch, in bezug auf ganze Sprachsysteme, zu motivieren (vgl. *die grüne Straße* vs. *la route verte*). Dasselbe gilt für die Stellung des Verbs sowie der ihm zugeordneten grammatischen und lexikalischen Morpheme, die hauptsächlich unter typologischem Aspekt untersucht werden. Daß im Deutschen die Reihenfolge GRAMMEM-LEXEM-KOPF vorherrscht, das Deutsche also eine GLK-Sprache ist, ist zunächst einzelsprachlich arbiträr und erst sehr vermittelt auf pragmatische Gegebenheiten zu beziehen, wie ich in anderem Zusammenhang dargelegt habe (vgl. WEBER 1990). Die oben schon erwähnte Anordnung der Pronomina *es* und *das* schließlich ist völlig willkürlich.

4.2. In einigen Fällen hat die Wortstellung die Funktion, die illokutionäre Rolle des Satzes auszudrücken oder mitauszudrücken. Ich denke da vor allem an Frage- und Befehlssätze. Prinzipiell wäre es auch möglich, das Verstehen der illokutionären Rolle des Satzes dem Kontext oder der Situation zu überlassen, wie es bei den meisten illokutionären Akten tatsächlich der Fall ist. Vor allem die Satzfrage ist aber mittels der Wortstellung grammatikalisiert: Der Satz *Kommt er?*, der die Frage bezeichnet, steht in Opposition zu dem Satz *Er kommt*, der undifferenziert als Behauptung, Versprechen, Drohung, Warnung usw. dienen kann. Auch für den Ausdruck der Thema-Rhema-Gliederung haben sich grammatische Verfahren ausgebildet; ich denke da z.B. an die Permutationsregel, nach der fast jedes beliebige Satzglied die erste Stelle im Aussagesatz einnehmen kann.

4.3. Zwischen der einzelsprachlichen Grammatik und den allgemeinen Prinzipien kann es, wie oben schon erwähnt, Konflikte geben. In dem folgenden Beispiel gerät die Regel, nach der das infinite Hauptverb nach dem Akkusativobjekt am Satzende steht, in Konflikt mit dem Prinzip, daß Zusammengehöriges nicht oder wenigstens nicht gar zu weit getrennt werden soll. Der Konflikt wird zugunsten des allgemeinen Prinzips gelöst, indem das sehr umfangreiche Akkusativobjekt ausgeklammert und nachgestellt wird:

> *Ja, sehen Sie, hier müssen wir trennen meine Funktion als Chef des Orchesters und meine Tätigkeit als Dirigent und Interpret* vs. *Hier müssen wir meine Funktion als Chef des Orchesters und meine Tätigkeit als Dirigent und Interpret trennen* (vgl. MÖLLER [5]1986: 55)

5. Pragmatik nach der Grammatik

5.0. Schon in der Antike wußte man, daß die Wortstellung nicht allein von grammatischen Faktoren abhängt, sondern auch von den jeweiligen Anforderungen der Textgestaltung bedingt ist. Die antike Rhetorik kennt den Begriff der "Lizenz", die Befreiung von einer Pflicht, z.B. der Pflicht zur Korrektheit, zugunsten einer anderen Pflicht, etwa der der rhetorischen Wirksamkeit (vgl. LAUSBERG 1963: 42). Der Begriff "Lizenz" ist eng verwandt mit COSERIUS Begriff der "Aufhebung", den wir oben erwähnt haben.

Für abweichende Wortstellungen hat die antike Rhetorik sogar eine eigene Terminologie entwickelt. Sie unterscheidet zwischen der Inversion, dem unüblichen Platzwechsel aufeinanderfolgender Satzglieder, dem Hyperbaton, der Trennung syntaktisch eng zusammengehöriger Wörter durch die Zwischenschaltung eines nicht hergehörigen Satzgliedes, und der Wortmischung, der Kombination von Inversion und Hyperbaton (vgl. LAUSBERG 1963: 108–110).

Motivation und Klassifikation sind also die beiden Gesichtspunkte, unter denen die Rhetorik solche Wortstellungen betrachtet, bei denen aus Gründen der Textgestaltung von grammatischen Regeln abgewichen wird. Ich greife diese Gesichtspunkte auf und stelle — ohne repräsentativ oder vollständig sein zu wollen — in entsprechender Anordnung einige Beispiele vor, die ich gesammelt habe.

5.1. Motivation der Abweichungen

5.1.1. Die abweichende Wortstellung kann darauf beruhen, daß der Sprecher das Sprachsystem nur unzureichend kennt, das er im Sprechen verwenden will. So zitiert CLYNE aus dem "Pidgin-Deutsch der Gastarbeiter" die folgende Wendung einer Spanierin:

> *Ich heute bringen Kartoffel mit Reis* (CLYNE 1968: 136)

5.1.2. Sie kann aber auch darauf beruhen, daß der Sprecher ein anderes Sprachsystem nachahmen will. So scheinen die Ausklammerungen, die in der Standardsprache ungrammatisch sind, aber in einigen von Sigmund FREUD zitierten Witzen zu Lasten der Juden in Galizien auftreten, Nachahmungen des Jiddischen zu sein, z.B.:

> *[...] "Ich verstehe sie nicht", antwortete der Beschuldigte, "wenn ich kein Geld habe, kann ich nicht essen Lachs mit Mayonnaise, wenn ich Geld habe, darf ich nicht essen Lachs mit Mayonnaise. Also wann soll ich eigentlich essen Lachs mit Mayonnaise?"* (FREUD 1905/1958: 39)

Abweichungen in extremer Form können dann auftreten, wenn gezielt und bewußt ein fremdes Sprachsystem nachgeahmt werden soll, wie es in der folgenden Interlinearversion eines spanischen Gedichts der Fall ist:

> *Lieben den Tag, verabscheuen den Tag, / rufen die Nacht und verschmähen-sie dann, / fürchten das Feuer und nähern-sich dem Feuer, / haben zu einer Zeit Schmerz und Freude.* (M. de ZAYAS/A.T., in: THALMAYR 1985: 415)

5.1.3. Eine längere Tradition hat die Nachahmung des Sprechens von Ausländern. Berühmt ist der Auftritt des Franzosen Riccaut de la Marlinière in LESSINGS "Minna von Barnhelm", dessen Sprechen u.a. durch abweichende Wortstellung charakterisiert ist, z.B.:

> *Gnug, morgen entweder sehn mik wieder Ihro Gnad mit hundert Pistol, oder seh mik wieder gar nit.* (LESSING 1767/1962: 80)

Desselben Verfahrens hat sich auch Günter WALLRAFF in "Ganz unten" bedient, um das Sprechen des von ihm verkörperten türkischen Gastarbeiters nachzuahmen.

Tatsächlich handelt es sich aber weniger um Nachahmung als um Verfremdung des eigenen Sprechens, da die Verständlichkeit gesichert bleiben muß. Das Rezept hat WALLRAFF selbst verraten, als er einen Arbeitskollegen zu dem Türken Ali alias Wallraff sagen läßt:

> *Du sprichst viel besser Deutsch, als du selber glaubst. Versuch's nur mal. Du mußt nur die Worte umdrehen, und dein Deutsch ist gar nicht so schlecht. Sag einfach: 'Ich bin ein Türke' und nicht: 'Türk ich bin.' Ist doch ganz einfach!* (WALLRAFF 1985: 44)

5.1.4. Ein weiteres Motiv für abweichende Wortstellungen kann die Bewahrung eines archaischen Sprachstils sein. Die LUTHER-Übersetzung der Bibel wurde in den siebziger Jahren modernisiert, und zwar nicht zuletzt dadurch, daß man die Wortstellung der geltenden standardsprachlichen Norm anpaßte. Wegen der heftigen öffentlichen Kritik hat man diese Revision 1984 wieder zum größten Teil rückgängig gemacht. Die neue Fassung ist darum eigentlich nicht mehr die authentische Fassung, sondern eine moderne Fassung, die einen archaischen Sprachstil bewußt bewahren will, z.B.:

> *Denn er wird groß vor dem Herrn sein* (LUTHER 1975: Lukas 1, 15)
>
> *Denn er wird groß sein vor dem Herrn* (LUTHER 1984)

5.1.5. Eine sehr fruchtbare Quelle abweichender Wortstellungen ist die poetische Sprache. Die Abweichung dient der Expressivität, dem Experiment mit der Sprache oder schlicht der Manier, es anders zu sagen, als man es im Alltag sagen würde. In der 1920 von Kurt PINTHUS unter dem Titel "Menschheitsdämmerung" herausgegebenen Sammlung expressionistischer Lyrik sind geeignete Belege besonders leicht zu finden, z.B. die folgende Zeile aus dem Gedicht "Berlin" von Johannes R. BECHER:

> *Einst kommen wird der Tag! ... Es rufet ihn der Dichter / [...]* (BECHER, in: Pinthus, ed., 1959: 45)

In der Anthologie "Das Wasserzeichen der Poesie" verfremdet der Herausgeber Andreas THALMAYR (ein Pseudonym für ENZENSBERGER?) eine Strophe von August VON PLATEN unter dem Titel "Hyperbaton" wie folgt:

> *Ja, der sogar, der ruhig und gelassen / Mit dem Bewußtsein, was er soll, geboren, / Frühzeitig einen Lebensgang erkoren, / Muß vor des Lebens Widerspruch erblassen.*
> *Ja sogar muß der, der gelassen geboren, / Mit dem Bewußtsein, was er soll, und ruhig / Einen Lebensgang sich erkoren frühzeitig, / Erblassen vor dem Widerspruch des Lebens* (*Hyperbaton* — PLATEN/A.T., THALMAYR 1985: 138–39)

5.2. KLASSIFIKATION DER ABWEICHUNGEN

Die Abweichungen, die in den verschiedenartigen Texten zu konstatieren sind, scheinen nicht willkürlich zu sein, sondern bilden einige charakteristische Schwerpunkte. Wir gliedern die Abweichungen danach, ob sie den Hauptsatz, den Nebensatz oder die Wortgruppe betreffen.

5.2.1. Sehr häufig steht im Hauptsatz das Verbum finitum an dritter oder späterer Stelle, oft sogar an letzter Stelle, so daß die Wortstellung im Hauptsatz der Stellung im Nebensatz entspricht:

> *Und hier an Türk keiner richtig Wohnung vermiet* (WALLRAFF 1985: 67)

> *Der Tage graue Gischt zu sternenen Küsten brauset* (BECHER, in: PINTHUS, ed., 1959: 44)

Sehr häufig ist auch die Ausklammerung, d.h. die Verschiebung von Satzgliedern ins Nachfeld hinter das infinite Verb. Daß ich aus meinen Quellen weniger Belege notiert habe als beim vorhergehenden Fall, mag daran liegen, daß die Ausklammerung in vielen Fällen grammatikalisiert ist; ungrammatisch nach dem geltenden Standard sind aber Ausklammerungen kürzerer Akkusativobjekte, z.B:

> *So kom ik holen Rekruten* (LESSING 1767/1962: 79)

> *Denn er hat besucht und erlöst sein Volk [Denn er hat sein Volk besucht und erlöst]* — (LUTHER 1984 [LUTHER 1975]: LUKAS **1**, 68)

Der folgende Beleg weist eine unübliche Satzgliedfolge im Mittelfeld auf. Das Modaladverbial *matt* steht entgegen der Norm vor dem Präpositionalgefüge:

> *Licht fällt durch der Wolken Flucht matt* (BECHER, in: PINTHUS, ed., 1959: 42)

Im Vorfeld können Ausdrücke auftreten, die nach der Norm dort nichts zu suchen haben, z.B. die Negationspartikel nicht:

> *Nicht fühlten die Siouxindianer in ihren Kriegstänzen Goethe, / Und nicht fühlte die Leiden Christi der erbarmungslos ewige Sirius!* (EHRENSTEIN, in: PINTHUS, ed., 1959: 75)

Dasselbe gilt für die trennbaren Verbpartikel vor dem finiten Verb in dem folgenden Beleg:

> *Abkratzt den jesuitischen Kanonenchristen / Die bluteiternde Kruste* (EHRENSTEIN, in: Pinthus, ed., 1959: 115)

5.2.2. Im Nebensatz treten ganz ähnliche Typen von Abweichungen auf wie im Hauptsatz, und zwar mit vergleichbarer Häufigkeit. Der Späterstellung des Verbum finitum im Hauptsatz entspricht die Früherstellung im Nebensatz. Wird sie nur teilweise durchgeführt, kann man wie im Hauptsatz von Ausklammerung sprechen:

> *Obwohl doch heut viel Tauf, wo Eltern gar nicht richtig sein katholisch.* (WALLRAFF 1985: 55)

Steht das Verbum finitum im Nebensatz an zweiter Stelle, ist die Hauptsatzwortstellung erreicht:

> *Gucke sogar, wenn wir heirat deutsch Frau, komme in Schlafzimmer, ob liege zusamme.* (WALLRAFF 1985: 60)

> *Wo ist der Fürst, der wandert uns voran, / Des große Fahne vor dem Zuge reist?* (HEYM, in: PINTHUS, ed., 1959: 98)

Nun hab ik immer gespielen mit Glück, so lange ik hatte nit vonnöten der Glück (LESSING 1767/1962: 78)

Eine Verwischung des Unterschiedes zwischen Hauptsatz und Nebensatz liegt auch vor, wenn das Verbum finitum wie im Hauptsatz vor dem Infinitum steht:

[Die Kollegen] Habe immer Bild-Zeitung les', wenn ich in der Paus' hab' Bibel les (WALLRAFF 1985: 62)

Einen Mann, der sik nok dasu in diesem Dienst hat rouinier! (LESSING 1767/1962: 78)

Abweichende Satzgliedfolge kann auch im Nebensatz auftreten. In dem folgenden Beispiel steht das pronominale Subjekt erst sehr spät:

Ein paar Geköpfte, die vom kalten Stein / Im Dunkel er aus ihren Ketten las (HEYM, in: PINTHUS, ed., 1959: 92)

5.2.3. In der Wortgruppe tritt die Besonderheit auf, daß das Genitivattribut vorangestellt wird. Sehr häufig ist dies in der expressionistischen Lyrik, besonders bei Johannes R. BECHER.

Wir sanken morgens in der Spalten grüne Kammern. / Wir tauchten mittags ein in Gletschermühle Becken. / Es sauste nieder des Erdrutsches Keulenhammer. / Des Winters Sturm riß uns aus wohlichtem Verstecke (BECHER, in: PINTHUS, ed., 1959: 43)

Gelegentlich werden auch attributive Adjektive über die von der Norm noch sanktionierten Möglichkeiten hinaus nachgestellt, z.B.:

Werden wir wandern in den tiefen Erden, / Maulwürfe stumm in toter Einsamkeit? (HEYM, in: PINTHUS, ed., 1959: 98)

Nachahmung des Französischen ist der folgende Beleg aus LESSINGS "Minna", in dem die damals übliche Bezeichnung für die Niederlande, nämlich "Generalstaaten", in französischer Wortstellung wiedergegeben wird:

Hätte man mik gelaß im Dienst von den Staaten-General, so müßt ik nun sein aufs wenikst Oberst (LESSING 1767/1962: 77)

In einigen Fällen kommt es auch vor, daß die Vergleichsgruppe mit *wie* gegen die Norm vor dem Adjektiv steht, auf das sie sich bezieht:

Und seine Augen sind wie Glas zerbrochen (HEYM, in: PINTHUS, ed., 1959: 40)

6. Schlußbemerkungen

Im Untertitel habe ich die Fragestellung, ob die Wortstellung grammatisch oder pragmatisch motiviert ist, als problematisch bezeichnet. Ich hoffe, es ist nun etwas deutlicher geworden, wo das Problem liegt. Erörtert man die Frage im Rahmen der generativen Methodologie, so kommt man zu dem richtigen Ergebnis, daß die Wortstellung, soweit sie als grammatisch bzw. korrekt zu bewerten ist, auf grammatischen und nicht oder allenfalls sekundär auf pragmatischen Regeln beruht. So richtig dieses Ergebnis ist, es greift zu kurz.

Das Sprechen folgt nicht nur den Regeln der einzelsprachlichen Grammatik. Die im konkreten Text realisierte Wortstellung ist das Ergebnis allgemeiner, einzelsprachlicher und textbezogener Faktoren. Im Normalfall ist es die Aufgabe des kreativen Sprechers, einen Text so zu gestalten, daß er den Forderungen der Kongruenz, der Korrektheit und der Angemessenheit zugleich genügt. In besonderen Fällen kann es aber sein, daß ein Sprecher nicht allen Forderungen gerecht wird. Der Verfasser des Textes über den umweltfreundlichen Friedhofsschmuck hat sich bei der kommunikativen Gestaltung des Textes über das anzuwendende Verfahren getäuscht. Andere müssen in bestimmten Situationen Prioritäten setzen. So fällt dem Ziel, das Sprechen von Ausländern angemessen nachzuahmen, die Korrektheit zum Opfer. Oder es werden dem Ziel, die Möglichkeiten des Hyperbatons zu demonstrieren, sowohl einzelsprachliche Korrektheit als auch allgemeine Verständlichkeit geopfert. Ob die Faktoren der Wortstellung sich von unten nach oben aufheben, eine Hierarchie bilden, im Wettbewerb oder sogar im Konflikt miteinander stehen, kann hier offen bleiben, da es sich um metaphorische Redeweise handelt: Es ist der Sprecher selbst, der in einer konkreten Situation intuitiv oder bewußt die Faktoren auswählt, die er in bezug auf seine Absicht für am besten geeignet hält.

Allerdings scheint die Freiheit des Sprechers beschränkt zu sein: Um Kongruenz und Verständlichkeit zu wahren, darf er sich nicht allzuweit von den allgemeinen Prinzipien entfernen. Und die Belege über abweichende Wortstellungen stammen zum größten Teil aus einem Bereich, wo das Sprachsystem selbst noch nicht völlig gefestigt ist. Die topologische Gliederung des Haupt- und Nebensatzes bildet zwar ein klares System. Die Abweichungen des Hauptsatzes in Richtung Nebensatz und des Nebensatzes in Richtung Hauptsatz sowie die Schwankungen zwischen zentripetaler und zentrifugaler Wortfolge weisen aber darauf hin, daß es im System des Deutschen Möglichkeiten der Wortstellung gibt, die zwar in der gegenwärtigen Norm nicht genutzt werden, aber genutzt werden könnten. Dies zeigt sich auch daran, daß diese Abweichungen nur geringen Einfluß auf die Verständlichkeit haben und sich so zur Verfremdung der Standardsprache geradezu anbieten. Worin die unaufhebbaren Beschränkungen des Sprechers in der Freiheit seiner Sprachgestaltung aber ganz konkret bestehen, müßte noch viel genauer untersucht werden.

Literatur

Behaghel, Otto

1909 Beziehungen zwischen Umfang und Reihenfolge von Satzgliedern. *Indogermanische Forschungen* **25** (1909), 110–142.

Chomsky, Noam

1965 *Aspects of the theory of syntax.* Cambridge, Mass. [Übers.: 1969: Aspekte der Syntax-Theorie. Frankfurt].

Clyne, M.G.

1968 Zum Pidgin-Deutsch der Gastarbeiter. *Zeitschrift für Mundartforschung* **35** (1968), 130–139.

COSERIU, EUGENIO

1987 L'ordre des mots au colloque de Gand. Bilan et perspectives. *Travaux de Linguistique, Gant, Vol.* **12** (1987), 249–261.

1988 *Sprachkompetenz. Grundzüge der Theorie des Sprechens.* Bearb. und hrsg. von HEINRICH WEBER Tübingen: Francke.

DRACH, ERICH

1963 *Grundgedanken der deutschen Satzlehre.* 4. Aufl. Darmstadt: Wiss. Buchgesellschaft [3. Aufl. 1940].

HEIDOLPH, KARL ERICH / FLÄMIG, WALTER / MOTSCH, WOLFGANG U.A

1981 *Grundzüge einer deutschen Grammatik.* Berlin: Akademie-Verlag.

LAUSBERG, HEINRICH

1963 *Elemente der literarischen Rhetorik.* München: Hueber.

MÖLLER, GEORG

1986 *Praktische Stillehre*, bearbeitet von Ulla FIX. Leipzig: VEB Bibl. Inst.

REIS, MARGA, ED.

1986 Grammatische oder pragmatische Organisation von Rede. In: SCHÖNE, A., ed.: *Kontroversen, alte und neue. Akten des VII. Int. Germanisten-Kongresses 1985, Bd.* **3**, Tübingen: Niemeyer, 267–403.

REIS, MARGA

1987 Die Stellung der Verbargumente im Deutschen. Stilübungen zum Grammatik:
Pragmatik-Verhältnis. ROSENGREN, I., ed. (1987): *Sprache und Pragmatik. LgF* **55**. Lund, 139–177.

SCAGLIONE, ALDO

1981 *Komponierte Prosa von der Antike bis zur Gegenwart. I: Klassische und westeuropäische Sprachen. II: Die Theorie der Wortstellung im Deutschen.* Stuttgart: Klett-Cotta.

WEBER, HEINRICH

1990 Typologische Zusammenhänge zwischen Wortstellung und analytischer Morphologie im Deutschen. Demnächst in: *Zeitschrift für Germanistische Linguistik.*

WEIL, HENRI

1844 *De l'ordre des mots dans les langues anciennes comparées aux langues modernes.* Paris [3. Aufl. 1879, engl. 1978: The Order of Words in the Ancient Languages [...], Amsterdam: Benjamins.]

QUELLENTEXTE

BIBEL

1978 *Die Bibel [...] nach der Übersetzung Martin Luthers.* Revidierter Text 1975. Stuttgart: Bibelstiftung.

BIBEL

1984 *Das neue Testament. Nach der Übersetzung Martin Luthers.* Revidierter Text 1984. Stuttgart: Bibelgesellschaft.

FREUD, SIGMUND

1905/1958 *Der Witz und seine Beziehung zum Unbewußten.* Leipzig/Wien (Frankfurt/M. 1961: Fischer-Bücherei).

LESSING, GOTTHOLD E.

1767/1962 *Minna von Barnhelm oder das Soldatenglück.* Dramen. Frankfurt: Fischer (Exempla classica 53).

PINTHUS, KURT

1959 *Menschheitsdämmerung. Ein Dokument des Expressionismus.* Hamburg: Rowohlt [1. Aufl. 1920].

THALMAYR, ANDREAS (ED.)

1985 *Das Wasserzeichen der Poesie oder die Kunst und das Vergnügen, Gedichte zu lesen.* Nördlingen: Greno.

WALLRAFF, GÜNTER (ED.)

1985 *Ganz unten.* Köln: Kiepenheuer und Witsch.

Phonologie

Ein einfaches Modell der Frageintonation und seine Folgen

Anton Batliner
Universität München

0. Zusammenfassung

Es ist bekannt, daß Fragesätze oft, aber nicht immer, einen steigenden Tonverlauf und damit einen hohen finalen Grundfrequenz (Fo-) Wert aufweisen. Auf der anderen Seite haben nicht alle Nicht-Fragesätze unbedingt einen fallenden Tonverlauf und damit einen tiefen finalen Fo-Wert. Beispiele für Fragesätze mit fallendem Verlauf finden sich insbesondere bei *W*-Fragesätzen, für Nicht-Fragesätze mit steigendem Verlauf bei gewissen Exklamativsätzen. Über die aktuelle Verteilung dieser Strukturen gibt es allerdings keine gesicherten Angaben.

Wir wollen anhand eines systematisch angelegten Korpus mit 1999 Äußerungen die Frage der Verteilung von hohen und tiefen finalen Fo-Werten bei unterschiedlichen Satztypen (Satzmodi) behandeln. Dabei gehen wir von der (zu simplen) Modellvorstellung aus, daß die Frage/Nichtfrage-Kategorisierung allein von der Höhe des finalen Fo-Wertes (des 'Offsets') gesteuert wird. Zum einen werden wir das Problem behandeln, mit welcher Maßeinheit dieser Wert erfaßt werden soll, damit Frage- und Nicht-Fragesätze optimal getrennt werden können. Zum anderen werden wir für die Fragesätze mit tiefem und für die Nicht-Fragesätze mit hohem Offset die zusätzlichen intonatorischen und nicht-intonatorischen Merkmale aufführen, die die jeweils richtige Satzmodusinterpretation sicherstellen. Da jede Äußerung in Hörexperimenten als Frage/Nicht-Frage klassifiziert wurde, diskutieren wir auch die Übereinstimmungen und Diskrepanzen zwischen den 'intendierten' und den perzipierten Satzmodi.

1. Einleitung

Unser einfaches 'Modell' der Frageintonation läßt sich in einem Satz zusammenfassen:

FRAGEN HABEN EINEN HOHEN FO-WERT AM ÄUSSERUNGSENDE, NICHT-FRAGEN EINEN TIEFEN.

Die Einfachheit des Modells wird damit erkauft, daß es nicht immer stimmt. Die einschlägige *opinio communis* läßt sich an den folgenden Zitaten verdeutlichen:

HELBIG/BUSCHA (1974: 541f): " Im [...] Aussagesatz [ist die Intonation] terminal [d.h. fallend/mit einem tiefen Offset]. [...] in der Entscheidungsfrage [ist sie] interrogativ [d.h. steigend/mit einem hohen Offset]." KLEIN (1982: 291) kommentiert diese Aussage wie folgt: " Das [...] gibt im Kern das wieder, was sich auch sonst in den Grammatiken findet. Es ist völlig falsch."

GELUYKENS (1988: 467) schreibt über die Forschung im Englischen: "Questions are [...] assumed to end typically with a rising pitch movement; the same is true for Queclaratives (i.e. utterances with declarative form functioning as questions)". Anhand eigener Untersuchungen kommt GELUYKENS (1988: 467) zu dem Schluß: "In all, the claim that Rising intonation (and more particularly, final Rises) is the 'normal' pattern for [...] questions lacks empirical justification."[1]

Man sieht, daß es früher — in der traditionellen Intonationsforschung — eher eine *opinio communis* gab, die unserem einfachen Modell näherkommt. In der neueren Forschung ist man zumeist anderer Ansicht, d.h. entweder wird die traditionelle Ansicht modifiziert oder sie wird schlichtweg als falsch deklariert. Wir wollen nun in diesem Beitrag anhand eines umfangreichen und kontrollierten Korpus untersuchen, wann das einfache Modell zutrifft und unter welchen Bedingungen es falsch ist, d.h. welche zusätzlichen –intonatorischen oder anderen — Merkmale nötig sind, um eine richtige Frage-/Nicht-Frage-Zuweisung zu ermöglichen.

2. Material

Die Korpuskonstruktion basiert auf dem von ALTMANN (1984, 1987) entwickelten Satzmodussystem. Danach werden Satzmodi formal durch bestimmte kategoriale, morphologische, topologische und eben auch intonatorische Merkmale gekennzeichnet. Häufig können zwei Satzmodi formal nur durch eines dieser Merkmale unterschieden werden, während die anderen neutralisiert sind. Ist bei gleicher segmentaler Struktur zweier Sätze lediglich die intonatorische Form satzmodusdifferenzierend, dann sprechen wir von intonatorischen Minimalpaaren. Auf diesem Konzept gründet die Konstruktion der Testsätze für unsere Korpora, da angenommen werden kann, daß in diesen Fällen die Intonation maximal belastet und damit besonders ausgeprägt ist.

Die entsprechenden Sätze wurden in randomisierter Abfolge jeweils sechs Versuchspersonen (drei weiblichen, drei männlichen) je zweimal vorgelegt, die sie satzmodusgerecht und — zur Erleichterung des Minimalpaarvergleichs — mit einer bestimmten festgelegten Akzentstruktur realisieren sollten. Dazu wurden jedoch keine expliziten Anweisungen gegeben: Die Testsätze waren in Kontexte eingebettet, die die intendierte Satzmodus- und Akzentrealisierung implizit steuern sollten. Am Ende der Sitzung ließ der Versuchsleiter Sätze, die seiner Ansicht nach falsch produziert waren oder bei denen andere Probleme aufgetaucht waren, wiederholen. Jeder Satz wurde also von jedem Sprecher mindestens zweimal und höchstens viermal produziert.[2]

Die Testsatzrealisationen wurden in verschiedenen Hörtests verwendet, an denen im Durchschnitt 12 Versuchspersonen teilnahmen. Aufgabe bei den sog. KATEGORISIERUNGSTESTS war es, die kontextfrei dargebotenen Realisationen der Testsätze den durch eine funktionale Beschreibung und durch einige charakteristische Beispiele eingeführten 'Funktionstypen' Aufforderung, Frage, Aussage, Ausruf/Exklamativ und Wunsch zuzuordnen. Ziel war es, herauszufinden, ob die jeweiligen intonatorischen Charakteristika der Testsatzrealisationen ausgeprägt und

---

[1] Zur Relativierung dieser Aussage vgl. BATLINER/OPPENRIEDER (1988).

[2] Weitere Einzelheiten finden sich in OPPENRIEDER (1988b: 172ff); alle Teilkorpora sind detailliert beschrieben in BATLINER/OPPENRIEDER (1989).

charakteristisch genug sind, um auch ohne stützenden Kontext eine eindeutige Zuordnung zu dem intendierten Funktionstyp zu gestatten. In den sog. NATÜRLICHKEITSTESTS wurden die im Kontext dargebotenen Testsatzrealisationen auf einer fünfstufigen Ratingskala nach ihrer Natürlichkeit bewertet.[3]

Als Beispiel zeigt Tab. 1 für ein Teilkorpus die verwendeten Testsätze sowie die möglichen Satzmodi.

Tab. 1: Testsätze und Satzmodi

	Matrixsatz	1.Phrase	2. Phrase	3.Phrase	
1.	*Sie läßt*	*die Nina*	*das Leinen*	*weben*	?/.
2.	*Lassen Sie*	*den Manni*	*die Bohnen*	*schneiden*	?/!
3.	*Lassen wir*	*den Leo*	*die Blumen*	*düngen*	?/!

Fragesätze		Nicht-Fragesätze
1. Assertiver Fragesatz	vs.	Aussagesatz
2. V-1-Fragesatz	vs.	Imperativsatz
3. V-1-Fragesatz	vs.	Adhortativesatz

Die Verteilung der Satzmodi in unseren Korpora zeigt sich in dem Kuchendiagramm von Abb.1. Diese Verteilung ergab sich aus der speziellen Konstruktion der Korpora (intonatorische Minimalpaare). Weder die Verteilung der Satzmodi noch die speziellen Strukturen innerhalb der einzelnen Satzmodi können natürlich Anspruch auf Repräsentativität in dem Sinn erheben, daß sie die 'echte Verteilung' im Deutschen wiedergeben.[4] Die möglichen Strukturen und Minimalpaarkonstellationen sind aber so gut wie vollständig erfaßt.

3. Transformationen:

Die Fo-Werte wurden an Mingogrammen in Hertz (Hz) gemessen. Für die weitere Auswertung ist eine Umrechnung in Halbton- (Ht-) Werte[5] üblich, um eine 'gehörsadäquate' Repräsentation der Werte zu erreichen. Eine solche Transformation (Normierung des STIMMUMFANGS) ergab aber keine wesentliche Verbesserung der Ergebnisse — im Gegensatz zu einer Normierung der STIMMLAGE, die wir auf zwei unterschiedliche Weisen erzielten:

[3] Genaueres zu diesen Tests und zu den mit ihnen verbundenen Schwierigkeiten findet sich in OPPENRIEDER (1988a,b).

[4] Wenn etwa *W*-Fragesätze, vgl. THURMAIR (in diesem Band), im Normalfall mit der disambiguierenden Modalpartikel *denn* gebildet werden, so ist in diesem Normalfall die funktionale Belastung der Intonation weniger stark als in unseren Korpora, die ja auf eine solche Belastung hin konstruiert sind. Die fehlende Verwechslungsmöglichkeit mit Exklamativsätzen kann dann dazu führen, daß solche Fragesätze öfter mit tiefem Offset produziert werden als andere Fragesätze.

[5] Nach der Formel $17.31 \times ln(Hz)$, d.i. $\frac{12}{ln2} \times ln(Hz)$.

Abb.1: Verteilung der Satzmodi in den Korpora

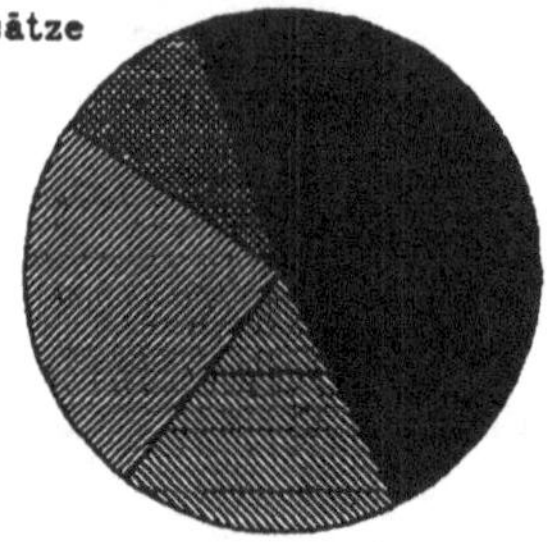

Hz und Ht-Werte minus sprecherspezifischem Basiswert (= tiefster von einem Sprecher erreichbarer Wert), bzw. Hz und Ht-Werte minus einem (groben) Äußerungsmittelwert (errechnet aus dem Mittel von höchstem und tiefstem Fo-Wert sowie Anfangs- und End-Fo-Wert).

Für die weitere Bearbeitung wurde die Transformation in Ht-Werte minus dem sprecherspezifischen Basiswert gewählt. Eine genauere Darstellung zu diesem Punkt findet sich in BATLINER et al. (1989).[6]

4. Klassifikation

Für die Klassifikation der Äußerungen in Frage/Nicht-Frage wurde die Diskriminanzanalyse verwendet; man kann sich anhand von Abb.2 leicht verdeutlichen, wie das Verfahren arbeitet:[7] In unserem Fall interessiert nur der Offset; es handelt sich also um den relativ einfachen Fall einer einzigen 'Prädiktorvariablen' (d.h. einer Variablen, auf deren Grundlage die Zugehörigkeit eines Falles zu einer bestimmten Gruppe 'vorhergesagt' wird). In Abb.2 ist ein Histogramm mit der Verteilung der Offsetwerte (transformiert in Ht zum sprecherspezifischen Basiswert) für Fragesätze vs. Nicht-Fragesätze aufgetragen. Man sieht deutlich die Überlappung; es gibt also Fragesätze mit tiefem Offset und Nicht-Fragesätze mit hohem Offset. Das Verfahren sucht nun denjenigen Offset-Wert, der die Fragesätze am besten von den

[6] Wenn man nur einen Sprecher oder eine Sprecherin untersucht, genügt Hz als Maßeinheit. Wenn aber unterschiedliche Sprecher und besonders wenn männliche und weibliche Sprecher gleichzeitig untersucht werden, so läßt sich leicht zeigen, daß diese Maßeinheit nicht günstig ist: Bei einem männlichen Sprecher mit einer tiefen Stimmlage ist ein Offset von 200 Hz eindeutig hoch, bei einer Sprecherin mit einer hohen Stimmlage ist der Wert von 200 Hz eindeutig tief. An dieser Sachlage ändert auch eine Ht-Transformation nichts.

[7] Zum Verfahren im einzelnen vgl. KLECKA (1980) und NORUSIS (1986), zur Anwendung auf Satzmodus- und Fokus-Zuweisungen vgl. BATLINER (1988a, 1989) sowie BATLINER/NÖTH (1989).

Abb.2: Fragesätze vs. Nicht-Fragesätze

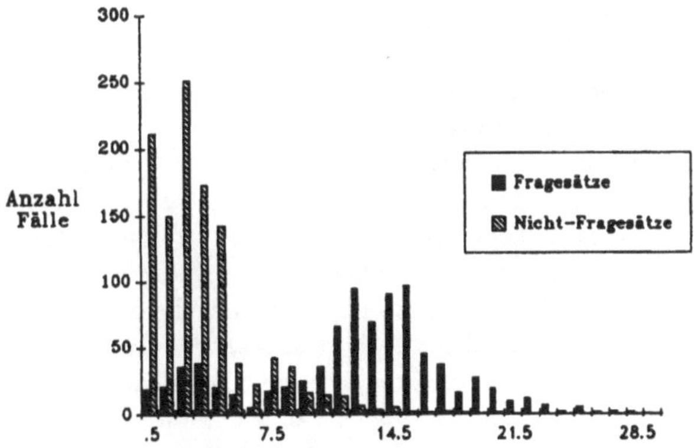

Nicht-Fragesätzen trennt. In diesem einfachen Fall könnte man die Grenze auch mit dem Lineal ziehen; das statistische Verfahren ist allerdings genauer. Die von ihm bestimmte Grenze liegt knapp über 7.5 Halbtönen. Jedem Fall wird eine Wahrscheinlichkeit der Gruppenzugehörigkeit zugewiesen; bei zwei Gruppen wird der einzelne Fall der Gruppe zugewiesen, für die sich ein Wert von > 0.5 ergibt. Diese Zuweisung kann richtig oder falsch sein.

Aus dem o.a. Kategorisierungstest wurde nun für jeden Fall ein Wert zwischen 0 und 1 für die richtige Klassifizierung als Frage/Nicht-Frage ermittelt.[8] Je größer der Wert ist, desto besser konnte die Äußerung klassifiziert werden. Analog zur richtigen oder falschen Entscheidung bei der Diskriminanzanalyse anhand der Wahrscheinlichkeit der Gruppenzugehörigkeit wurden nun die Werte unter 0.5 umkodiert in 'falsche' Entscheidung, und die über 0.5 in 'richtige' Entscheidung. Wir erhalten also für die 1999 Äußerungen die in Tab. 2 enthaltene Kreuzklassifizierung in die Gruppen I-IV aus den richtigen und den falschen Entscheidungen des statistischen Verfahrens und der Hörerurteile bzgl. der intendierten Frage/Nicht-Frage-Klassifikation; angegeben ist die Zahl der Fälle pro Gruppe und die entsprechende Prozentzahl bzgl. aller Fälle.

Tab.2: Klassifikation durch Hörer und Diskriminanzanalyse

	Diskriminanzanalyse					
	richtig			falsch		
Hörerurteil						
richtig	I	1625	(81.3%)	II	221	(11.1%)
falsch	III	105	(5.3%)	IV	47	(2.4%)

[8] Bei Fragen: Zahl der Frageklassifikationen geteilt durch Zahl der Versuchspersonen, bei Nicht-Fragen: Zahl der Nicht-Frage-Klassifikationen geteilt durch Zahl der Versuchspersonen.

Im folgenden sollen die vier Gruppen kurz beschrieben, anhand von Histogrammen die Verteilung der fünf Satzmodi betrachtet und repräsentative Einzelfälle aus den Gruppen II bis IV diskutiert werden.

5. Charakterisierung der Gruppen

Unser einfaches Modell trifft auf alle Fälle für Gruppe I zu; d.h. es können gut 80% damit erklärt werden. In dieser Gruppe ist 'alles in Ordnung', da hier statistisches Verfahren und Hörerurteile übereinstimmen; die dazugehörigen Fälle können hier aus Platzgründen nicht weiter diskutiert werden (vgl. dazu OPPENRIEDER 1988a,b und BATLINER 1989 sowie BATLINER/OPPENRIEDER 1989). Die Gruppe III erscheint auf den ersten Blick etwas mysteriös: Die Statistik 'kann' etwas, was der Mensch nicht kann. Betrachtet man die Fälle aus Gruppe III im einzelnen, so lassen sich zwei Faktoren dingfest machen: Die meisten der Fälle sind Verb-Letzt-Sätze, bei denen oft die linguistische Klassifikation Schwierigkeiten bereitet, da es sich um Randtypen handelt; vgl. dazu im einzelnen OPPENRIEDER (1989).[9] Der zweite Faktor ergibt sich aus dem Design der Kategorisierungstests: Die Hörer urteilten nicht unbedingt nach linguistischen Formkriterien, sondern nach Funktionskritierien (vgl. dazu OPPENRIEDER 1988b). So wurde z.B. die unhöfliche/ungeduldige Frage *"Gehst du nun bald nach Hause?"*, produziert mit hohem Offset, von den Hörern funktional als Aufforderung und damit als Nicht-Frage klassifiziert.

In Gruppe II erfolgte die richtige Klassifikation durch die Hörer aufgrund anderer Merkmale als der Höhe des Offsets (nicht-intonatorische Merkmale wie Verb-Stellung und Verb-Semantik oder andere intonatorische Merkmale wie Position des Fo-Wendepunkts auf der fokussierten Phrase, vgl. BATLINER 1989).

In Gruppe IV handelt es sich entweder um Fehlproduktionen, vgl. BATLINER (1989: 65), oder um Äußerungen, bei denen offensichtlich allein der Kontext disambiguieren kann.

6. Charakterisierung der Verteilungen

Vor einer Analyse der weiteren relevanten Faktoren anhand von Einzelfällen wollen wir die Verteilung der Nicht-Frage-Satzmodi Aussage-, Exklamativ-, Imperativ- und Wunschsatz im Vergleich zur Verteilung der Fragesätze betrachten, vgl. Abb.3-6.

Imperativ- und Wunschsätze lassen sich klar von den Fragsätzen trennen (Abb.3 und 4). Bei den Aussagesätzen (Abb.5) liegen einige Fälle im Fragebereich; dabei handelt es sich entweder um unselbständige Sätze mit progredientem

[9] Auf diese Fälle können wir hier nicht weiter eingehen. Ein Beispiel wäre etwa die sog. ultimative Frage, vgl. ein Beispiel aus BATLINER/OPPENRIEDER (1989: 299): Situation: Sprecher will wissen, ob Peter kommt. Hörer gibt ausweichende Antwort. Sprecher: *"Red doch nicht herum!* OB ER KOMMT*?!?."* Dieser Satz wurde immer mit tiefem Offset produziert, aber von LUUKKO-VINCHENZO (1988: 177f) unter die Fragesätze eingereiht. Zur Diskussion des Status als Randtyp vgl. auch OPPENRIEDER (1989: 188ff).

Abb.3: Fragesätze vs. Imperativsätze

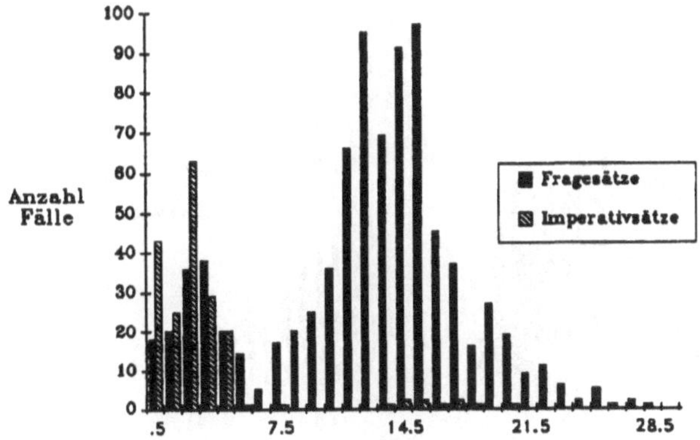

Abb.4: Fragesätze vs. Wunschsätze

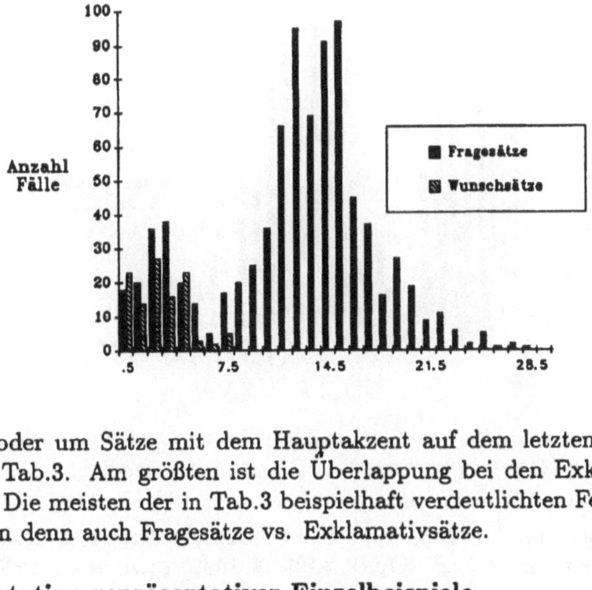

Tonmuster oder um Sätze mit dem Hauptakzent auf dem letzten Element, vgl. Punkt 1 in Tab.3. Am größten ist die Überlappung bei den Exklamativsätzen, vgl. Abb.6. Die meisten der in Tab.3 beispielhaft verdeutlichten Fehlklassifikationen betreffen denn auch Fragesätze vs. Exklamativsätze.

7. Interpretation repräsentativer Einzelbeispiele

Für die Besprechung der Fälle, die nicht der Gruppe I in Tab.2 angehören, wurden die folgenden Auswahlkriterien verwandt:

(i) Pro Testsatz gab es im Schnitt 13 Äußerungen; wenn mehr als 2 Fälle nicht der Gruppe I angehören, werden die Fehler analysiert. Damit werden zufällige 'Ausreißer', möglicherweise allerdings auch interessante, aber singuläre Fälle ausgeschlossen.

(ii) Nur die Fälle wurden analysiert, die in einem Hörtest, bei dem die Äußerungen im Kontext dargeboten wurden, als 'natürlich' (<2.5 bei einer Skala

Abb.5: Fragesätze vs. Aussagesätze

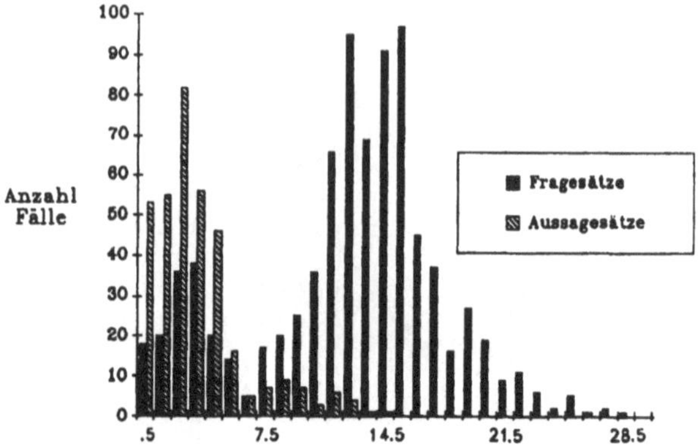

Abb.6: Fragesätze vs. Exklamativsätze

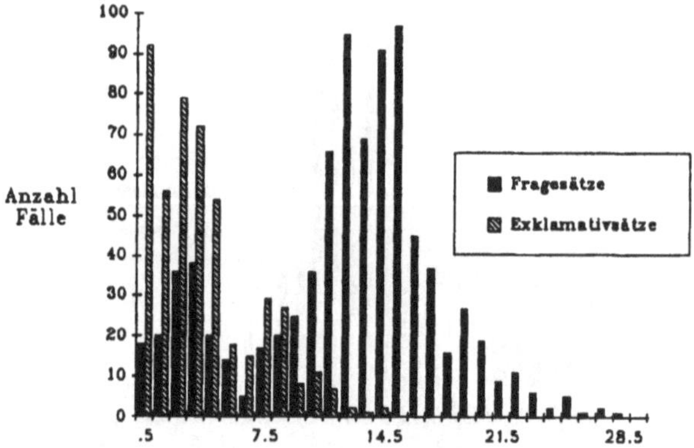

von 1 = 'sehr natürlich' bis 5 = 'sehr unnatürlich') eingestuft wurden (vgl. im einzelnen BATLINER/OPPENRIEDER 1989). Damit lassen sich Fehlproduktionen bzw. nicht ganz geglückte Produktionen ausschließen (vgl. auch BATLINER 1988a).

(iii) Ausgeschlossen sind die Verb-Letzt-Sätze, da deren Satzmoduszuweisung häufig problematisch ist (vgl. OPPENRIEDER 1989) sowie die unselbstständigen Aussagesätze mit progredientem Tonmuster, da hier die Erklärung für 'Fehlkategorisierungen' als Frage auf der Hand liegt.

Im folgenden wird jeweils ein repräsentatives Beispiel diskutiert; in Tab.3 ist über den Sätzen, bei denen die den Hauptakzent tragenden Wörter großgeschrieben sind, der schematisierte Fo-Verlauf aufgetragen; daneben stehen in eckigen Klammern: intendierter Satzmodus – > klassifizierter Satzmodus, Gruppenzugehörigkeit in Tab.2 und Satznummer im Korpus, wie in BATLINER/OPPENRIEDER (1989: 289ff) verzeichnet.[10] Um Redundanzen zu vermeiden, werden wir diese Angaben

[10] Die Angabe der Satznummer ist natürlich für den vorliegenden Beitrag nutz-

im folgenden nicht paraphrasieren: ['II'] bedeutet z.B., wie Tab.2 zeigt: 'Fehlklassifizierung durch die Diskriminanzanalyse', etc. Wir beschränken uns jeweils darauf, die für die (Fehl-) Klassifikation relevanten Faktoren anzugeben.

Grundsätzlich läßt sich sagen, daß die relevanten Faktoren auf allen Ebenen zu finden sind: Sie können rein intonatorisch sein, den anderen Komponenten der grammatischen Ebene (Morphologie, Syntax) angehören oder semantisch bedingt sein. Über die Satzebene hinaus gehen Kontexteinflüsse. Auf einer 'Metaebene' finden sich Faktoren wie Probleme des Testdesigns und der linguistischen Klassifikation (s.o.). Die folgende Darstellung orientiert sich an dieser Reihenfolge.

1. ± Modusspezifischer finaler Tonverlauf ('Tiefton'):

Wenn die finale Phrase den Hauptakzent trägt, so ist meist auch bei Aussage- und Exklamativsätzen der Offset hoch. Der finale Tonverlauf ist aber nicht der bei Fragen übliche, der im Ton-Sequenzansatz als 'Tiefton' bezeichnet wird ('Schleifton' nach oben).

2. Postiktischer, nicht-finaler Tonbruch ('Tiefton'):

Dieser Fall ist komplementär zu (1). Die Hörer können anhand des typischen Tonverlaufs für Fragen ('Tiefton'/'Schleifton' nach oben) den Satzmodus erkennen, obwohl der Offset tief ist.

3. Modusspezifische globale Kontur bei geschlossenen Alternativfragen:

Bei geschlossenen Alternativfragen ist ein global steigender und dann fallender Tonverlauf typisch. (Natürlich verhindert auch schon die Verbsemantik eine Exklamativinterpretation.)

4. ± Exklamativakzent (± erhöht/gedehnt):

Der 'typische' Exklamativakzent zeichnet sich durch einen erhöhten Fo-Gipfel und durch Dehnung der Hauptakzentsilbe aus, vgl. BATLINER (1988b). Wenn er vorhanden ist, so ermöglicht er eine eindeutige Moduszuweisung, wie im ersten Beispiel, wenn er nicht vorhanden ist, kann die Äußerung von den Hörern als Frage fehlklassifiziert werden, wie im zweiten Beispiel. (In einem solchen Fall muß also der Kontext disambiguieren.)

5. Doppelakzent

Das Beispiel hat einen hohen Offset, aber den für den Exklamativ ebenfalls typischen Doppelakzent.

6. Akzent auf thematischem Element

Der Hauptakzent auf einem thematischen Element genügt, um auch bei einem hohen Offset die richtige Satzmoduszuweisung durch die Hörer sicherzustellen.

---

los, sie ermöglicht aber eine eindeutige Identifizierung beim Vergleich mit BATLINER/OPPENRIEDER (1989).

Tab.3: Satzmodusrelevante Faktoren und Beispiele

1. ± Modusspez. finaler Tonverlauf ('Tiefton'):

Der Leo SÄUFT. [Aussage->Frage, II, (73)]

2. Postiktischer, nicht-finaler Tonbruch ('Tiefton')

Sie läßt die Nina das LEINEN weben? [Frage->Nicht-Frage, II, (51)]

3. Modusspezif. globale Kontur bei geschlossenen Alternativfragen

Möchten Sie Mohn oder Streusel? [Frage->Nicht-Frage, II, (42)]

4. ± Exklamativakzent (± erhöht/gedehnt)

Wie der LÄUFT! [Exklamativ->Frage, II,(69)]

Wäre ICH vielleicht glücklich! [Exklamativ->Frage, III, (39)]

5. Doppelakzent

Hat DER GEFLUCHT! [Exklamativ->Frage, II, (15)]

6. Akzent auf thematischem Element

Der HAT vielleicht geschimpft! [Exklamativ->Frage, II, (47)]

7. Hauptakzent auf W-Element

WIE ist der reich geworden? [Frage->Nicht-Frage, II, (58)]

8. **Kategoriale Füllung (W-Element)**

Wie LAUT ist es hier? [Frage->Nicht-Frage, II, (62)]

Wie ALT ist er geworden? [Frage->Nicht-Frage, II, (64)]

9. **Disambiguierende Modalpartikel (?, vgl. 8)**

WIE ist der denn reich geworden? [Frage->NichtFrage, II, (59)]

10. **Verbsemantik**

Gehört das IHNEN hier? [Frage->Nicht-Frage, II, (43)]

11. **Kontext ('intonatorischer Nachlauf')**

[Mein Gott -] Wie ALT ist er geworden! [Exklamativ->Frage, III, (65)]

12. **Kontext (= 'echte' Ambiguität auf Satzebene)**

Wie LAUT ist es hier? [Frage->Nicht-Frage, IV, (62)]

13. **Funktionale Kategorisierung**

GEHST du nun bald nach Hause? [Frage->NichtFrage, III, (41)]

GEHST du nun bald nach Hause? [Frage->Nicht-Frage, IV, (41)]

14. **Klassifikationsproblematik**

7. Hauptakzent auf *W*-Element

Der Hauptakzent auf dem *W*-Element genügt für die richtige Satzmoduszuweisung, auch wenn der Offset tief ist.

8. Kategoriale Füllung (*W*-Element)

Das *W*-Element in Verbindung mit einer nicht für Exklamativsätze typischen intonatorischen Form des Hauptakzents stellt die Satzmoduszuweisung sicher.

9. Disambiguierende Modalpartikel

Die Modalpartikel allein reicht schon zur Disambiguierung, ist zwar nicht nötig, vgl. Fall (8), aber möglicherweise im Normalfall immer vorhanden, vgl. THURMAIR (in diesem Band).

10. Verbsemantik

Die Verbsemantik allein macht in diesem Fall eine Exklamativsatzinterpretation unmöglich.

11. Kontext ('intonatorischer Nachlauf')

In diesem Fall disambiguiert schon der — intonatorische — Kontext, nämlich das exklamativsatzindizierende *"Mein Gott — "*. Der Exklamativsatz selbst ist dann manchmal nur intonatorischer 'Nachlauf' (vgl. BATLINER 1988b). Da ein typischer Exklamativakzent fehlt, wird die Äußerung ohne den Kontext von den Hörern als Frage fehlklassifiziert; vgl. dagegen die richtige Klassifizierung durch die Hörer in (8).

12. Kontext (= 'echte' Ambiguität auf Satzebene)

Der im Verhältnis zu (8) ausgeprägtere Anstieg auf der Hauptakzentsilbe verleitet wahrscheinlich die Hörer zur Exklamativinterpretation. Nur der Kontext kann disambiguieren (vgl. auch BATLINER 1988a: 218 zur Verwechslung von Exklamativ- und Fragesätzen).

13. Funktionale Kategorisierung

Eigentlich müßte der Satz eindeutig als Fragesatz erkennbar sein. Da ihn die Sprecher aber, wie es die Kontextbeschreibung verlangte, 'ganz böse' produzierten, wurde er — egal, ob mit hohem oder mit tiefem Offset — funktional als Aufforderung klassifiziert.

14. Klassifikationsproblematik

Es handelt sich, wie schon erwähnt, um Randtypen wie Verb-Letzt-Strukturen, auf die wir an dieser Stelle nicht eingehen können.

8. Schlußbemerkungen

Unser simples Modell greift in gut 80% der Fälle. Bei 20% der Fälle treten andere disambiguierende Merkmale in Kraft, wobei es sich um intonatorische oder um sonstige grammatische Merkmale handeln kann. Oft ist mehr als ein relevantes Merkmal vorhanden, so etwa ein hoher Offset, ein *W*-Element und eine disambiguierende Modalpartikel. In einigen Fällen mag es sich um eine 'Default'-Lesart handeln: Etwa wenn Sätze mit einem *W*-Element und tiefem Offset von den Hörern als Fragen interpretiert werden und nicht — was auch möglich wäre — als Exklamative. Einige Fragesätze werden regulär mit tiefem Offset produziert, wie geschlossene Alternativfragesätze sowie *W-Fragen*. Auf der anderen Seite werden Exklamativsätze mit Hauptakzent auf dem letzten Element regulär mit hohem Offset (aber eben nicht mit fragetypischem Fo-Verlauf) produziert. In einigen Fällen muß offensichtlich der Kontext entscheiden.

Bei unseren Daten handelt es sich um elizitierte Äußerungen, noch dazu in einem bestimmten situativen Kontext (intonatorische Minimalpaare). Es bleibt zu fragen, wie sich nun dieses Ergebnis auf nicht-elizitierte, spontane Sprache übertragen läßt. Die wenigen Untersuchungen zu diesem Thema (vgl. TROPF 1985) sowie eigene Beobachtungen an spontansprachlichen, aber noch nicht ausgewerteten Korpora lassen vermuten, daß sich kein grundsätzlich anderes Bild ergeben dürfte. Wahrscheinlich wird aber die Intonation, da weniger funktional belastet, auch entsprechend weniger eingesetzt.

LITERATUR:

ALTMANN, H.

1984 Linguistische Aspekte der Intonation am Beispiel Satzmodus. In: *Forschungsberichte des Instituts für Phonetik und Sprachliche Kommunikation der Universität München (FIPKM)* **19**, 132–152.

1987 Zur Problematik der Konstitution von Satzmodi als Formtypen. In: MEIBAUER, J. (1987), *Satzmodus zwischen Grammatik und Pragmatik.* Tübingen: Niemeyer, S. 22–56.

ALTMANN, H. (ED.)

1988 *Intonationsforschungen.* Tübingen: Niemeyer.

ALTMANN, H./BATLINER, A./OPPENRIEDER, W. (EDS.)

1989 *Zur Intonation von Modus und Fokus im Deutschen.* Tübingen: Niemeyer.

BATLINER, A.

1988a Produktion und Prädiktion. Die Rolle intonatorischer und anderer Merkmale bei der Bestimmung des Satzmodus. In: ALTMANN, H. (1988b), 207–221.

1988b Der Exklamativ: Mehr als Aussage oder doch nur mehr oder weniger Aussage? Experimente zur Rolle von Höhe und Position des Fo-Gipfels. In: ALTMANN, H. (1988), 243–271.

1989 Fokus, Modus und die große Zahl. Zur intonatorischen Indizierung des Fokus im Deutschen. In: ALTMANN, H. /BATLINER, A. /OPPENRIEDER, W. (1989), 21–70.

BATLINER, A./OPPENRIEDER, W.

1988 Rising Intonation: Not Passed Away But Still Alive. A Reply to R. Geluykens. In: *Journal of Pragmatics* **12**, 373–379.

1989 Korpora und Auswertung. In: ALTMANN, H./BATLINER, A./OPPENRIEDER, W. (1989), 281–330.

BATLINER, A./NÖTH, E.

1989 The prediction of focus. In: TUBACH, J.P./MARIANI, J.J.: *Eurospeech 89. Proceedings of the European Conference on Speech Communication and Technology, Paris — September 1989,* Volume One, 210–213.

BATLINER, A./NÖTH, E./LANG, R./STALLWITZ, G.

1989 Zur Klassifikation von Fragen und Nicht-Fragen anhand intonatorischer Merkmale. (Erscheint in: *Fortschritte der Akustik. DAGA*, 335–338).

GELUYKENS, R.

1988 On the Myth of Rising Intonation in Polar Questions. *Journal of Pragmatics* **12**, 467–485.

HELBIG,G./BUSCHA, I.

1974 *Deutsche Grammatik.* Leipzig: VEB Verlag Enzyklopädie.

KLECKA, W.R.

1980 Discriminant Analysis. *Sage University Paper series on Quantitative Applications in the Social Sciences*, 7–19. Beverly Hills and London.

KLEIN, W.

1982 Einige Bemerkungen zur Frageintonation. *Deutsche Sprache* 1982, 289–310.

LUUKKO-VINCHENZO, L.

1988 *Formen von Fragen und Funktionen von Fragesätzen. Eine deutsch-finnische kontrastive Studie unter besonderer Berücksichtigung der Intonation.* Tübingen: Niemeyer.

NORUSIS, M.J.

1986 *SPSSPC+ Advanced Statistics.* Chicago: SPSS Inc.

OPPENRIEDER, W.

1988a Intonation und Identifikation. Kategorisierungstests zur kontextfreien Identifikation von Satzmodi. In: ALTMANN, H. (1988), 153–167.

1988b Intonatorische Kennzeichnung von Satzmodi. In: ALTMANN, H. (1988), 169–205.

1989 Selbständige Verb-Letzt-Sätze: Ihr Platz im Satzmodussystem und ihre intonatorische Kennzeichnung. In: ALTMANN, H./BATLINER, A./OPPENRIEDER, W. (1989), 163–244.

THURMAIR, M.

1990 Zum Gebrauch der Modalpartikel *denn* in Fragesätzen. Eine korpusbasierte Untersuchung. (in diesem Band)

TROPF, H.S.

1985 Zur Intonation spontan gesprochener und laut gelesener W-Fragen. In: KÜRSCHNER, W./VOGT, R. (1985). *Grammatik, Semantik, Textlinguistik. Akten des 19. Linguistischen Kolloquiums Vechta 1984*, Band I. Tübingen: Niemeyer, 49–60.

Regressiv-einseitige Fernmetathese im Sardischen

Hans Geisler
Universität München

1. Zur Funktion von Metathesen

Die Metathese wird gewöhnlich zusammen mit Dissimilation und Assimilation als psychologisch bedingter sporadischer Lautwandel eingestuft, da diese Erscheinungen, im Gegensatz zu den regulären Lautveränderungen, oft nur in einer kleinen Zahl von Wörtern auftreten und deshalb nicht als physiologisch bedingte Vorgänge angesehen werden. Konsequenterweise ist aus dieser auf die Junggrammatiker zurückgehenden Sichtweise dann auch eher von Lautsubstitution als von Lautwandel gesprochen worden, deren Ursachen im psychischen Bereich zu suchen sind (s. vor allem MERINGER 1895).

Im Gegensatz zu dieser bis heute dominant gebliebenen Ansicht hat aber bereits GRAMMONT in einer Reihe wichtiger Untersuchungen darauf hingewiesen, daß Metathesen in bestimmten Sprachen durchaus regelhaften Charakter annehmen können (s. GRAMMONT 1905/6, 1909, 1923, 1960). Die Thesen GRAMMONTS stießen jedoch auf Ablehnung, da er eine Reihe von Gesetzmäßigkeiten postulierte, die zum großen Teil widerlegbar waren. Erst in neuerer Zeit wurde der Metathese in Verbindung mit silbenbasierten Phonologietheorien, die mit Stärkeskalen arbeiten, wieder größere Aufmerksamkeit zuteil. In diesem Kontext wird die grundlegende silbenoptimierende Funktion von Metathesen deutlich und kann adäquat beschrieben werden.

Sehr vielversprechend scheint in dieser Hinsicht der von VENNEMANN (1988) beschrittene Weg, verschiedene Arten der Metathese im Zusammenhang mit allgemeinen Präferenzgesetzen zur Silbenbildung zu sehen. Die Metathesen stellen aus dieser Sicht Mittel zur Verbesserung nicht-optimaler Silbenkontakte dar (bei einer Kontaktmetathese wie asp. *ven.rá* > ver.ná gelangt z.B. der stärkere Konsonant in eine präferierte silbeninitiale Stellung). Nicht alle der von VENNEMANN (1988) vorgeschlagenen Präferenzgesetze scheinen aber die gleiche generelle Gültigkeit zu haben, so daß im einzelnen noch differenziertere Untersuchungen notwendig sind. So ist z.B. nach VENNEMANN (1988: 58) eine Fernmetathese (*slope displacement*) des Typs POPULU > PLOP.PU > it. *piop.po* als Verbesserung der Silbenstruktur zu werten, da nach einem allgemeinen (den Silbenstrukturgesetzen übergeordneten Gesetz) "komplexe Lautverbindungen" in betonten Silben eher geduldet werden als in unbetonten. Wie im folgenden für das Sardische gezeigt werden soll, gilt diese Beziehung zur Akzentlage nicht generell für die romanischen Sprachen, sondern kann von anderen Gesetzmäßigkeiten überlagert werden (s. sard. FEBR(U)ARIU > *frevàriu*). Dies ist aber nur erkennbar und beschreibbar, wenn über die Postulierung einer lautinhärenten Stärkehierarchie (s. z.B. VENNEMANN 1988: 9) hinaus zusätzlich die silbenpositionsbedingte sowie die akzent- und umgebungsbedingte Stärke von Lauten mit in die Betrachtung eingeht.

2. Regressiv-einseitige Fernmetathese im Sardischen

2.1. Regressiv-einseitige Fernmetathese über eine Silbe: *capra* > *craβa*

Mit regressiv-einseitiger Fernmetathese wird in diesem Zusammenhang die Rückverlagerung des Liquids einer Muta-cum-Liquida über eine oder zwei Silbengrenzen mit anschließender Bildung einer neuen Muta-cum-Liquida verstanden. Der Liquid wird in allen Fällen aus der für Muta-cum-Liquida ungünstigsten Position im Anlaut der tonschwächsten Nachtonsilbe entfernt und entweder zu einem Konsonanten im Tonsilbenanlaut oder zu einem Konsonanten im Initialsilbenanlaut verlagert (besonders gut erkennbar bei Belegen mit zwei Silben vor der ursprünglichen Muta-cum-Liquida; s. 2.2. *capístru* > *craβístu*). Der Initialsilbenanlaut kann also den Tonsilbenanlaut unter bestimmten Bedingungen an Stärke übertreffen.

Die heutigen sardischen Dialekte unterscheiden sich beträchtlich hinsichtlich des Auftretens derartiger Fernmetathesen in Verbindung mit Liquiden. So stehen den sehr konservativen Zentraldialekten (Nuoro, Bitti, Fonni) mit einer relativ geringen Anzahl von Fernmetathesen einige logudoresische und campidanische Mundarten gegenüber, in denen die Fernmetathese in Verbindung mit Plosiven und bestimmten Frikativen wie *-θ-*, *-β-*, *-f-* und *-v-* in der Initialsilbe die Regel geworden ist. Dies hängt möglicherweise damit zusammen, daß in den Zentraldialekten intervokalische Konsonanten nur schwach oder gar nicht verändert werden und somit Muta-cum-Liquida aufgrund der erhalten gebliebenen Stärke der Plosive und Frikative weniger zur Veränderung neigen:[1]

PETRA	>	centr. *pétra* vs. log. *préða* 'Stein'
CAPRA	>	log., camp. *kraβa*
DEXTRU	>	log., camp. *dréstu*
FEBRE	>	log. *frèbba*, camp. *frèi* 'Fieber'
VENTRE	>	camp. *brènti*

Bei abnehmender Stärke des wortinitialen Silbenanlauts hat die Metathese jedoch immer weniger silbenoptimierende Wirkung und unterbleibt deshalb ab einer bestimmten Konsonantischen Stärke. Die für die Metathese notwendige Stärke des wortinitialen Konsonanten kann aber schwanken, wie einige logudoresische und campidanische Dialekte zeigen. Diese Gebiete unterscheiden sich in auffälliger Weise von den restlichen Dialekten, da die Metathese auch noch in Verbindung mit einer initialen Affrikate *ts-*, sowie mit *s-* und sogar noch in Verbindung mit einem Nasal *m-* auftritt:

*JUGULU	>	*TS+JUGULU > log. (Bonàrcado, Bauladu) *tsrúγu*
SOCRU	>	camp. *sróγu*, log. (Busachi) *su ðróγu* 'Schwiegervater'
MUTILU	>	*MUCLU > camp. (Isili) *mrúγu* 'verstümmelt'

Falls der Initialsilbenanlaut unter die Stärke von *-m-* sinkt, ist auch in den vorgenannten logudoresischen und campidanischen Gebieten keine Metathese mehr

[1] Alle folgenden Beispiele stammen aus Wagner 1941 und Wagner 1960–64 sowie dem AIS.

möglich, und die Liquidverbindung bleibt erhalten oder der Silbenkontakt wird anderweitig optimiert:

NOSTRU	>	camp. *nóstu*
LABRA	>	centr. *lávra*, log., camp. *lára* 'Lippe'
ROTULU	>	centr. *rúkru*, log. *rúγru* 'Brocken, Stück'

2.2. REGRESSIV-EINSEITIGE FERNMETATHESE ÜBER ZWEI SILBEN: *capístru* > *craβístu*

Wörter mit zwei Silben vor der Muta-cum-Liquida sind besonders aufschlußreich hinsichtlich der zugrunde liegenden Kräfteverhältnisse, da bei ihnen theoretisch zwei Möglichkeiten bestehen, den Liquid an silbeninitiale Konsonanten der Vorgängersilben zu binden. Das Resultat ist in diesen Fällen wiederum nicht zufällig, sondern hängt einerseits von der inhärenten Stärke des silbeninitialen Konsonanten und andererseits von der ihm durch die jeweilige Position verliehenen Stärke ab. So erfolgt z.B. eine Verschiebung über die Tonsilbe hinweg in die Initialsilbe, falls der die Initialsilbe anlautende Konsonant bereits inhärent stärker ist als der die Tonsilbe anlautende Konsonant, denn die inhärente Stärke wird durch den positionsbedingten Stärkezuwachs noch vergrößert (wobei gilt: 'wortanlautende Position' stärker als 'intervokalisch silbenanlautende Position'). Diesbezüglich eindeutige Fälle sind somit:

PANUCULA	>	nuor. *prannúka* 'Maiskolben'
PEDUCULU	>	nuor. *priðúku* 'Laus'
FENUCULU	>	nuor. *frenúku* 'Fenchel'
FENESTRA	>	centr. (Fonni) *sa vronésta* 'Fenster'

Bei etwa gleicher inhärenter Stärke der zwei Silbenanlaute gibt die positionell bedingte Stärkung im Sardischen den Ausschlag für eine Verlagerung zum Initialsilbenanlaut:[2]

CAPITULU	>	centr. *krapíku* 'Brustwarze'
CAPISTRU	>	centr. *krapístu* 'Halfter'
COOPERCULU	>	centr. (Bitti) *kropékku* 'Deckel'

In anderen Fällen können sich aber die Stärkeverhältnisse durchaus umkehren, und ein schwacher Initialsilbenanlaut vermag den Liquid nicht mehr anzuziehen, da er trotz positionsbedingter Stärkung schwächer bleibt als der folgende intervokalische Silbenanlaut:

[2] Die labilen Kräfteverhältnisse in dieser Gruppe zeigen sich hier durch Vergleich mit anderen romanischen Sprachen, in denen z.B. CAPISTRU auch zu *CAPRISTU wird, wie z.B. galluresisch (Tempio) *kaprístu*, portugiesisch *cabresto*, altitalienisch *capresto*, mazedorumänisch *caprestu*; aber wie im Sardischen auch gaskognisch (Val d'Aran, bearnesisch) *krabéste*, katalanisch (ALC 348) *kraβestə*. Wie PANUCULA > nuor. *prannúka* zeigt, muß ein Typ wie zentralsardisch *krabístu* nicht notwendigerweise über eine Zwischenstufe **kabristu* entstanden sein.

SEQUESTRARE	>	log. *seγrestare* 'beschädigen'
MONTICULU	>	centr. *montrícu* 'Hügel'

Deutlich auch bei 3 Vorgängersilben:

RETINACULOS	>	centr. *reðrinákos* 'Zügel'

Die Neigung zur Metathese nimmt allgemein mit zunehmender inhärenter Schwäche der vorausgehenden silbenanlautenden Konsonanten ab. Bei MANUCULU findet sich entsprechend nur mehr Metathese in den Gebieten, die auch sonst Liquidanziehung durch *-m-* zulassen (so z.B. Fonni *mranúkku* wie MACULA > *mraγa*). In einem Fall wie RENICULU müssen dagegen in allen Gebieten andere Wege der Silbenoptimierung beschritten werden. Dies gilt umso mehr auch für diejenigen Etyma, bei denen eine Silbe mit schwachem Konsonant und die Initialsilbe gar vokalisch anlautet:

MANUCULU	>	Fonni *mranúkku* '(Getreide)garbe'(wie MACULA > *mraγa*) centr. *manúkru*, log., camp. *man(n)úγu*, log. sett. *mannúyu*
RENICULU	>	camp. *arríγu* (s. dagegen RETINACULOS > log. *reðrináγos*)
*HINNITULARE	>	centr. *innikráre* 'wiehern'
AURICULA	>	*ORICULA > centr. *oríkra*, log., camp. *oriγa*

Auffallenderweise unterbleibt die Metathese auch in den Fällen, bei denen trotz starkem Konsonant in der Initialsilbe die zweite Silbe mit einem Liquid anlautet, da es hier durch die im Sardischen weitgehend erfolgte Annäherung von *-l-* und *-r-* (teils bis zum Zusammenfall) zu einer für das Sardische wenig optimalen Häufung von Liquiden gekommen wäre (also COLOBRA > *CROLOBA, etc). Dies wird vor allem bestätigt durch Fortsetzer von FURUNCULU, welche in anderen romanischen Sprachen mit strikter Trennung von *-l-* und *-r-* vielfach Metatheseformen aufweisen (s. asturisch *floronco*, gaskognisch *floronc*, etc.).[3]

FURUNCULU	>	camp. *furúncu* 'Furunkel'
CALABRICE	>	nuor. *kaláβrike* 'Hagedorn'
COLUBRA/U	>	centr. *kolóvra*, log., camp. *kolóru* 'Schlange'
COLOSTRU	>	log., camp. *kolóstru* 'Biestmilch'

Wie zudem FEBR(U)ARIU > asard. *frevárіu* und eine Reihe weiterer Fälle zeigen, ist auch eine Verschiebung aus oder über die Tonsilbe möglich, falls deren Anlaut signifikant schwächer als der Initialsilbenanlaut wird. Der Initialsilbenanlaut übertrifft dann im Sardischen durch eine positionsbedingte Stärkezuweisung den durch die intervokalische Position geschwächten Tonsilbenanlaut an Stärke:

FEBR(U)ARIU	>	asard. *frevárіu*, nuor. *freβárju* 'Februar'
sp. *cobrar*	>	log. *kroβare* 'erlangen, erwerben'
it. *disgrazia*	>	camp. (Villasalto) *sa ðriγátsia* 'Unglück'

[3] Nach WAGNER 1960: I,562 nicht erbwörtlich, der jedoch nicht berücksichtigt, daß *FRURUNKU > *FURUNKU ergeben kann (s. WAGNER 1941: 161 MENTULA > camp. *miŋka*).

it. *penetrare*	>	nuor., log. *prenettare* 'eindringen'
it. *bicicletta*	>	nuor. *britzzikètta*

3. Korrelation zu anderen Liquidveränderungen

Die silbenoptimierende Wirkung der Fernmetathese in sardischen Dialekten ist aufgrund der vorgehend dargestellten Materiallage ziemlich eindeutig nachzuweisen. Zusätzlich verdeutlicht wird dies durch einen Vergleich mit anderen silbenoptimierenden Prozessen, die als Alternative auftreten, falls die Bedingungen für die Fernmetathese nicht gegeben sind. Die Häufigkeit der Fernmetathesen im Sardischen korreliert nämlich in auffälliger Weise mit sonstigen Entwicklungen bei liquidhaltigen Konsonantenverbindungen, die an eine Art von "conspiracy" in diesem Bereich denken lassen.

Während z.B. Liquidverbindungen mit *-l-* im Altsardischen noch erhalten sind (s. INSULA, CIRCULOS, MONTICULU > asard. *iscla, quirclos, monticlu*), wird in einem ersten Optimierungsprozeß in (fast) allen modernen sardischen Dialekten *-l-* zu *-r-* reduziert:

PEDUCULU	>	centr. (Ollolai) *piðúkru* 'Floh'
VITULU	>	log. *bíðru* 'Kalb'
COMPLERE	>	centr. *kòmprere* 'ankommen'

Dieser Zustand ist in den konservativen Zentralmundarten bis heute erhalten. In logudoresischen und campidanischen Mundarten treten dann weitergehende Reduktionen des Liquids auf. Am häufigsten ist (vor allem in nordlogudoresischen und campidanischen Mundarten) der vollständige Schwund:

FENUCULU	>	centr. *fenúkru* — log. *fenúγru* — camp. *fenúγu*/ nordlog. *fenúju*
COLOSTRU	>	camp. *kolóstu*
ASPERU	>	camp. *áspu*

Eine andere Möglichkeit besteht darin, die Liquidverbindung durch Vokalepenthese zu dissoziieren und damit zu verbessern:

COLUBRA	>	camp. (Gadoni) *kolóvuru*
sp. *cobrar*	>	log. *koβeráre*

ebenso

ULMU	>	log., camp. *úlumu*
kat. *arna*	>	camp. *árrana* 'Motte'

Dieses Verfahren ist z.B. im südlichen Teil der campidanischen Barbagia bei *-br-* und *-pr-* vollkommen regelmäßig geworden. Selten ist dagegen in sardischen Mundarten, im Gegensatz zu anderen romanischen Sprachen wie dem Französischen, die Reduktion des Verschluß- oder Reibelautes, um den Nexus zu verbessern. Dieses Verfahren findet sich lediglich bei schwachem Verschlußlaut wie *-β-* und *-γ-*:

COLUBRA	>	centr. *colòvra* vs. log., camp. *kolòra*
GLANDE	>	log. *lànde*

Die allgemeine Liquidschwäche im Sardischen ist auch in intervokalischer Position erkennbar. Dies vor allem wieder in Gebieten, die am meisten Fernmetathesen aufweisen; so wird in einigen Zonen des Campidanischen *-l-* zu *-w-*, -R-, -ʔ oder verstummt in unbetonten Silben ganz

VOLARE	>	camp. (Serrenti) *bouai*
SOLE	>	camp. (Villacidro) *sɔwi*, (Sárrabus) *sɔʔi*
ASTULA	>	camp. (Mógoro) *ástua*
LEPORE	>	camp. (Sant'Antioco) *su* R*ɛpui*;
Inf. -are	>	camp. *-ái* vs. log. *-are*

Die Fernmetathese ist somit lediglich als eine von mehreren Möglichkeiten zur Silbenoptimierung zu sehen, die aufgrund spezieller artikulatorischer Bedingungen in bestimmten sardischen Dialekten vorherrschend geworden ist.

4. Zusammenfassung

Wie hier am Beispiel des Sardischen anhand der regressiv-einseitigen Fernmetathese aufgezeigt wurde, ist für bestimmte Metathesen eindeutig nachzuweisen, daß sie (wie andere Lautveränderungen auch) silbenoptimierende Funktion haben, was zu großer Regelmäßigkeit in ihrer Anwendung führen kann. Derartige Metathesen bedürfen demnach wie andere regelmäßig auftretende Veränderungen keiner speziellen psychologischen Motivation.

Im Unterschied zu anderen, weniger "spektakulären" Lautveränderungen, die oft graduell verlaufen, scheinen sich aber Metathesen zumindest in Sprachen mit starker Normierung (bzw. Verschriftung) weniger gut durchzusetzen als andere Lautveränderungen, da die Abweichung von der Ausgangsform abrupter ist und deshalb wohl stärker empfunden wird. Zusätzlich sind hier in Einzelfällen psychisch motivierte Versprecher oder absichtliche Wortspiele, die zu spontanen Metathesen führen, ebenfalls nicht auszuschließen. Diese Interferenzen mit regelmäßig auftretenden Metathesen mögen dazu beitragen, daß in den sogenannten Kultursprachen die Tendenz besteht, Metathesen zu unterdrücken und nur vereinzelt in bestimmten Bereichen (wie Fremdwörtern, seltenen Tier- und Pflanzennamen, Tabubezeichnungen, etc.) zu tolerieren. Ein Blick in die nicht von derartigen Normen beinträchtigte Sprachwirklichkeit, wie sie Dialektatlanten und Dialektwörterbücher darstellen, zeigt aber deutlich die von der jeweiligen Sprachentwicklung abhängige Motivierbarkeit der Metathese als Lautwandel mit eindeutig silbenoptimierender Funktion.

LITERATUR

GRAMMONT, MAURICE

1905/1906 La métathèse dans le parler de Bagnères-de-Luchon. In: *Mémoires de la Société Linguistique de Paris* **13**, 74–90.

1909 Une loi phonétique générale. In: *Mélanges L. Havet.* Paris, 179–183.

1923 L'interversion. In: *Antídoron, Festschrift Wackernagel.* Göttingen, 72–77.

1960 *Traité de phonétique.* Paris: Librairie Delagrave, 1933.

JABERG, K., JUD, J. (ED.)

1928–1940 Sprach- und Sachatlas Italiens und der Südschweiz, vol. I-VIII. Zofingen. (= AIS)

MERINGER, R.

1895 *Versprechen und Verlesen.* Stuttgart.

VENNEMANN, THEO

1988 *Preference Laws for Syllable Structure and the Explanation of Sound Change (With Special Reference to German, Germanic, Italian, and Latin).* Berlin: Mouton de Gruyter.

WAGNER, MAX LEOPOLD

1941 *Historische Lautlehre des Sardischen,* (Beihefte zur Zeitschrift für Romanische Philologie, Bd. 43). Halle.

1960-1964 *Dizionario etimologico sardo,* vol. 1–3, (Sammlung romanischer Elementar- und Handbücher, Dritte Reihe: Wörterbücher, Bd. 6). Heidelberg.

Die Konfigurationalität der Silbenstruktur

Michael Prinz
Universität Düsseldorf

In diesem Aufsatz beschäftige ich mich mit dem strukturellen Aufbau der Silbe. Anhand interner und externer Evidenz aus dem Neugriechischen, Englischen und Deutschen soll nachgewiesen werden, daß man zumindest in den genannten Sprachen von einer kanonischen Silbenstruktur auszugehen hat, die für alle Silbenrepräsentationen gleich konstruiert ist und sich nicht verändern kann. Insofern ist das Silbenschema konfigurational festgelegt.

Für diese Untersuchungen wird das Silbenmodell von CLEMENTS/ KAYSER (1983) herangezogen. Es zeichnet sich durch den Aspekt der Mehrdimensionalität phonologischer Schichten aus, wobei jede Schicht nur für sie spezifische Information abbildet. So setzt sich die segmentale Schicht aus den Segmenten bzw. den sie konstituierenden Merkmalen zusammen. Mit dieser Schicht ist die strukturelle Schicht assoziiert, die aus den abstrakten Positionen C und V besteht. Die V-Positionen sind mit silbischen Segmenten verknüpft, während die C-Positionen nicht-silbische Segmente dominieren. Die Positionen korrelieren nicht mit phonetisch-physiologischen Aspekten, sondern reflektieren ausschließlich die Struktur der Silbe. Sie sind mit dem die Silbe darstellenden Symbol 'σ' assoziiert, damit festgelegt ist, aus wieviel Positionen eine Silbe besteht. Das maximale Silbenschema fürs Deutsche beinhaltet nach WIESE (1988) jeweils zwei C-Positionen vor und nach der V-Position (vgl. (1)):

(1)

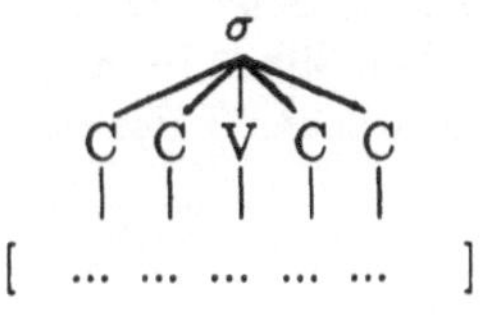

Silbenschicht
Strukturelle Schicht
Segmentale Schicht

Für phonologische Repräsentationen wurden in den bisherigen Forschungen jedoch nur die Positionen herangezogen, die für die Segmente benötigt wurden. Die Beispiele unter (2) verdeutlichen dies. Die Silbenstruktur weist nicht nur 1:1-Relationen zwischen den strukturellen Positionen und den Segmenten auf; so werden Langvokale nach WIESE (1988) mit einer V- und einer C-Position assoziiert (vgl. (2a)). Die Geminaten besetzen zwei heterosyllabische C-Positionen, wie in (2b) zu sehen ist; die deutschen Affrikate besetzt zwei C-Positionen; ein entsprechendes Beispiel wird in (2c) genannt.

(2a)

(2b) 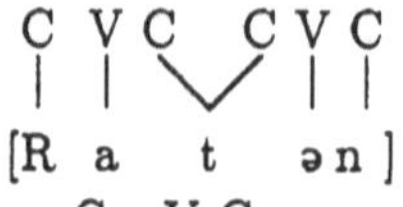

(2c) 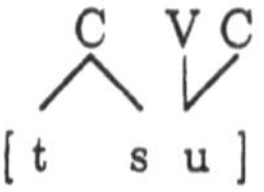

Die Einheiten der strukturellen Schicht reflektieren nach CLEMENTS/KAYSER (1983: 34f.) nicht nur die Struktur einer Silbe, sondern haben zugleich auch die Eigenschaften von Zeiteinheiten, die die artikulatorische Dauer eines Segments darstellen. Am Deutschen läßt sich diese These nicht verifizieren; daß der Doppelkonsonant in (2b) aufgrund seiner Assoziation mit zwei Positionen doppelt so lang artikuliert wird wie ein einfacher Konsonant, kann bezweifelt werden. Dagegen kann im Italienischen oder Japanischen die Existenz von langen Konsonanten nachgewiesen werden (vgl. u.a. LADEFOGED 1982: 226), so daß hier die CV-Einheiten tatsächlich die Eigenschaften von Zeiteinheiten zu haben scheinen. Ebenso ist die Assoziation der Affrikate mit nur einer Position nicht darauf zurückzuführen, daß sie kürzer artikuliert wird als wenn sie mit zwei Positionen assoziiert würde. Dagegen läßt sich gerade fürs Polnische diese Beobachtung machen, wie CLEMENTS/KAYSER (1983: 34f.) zeigen. Demnach sollten wir fürs Deutsche von der Interpretation der strukturellen Schicht, die zugleich auch die artikulatorische Dauer der Segmente repräsentiert, Abstand nehmen. Möglicherweise kann die Beobachtung auf alle akzentzählenden Sprachen übertragen werden, während in den silbenzählenden Sprachen, zu denen neben dem Italienischen bzw. Japanischen auch die im folgenden zu erörternde neugriechische Sprache gehört, die CV-Einheiten zugleich auch Zeiteinheiten sind.

Das maximale Silbenschema wurde in den bisherigen Forschungen nur dann verwendet, wenn es für die Segmente erforderlich war. Zu einer revidierten Auffassung kommen wir bei der Analyse der neugriechischen Silbe. In ihr sind nach meinen Beobachtungen zwei C-Positionen vor und eine nach der V-Position erlaubt (vgl. (3)):

(3) 

Alle Silben dieser Sprache haben dieselbe Konfiguration, d.h. sie bestehen aus der maximal möglichen Anzahl von CV-Positionen; die Wörter in (4) werden mittels dieser konfigurationalen Silbenstruktur dargestellt:

(4a) 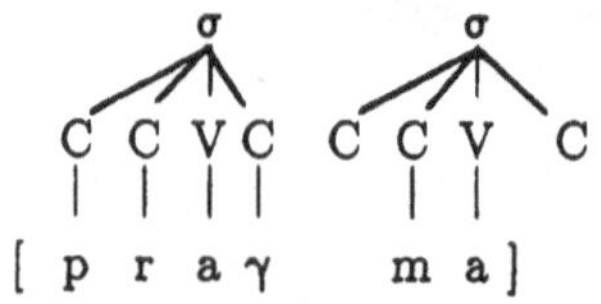

Pragma: 'Handlung'

(4b) 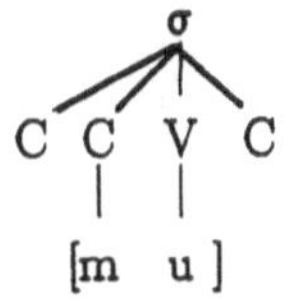 *mu:* 'mein'

(4c) 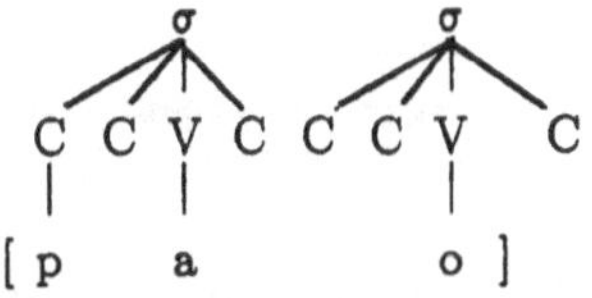 *pao:* '(ich) gehe'

Das Segment /p/ muß in (4c) die erste Position einnehmen, da nach ihm ein weiterer Konsonant erlaubt ist, wie (4a) zeigt. Welche Position ein Konsonant in einkonsonantigen Klustern besetzt, hängt also von phonotaktischen Erwägungen ab (vgl. PRINZ/WIESE demn.); so kann ein Plosiv wie /k/ nur mit der ersten Position assoziiert sein, denn nach ihm ist ein Konsonant erlaubt, vor ihm jedoch nicht (vgl. (5)):

(5a) kleistos 'geschlossen'
(5b) koritsi 'Mädchen'
(5c) *Cp ... $]_\sigma$

Umgekehrt besetzt /l/ immer die zweite Position; denn vor ihm ist ein Konsonant erlaubt, nach ihm jedoch keiner (vgl. (6)):

(6a) klepto '(ich) stehle'
(6b) leo '(ich) sage'
(6c) *lC ... $]_\sigma$

Die Annahme dieser maximalen Silbenschemata muß natürlich gut begründet sein.

Das Neugriechische gehört zu den silbenzählenden Sprachen; sie zeichnen sich darin aus, daß alle Silben vom Phonationsstrom gleich stark erfaßt werden; dies hat die Isochronie aller Silben zur Folge. Da nun alle Silben gleich lang artikuliert werden, müssen sie trotz unterschiedlicher Phonotaktik die gleiche Länge aufweisen. Wie oben schon ausgeführt, korrespondieren die strukturellen Positionen mit Zeiteinheiten, die die Artikulationsdauer eines Segments repräsentieren. Daher muß eine auf einen Vokal endende Silbe wie *ma* in (4a) von derselben Sequenz VC dominiert werden wie die konsonantisch auslautende Silbe *prag*. Auf diese Weise kann der die Länge betreffende Aspekt der Isochronie durch die Existenz einer konstanten VC-Sequenz in allen Silben erfaßt werden. Daß die neugriechischen Silben quantitativ nicht voneinander distinkt sind, zeigt auch das Fehlen der Vokalquantität als phonologisch distinktes Merkmal. Da also keine Unterscheidung zwischen langen und kurzen Vokalen gemacht wird, muß die auf der strukturellen Schicht abgebildete Quantität immer gleich sein, was durch die Sequenz ... VC gewährleistet wird.

Wenn es stimmt, daß alle Silben in denselben Zeitintervallen wiederkehren, so bezieht sich diese Isochronie natürlich nicht nur auf den postvokalischen Bereich, sondern auf die gesamte Silbe. Nur durch dieselbe Anzahl struktureller Positionen in ihrer Funktion als Zeiteinheiten kann die gleiche Dauer jeder Silbe des Neugriechischen repräsentiert werden.

Alle Silben sind in silbenzählenden Sprachen also schwere Silben, d.h. sie bestehen aus einer VC-Sequenz. Dies hat Folgen für die Akzentzuweisung. Im Rahmen der metrischen Phonologie wird die Annahme vertreten, daß die schweren Silben den Basisakzent erhalten (vgl. u.a. HOCK/MC CULLY 1986). Deshalb sind alle Silben aufgrund ihrer identischen Silbenquantität basisakzentuiert. Die Zuweisung dieses Akzents ergibt sich also unmittelbar aus dem Quantitätsverhalten der Silbe. Für dieses Akzentverhaltengibt es phonetische Evidenz, denn alle Silben in silbenzählenden Sprachen sind rhythmisch äquivalent, also gleich stark betonbar. SELKIRK (1984: 40f.) zufolge erhalten deshalb alle Silben den Basisakzent. Im Gegensatz zu der von mir vertretenen Auffassung folgt bei SELKIRK die Basisakzentzuweisung in den silbenzählenden Sprachen nicht aus der Silbenquantität, sondern sie ist die Folge einer Parametrisierung. Nur die silbenzählenden Sprachen verfügen über die Option, allen Silben den Basisakzent zuzuweisen. Durch die Annahme eines maximalen Silbenschemas für alle Silben des Neugriechischen kann man dagegen erkären, wie es zu dieser Zuweisung des Basisakzents kommt: da alle Silben schwer sind, sind sie auch basisakzentuiert.

Diese Beobachtungen rechtfertigen allenfalls die konstante Anzahl struktureller Positionen in neugriechischen Silben. Es wurde noch nichts darüber ausgesagt, ob diese Annahme auch auf die englische oder deutsche Silbe übertragen werden kann. Es gibt bisher keinen Grund, C-Positionen anzunehmen, auch wenn sie nicht mit phonetischem Material assoziiert sind.

Entsprechende Evidenz finden wir in Versprechern. STEMBERGER/ TREIMAN (1986) untersuchen wortinitiale Konsonantenkluster in Versprechern, die auf empirischen Datenerhebungen bzw. auf Experimenten beruhen. Sie bezeichnen sie als C_1 und C_2, ohne sich zunächst auf die strukturellen Positionen zu beziehen. Die Ergebnisse zeigen, daß der erste Konsonant eines solchen Klusters seltener in einen Versprecher involviert ist als der zweite. Daraus schließen sie auf eine bessere Zugänglichkeit zum initialen Konsonanten in der Sprachproduktion; er wird sorgfältiger als der zweite geplant, bei dem es aufgrund der geringeren Zugänglichkeit zum Versprecher kommen kann. Versprecher, bei denen der erste Konsonant häufiger betroffen ist, führen sie auf ein anderes, später noch zu diskutierendes Prinzip zurück.

Nehmen wir nun mit STEMBERGER/TREIMAN an, daß mit C strukturelle Positionen bezeichnet werden und keine Variablen für konsonantische Segmente. Auf diese Weise verlagert sich das Zugänglichkeitsphänomen im Silbenanlaut auf die strukturellen Positionen. Die initialen C-Positionen sind somit weniger von Versprechern betroffen als die zweiten C's des Silbenanlauts. Als wesentliche Voraussetzung für diese Annahme gilt, daß die Zugänglichkeit nicht von der Qualität der Segmente abhängt, sondern nur von den Positionen, in denen sie stehen. Deutlich wird dies anhand von Daten, wo ein bestimmtes Phonem, das sowohl in erster als auch in zweiter Position stehen kann, häufiger ausfällt, wenn es mit der zweiten Position assoziiert ist; die Autoren führen die wortinitialen Kluster /pr/ und /sp/ an. Sollte die Zugänglichkeit auf die Segmente bezogen sein, so würden wir z.B. den Ausfall des /p/ in beiden Klustern ohne signifikanten Unterschied gleich häufig vermuten unabhängig von der Position, die es besetzt. Tatsächlich geht es aber um die Position, die ein Segment einnimmt: die zweite C-Position hat einen geringeren Aktivierungswert als die erste, so daß das mit ihr assoziierte Segment ausfällt unabhängig von der Qualität des Segments.

Die Daten in (7) machen weiter deutlich, daß die Versprecher auf die Positionen zurückzuführen sind, die die betroffenen Segmente einnehmen. Der schlechtere Zugang zur zweiten Position führt tendentiell häufiger zum Ausfall des mit ihr assoziierten Segments (vgl. (7a)), zur Einfügung (vgl. (7b)), oder zur Ersetzung (vgl. (7c)):

(7a)
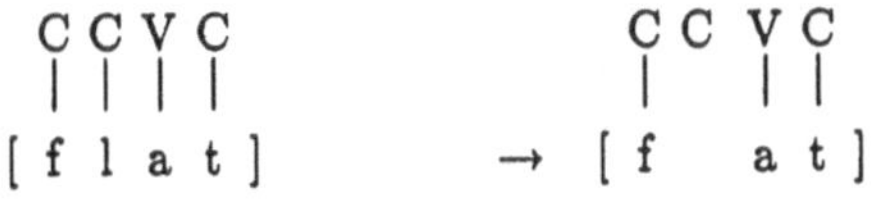

flat → fat

(7b)

best → brest

(7c)

tril → tvil

Das Beispiel in b) zeigt die Notwendigkeit, in der Ausgangskonstellation von einer phonetisch leeren C-Position auszugehen. Denn der Sprecher muß über einen Zugang zu dieser Position verfügen, die die Grundlage für den Versprecher ist. Nur, weil der Zugang zu dieser Position schwächer ist, kann es zur nicht geplanten Hinzufügung eines Segments kommen. Wenn diese Position in der eigentlich geplanten Silbe fehlen würde, würde zugleich auch das auslösende Moment für diesen Versprecher fehlen.

Wenn es stimmt, daß sich die strukturellen Positionen in ihrer Zugänglichkeit bei der Sprachplanung unterscheiden, muß auch in (7a) von einer leeren C-Position im Silbenanlaut des Versprechers ausgegangen werden; nur weil ein Segment ausgefallen ist, kann die entsprechende Position nicht gleichzeitig auch getilgt werden. Ihre Existenz ist nicht von segmentaler oder anderer mit ihr assoziierter Information abhängig. Vielmehr ist sie die Einheit, die in der Sprachproduktion weniger zugänglich ist als die ihr vorangehende Position.

Weitere Evidenz für phonetisch leere C-Positionen liefert die Tendenz, derzufolge die von Versprechern betroffenen Segmente immer dieselbe Silbenposition einnehmen. BOOMER/LAVER (1968: 126) bezeichnen dieses Phänomen als PARALLEL SYLLABLE STRUCTURE CONSTRAINT (PSSC). So findet man tendentiell kaum einen Versprecher, in dem ein silbeninitialer und ein silbenfinaler Konsonant involviert ist. Dagegen stehen die betroffenen Segmente immer am Silbenanfang, in der zweiten Silbenposition und anderen strukturell identischen Positionen. Auch das PSSC bezieht sich also nicht auf die segmentale Information, sondern immer auf die mit ihr assoziierten strukturellen Positionen, was in PRINZ (1989) erörtert wurde. Die Daten in (7a) und (7b) widersprechen dem Prinzip keinesfalls, weil hier von der Existenz phonetisch leerer C-Positionen ausgegangen wird. Damit sind nämlich strukturell identische Positionen für den Versprecher relevant.

STEMBERGER/TREIMAN berufen sich auf dieses Prinzip, um zu erklären, warum ein einzelner Konsonant häufiger durchden ersten in einem Kluster vorkommenden Konsonanten substituiert wird. Es wäre eigentlich eher zu erwarten, daß der mit der zweiten Position assoziierte Konsonant involviert ist; denn diese Position ist weniger zugänglich und deshalb für Versprecher anfälliger. Die Autoren führen dieses Phänomen auf die PSSC zurück. Demnach interagieren einzelne Konsonanten mit dem ersten Konsonanten des Klusters, weil sie zu C_1 strukturell parallel sein sollen (vgl. (8a)); wenn sie dagegen mit dem zweiten Konsonanten interagieren, ist dies auf die geringere Zugänglichkeit von C_2 zurückzuführen (vgl. (8b)); das Beipiel (8a) erfüllt die PSSC allerdings nur unter der Bedingung, daß die beiden initialen C-Positionen in den Versprecher verwickelt sind: das silbeninitiale Segment /k/ wird antizipiert und besetzt die Anfangsposition in der Zielsilbe; nur auf diese Weise bleibt die PSSC gewahrt. Ohne die Annahme von zwei C-Positionen im geplanten Wort *nice* wäre dagegen unklar, ob die einzige silbeninitiale Position mehr der initialen oder mehr der zweiten Position im Silbenanlaut gleicht: sie hat Ähnlichkeit mit der initialen Position, da sie silbeninitial steht; ebenso gleicht sie der zweiten Position, denn beide stehen unmittelbar vor V. Insofern ist die parallele Silbenstruktur nicht gegeben, wenn wir nur von den Positionen ausgehen, die für die Segmente benötigt werden. Die Antizipation wird, ähnlich den Assimilationsvorgängen in normaler Sprache, auf einer separaten Schicht repräsentiert (vgl. PRINZ 1989). Dabei wird das zu antizipierende Segment durch Reassoziierung mit der durch den Ausfall des [n] leer gewordenen C-Position verknüpft. Dieser Ausfall wird durch die Tilgung der Assoziationslinien markiert.

(8a) Kice and Krisp (anstelle von: Nice ...)

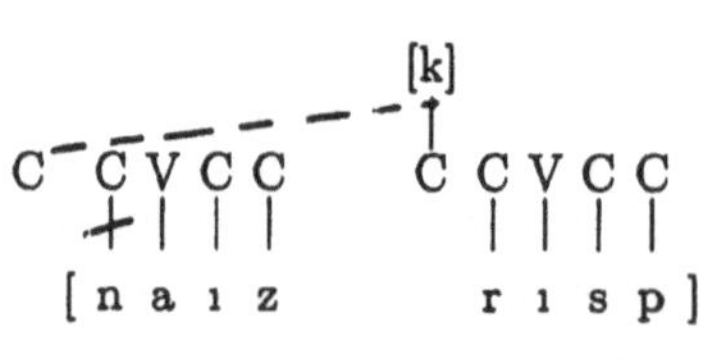

(8b) Rice and cRisp (anstelle von: Nice ..)

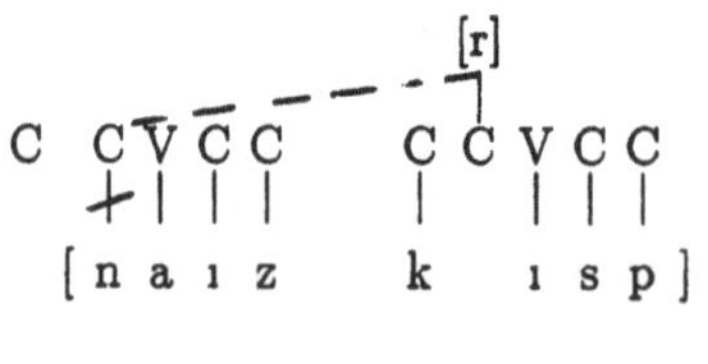

Argumente für ein kanonisches Silbenschema finden wir auch in den Verschriftungsprozessen des Deutschen.[1] In PRINZ/WIESE (demn.) wurde ein Modell vorgeschlagen, das die Grapheme repräsentiert. Ziel dieses Modells ist es, die Bezugnahme der Grapheme auf phonologische Information zu gewährleisten. Demnach konstituieren die Grapheme die Graphemschicht, die mit der schon eingeführten strukturellen Schicht bzw. der Segmentschicht durch Assoziationslinien verknüpft ist. Diese beiden Schichten liefern die Information, die zur Generierung bzw. Analyse der Grapheme nötig ist. Das Modell hat die Gestalt in (9); die Variable ⟨A⟩ steht dabei für ein Graphem, B kann entweder C oder V sein, und [C] steht stellvertretend für ein Segment.

(9)

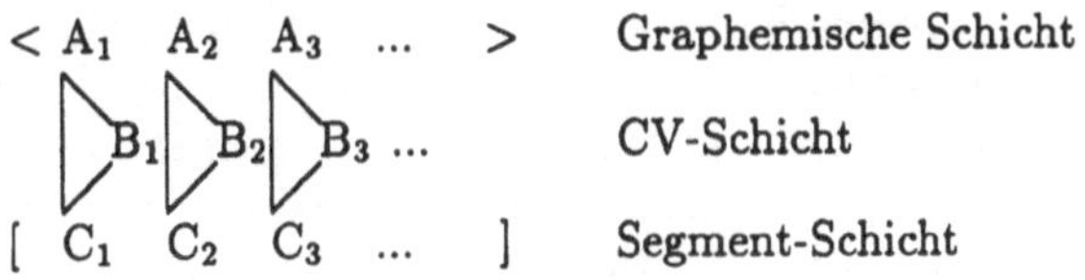

Der Grund für die Assoziation zwischen einem Graphem und einer strukturellen Position bzw. einem Segment ist leicht erklärbar. Die Grapheme wären ohne die Assoziation mit einem Element der strukturellen Schicht keine schriftlich realisierbaren Einheiten. Dasselbe gilt für die Segmente. Die Dominanz zwischen den Graphemen und den Segmenten erklärt sich dadurch, daß sich die Grapheme aus der Information konstituieren, die von den mit ihnen assoziierten Segmenten ausgeht. Die Assoziation zeigt also die Korrespondenz der segmentalen Information mit einem Element der Graphemschicht an. Damit wird die Annahme vertreten, daß das Graphem nicht willkürlich gewählt ist, sondern einer lautlichen Regularität unterliegt. Solche Korrespondenzen zwischen Segmenten und Graphemen sind das Ergebnis von Regeln, die Graphem-Phonem-Korrespondenzregeln (GPK-Regeln) genannt werden; sie operieren ausschließlich im Lexikon. Dem Aufbau der Regel zufolge wird ein Graphem genau in der Position generiert, mit der die für das Graphem relevante segmentale Information assoziiert ist. Die Verknüpfung der strukturellen Position mit einem Segment bzw. den das Segment konstituierenden Merkmalen ist nicht obligatorisch, wie noch zu sehen ist. Die Regel hat somit das generelle Format in (10):

(10)

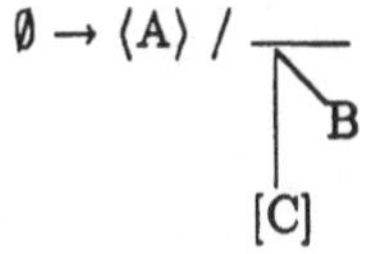

Weitere Einzelheiten zu diesem Modell müssen für die folgenden Beobachtungen nicht herangezogen werden. Sie sind in PRINZ/WIESE (demn.) nachzulesen.

[1] Die Schrift des Deutschen wird im Rahmen des von der DFG geförderten Projekts "Laut und Schrift. Prinzipien und Regeln der Ableitung von Graphemen." (Projektleiter: PD Dr. R. WIESE, MICHAEL PRINZ) untersucht

Die GPK-Regeln, die auf die Segmente [gʀuft] angewandt werden, ergeben die folgende Graphemkette in (11):

(11)

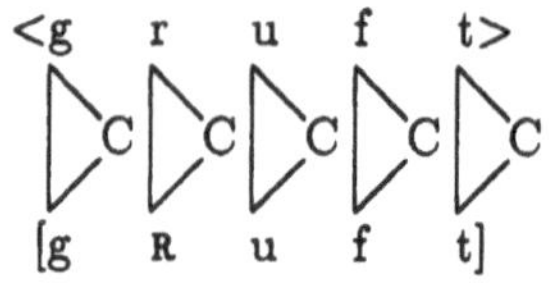

In diesem Beispiel korrespondieren alle Grapheme mit Segmenten, die widerum mit strukturellen Positionen assoziiert sind. Ebenso ist es möglich, daß ein Graphem nicht mit einem Segment assoziiert ist oder seine Information von einem Segment erhält, das seinerseits phonologisch nicht mehr realisiert werden kann. Dies ist genau die Situation, wo wir von strukturellen Positionen auszugehen haben, auch wenn sie nicht mit phonetischem Material assoziiert sind. Am Beispiel der Verschriftung des Phonems /g/ und der Graphemgeminierung soll dies verdeutlicht werden. Viele Studien zur Phonologie des Deutschen gehen von der Existenz der drei Nasalphoneme /n/, /ŋ/ und /m/ aus. Der hintere Nasal /ŋ/ liegt sicherlich nicht zugrundeliegend vor, da sein Vorkommen prädiktabel ist. Es muß nämlich immer ein hinterer Plosiv folgen. Es handelt sich also um das Resultat der Velarisierung des /n/ vor einem velaren Plosiv. Die nicht-lineare Repräsentation in (12) sieht vor, das Merkmal [+hinten] mit der ersten C-Position zu assoziieren. Daß die Orts- und Artmerkmale auf verschiedenen Schichten dargestellt werden, geht auf STERIADE (1982) zurück. Mit der Nasalvelarisierung ist zugleich die Tilgung des folgenden Plosivs verbunden; wir bringen dies mit der Deassoziierung der den Plosiv konstituierenden Merkmale aus, so daß die Merkmale phonologisch nicht mehr realisierbar sind.

(12)

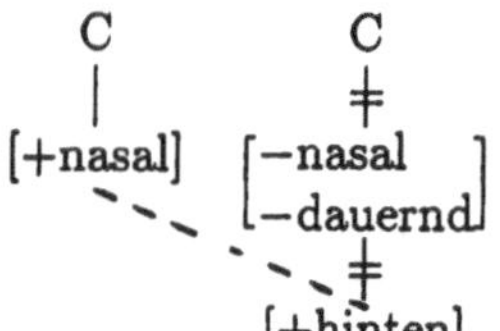

Die ersten beiden Phoneme werden mit dem Graphem ⟨n⟩ verschriftet, während wir für /m/ das Graphem ⟨m⟩ finden. Offensichtlich handelt es sich bei ⟨n⟩ um den allgemeineren Fall in der Nasalverschriftung. Das Graphem ⟨m⟩ kann dagegen nur generiert werden, wenn es mit einem nasalen, nicht koronalen, vorderen Laut assoziiert ist. Diese Beobachtungen lassen sich in der folgenden disjunktiven Regelanordnung ausdrücken; der erste Regelteil ist also vor dem zweiten anzuwenden (vgl. (13)):

(13)

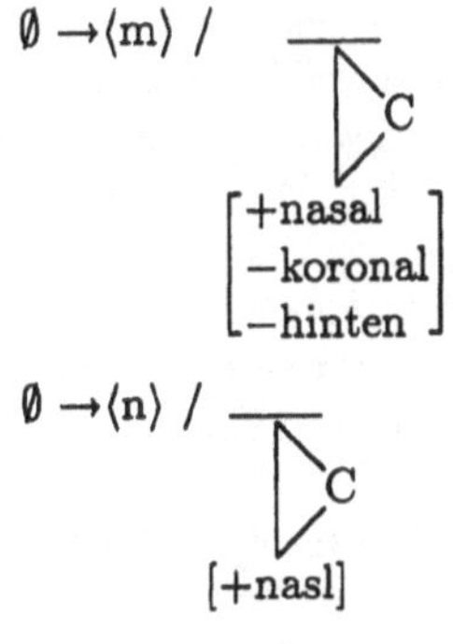

Die Verschriftung des velaren Nasals wird durch den zweiten Regelteil erfaßt. In dem Wort /kʀaŋk/ wird die Korrespondenz von /ŋ/ mit ⟨n⟩ deutlich. Dieser Konsonant wird auch dann noch verschriftet, wenn er phonologisch nicht mehr realisierbar ist wie in ⟨hang⟩. Hier ist das Phonem /g/ für die Phonologie zwar ohne Bedeutung. Für die Graphemschicht spielt dieses Segment allerdings immer noch eine Rolle, denn es korrespondiert mit dem Graphem ⟨g⟩ (vgl. (14)):

(14)

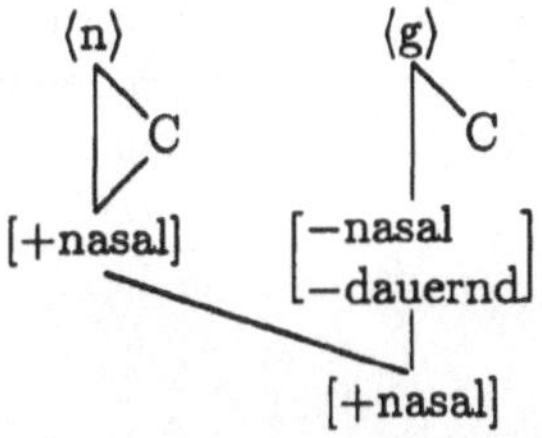

Ein weiteres Beispiel, wo ein Graphem mit keinem Segment assoziiert ist, wurde bereits in Prinz/Wiese erörtert. Es handelt sich um die Graphemgeminate in Wörtern wie ⟨nett⟩ oder ⟨wann⟩ . Die entsprechenden Repräsentationen in (15) verdeutlichen, daß ein mit einem Segment korrespondierendes Graphem doppelt erscheint. Das zweite Graphem des Geminatenklusters ist dabei nur mit der C-Position assoziiert; der Bezug zur Segmentschicht, d.h. zum Segment [t] , dürfte ausgeschlossen sein, da es sich bei dieser Graphemgeminate um eine ausschließlich graphemische Regularität handelt und kein Lautbezug erkennbar ist. Die Silbifizierung erfolgt von rechts nach links (vgl. Prinz/Wiese).

(15a)

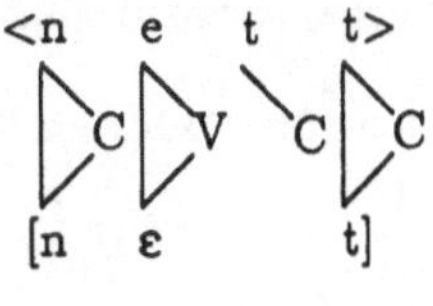

(15b)

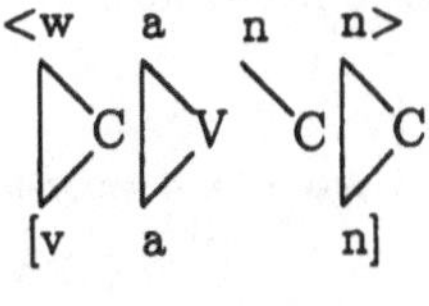

Anhand der diskutierten Phänomene stellt sich die Frage, wie die Grapheme zu analysieren sind, die mit phonologisch irrelevanten Segmenten assoziiert sind oder aber gar keinen Bezug zur Segmentschicht aufweisen. Diese Beobachtungen treffen nach den bisherigen Untersuchungen in PRINZ/WIESE (demn.) und PRINZ (demn.) nur auf den Bereich nach der V-Position zu. Offensichtlich besteht die Tendenz einer 1:1 - Relation zwischen einem C und einem Graphem im postvokalischen Bereich. Die Untersuchungen zur Vokalverschriftung bestätigen dies (vgl. PRINZ demn.). Die Grapheme liefern somit Anzeichen für die Existenz von C-Positionen, ob sie nun phonetisch leer sind oder nicht. Dies widerum unterstützt die Annahme eines konfigurationellen Silbenschemas, da die strukturellen Positionen für die Grapheme ebenso relevant sind wie für die Segmente. Denn ohne die Assoziation mit den Positionen wären weder die Grapheme noch die Segmente graphemisch bzw. phonologisch realisierbare Einheiten.

Die vorangegangenen Untersuchungen zeigen das konfigurationelle Silbenschema als relevantes Modell zur Beschreibung der Silbenstruktur der silbenzählenden Sprachen. Auch in der Sprachplanung muß von dieser maximalen Struktur ausgegangen werden, wie die Untersuchungen der Versprecher gezeigt haben. Daß dieses Modell ebenso für die Grammatik des Deutschen angenommen werden muß, zeigten einige der Prinzipien und Regeln, die die Graphematik im Deutschen determinieren. Insofern liegen genügend Argumente vor, von einer maximal möglichen Anzahl struktureller Positionen für alle Silben der entsprechenden Sprache auszugehen.

LITERATUR

BOOMER, DONALD S. /LAVER, JOHN D.M.

1968 Slips of the tongue. In: *British Journal Disorders of Communication* **3**(1), 2–12.

CLEMENTS, GEORGE N. /KAYSER, SAMUEL J.

1983 *CV-Phonology.* Massachusetts: MIT Press.

HOCK, RICHARD/MC CULLY, CHRIS B.

1987 *Metrical Phonology: a coursebook.* Cambridge: Cambridge University Press.

LADEFOGED, PETER

1982 *A course in Phonetics.* New York u.a.: Harcourt Brace Jovanovitch.

PRINZ, MICHAEL

1989 Zungenbrecher in der CV-Phonologie. In: REITER, NORBERT (HRSG.): *Sprechen und Hören.* Tübingen: Niemeyer.

demn. Orthographie und Phonologie. Die Verschriftung der Vokale im Deutschen. Erscheint in: *Linguistische Berichte.*

PRINZ, MICHAEL/WIESE, RICHARD

demn. Ein nicht-lineares Modell der Graphem-Phonem-Korrespondenz. Erscheint in: *Folia Linguistica* 1990.

SELKIRK, ELISABETH

1984 Phonology and Syntax: *the relation between sound and structure.* Cambridge, Mass.: MIT Press.

STEMBERGER, JOSEPH P./TREIMAN, REBECCA

1986 The internal structure of word-initial consonant clusters. In: *Journal of Memory and Language* **25**, 163–180.

STERIADE, DONCA

1982 *Greek Prosodies and the Nature of Syllabification.* Unveröffentl. Dissertation, MIT.

WIESE, RICHARD

1988 *Silbische und lexikalische Phonologie. Studien zum Chinesischen und Deutschen.* Tübingen: Niemeyer.

Lexik

Interaktive Lexikologie

Richard J. Alexander
Universität Trier

Im Mittelpunkt dieses Referates steht die Überzeugung, daß die Analyse des Lexikons einer Sprache das interaktive Moment des Sprachgebrauchs mit einschließen muß. Der Forschungshintergrund, vor welchem dieser Vortrag zu verstehen ist, wird durch die Firthsche Tradition des 'britischen Kontextualismus' (vergl. MITCHELL 1975 und STEINER 1983) bzw. dessen weitere Entwicklung (vergl. HALLIDAY 1978 und SINCLAIR 1980) gebildet.

Einen möglichen Ausgangspunkt bietet das Hallidaysche Sprachmodell. Hiernach gibt es drei Makrofunktionen oder anders ausgedrückt, drei wichtige funktional-semantische Komponenten: die 'ideational' — expressiv-darstellende, die interpersonelle und die textuelle (HALLIDAY 1973). Das Zusammenspiel der drei Komponenten ergibt das, was wir das Sprachsystem, die Lexiko-Grammatik, nennen. Analysen des Ideationalen, z.B. des Transitivitätssystems (Aktanten, kasusgrammatik-ähnliche Systeme), und des Textuellen (z.B. Thema-Rhema-Strukturen, Textorganisation) sind ziemlich weit fortgeschritten. Zunehmende Aufmerksamkeit wird heutzutage auf die interpersonelle Funktion gerichtet.

1. Der Text als Interaktion

Laut HALLIDAY (1978: 137) ist Interaktion ein zentraler Bestandteil des Sprachlichen. Text ist die Realisation von Sprache. Text ist interaktiv. Der Austausch von Bedeutungen ist ein interaktiver Prozeß, und Text ist das Mittel zum Austausch.

SINCLAIR (1980) hat dafür Belege, daß die besonderen Anforderungen des interaktiven Diskurses die sprachliche Struktur mit beeinflussen. Hier können wir auf den Begriff des 'existentiellen Paradigmas' von BRAZIL verweisen. Wie BRAZIL (1985a: 41) bemerkt, ergeben sich im Laufe des Diskurses 'existentielle Paradigmen'. Gemeint ist die Auswahlmöglichkeit des sprachlichen Repertoires aus der fortlaufenden Ausweitung und Einschränkung der Listen (von möglichen sprachlichen Einheiten), die den Diskursteilnehmern zur Verfügung stehen, indem der Diskurs weitergeht und die Welten der Sprecher konvergieren bzw. divergieren. Diese 'existentiellen Paradigmen' sind anders als die 'allgemeinen Paradigmen' zu verstehen, die sozusagen vom abstrakten Sprachsystem an Optionen zur Verfügung stünden.

2. Zur Lexik im Diskurs

Sowohl HALLIDAY wie auch SINCLAIR (1966) waren immer von der Wichtigkeit der Lexik im Sprachsystem überzeugt. Hierzu gehört die prinzipielle Gleichstellung der Grammatik und der Lexik. Lexik sei eine Fortführung der Grammatik, sagte HALLIDAY. Er nennt sie die *feinste* Stufe der grammatischen Analyse.

Das Modell der Kohäsion von HALLIDAY und HASAN (1976) beinhaltet auch die lexikalische Kohäsion. Das heißt, der Versuch, die Lexik in den Diskurs zu integrieren, ist Bestandteil vieler Arbeiten aus der britischen Schule der letzten Jahre. Weiter an dieser Stelle ist wichtig zu erwähnen, wie zentral die 'Ebene' der Intonation und der Phonologie in den Diskurs integriert ist, wie wir bei dem Begriff der Prominenz sehen werden (vergl. BRAZIL 1985a).

3. Diskurs und semantische Beziehungen

Überlegen wir, z.B., was es heißt, eine Sprache zu beherrschen. Man könnte sagen: es schließt ein, die Fähigkeit an dem Prozeß des Diskurs-Erstellens teilzunehmen (vergl. COULTHARD 1977). Hierzu gehört die Wahl von lexikalischen Einheiten. Wir können feststellen, daß lexikalische Optionen — Wortwahl oder mögliche Lexikalisierungen — innerhalb eines laufenden Diskurses durch verschiedene Faktoren beeinflußt werden.

So hat McCARTHY (1984) auf die Rolle von 'semantischen' Beziehungen wie Synonymie, Antonymie und Hyponymie sowohl innerhalb wie außerhalb von Satzgrenzen, 'Turn'-Grenzen usw. hingewiesen. Kategorien aus der lexikalischen Semantik müssen modifiziert werden, um dem Gegenstand gerecht zu werden. Sie lassen sich nicht einfach übertragen. Und die These, die hier formuliert wird, lautet: Das statische Modell aus der strukturellen lexikalischen Semantik darf nicht übernommen werden.

Denn was sind die Diskursfunktionen dieser Beziehungen? Textuelle Synonymie und Hyponymie können zum Beispiel das Resultat von Reklassifizierungen sein, die oftmals in Gesprächen anzutreffen sind. Hierzu ein einfaches Beispiel:

(1) A: What is she, small?
B: Yes, yes, she's small, smallish, mm, not really small but certainly not very big.
(BROWN & LEVINSON 1978: 119)

smallish — für *small* — drückt hier eine Beziehung von Synonymie oder Beinahe-Synonymie aus. Eine Skala der 'smallness' wird quasi 'ausgehandelt' durch die Re-Lexikalisierungen, zu denen sogar die Negation eines Antonyms gehört (wieder Beinahe-Synonymie).

Diese kontinuierliche Klassifizierung und Re-Klassifizierung ist ein Prozeß, anhand dessen Bedeutung 'verhandelt' wird. Wir sehen also, daß Diskurs-Management nicht nur durch syntaktische Optionen durchgeführt wird, sondern auch durch Wortwahlfaktoren.

Lexeme im Diskurs bedürfen einer ständigen Interpretation und einer Reinterpretation durch den Sprachbenutzer. Die 'Werte' der Lexik gewinnen an Bedeutung, wenn Sprachanalytiker ihre Analytikermodelle mit ihren konstruierten Beispielen verlassen und zu einer Betrachtung reeller, natürlich vorkommender Texte gelangen. Denn man kann eine signifikante interaktive 'Organisation' in jedem Vorkommen von lexikalischen Einheiten erkennen, die Wiederholungen, Relexikalisierungen, Subsumptionen oder bewußte Kontrastierungen von früher benutzten Einheiten im Diskurs vornehmen.

Bedeutungsverhandlung kann daran gesehen werden, wie zwischen Sprechern Formen der lexikalischen Kohäsion ausfallen. Manchmal auch zwischen einem und demselben Sprecher oder innerhalb desselben Redebeitrages.

Wenden wir uns einigen Beispielen zu, die mit der Kohäsion im gesprochenen Diskurs zu tun haben.

4. Kohäsion im gesprochenen Diskurs

4.1. DISKURSSYNONYMIE: ÄQUIVALENZ

Die Art, wie die Intonation mit der Einordnung von Relexikalisierung zusammenspielt, ist eine zentrale Einsicht aus der Arbeit von BRAZIL (1985b). Die Realisierung von existentiellen Beziehungen ist erkennbar, wenn ein Inhalt wiederholt wird (inbegriffen der Wiederholung des identischen Lexems), ob prominent oder nicht prominent (als betonte Silbe oder nicht).

4.1.1. Nicht prominente Relexikalisierungen

Dieses kommt dort vor, wo das zweite Vorkommen als synonym mit dem ersten signalisiert wird. Zum Beispiel während der Besprechung des Stundenplans eines Dozenten kommt folgendes vor:

(2) A: are THEY in fact conducted by HIM
C: HE does this five fifteen on a WEdnesday one
...
C: HE gives some of them in this ROOM
(SVARTVIK & QUIRK 1980: 143: 882–8)

Auffallend ist hier wie der zweite Sprecher ein Lexem relexikalisiert. Dann wird das Lexem, das Wiedervorkommen signalisiert, relexikalisiert, indem in beiden Fällen die Lexeme als nicht prominent vorkommen (laut Notation werden prominente Silben in Großbuchstaben transkribiert). Hier finden wir eine Art von diskursinterner Äquivalenz. Ein semantisches Potential, das laut abstrakter semantischer Strukturen (d.h. nach Synonymwörterbucheinträgen) hätte ausgenützt werden können, wird nicht realisiert.

Selbstverständlich kann manchmal semantische Synonymie mit Diskurssynonymie zusammenfallen:

(3) A: AGatha CARter of WHOM you may have HEARD
CLARKE knows of HER SHE's a meDIEvalist
(SVARTVIK & QUIRK 1980: 90: 437–40)

Hear of und *know* sind nach komponentiellen Gesichtspunkten fast synonym. Solche Beispiele wie (2) und (3) zeigen allerdings, daß wir die strukturell-semantische Analyse von den pragmatischen Beziehungen der Äquivalenz unterscheiden sollten. Denn man könnte nicht voraussagen, daß die in (2) vorkommenden Lexeme *conduct, do* und *give* in einem Sachgruppenwörterbuch (Thesaurus) nebeneinander vorkommen würden. Sie in eine Komponentenanalyse 'einzupfropfen', wäre zeitaufwendig und kontraproduktiv.

4.1.2. Adjektive, die sich auf einer Skala einordnen lassen

Adjektive, die sich auf einer Skala einordnen lassen, gehören auch zu den lexikalischen Erscheinungen, die mittels Prominenz lexikalische Beziehungen signalisieren.

Lexeme wie *pleased, willing* und *longing (to do something)* treten nicht in Texten in einer Verstärkungsskala notwendigerweise so auf, wie es Wörterbucheinträge suggerieren:

(4) A: NOW HE has SAID that HE and his TEAM are WILLing to
come to any NOT WILLing they WANT to come to EVERY
dePARTment
...
A: i DO hope that the department will co-OPerate on this
and WHEN by co-OPerate WILLing to SPEND some TIME WITH
him and his STAFF who are LONGing to come and TALK to
the dePARTment
B: we'd be VEry pleased to do THAT preSUMably
(SVARTVIK & QUIRK 1980: 837–9: 551–687)

Der erste Gebrauch durch A von *willing* wird einer Kontrastnegation unterworfen. Ein intensiveres Wort wird gesucht. Das neugewählte Wort *want* wird in betonter Form als *longing* und nicht prominent als *pleased* (B) wiederholt. Inzwischen kommt *willing* ganz unproblematisch wieder vor: im zweiten Beitrag von A (in einer neutralen Bedeutung?). Solche Lexemwechsel scheinen kaum zu Bedeutungsproblemen bei den Diskursteilnehmern zu führen. Die überlagerte phonologische Prominenz (Betonung usw.) scheint alle potentiellen Zweideutigkeiten und Konflikte wegzuräumen.

4.1.3. Weitere diskursinterne Skalierung und Verstärkung

Sprecher nehmen das Potential für diskursinterne Skalierung und Verstärkung wahr:

(5) E: you'd be prePAREed to TEACH and HAppy to ...
B: YES keen KEEN to in fact YEAH
(SVARTVIK & QUIRK 1980: 874: 181–8)

Wie man annehmen könnte, sind hier (in (5)) die verstärkten Relexikalisierungen prominent. Und wiederum gehen sie über Sprecherbeitragsgrenzen hinaus.

Adverbialverstärker werden oft als Äquivalente signalisiert (mittels nicht prominenter Relexikalisierungen). Und zwar auf eine Weise, die man aufgrund einer dekontextualisierten Semantik nicht hätte vorhersagen können.

(6) A: but he's SO BUsy
B: M
C: you KNOW
D: yes he's VEry busy at the MOment
E: YES well he's ALways frantically BUsy
(SVARTVIK & QUIRK 1980: 101: 1055–61)

frantically sollte hier als äquivalent für *very* verstanden werden. Die umgekehrte Reihenfolge kommt auch vor:

(7) A: she's TErribly SErious very SErious girl
(SVARTVIK & QUIRK 1980: 104: 1207–8)

Solche Verstärker liegen notgedrungen auf einer sozial-subjektiven Bedeutungsskala. Sprecher projizieren Annahmen über ihre Brauchbarkeit, um Situationen zu beschreiben. Als ob man sagt: 'für unsere Zwecke unterstelle ich, daß *very* auf der selben Stufe wie *frantically* oder *terribly* steht.'

4.2. ANTONYMIE IM DISKURS: OPPOSITION

Man kann wohl annehmen, daß, wenn das existentielle Paradigma eine Skala der Äquivalenz oder der Diskurssynonymie für Lexeme zuläßt, dann sollten ebenfalls Gegensatzbeziehungen verhandelbar sein und die 'Grenzen des Augenblicks' offenbaren, innerhalb deren solche Lexeme zu verstehen sind.

Antonymie im Diskurs ist nicht so klar wie die Relationen der Gleichheit in der Synonymie. Gegensätze kommen nicht bloß zufällig vor, sondern als sich gegenseitig definierende Begriffe innerhalb von Paradigmen. Die sich gegenseitig definierenden Bedeutungen werden öffentlich überprüft:

(8) A: //r he's a THOUGHTful man, // r he's NOT a HASty man//
(SVARTVIK & QUIRK 1980: 44: 597)

Hasty stellt nicht die Wiederholung eines vorher vorgekommenen Lexems dar. In diesem Fall projizieren die Tonhöhen (*referring tones,* mit r gekennzeichnet), die fallen und dann ansteigen, die Annahme, daß die zwei Extrempunkte gemeinsame Kriterien darstellen, von Positionen, die die Sprecher teilen — ein weiterer Beleg dafür, daß das Paradigma einen Akt der sozialen Verhandlung darstellt.

4.3. DISKURSHYPONYMIE: INKLUSION

Die letzte der wichtigen lexikalischen Beziehungen, auf die wir hingewiesen haben, ist die Inklusion oder die Diskurshyponymie. Diese spielt eine bedeutsame Rolle bei der 'Verpackung' der sich im Laufe der Konversation entfaltenden Information. Sprecher können Lexeme (Bedeutungen) in Form eines Lexemes von größerer Spezifizität benutzen, für die vorher ein übergeordnetes Lexem genügt hatte. Oder sie können den umgekehrten Weg gehen und einen Inhalt durch ein Lexem von weitergehender oder übergeordneter Referenz bezeichnen. Übergeordnete Lexeme — insbesonders die Klasse der 'allgemeinen Nomina' (HALLIDAY & HASAN 1976) — stellen Kohäsion innerhalb und außerhalb eines Redebeitrages her, um vorherige Inhalte einzuschließen.

(9) A: we DON'T seem to have very much WOOD
B: YES THAT's a POINT YES M
C: well i supPOSE if we went into the PARK we MIGHT
collect a few STICKS but it's NOT quite like
having LOGS IS it
D: BACK in the MIDlands we would KNOW if you KNOW WHERE
we could GO and GET all these things from but
(CRYSTAL & DAVY 1975: 29, ll 41–8)

In (9) wird *wood* spezifisch relexikalisiert (als betonte Silbe) — als *sticks* und *logs*. Dann werden beide zusammengefaßt in der Inklusionsrelation, die durch die nicht prominente (nicht betonte) *things* realisiert wird. Das nächste Beispiel (10) stellt die Projektion der Diskursäquivalenz zwischen dem semantischen Oberbegriff und seinem Hyponym dar.

(10) C: but I had TROUBLE GETting my PApers i eVENtually got
a work permit after about a FIVE month deLAY
(SVARTVIK & QUIRK 1980: 146: 1060–1)

Hier werden die gemeinten 'papers' als diskursäquivalent mit dem 'work permit' dargestellt.

Die tatsächlichen Diskurswerte von Lexemen sind schwer vorherzusagen. Sie werden lokal determiniert. Sie unterliegen den Urteilen, die die Sprecher in ihren formalen Optionen in der Lexik und der Intonation treffen. Es ist also nicht erstaunlich, daß MCCARTHY (1988: 192) soviele Beispiele für subjektiv-evaluative Lexeme gefunden hat. Der Diskurswert eines Lexems entstammt der linearen Enkodierung und ist nicht ein Produkt des Lexikons. Eine Diskurstheorie von Lexik muß auf dem linearen, prozeßhaften Ansatz in Bezug auf Bedeutung-im-Gebrauch basieren. Dabei bildet BRAZILS Vorstellung von 'Prominenz' als *das* phonologische System *par excellence* bei der Realisierung von existentiellen Paradigmen den unverzichtbaren Hintergrund zu dieser Theorie.

5. Fazit

Angesichts solcher Belege, wie wir sie hier untersucht haben, ist es notwendig neu zu überdenken, was wir mit dem Begriff Synonym oder Antonym meinen. Es scheinen gute Gründe dafür zu sprechen, daß wir die lineare Dimension des sich entfaltenden Diskurses berücksichtigen. Auch sollte man überlegen, welche lexikalische Einheiten *hier und jetzt* zur Verfügung stehen und welche die 'existentiellen' lexikalischen Mengen sind, aus welchen Optionen getroffen werden. Welche Äquivalenzen und Oppositionen werden in *diesem* (jetzigem) Diskurs aktiviert, wie funktionieren die Intonationsoptionen usw?

Vor allem müssen wir aber unser Hauptaugenmerk auf die Sprache im Gebrauch richten. Wir müssen verstärkt die Sprache als Prozeß in den Vordergrund stellen und nicht als abstraktes Produkt ansehen. Was wir brauchen ist eine Theorie von Sprache, die berücksichtigt, wie ihre Benutzer sie benutzen. Was nützt uns eine Sprachtheorie, die diese interaktive Dimension der Sprache (so ALEXANDER 1978) ausspart? Die Sprechakttheorie hilft da auch laut STUBBS (1986: 1–2) nicht weiter. Wie er bemerkt, muß die durchgehende Unbestimmtheit von Sprache in unsere Grammatik einfließen. Er zeigt Beispiele von 'modalen' Erscheinungen, die in eine Grammatik des Englischen eingebaut werden müßten. (STUBBS untersucht die Markierer der Verpflichtung (COMMITMENT) und des Abstandes (DETACHMENT).) Diese sind Phänomene, die in gewißer Weise als Ergänzung zur Beschäftigung mit der Lexik und ihrer 'evaluativen' Rolle dienen könnten, die wir hier diskutiert haben.

Literatur

Alexander, Richard J.

1978 What Use is a Theory of Language Which Excludes a Theory of Language Use? In: *Linguistische Berichte* **57/78**, 1–13.

Bazell, C.E. et al (eds.)

1966 *In Memory of J.R. Firth.* London: Longman.

Brazil, David

1985a *The Communicative Value of Intonation in English.* University of Birmingham: English Language Research.

1985b Phonology: intonation in discourse. In: van Dijk (1985), 57–75.

Brown, Penelope & Levinson, Stephen

1978 Universals in language usage: Politeness phenomena. In: Goody (1978), 56–289.

Carter, Ron & McCarthy, Michael

1988 *Vocabulary and Language Teaching.* London: Longman.

Coulthard, Malcolm

1977 *An Introduction to Discourse Analysis.* London: Longman.

Crystal, David & Davy, Derek

1975 *Advanced Conversational English.* London: Longman.

Goody, Esther N. (ed.)

1978 *Questions and politeness.* Cambridge: Cambridge University Press.

Greenbaum, Sidney, Leech, Geoffrey & Svartvik, Jan (eds.)

1980 *Studies in English Linguistics for Randolph Quirk.* London: Longman.

Halliday, Michael A. K.

1973 *Explorations in the Functions of Language.* London: Edward Arnold.

1978 *Language as Social Semiotic.* London: Edward Arnold.

Halliday, Michael A.K. & Hasan, Ruqaiya

1976 *Cohesion in English.* London: Longman.

McCarthy, Michael

1984 A new look at vocabulary in EFL. In: *Applied Linguistics* **5/1**, 12–22.

1988 Some vocabulary patterns in conversation. In: Carter & McCarthy (1988), 181–200.

Mitchell, T.F.

1975 *Principles of Firthian Linguistics.* London: Longman.

Sinclair, John McH.

1966 Beginning the study of lexis. In: Bazell et al (1966), 410–430.

1980 Discourse in Relation to Language Structure and Semiotics. In: Greenbaum, Leech & Svartvik (1980), 110–124.

Steiner, Erich

1983 *Die Entwicklung des britischen Kontextualismus.* Heidelberg: Julius Groos.

Stubbs, Michael

1986 "A matter of prolonged field work" : notes towards a modal grammar of English. In: *Applied Linguistics* 7, 1–25.

Svartvik, Jan & Quirk, Randolph (eds.)

1980 *A Corpus of English Conversation.* Lund: CWK Gleerup.

van Dijk, T. A. (ed.)

1985 *Handbook of Discourse Analysis.* London: Academic Press.

Zur Etymologie einiger Bezeichnungen des 'Buckels' in der Ostromania

Gabriele Birken-Silverman
Mannheim

In den letzten zwei Jahrzehnten sind im Bereich der Ostromania einschließlich der sog. "verlorenen Romania" eine Reihe etymologischer Wörterbücher kompiliert bzw. entsprechende Projekte initiiert worden: u.a. das sehr breit angelegte und daher besonders zeitaufwendige *Lessico Etimologico Italiano (LEI)* unter Leitung von MAX PFISTER (erschienen Bd. 1–3, fasc. 26, 1984ff.), das *Vocabolario Etimologico Siciliano (VES)* von ALBERTO VARVARO mit einer begrenzten Auswahl von Sizilianismen (erschienen Bd. 1, A–L, 1986), ferner die von PAUL MIRON herausgegebene Neuauflage des *Rumänisch-Deutschen Wörterbuchs* von H. Tiktin, das besonders wertvoll ist wegen seiner Datierungen, jedoch im Rahmen seiner doppelten Funktion als zweisprachiges und etymologisches Wörterbuch in letzterem Bereich äußerst zurückhaltend verfährt und sich zumeist auf die sicheren Etymologien beschränkt, so daß weiterhin viele problematische Fälle offenbleiben (erschienen Bd. 1–16 (*stîrni*), 1985–1989). In Arbeit ist außerdem das *Kleine Rumänische Etymologische Wörterbuch* (*KRUEW*) von RUPPRECHT ROHR. Schließlich erschien 1987 postum ein weiterer Band ausgewählter albanischer Etymologien von EQREM ÇABEJ, dem weitere folgen sollen. Ein Grund und gleichzeitig eine der Voraussetzungen für die gerade im rumänischen und albanischen Bereich notwendigen weiterführenden etymologischen Forschungen angesichts der vorliegenden lückenhaften Wörterbücher z.T. noch aus dem 19. Jh.[1] ist die ebenfalls in den letzten Jahrzehnten erfolgte, intensivierte Kompilation einer großen Menge von Dialektmaterialien, so z.B. in den sizilianischen und in den italoalbanischen Mundarten oder in Form einer nahezu vollständigen Kartothek rumänischer Mundartenbelege bei der Forschungsstelle für rumänische und albanische Lexikologie (FRAL) in Mannheim.

Doch entweder sind diese Materialsammlungen noch zu unvollständig, wie auf dem Gebiet des Albanischen, oder aber sie wurden bisher nur unzureichend ausgewertet wie im Bereich des Rumänischen, so daß einzelne ungelöste Etymologien auf der vorhandenen Basis kaum tiefgreifend und gründlich recherchiert worden sind.[2]

---

[1] z.B. GUSTAV MEYER (1891), ein trotz vieler überholter Etymologien immer noch grundlegendes Nachschlagewerk.

[2] Abgesehen von einigen Artikeln wie z.B. ADRIANA IONESCU, Butură, butuc; fluture. Precizări etimologice, in: *Limba Română* 6, a. XXXIII (1984), 476–479; JOHANNES HUBSCHMID, Vorarbeiten für das rumänische etymologische Wörterbuch, in: *Revue Roumaine de Linguistique* 25, 1 (1980), 5–12; 25, 2 (1980), 91–95; 25, 5 (1980), 511–519; *Zeitschrift für Balkanologie* 16 (1980) 61–70.

Gerade der sprachhistorische Vergleich rumänischer und albanischer Lexeme scheint bisher ziemlich vernachlässigt worden zu sein. So wird z.B. in der VR Albanien die Rumänistik gar nicht betrieben. U.a. gestützt auf die reichhaltige rumänische Dialektmaterialsammlung in Mannheim, soll daher im folgenden ein sprachvergleichender und sprachhistorischer Beitrag als Versuch und Ansatz zur Klärung der Etymologien einiger Bezeichnungen des 'Buckels' in der Ostromania einschließlich der Romania submersa geleistet werden.

Ausgangspunkt und Mittelpunkt des folgenden Versuchs zur ansatzweisen Klärung der unbekannten Etymologien sind rum. *cocoaşă* 'Buckel' sowie alb. *gungë* und *kurriz* 'id.' mit Varianten.

Bei dem relativ spät belegten rum. *cocoaşă* (1829 bei PISCUPESCU (MIRON, s.v.)) handelt es sich um ein in Muntenien verbreitetes Lexem mit einer Nebenform *cucaşă* zu dem das muntenische und oltenische Adjektiv *cocoşat* gehört, bereits 1705 belegt (MIRON, s.v.). Späteren Datums sind die gemeinrum. Ableitungen *cocoşa* (1847) 'einen Buckel bekommen' und *cocoşătură* (1885) 'bucklige Stelle'. Zu der Familie gehört ferner arom. *cocoşură* 'Aufblähung, Anschwellung, Beule'. Früher vorgeschlagene Etymologien wie diejenige des *DLR* (Variante von *gogoaşă* (Erstbeleg 1483)) 'Name verschiedener kugeliger, innen hohler Dinge', verwandt mit *coc* 'Haarknoten', *cocă* 'Teig', *cocoloş* 'Klumpen', *coacază* 'Johannisbeere') sind nicht gesichert. TACHE PAPAHAGI vermerkt daher hinsichtlich der Herkunft des arom. Worts ein Fragezeichen, und PAUL MIRON weist auf die Notwendigkeit einer Untersuchung eventueller Zusammenhänge hin (s.v. *cocoloş, cocă*[1]). Für fraglich hält letzterer indessen einen Zusammenhang mit dem rum. Homonym *cocoş* 'Hahn', bezeugt seit 1544, das unmittelbar auf aslav. *kokoši* 'Henne', *kokotŭ* 'Hahn' zurückgeht und letztlich onomatopoetischen Ursprungs sein soll (MIRON, s.v., SKOK, s.v. *kȍkōš*, POKORNY 611).

Wenn auch Zweifel an einem solchen Zusammenhang semantisch berechtigt sein mögen, so bedarf es jedoch zunächst einer Überprüfung der z.T. in den Wörterbüchern unter rum. *cocoş* 'Hahn' subsumierten abweichenden Bedeutungen. In der Moldau bezeichnet *cocoş* 1) 'geröstete aufgesprungene Maiskörner', 2) 'unreife aufgesprungene Zwetschgen' (MIRON, s.v.), präziser nach der Definition von VASILE ARVINTE (1961, s.v. *cucoş*) "prună verde atacată de un parazit şi deformată",[3] 3) eine Art lederner Schuhlöffel an Stiefeln, "dreieckiges Stück Sohlleder an der Ferse von Stiefeln, die mit dessen Hilfe ausgezogen werden" (MIRON, s.v. *cocoş* (vgl. dazu agr. *κοσκυλμάτιον* 'Lederschnitzelchen', Dim. von *κόσκυλμα*, das vielleicht mit *σκύλλω* 'die Haut abziehen' zusammenhängt (PAPE 1, 1490b)). 4) findet sich ohne Lokalisierung die Bedeutung 'Hahn am Gewehr' (MIRON, s.v. *cocoş*). 1) und 2) ist also das Merkmal der 'Deformation' gemeinsam, bei 3) und 4) handelt es sich um einen Vorsprung an einem Gegenstand. Ferner gehört zu *cocoş* 'Hahn' die verbale Ableitung *cocoşi* bzw. *cucoşi*, ursprünglich wohl 'sich wie ein Hahn blähen' (MIRON, s.v.). Besonders bemerkenswert sind eine Reihe weiterer mundartlicher Belege: *cocoş* ist in der Region Cluj, Bezirk Turda, Gemeinde Săvădislă, Dorf Stolna (*Lexic Regional* 2, 80), in der Region Braşov, Bezirk Sibiu,

---

[3] dt.: 'grüne, von einem Schmarotzer befallene und mißgestaltete Pflaume'.

Gemeinde Sibiel, im Sinne von 'Verzierung auf einem Männerhemd' bezeugt (ib., 58). In Bistreţu/ Oltenien bezeichnet *cocoş* 'ein Rädchen an der Kinnkette des Pferdezaumgebisses, das man wilden Pferden ins Maul steckt' (*Glosar dialectal Oltenia*, s.v.), in Argeş 1) 'ein ungesäuertes, in Weinrebenblätter eingewickeltes Brot', 2) 'einen Klumpen Brot, gewöhnlich aus Teigresten' (vgl. rum. *cocă* 'Teig' (Erstbeleg erst 1825), 3) 'eine Wassermelonenhälfte', 4) 'jeden der vier Teile einer Nußschale' entsprechend einer bei SKOK belegten Nebenbedeutung des slav. *kokoš* 'Hahn'. Das Dim. *cocoşel* bedeutet in Argeş 'runder Striezel', "colăcel de casă (rotund şi crescut) care se dă pe pomană" (*Glosar Regional Argeş*, s.v.).

Im Banat lautet die Bezeichnung des 'Buckels' *cucuioabă* (Torontal/ Jugoslawien) (COSTIN 1934), dazu *cucuiat* 'aufgeblasen', beides Ableitungen von *cucúi* (Erstbeleg 1496, *DRHB*) 'Erhöhung, Auswuchs am Kopf, an der Stirn, bes. Beule', in der Moldau auch 'Schopf der Vögel'.

Hinsichtlich der Etymologie wendet sich CIORANESCU (1966: 257) m.E. zu Recht gegen PUŞCARIUS Ansatz von lat. COCCUM 'Beere' (1938: 440), wiederaufgenommen im *DLR* (s.v. *cucuiu*). Rum. *cucuiu* ist aus lat. COCCUM oder gr. *κόκκος*, *κοκκίς* phonetisch nicht erklärbar. Arom. *cucúliu* 'Schopf, Haube, Gipfel, Kapuze' und meglenorum. *cucúl'* (PAPAHAGI, s.v., CIORANESCU 257) unterstützen die Hypothese MIRONS, der lat. CUCULLUS, -CULLIO, -CULIO 'Kapuze' ansetzt mit analoger Entwicklung zu PULLUS > rum. *pui*, arom. *pu(i)l'u*, meglenorum. *pul'u*. Indessen stößt diese Etymologie auf semantische Schwierigkeiten, denn der rum. Erstbeleg von 1496 ist das Toponym *Cucuiul* (*DRHB* 1, 433), dem sicher nicht die Bedeutung 'Kapuze', sondern 'Erhöhung, Kuppe' zugrundeliegt. In Anbetracht ähnlicher Bezeichnungen im Griechischen (*Ψηλὰ κουκούλια* (PAPAHAGI 393), im Italogriechischen (*χώρα τοῦ Κουκούλου* 1154 in Kalabrien, *Kúkuddu* 'Bergname in Sizilien' (ROHLFS 1964: 265, ALESSIO 1953: 106)) und im Baskischen (*kukula* 'Gipfel, Hahnenkamm' (*FEW* 2, s.v. *cuculla*)) dürfte eine vorromanische Schicht anzunehmen sein (ALESSIO 1953: 106; s. dazu a. HUBSCHMID 1965: 40, der neben lesgisch *ḳuḳ* 'Spitze, Gipfel' im Kaukasus ferner tabassaranisch *ḳuḳuš* anführt).

Der Vergleich von rum. *cucuiu* 'Erhöhung, Schwellung, Schopf der Vögel, Beule' und rum. *cocoş* 1) 'Hahn (gekennzeichnet durch den Hahnenkamm)' 2) mundartl. *cocoş*, *cocoaşă* 'Buckel' läßt die parallelen Bedeutungszusammenhänge äußerst bemerkenswert erscheinen. Beachtenswert ist ferner, daß bereits im Lat. Homonymie zwischen CUCUL(L)US 'Kapuze' und 'Kuckuck' existierte.

Im Hinblick auf die Frage nach einer eventuellen Verbindung des von CIORANESCU (257) für rum. *cucúiu* zurückgewiesenen Etymons gr. *κόκκος* 'Kern der Baumfrüchte, (rote) Beere, Auswuchs an einem Baum' mit *cocoş* zeigt sich, daß die rum. Bedeutungen teils näher zu diesem Wort, teils näher zu der vorrom. Wurzel stehen. Dabei existieren zusätzlich zu den oben genannten semantischen Parallelen weitere wie rum. *coacază*, rum., arom. *coacăz* 'Johannisbeere', alb. *kok(ë)* 'Kopf; Körnchen, Beere',[4] im Italogriechischen als Fortsetzung des gr. Dim.**κοκκίον* bzw. ngr. *κουκί* *kućći*, 'Knolle, Beule, Auswuchs, Pickel, Getreidekorn, Bohne, Träubchen' (Rohlfs 1964: 263). Das seit dem 14. Jh. belegte it. *cocca* "estremità,

---

[4] s.a. ÇABEJ (1976), s.v.

angolo di panni; ingrossamento o botticino ai due capi del fuso per fermare il filo; tacca della freccia, estremità dell'arco a cui è attaccata la corda; sommità, cima" ist zu vergleichen mit frz. *coche* "tacca della balestra" (vgl. a. rum. *cocoș* 'Abzugshahn des Gewehrs'). Das *Dizionario Etimologico Italiano (DEI)* stellt hierzu ferner mundartlich *cócora* (Mailand) *cócola* (Mantua) 'Spindelknopf', woran sich folgender etymologischer Kommentar anschließt: "Da una base **cocca* non meglio analizzabile se il significato originario è quello di 'estremità', cfr. il gr. *kokkys* glossato *lophos* (Esichio), relitto mediterraneo." Dabei wird auf it. *cucco* 'cima arrotondata di monte', ein in Italien und Frankreich häufiges Toponym verwiesen und von dort wiederum auf *cocoruzzo* 'cima di monte a forma di pera', das auf eine mediterrane Wurzel **cuccur* zurückgeführt wird. Hierzu sind in den südit. und it.gr. Mundarten die Fortsetzungen des erschlossenen vorromanischen Substratworts *κούκουρον 'Spitze, Gipfel' zu vergleichen (ROHLFS 1964: 266; s.a. HUBSCHMID 1953: 51). Der mögliche Zusammenhang des rum. *cocoașă* 'Buckel' bzw. *cocoș* in den oben genannten Spezialbedeutungen (S. 192) mit gr. κοκκίς bzw. κόκκος 'Auswuchs an einer Pflanze', das dort selbst Fremdwort sein soll (*Lateinisches Etymologisches Wörterbuch*, s.v.), wird erhärtet durch einen Vergleich mit der Bedeutungsentwicklung von lat. *Coccum* in anderen romanischen Sprachen. Ausgehend von einer lat. Grundbedeutung 'Auswuchs an einer Pflanze' existieren im Französischen u.a.— wie im Rumänischen — die Bedeutungen 'Nußschale', wie im Aromunischen 'Nußbaum', 'Maisähre', 'Beule', 'höckriger Gegenstand', ferner 'Bauch', siz. seit 1358 'Art Furunkel, Pocke', 'Nuß', 'Träubchen', 'Bläschen'.

Man wird höchstwahrscheinlich von einer von Nordafrika bis Finnland verbreiteten vorig. Wurzel *kuk* ('kugeliges, rundes Ding bei Pflanzen, Tieren und Menschen sowie in der Toponymie' (BERNHARD 1988: 57, Anm. 2, nach Mitteilung von HUBSCHMID) auszugehen haben, zu dem wohl vorrom. **kūkka* 'Haufen, Bergspitze' sowie Bildungen mit *r*–Suffix (**kukkur*) und *l*–Suffix gehören. Insofern sind also lat. CUCUL(L)IUS 'Kapuze' und COCCUM 'Auswuchs an einer Pflanze' urverwandt.

Freilich sind auf diese Weise lediglich Anhaltspunkte für eine indirekte Etymologie gewonnen; die Frage nach der direkten Etymologie muß indessen weiterhin offenbleiben. Auch die Datierung der Belege hilft nicht viel weiter, zum einen wegen der relativ spät einsetzenden Überlieferung des Rumänischen,[5] zum anderen wegen häufig nicht vorliegender Angaben zu den mundartlichen Zeugnissen. Sprachgeographische Kriterien wie die Verbreitung des Lexems *cocoș* 'Buckel' im südlichen Dakorum. (Oltenien, Muntenien, Dobrudscha, transilvanisches und moldauisches Grenzgebiet)[6] und im Arom. (*cucuș(e)at* 'bucklig') könnten auf ein altes Wort hindeuten, dessen Bedeutung 'Buckel' auf das Rum. beschränkt zu sein scheint (vgl. a. neupers. *kōž* 'bucklig', lit. *kaũkas* 'Beule', lett. *kukurs* 'Höcker, Beule', *kūkša* 'eine vom Alter Gebeugte' < ig. **keu-* u.a. mit der erschlossenen Bedeu-

[5] Wie wenig durch die Datierung allein gewonnen ist, zeigt z.B. das bereits 1705 bezeugte Partizipialadjektiv *cocoșat* 'bucklig', das sich von dem Verb *a cocoșa* ableitet, welches erst 1847 belegt ist (MIRON, s.v.).

[6] s. *Atlasul Linguistic Român* 1/1. *Părțile corpului omenesc și boalele lui.* K. 41. Cluj 1938.

tung 'Buckel' (POKORNY 588f.)). Weiterführende Ergebnisse ließen sich eventuell durch die Indogermanistik bei Beschreiten des umgekehrten Wegs, ausgehend von der vorromanischen Wurzel und ihren diversen Bedeutungsentwicklungen in den einzelnen Sprachen, ermitteln.

Es stellt sich ferner die Frage nach dem Verhältnis zu dem etymologisch ebenfalls ungeklärten, bereits 1483 belegten rum. *gogoaşă* 'Name verschiedener kugeliger, innen hohler Dinge', arom. *gîgoaşă*, worauf das *DLR* (s.v.) hinweist. Die völlig vereinzelt auftretende mundartliche Bedeutung 'Schwellung' (COMAN 1940) läßt indessen auf keinen unmittelbaren etymologischen Zusammenhang schließen. Vielmehr wird man für dieses Lexem ig. **guga* 'Kugel, Buckel' (Pokorny 393) anzusetzen haben.

Im Alb. erscheint als eine Bezeichnung des 'Buckels' der Gegismus *gungë* a. 'Beule, Höcker', 'Skrofulose', 'Hügel' mit den Ablt. *gungaç, gungaçe* 'bucklig'. Das Lexem gehört mit lit. *gunga* 'Buckel, Ball, Klumpen' zu ig. **geng-, gong-* 'Klumpen, klumpig', *gongu-s* 'Ball' (POKORNY 379). Bemerkenswert dabei ist die Bedeutung einer gr. Fortsetzung: γόγγρος 'Auswuchs am Stamm von Ölbäumen'. Damit findet sich eine weitere Stütze für den semantischen Zusammenhang zwischen dem 'Auswuchs an Pflanzen' und dem 'Buckel'.

Eine vorwiegend in Südalbanien verbreitete Bezeichnung des 'Buckels' ist *korriz* (geg.), *kurris* (tosk.), das auch die Bedeutung 'Rücken, Rückgrat, Berggrat' hat. Dazu gehören *krrusem* 'bucklig sein' (u.a. belegt im It.alb. bei Variboba, 1762), *krrusur* 'id', *kurrizdalë* 'bucklig' (Elbasan), tosk. *kurrisko(ja)* 'Rückgratkrümmung', *kurrisqitëm* 'bucklig', *kurrisun* in der Wendung *hûnd'e kurrisun* 'Hakennase' außerdem die Verben *kërrús, kurrús* 'beugen, biegen', sikuloalb. *kurruzmë, -të* 'infirmitas' (Belege nach MANN 1948; MEYER 1891: 190). Wahrscheinlich wird man mit POKORNY (935) ig. **(s)ker-* 'drehen, biegen' anzusetzen haben, wozu agr. χορωνός 'gekrümmt' gehört.

In der sikuloalb. Mundart von Piana degli Albanesi lautet die Bezeichnung für den 'Buckel' *kurdhuc*, ein Sizilianismus, bezeugt z.B. für das benachbarte Corleone in der Form *curduzzu* mit den Bedeutungen 'Schädel, Steiß der Vögel, Rücken, Buckel eines Vogels' (*VSIC.*, s.v.).[7]

In Sizilien ist das Lexem mit Varianten wie *cutruzzu, curtozzu, cruduzzu* weitverbreitet,[8] weniger in Kalabrien,[9] doch besonders häufig in der Terra d'Otranto:

---

[7] Der 1933 von ÇABEJ in seiner Dissertation geäußerte Vorschlag einer Ableitung von siz. *curvu* 'gekrümmt' erscheint höchst zweifelhaft, da eine regelmäßige Lautentwicklung von siz *-v-* > sik.alb. *-dh-* nicht existiert und kein Grund für die Übernahme des im Siz. nicht vorliegenden Suffixes *-uzzu* (> sik.alb. *-uc*) besteht.

[8] s. *VSIC.*: *cutruzzu* 'spina dorsale' (Furnari, Sinagra, Capo d'Orlando, Galati Mamertino/ zentralmessinesisch) 'spina dorsale', ì 'coccige, codrione' (S. Domenica Vittoria, Merì, Barcellona, Castroreale, Mirto, Frazzanò/ Prov. Messina; Bronte/ Prov. Catania), *cutruzza* 'spina dorsale, coccige, codrione' (Mandanici/ Prov. Messina; Calatabiano/ Prov. Catania), *cruduzzu* 'groppone dei quadrupedi' (bereits im 18. Jh. belegt), *curudduzzu* 'coccige, codrione' (Modica/ Prov. Ragusa). Laut ROHLFS (1977) *cutruzzu* 'dorso, spina dorsale' in Bafia, Castroreale, S. Piero Patti/ Prov. Messina.

[9] Laut ROHLFS (1977) *cutruzzu* in den Prov. Catanzaro und Reggio, laut ROHLFS (1933)

cutursu mit Varianten im Sinne von 'regione dell'osso sacro, parte inferiore del dorso'.[10] ROHLFS (1956) gibt dazu einen etymologischen Hinweis auf *cauda-dorsi*, der wegen des recht seltenen Wortbildungstypus wenig zu überzeugen vermag. Laut *DEI* liegen südliche Varianten von *codrizzo* vor, zu erklären durch Suffixwechsel aus *codrione*, das seinerseits auf lat. *Coda*, gekreuzt mit *POSTERIŌR, -IŌNIS beruhen soll und in den Abruzzen, der Emilia sowie der Toskana Varianten im Sinne von 'deretano' aufweist.

Fraglich ist schließlich, inwieweit ein von ROHLFS angedeuteter Zusammenhang besteht zwischen *cutruzzu, cutruzzuni* einerseits und siz. *currizzuni, curruzzuni* 'dorso, parte inferiore della spina dorsale' andererseits (1977, s.v.). Das zumindest an alb. *korris, kurriz* 'Buckel' anklingende Wort ist allein für eine Ortschaft in dem am längsten griechischen Teil Siziliens, in Tortorici/ Prov. Messina bezeugt.

Ein weiterer mit dem rum. *cocoş, cocoaşă* 'Buckel' zu vergleichender Typus ist die in Kalabrien verbreitete Bezeichnung *cuoscinu* 'Buckel',[11] von ROHLFS (1933, s.v.) und von BATTISTI/ ALESSIO (*DEI* 1130) auf gr. κόσκινον 'Sieb' zurückgeführt, bei folgender Bedeutungsentwicklung: 'Sieb', 'großer Korb', im übertragenen Sinne 'Buckel'. Das im Regionallatein in gelehrten Zusammensetzungen erscheinende *coscino-* soll seinerseits vielleicht mit dem mundartlichen *cosco*, in Italien 'Eiche' u.ä., in Spanien 'Nuß', im Bask. 'Schale' < dem mediterranen *cosco-* zusammenhängen, dem in der Ägäis gr. κόκκος entsprechen könnte (*DEI* 1130). Anderer Meinung ist HUBSCHMID: "WALDE-HOFMANN, 1, 318, und ALESSIO haben angenommen, daß der Stamm *cosco-* eine vorromanische Variante von (vor)lat. *coccum* 'Scharlachbeere' darstellt (ARom. 25, 159–162), eine Hypothese, die mir sehr zweifelhaft scheint" (1953: 25, n. 2; s.a. 1963: 105). Damit schließt sich der Kreis.

Zusammenfassend ist festzustellen, daß das heute vorhandene reiche Dialektmaterial einen wertvollen Schlüssel zur Erschließung der ungeklärten Etymologien darstellt. Indessen ist davon auszugehen, daß die bisher ungelösten Fälle im Rumänischen größtenteils in das Gebiet der Substratforschung gehören und damit die interdisziplinäre Zusammenarbeit zwischen Romanisten und Indogermanisten ein Gebot ist. Weitere Aufschlüsse in den genannten Fällen könnte ein onomasiologischer Vergleich sämtlicher Bezeichnungen des 'Buckels' in den rumänischen Mundarten erbringen, da u.U. Lehnübersetzungen in Betracht zu ziehen sind. Fer-

---

cutruzzu in Arena, Briatico, Monteleone, Nicotera/ Prov. Catanzaro.

[10] *cutursu* (S. Cesarea Terme, Corigliano, Maglie, Salve, Taurisano, Vernole, Vitigliano/ Prov. Lecce; Oria/ Prov. Brindisi; Avetrana, Manduria/ Prov. Taranto) *cutursə, cuturzə, curduzzə, crudăuzzə* (Martina Franca/ Prov. Taranto) 'schiena, dorso', *crəduzzə* (Cisternino/ Prov. Bari) 'nuca', *cutursu, cuturzu* (Brindisi, Carovigno/ Prov. Brindisi), *cutursə* (Ceglie Messapico/ Prov. Brindisi), *cuturzə* (Ostuni/ Prov. Brindisi) 'regione dell'osso sacro, parte inferiore del dorso', ferner *scutursare* 'rompere la spina dorsale', *scutursatu* 'slombato, con le ossa rotte, incurvato per troppa fatica' (Brindisi), 'gobbo' (Calimera/ Prov. Lecce), *scuturzatu* 'id.' (Corigliano/ Prov. Lecce) (ROHLFS 1956–59).

[11] *coscinutu* (Acri, Mangone/ Prov. Cosenza, Melissa/ Prov. Catanzaro) 'gobbo', *cuoscinutu* (Prov. Cosenza) 'id.', *cóscinu* (Grimaldi, Mangone/ Prov. Cosenza), *cúscinu* (Saracena/ Prov. Cosenza) 'gobba, gibbosità' (ROHLFS 1933).

ner wäre in Anbetracht einiger Hinweise auf eine ursprünglich vorliegende Bedeutung 'Bodenerhöhung, Hügel, Kuppe' (**kok-*) die rumänische Toponymie miteinzubeziehen — methodische Ansätze, auf die an dieser Stelle verzichtet werden muß und die daher einer späteren Abhandlung vorbehalten bleiben.

LITERATUR

ALESSIO, GIOVANNI

1953 L'elemento greco nella toponomastica della Sicilia. In: *Bollettino del Centro di studi filologici e linguistici siciliani* 1, 65–106.

ARVINTE, VASILE

1961 *Glosar regional.* Bukarest: Academia.

BATTISTI, CARLO/ ALESSIO, GIOVANNI

1966 *Dizionario Etimologico Italiano.* Florenz: Barbera.

BERNHARD, GERALD

1988 *Die volkstümlichen Pflanzennamen im Val d'Aran (Zentralpyrenäen).* (= Pro lingua 1). Phil. Diss. Wilhelmsfeld: Gottfried Egert.

CIORANESCU, ALEJANDRO

1966 *Diccionario etimologico rumano.* Madrid.

COMAN, PETRE

1938–1940 Glosar dialectal. In: *Analele Academiei Române,* seria 3, vol. 9. Bukarest, 63–149.

COSTIN, LUCIAN

1934 *Graiul Bănătean* 2. Studii şi Cercetări. Turnu-Severin.

ÇABEJ, EQREM

1933 *Italoalbanische Studien.* Phil. Diss. unveröff. Wien.

1976 *Studime gjuhësore 1: Studime etimologjike në fushë të shqipes, A–O.* Prishtina: Rilindja.

1976–1987 *Studime etimologjike në fushë të shqipes 1–3, A–D.* Tirana: Akademia.

DEI = BATTISTI, CARLO/ ALESSIO, GIOVANNI.

DLR = *Dicţionarul Limbii Române*

1913–1965 Hg. Academia Română. Bukarest.

DRHB = *Documenta Romaniae Historica*

1969–1981 *Ţara Românească.* 1–4, 9, 22–24. Bukarest.

FEW = WARTBURG, WALTHER VON

1948–1968 *Französisches Etymologisches Wörterbuch. Eine Darstellung des galloromanischen Sprachschatzes.* Tübingen/ Basel.

GLOSAR DIALECTAL OLTENIA

1967 Hg. unter Leitung von Boris Cazacu. Bukarest: Academia.

GLOSAR REGIONAL ARGEŞ = UDRESCU, D.

HUBSCHMID, JOHANNES

1953 *Sardische Studien. Das mediterrane Substrat des Sardischen, seine Beziehungen zum Berberischen und Baskischen sowie zum eurafrikanischen und hispano-kaukasischen Substrat der romanischen Sprachen.* (= Romanica Helvetica 41). Bern: Francke.

1965 *Thesaurus Praeromanicus 2: Probleme der baskischen Lautlehre und baskisch-vorromanische Etymologien.* Bern: Francke.

LEW = WALDE, ALOIS/ HOFMANN, JOHANN BAPTIST

1972 *Lateinisches etymologisches Wörterbuch 1–3.* 5. Aufl. Heidelberg: Carl Winter.

LEXIC REGIONAL 2

1967 Hg. Societatea de ştiinţe istorice şi filologice. Red. Lucreţia Mareş. Bukarest.

MANN, STUART E.

1948 *A Historical Albanian-English Dictionary.* London.

MEYER, GUSTAV

1891 *Etymologisches Wörterbuch der albanesischen Sprache.* Strassburg: Trübner.

MIRON, PAUL

1985ff. *H. Tiktin. Rumänisch-Deutsches Wörterbuch.* 2., überarb. u. ergänzte Aufl. 1–16 (*stîrni*). Wiesbaden: Harrassowitz.

PAPAHAGI, TACHE

²1974 *Dicţionarul Dialectului Aromân general şi etimologic. Dictionnaire aroumain (macédo-roumain) général et etymologique.* Bukarest: Academia.

PAPE, W.

1954 *Griechisch-Deutsches Handwörterbuch.* Nachdr. der 3. Ausg. 1914, bearb. v. M. Sengebusch. Graz: Akademische Druck- und Verlagsanstalt.

PFISTER, MAX

1984ff. *Lessico Etimologico Italiano* (*LEI*) 1–3, 26 (*Asperella*). Wiesbaden: Dr. Ludwig Reichert.

PISCUPESCU, ŞT. V.

1829 *Oglinda sănătăţii şi a frumuseţii omeneşti. Mijloace şi leacuri de ocrotirea şi de îndreptarea stricăciunilor.* Bukarest.

POKORNY, JULIUS

1959 *Indogermanisches Etymologisches Wörterbuch.* 2 Bde. Bern: Francke.

PUŞCARIU, SEXTIL

1938 Pe marginea cărţilor. VI. In: *Dacoromania* **9**, 403–440

ROHLFS, GERHARD

1933 *Dizionario Dialettale delle Tre Calabrie 5.* Mailand/Halle/S.: Hoepli/ Niemeyer.

1956–1959 *Vocabolario dei dialetti salentini (Terra d'Otranto).* Bayer. Ak. d. Wiss. Phil.-Hist. Kl. NF. H. 41 u. 48. 2 Bde. München.

1964 *Lexicon graecanicum Italiae inferioris: Etymologisches Wörterbuch der unteritalienischen Gräzität.* 2., erw. u. neubearb. Aufl. Tübingen: Niemeyer.

1977 *Supplemento ai vocabolari siciliani.* Bayer. Ak. d. Wiss. Phil.-Hist. Kl. NF. H. 78. München.

SKOK, PETAR

1972 *Etimologijski rječnik hrvatskoga ili srpskoga jezika* (Dictionnaire étymologique de la langue croate ou serbe) 2. Zagreb: Akademija.

UDRESCU, D.

1967 *Glosar regional Argeş.* Bukarest: Academia.

VARVARO, ALBERTO

1986 *Vocabolario Etimologico Siciliano (VES) 2. A–L.* Palermo: Centro di studi filologici e linguistici siciliani.

VSIC. = PICCITTO, GIORGIO

1977–1985 *Vocabolario Siciliano 1–2, A–M.* Palermo/ Catania: Centro di studi filologici e linguistici siciliani.

Die Verweiswörter im Deutschen

Józef Darski
Universität Poznań

Den bisherigen Einteilungen der Wörter in Wortarten / Wortklassen lag(en) keine explizite(n) Definition(en) des Begriffes WORT zugrunde. Deshalb basiert man auch weiterhin auf der Intuition der Sprachteilhaber (vgl. ENGEL 1988: 15–16), die ja vor allem durch die Rechtschreibung gestaltet wurde. Als ein Wort wird also noch heute das verstanden, was zwischen zwei Leerräumen im Text steht. Es ist doch allgemein bekannt, wie schwierig es ist, eine gemäßigte Orthographiereform für das Deutsche durchzuführen. Die Rechtschreibung ist also schon wegen ihres Konservatismus nicht imstande, der fortschreitenden Entwicklung der deutschen Sprache gebührendermaßen Rechnung zu tragen und kann deshalb nicht in allen Fällen die Wortgrenzen aufzeigen.

In unserem Aufsatz *Die Wortgrenzen im Deutschen* (DARSKI 1989: 255–264) ist mit Hilfe intersubjektiv überprüfbarer Kriterien klipp und klar festgestellt worden, was im Deutschen als eine WORTFORM zu gelten hat. Unsere Wortformen stimmen zwar im großen und ganzen mit der orthographischen Abhebung des Wortes überein, aber es gibt auch wesentliche Unterschiede. Es sei darauf hingewiesen, daß in dem stark begrenzten Bereich des Wortschatzes, der in diesem Aufsatz als eine Klasse dargestellt wird, die Präpositionen mit den Pronomina und Adverbien nur EINE Wortform bilden. Orthographisch sind es aber immer zwei Wörter. Die Begriffe: PRÄPOSITION, PRONOMEN und ADVERB sind im Sinne der traditionellen Schulgrammatik zu verstehen. Eine widerspruchsfreie Einteilung der Wörter in Wortarten war also schon wegen des rein intuitiven Verständnisses des Begriffes WORT nicht möglich. Durch die Festlegung der Wortgrenzen im Deutschen ist also einem großen Mangel abgeholfen.

Sieht man sich in der linguistischen Literatur die Einteilungen der Wörter in Wortklassen genau an, so fällt es auf, daß unabhängig von den verwendeten Einteilungskriterien als erste Wortart eine der Hauptwortarten, also entweder SUBSTANTIV (vor allem in der älteren Germanistik) oder VERB (in der neueren Germanistik) präsentiert wird. In diesem Zusammenhang möchte ich die Worte von W. NEUMANN anführen:

> Es hat keinen Wert, wenn man immer wieder versichert bekommt, (a) die Sprache sei so vielseitig und kompliziert, daß es keine Einteilung der Wortarten nach einheitlichen allgemeinen Gesichtspunkten geben könne, und (b) über einige Bocksprünge und Umwege seien die Hauptwortarten eben doch als semantische Klassen anzusehen. Damit wird (a) ein empiristischer Agnostizismus fortgeführt und (b) ein seit der Spätantike und dem Mittelalter angestrengtes und hundertmal als unzureichend erwiesenes Kriterium erneut etabliert. Eigentlich müßte sich der Gedanke von selbst aufdrängen, daß Unstimmigkeiten zwischen Gegenstandsbereich und Theorie auch an den der Theorie zugrundeliegenden Hypothesen liegen können, auch wenn sie, wie im Falle der Gleichsetzung der Wortarten mit semantischen Klassen, zunächst sehr plausibel erscheinen. (1967: 378)

Da wir der Meinung sind, daß die von sehr vielen Linguisten festgestellten Unstimmigkeiten in der Einteilung der Wörter in Wortarten "an den der Theorie zugrundeliegenden Hypothesen" tatsächlich liegen, waren wir bemüht, anders als bisher die Wortklassen zu definieren. In unserer Klassifizierung gingen wir von der These aus, daß den Wortformen eine unterschiedliche Rolle im Aufbau des Textes zukommt (DARSKI 1987: 72). Dies führte zu dem Ergebnis, daß als erste Wortklasse in fast allen Sprachen der Welt die VERWEISWÖRTER ausgesondert werden müssen (DARSKI 1987: 21–122). Gerade diese Wortklasse soll jetzt fürs Deutsche genauer dargestellt werden.

Unser Lehrsatz erfordert also als Grundlage der Aussonderung der Wortklassen Analysen von Texten. Wir gehen deshalb auch von kurzen Texten aus, die der Einfachheit halber aus aufeinander bezogenen ÄUSSERUNGEN (vgl. DARSKI 1987: 17; 1989: 255–256) bestehen. Die erste Äußerung soll als Minimalkontext für die nachfolgende(n) Äußerung(en) (DARSKI 1987: 38) gelten. Die MINIMALÄUSSERUNGEN (vgl. DARSKI 1987: 39; 1989: 256) werden noch vor dem Beginn der Analyse durch die redundanten Wortformen ergänzt. Die Redundanz dieser Wortformen wird in unseren Texten durch runde Klammern gekennzeichnet.

(1) A Karl / Herr Müller / Der Sohn unserer Nachbarn geht ins Kino / in die Schule / in den Garten.
B Monika / Frau Schmidt / Die Tochter unserer Freunde ist auch *dorthin* gegangen.
A War *sie mit ihm* verabredet?
B *Das / Dies* ist mir unbekannt.

(2) A *Mit wem* geht da der kleine Peter?
B (*Er* geht da) mit *seiner* Schwester.

(3) A *Was* suchen Klaus und Egon?
B *Der erstere* sucht einen Schlüssel, *der letztere* (sucht) ein Photo.

(4) A *Wer* besteht *darauf*, daß die Schüler entlastet werden?
B Die Lehrer (bestehen *darauf*, daß die Schüler entlastet werden).

Analysiert man die aufeinander bezogenen Äußerungen, so stellt man fest, daß es Wortformen gibt wie: *dorthin, sie, mit ihm, das / dies, mit wem, er, seiner, was, der erstere, der letztere, wer, darauf*, die auf die Bedeutungen anderer Wortformen, POTENTIELLER MINIMALÄUSSERUNGEN (DARSKI 1987: 39–41; 1989: 256–257), VOLLSTÄNDIGER ÄUSSERUNGEN (DARSKI 1987: 39; 1989: 256) und sogar ganzer TEXTSEQUENZEN EINES SPRECHERS (DARSKI 1987: 13–17; 1989: 255) hinweisen beziehungsweise sie erfragen. Jeder Muttersprachler ist imstande, ohne weiteres zu sagen, worauf diese Wortformen hinweisen, beziehungsweise was sie erfragen, oder was an ihrer Stelle substituiert werden müßte, wenn man sie wegließe. Allen diesen Wortformen ist gemeinsam, daß sie

1. keine konkrete Bedeutung (DARSKI 1987: 37) geben, sondern nur Hinweise auf Bedeutungen enthalten, die sie aufnehmen können,
2. in anderen Äußerungen vorkommen, als das, worauf sie hinweisen beziehungsweise was sie erfragen.

Ihre zweite Eigenschaft ist jedoch nicht zwingend, denn sie erfüllen auch dieselbe Funktion in ein und derselben Äußerung:

(5) Wenn Monika kommt, dann wird *sie* alles erledigen.

Sie erfüllt in (5) dieselbe Funktion wie im Text (1). Weitere Beispiele ließen sich leicht und in großer Menge anführen. Unsere bisherigen Ausführungen können als Grundlage folgender Definitionen angesehen werden:

Eine Wortform, deren Hauptaufgabe im Text ist, innerhalb oder außerhalb der Äußerung, in der diese Wortform steht, auf die Bedeutung einer potentiellen Minimaläußerung oder einer Äußerung oder einer Textsequenz eines Sprechers hinzuweisen beziehungsweise sie zu erfragen, nennen wir SUBSTITUENS.

Eine potentielle Minimaläußerung oder eine Äußerung oder eine Textsequenz eines Sprechers, auf deren Bedeutung durch ein Substituens hingewiesen wird, nennen wir SUBSTITUENDUM.

Mit den Begriffen Substituens und Substituendum lehnen wir uns an R. HARWEG (1968: 20) an.

Es erhebt sich die Frage, ob die Substituentia mit ihren Substituenda fest gekoppelt sind. Diese Frage muß negativ beantwortet werden; denn es ist leicht zu beweisen, daß auf dasselbe Substituendum, abhängig von der Intention des B-Sprechers, mit verschiedenen Substituentia hingewiesen werden kann.

(6) A Monika fährt *an die See.*
B *Dort* ist schon Peter. / *Darauf* will sie segeln. / *Die* will sie zeichnen.

Ersetzt man die Substituentia durch ihre Substituenda, dann lauten die Äußerungen des B-Sprechers folgendermaßen:

An der See ist schon Peter. / *Auf der See* will sie segeln. / *Die See* will sie zeichnen.

In all den Substituenda wiederholt sich nur die Wortform *See*. Diese Wortform wird deshalb in den einfachen potentiellen Minimaläußerungen als ihr KERN betrachtet. *An die / an der / die* werden als NICHTKERNE bezeichnet. Mit den Begriffen KERN und NICHTKERN lehnen wir uns an A.Z. BZDĘGA (1971: 9) an. Der Nichtkern wird jedoch anders aufgefaßt.

Das Substituens bezieht sich immer auf die Bedeutung der Kerne einer Minimaläußerung‘ Dabei spielt die Zahl, in der der Kern des Substituendums steht, offensichtlich keine Rolle, was aus folgendem Beispiel von P. EISENBERG (1989: 197) klar hervorgeht:

(7) "Der Fremde trug ein Gewand, wie sie bei Zirkusleuten üblich sind."

Das Substituens *sie* bezieht sich, rein formal gesehen, auf den Kern *Gewand* der einfachen potentiellen Minimaläußerung *ein Gewand*. *Sie* steht im Plural, *Gewand* aber im Singular. Entscheidend für den Gebrauch von *sie* im Plural sind also die Bedeutungsbezüge in der Fortsetzung der Äußerung. *Sie* bezieht sich also auf die Bedeutung des (NEUTRALEN) FLEXIONSSTAMMES (vgl. DARSKI 1987:

64). Unsere bisherigen Ausführungen erlauben uns, die Definition des Substituens folgendermaßen zu präzisieren:

Eine Wortform, deren Hauptaufgabe im Text es ist, innerhalb oder außerhalb der Äußerung, in der diese Wortform steht, auf die Bedeutung ihrer Substituenda oder wenigstens auf die Bedeutung der (neutralen) Flexionsstämme von den Kernen ihrer Substituenda hinzuweisen beziehungsweise sie zu erfragen, nennen wir SUBSTITUENS.

Es gibt Substituentia, die in andere potentielle Minimaläußerungen eingehen, auf die wiederum durch ein Substituens hingewiesen werden kann:

(8) A Ich begegnete Klaus und *dessen neuem Freund.*
B Wollte *der letztere* von dir nicht Geld pumpen?

(9) A Ilse hatte gestern abend *dein festliches* Kleid an.
B *Welches Kleid* hatte sie an?

Welches Kleid kann potentiell durch *was* ersetzt werden bei der Rückfrage:

Was hatte sie an?

Mit Hilfe mancher Substituentia können aber auch die potentiellen Minimaläußerungen einer vollständigen Äußerung paradigmatisch ersetzt werden. Dabei bezieht sich das Substituens immer auf die Bedeutung der ganzen potentiellen Minimaläußerung. Zum Beispiel können in (1)A die potentiellen Minimaläußerungen: *Karl / Herr Müller / Der Sohn unserer Nachbarn* durch *er, ins Kino / in die Schule / in den Garten* durch *dorthin* substituiert werden:

Er geht *dorthin.*

Weitere Beispiele ließen sich leicht und in großer Menge anführen. Das bisher Gesagte berechtigt uns zur folgenden Definition:

Substituentia, die

1. in keine neue potentielle Minimaläußerung, auf die wiederum durch andere Substituentia potentiell hingewiesen werden kann, eingehen,
2. in der zu analysierenden Äußerung nicht als Bestandteil einer anderen potentiellen Minimaläußerung wiederum durch ein anderes Substituens ersetzt werden können, gehen in die WORTKLASSE 1 ein.

Als Merkhilfe für diese Wortklasse schlagen wir den Begriff VERWEISWORT vor.

Zu dieser Wortklasse gehört nur eine begrenzte Anzahl von Wortformen. Wir sehen von der Aufzählung der in dieser Funktion vorkommenden Lexeme ab, um uns von dem Prinzip der traditionellen Grammatik, einmal z.B., ADVERB — immer ADVERB, zu distanzieren. Es sei noch einmal darauf ausdrücklich hingewiesen, daß unsere Verweiswörter funktional definiert worden sind. Ob es sich also bei einer Wortform um ein Verweiswort handelt, kann man nur aus seiner Funktion im Text ersehen. *Dort* ist z.B. in der Äußerung:

Dort sitzt ein Mann.

kein Verweiswort, weil es auf kein Substituendum hinweist.

Die Verweiswörter können auf verschiedene Art und Weise subklassifiziert werden. Von großer Bedeutung für die weitere widerspruchsfreie Sprachanalyse hat sich die Einteilung der Verweiswörter in KLASSE 1 und 2 erwiesen, die weiter nach der Art ihrer Substituenda in Unterklassen eingeordnet worden sind (DARSKI 1987: 80–86). Von Bedeutung ist ferner die Unterscheidung zwischen Verweiswörtern, die ihre Substituenda erfragen (KLASSE A) und allen anderen (KLASSE B). Die Klasse A wird von der Klasse B dadurch differenziert, daß die Verweiswörter der Klasse A fast ausschließlich am Anfang der Äußerung stehen und deshalb auch kataphorisch verwendet werden. Die Einteilung der Verweiswörter in ANAPHORA und KATAPHORA scheint dagegen von untergeordneter Bedeutung zu sein; denn diese Unterscheidung ist für die weitere Sprachanalyse nicht von Belang. In diesem Zusammenhang sei darauf hingewiesen, daß auch die meist als Anaphora verwendeten Verweiswörter, z.B.: *er, sie, es,* kataphorisch gebraucht werden können, was schon F. BLATZ (1895: 256) gesehen hat.

Ferner ist auch ihre morphologische Einteilung in VERÄNDERLICHE und UNVERÄNDERLICHE VERWEISWÖRTER von Bedeutung.

Zuletzt sei noch betont, daß die Verweiswörter bei der Einteilung anderer Wortformen in Wortklassen direkt oder indirekt eine große Rolle spielen. So kann z.B. die Wortklasse SUBSTANTIV mit Hilfe der Verweiswörter genauer als bisher erfaßt werden (vgl. DARSKI 1987: 112–113).

LITERATUR

BLATZ, FRIEDRICH

1895 *Neuhochdeutsche Grammatik,* Band 1. Karlsruhe: I. Lang.

BZDĘGA, ANDRZEJ Z.

1971 Binärstrukturen des Deutschen. In: *Lingua Posnaniensis* **XV**, 9–52.

DARSKI, JÓZEF

1987 *Linguistisches Analysemodell, Definitionen grundlegender grammatischer Begriffe.* Poznań: Wydawnictwo Naukowe UAM.

1989 Die Wortgrenzen im Deutschen. In: REITER (1989), 255–264.

EISENBERG, PETER

1989 *Grundriß der deutschen Grammatik.* 2. überarbeitete und erweiterte Auflage. Stuttgart: Metzler.

ENGEL, ULRICH

1988 *Deutsche Grammatik.* Heidelberg: J. Groos.

HARWEG, ROLAND

1968 *Pronomina und Textkonstitution.* München: Fink.

JUNG, WALTER

1966 *Grammatik der deutschen Sprache.* Leipzig: Bibliographisches Institut.

NEUMANN, WERNER

1967 Rezension von W. Jung: *Grammatik der deutschen Sprache.* In: *Zeitschrift für Phonetik, Sprachwissenschaft und Kommunikationsforschung.* H. 4, 371–380.

REITER, NORBERT (ED.)

1989 *Sprechen und Hören. Akten des 23. Linguistischen Kolloquiums.* Tübingen: Niemeyer.

Verbal Idiomatic Expressions ('Polynomial Verbs'): A New Approach to the Problem of Idiomaticity

Manford Hanowell
Universität Münster

This is a rough outline of parts of a paper devoted to a new approach to a more adequate description of what is known as 'idiomatic expressions.' On the one hand, the term 'idiom' has a wide scope of reference, and on the other hand, the expressions to be discussed here have received a plethora of different names. SEIDL/MCMORDIE and various dictionaries, for example the *Oxford Dictionary of Current Idiomatic English*, include, among other things, collocations, prepositional syntagmata, comparisons, proverbs, verbs with prepositions and particles. The term most frequently used is the one derived from Greek ἴδιος. Terms containing this root are widely used in dictionaries, collections, in various general reference works as well as in a great number of discussions, for example, by BURGER, CHAFE, FRASER, KOLLER, STRÄSSLER, WEINREICH. The term 'Phraseologismen' ('phraseological expressions') and related terms appear in KLAPPENBACH, KOLLER, WEINREICH. The one used by 'Rothkegel' is 'feste Syntagmen' ('fixed syntagmata'). RÖHRICH deals with 'sprichwörtliche Redensarten' ('proverbial sayings'). LYONS speaks of 'ready-made utterances'. SCHMIDT-HIDDING distinguishes four idiomatic groups, discussing only what he calls 'feste Wendungen mit eigenem Sinn' ('fixed expressions having a meaning of their own'). COULMAS has 'Redewendungen' ('turns, phrases') as a subclass of 'verbale Stereotypen' ('verbal stereotypes'). WISSEMANN uses the term 'Wortgruppenlexeme' ('lexemes consisting of a word group').

From the large number of discussions devoted to the subject one can derive certain features that have been regarded as more or less basic: idioms are fossilized expressions, which exhibit syntactically and semantically deviant behaviour and usually require an explanation. The fact that these features have been more or less the focus of attention has led to what I call a minimal definition of an idiom.[1] According to that definition, idioms are said to be "strings of morphemes that occur in a relatively fixed form and whose overall meaning is not equivalent to the sum of the meanings of the individual parts."[2] This definition seems unsatisfactory for a number of reasons, among which there is the obvious one that its main part is a negative statement. Indeed, I shall try to show that the statement, if it can be regarded as a definition at all, is applicable not only to the expressions under discussion but to quite a number of linguistic forms, too.

---

[1] PAPE (p. 2), speaks of, and supports, what he calls "Minimalkonsens" ('minimal consensus').

[2] See, for example, ROTHKEGEL (1973: 20).

Whereas the majority of studies have concentrated on syntactic considerations, a new analysis will have to include various descriptive levels. These can be grouped into four large areas:

I. Semiotics
   1. Semantics
   2. Syntactics
   3. Pragmatics

II. Rhetoric

III. Hermeneutics

IV. Diachrony

In this outline, I shall mainly deal with certain aspects of the first area. I shall, however, touch on a few elements of what rhetorical considerations can contribute to a more comprehensive description of the expressions under discussion. The two remaining fields, hermeneutics and diachrony, will be the subjects for a paper to be published later.

For reasons yet to be dealt with, I am only concerned with expressions that operate at phrase level. This would correspond, to a certain extent, to COULMAS' selection of phrases that are characterized by "functional incompleteness." (1981: 56) Within that frame, I only deal with verb + complement constructions (as does TAVERNER (1977: 41). For the forms to be discussed here I suggest the term 'polynomial verbs' (PV).

I am thus concerned with *rhemata* rather than *onomata* (in the Aristotelian sense). From the point of view of formal logic, which would have to be discussed in the chapter on hermeneutics, I shall focus on predicates combined with names. From the point of view of rhetoric, the expressions to be included are verbal forms having what I call a 'scenic quality' (this term will be enlarged on towards the end of this paper). I shall thus include *to pull somebody's leg, to have a field day, to put one's foot in it*, but exclude, for example, nominal phrases, like *hammer and tongs*, or prepositional phrases, such as *in the doldrums*. Phrasal verbs are also excluded. From a historical point of view, they are the analytical representatives of what used to be verbs exhibiting synthetic prefix formation. The antecedent of New English *to go forth*, for example, was the prefixed form *forþgangan*; the same goes for Old English *inbelǣdan*, which is *to lead in, ūtflōwan*, which has become *to flow out.*

From the point of view of semantics, most linguists point out that idioms are more or less unmotivated, which is another way of saying that they will normally have to be explained.[3] This raises the question of the validity of the so-called FREGE principle (cf. COULMAS 1981: 9).

Even if we leave the question unanswered for the time being, it is worth mentioning that the question also arises with expressions other than idioms. More often than not, the meanings that are normally attached to individual morphemes

[3] See, for example, BURGER (1973: 26f), RÖHRICH (1986: 12).

that make up a word do not enter into the overall meaning of the word itself. Whereas, for example, the pair *odd : oddity* is 'normal' in the sense that *-ity* converts the adjective into a noun, the pair *sensible : sensibility* is not, as the primary meaning of *sensible* 'reasonable' is not present in *sensibility*. In order to understand any one member of the following series, a native speaker does not have to know the meaning of Latin *cap-* (and its allomorphs): *receive, deceive, recipe, reception, receipt, anticipation, capture*. Indeed, even if he does, this knowledge does not add anything to what he already knows. The series *genuine, genus, generate* might lead to the assumption that these words all contain the root of Latin *genus*; and a person might argue that a thing that is genuine is, so to speak, the original.

Genuine, however, represents Latin *genu* 'knee'. It mirrors a custom according to which a father acknowledged a newborn baby by putting him or her on his knees. The traditional concept of the morpheme would thus have to be reconsidered. What some linguists sometimes forget is that it is not morphemes that are borrowed from other languages but words.[4] Those that assume the validity of the FREGE principle even for idiomatic expressions discuss the problem of idiomaticity mainly from the point of view of polysemy, ambiguity, or semantic realisation through reciprocal determination.[5]

Those that tend to answer the FREGE principle question in the negative concentrate on characteristics, like exocentricity,[6] or, indeed, lack of motivation.[7]

The fact that a concatenation of units need not contain these units semantically can be illustrated, by way of analogy, by mathematical expressions. Each of the following expressions 'means' something different: consider the product $\frac{3}{2} \cdot \frac{2}{3}$, the sum $\sin^2 x + \cos^2 x$, and the quotient $\frac{x^{\sin x}}{x^{\cos x}}$.[8]

But they certainly 'denote' the same thing: they are all equivalent to '1'. The analogy is this: just as, for example, $x^{\sin x}$ as such is not a constituent of the concept of 'one', the element *foot*, for example, in *to put one's foot in it* as such does not contribute anything to the idea 'to say something tactless or inappropriate'. What this ultimately means is that idioms cannot be satisfactorily discussed within the framework of a merely synchronic linguistics. I suggest making a distinction between two levels, a phenomenological one and a procedural one. The

---

[4] One can agree with MAKKAI when he says that "morphemes are not necessarily 'meaningful', but are potential meaning carriers." (p. 11; in connection with his 'multiple reinvestability principle').

[5] WEINREICH, for example, develops a 'subsense' theory, which is, however, hardly tenable. It would seem to border on the absurd to argue that in the expression *red herring* (said of something irrelevant, which takes one's attention away from the main subject under discussion) we can ascribe the subsense 'phony' to the element *red* and the subsense 'issue' to *herring* (pp. 1 f.). Cf. also STRÄSSLER's criticism of WEINREICH's theory (p. 32).

[6] HELLER(1980: 182); COSERIU (1974: 28), with modifications.

[7] BURGER (1973: 26; KLAPPENBACH (1961: 180).

[8] for $x = 45° + n \cdot 180°$.

phenomenological level of mathematics (the form an expression exhibits) corresponds to the synchronic level of linguistics, whereas the procedural level (involving the processes that result in a certain expression) is comparable to the diachronic level.

A number of linguists regard what they call 'semantic ambiguity' as essential to idiomatic expressions. In my view, the much-quoted 'idiomatic interpretation': 'literal interpretation' dichotomy simply does not exist. For example, the idiom *to lead somebody up the garden path* does not have a literal 'interpretation'. If the expression is used literally, we have no idiom at all but only a homophonous sequence.

A thorough analysis of idiomatic expressions will have to include syntactic considerations, too; but at the same time it will have to make it clear that idiomatic expressions, which are genetically complex units, cannot be adequately discussed within a system that gives priority to syntax. Syntactic analyses have largely been made from the point of view of transformational grammar. Questions that have been dealt with include the notion of 'transformational deficiencies'[9] as well as operational levels within dichotomies, such as 'langue : parole', 'deep structure : surface structure', 'lexical units : syntactic units'. As to the lexis : syntax dichotomy, this analysis follows HELLER (1980: 184), HERBERMANN (1981: 199), LYONS (1968: 177), STRÄSSLER (1982: 79), WISSEMANN (1961: 235) and others in regarding idiomatic expressions as lexical entities rather than syntactic entities.[10]

With regard to their form, PV occur as concatenations. Thus there is an affinity to collocations. But whereas collocations exhibit functional accumulation of discrete elements, PV do not really consist of the individual parts in the sense that these parts constitute their overall meaning. An example will illustrate this: the phrase *to hold an opinion* is a collocation, but *to be left holding the baby* is a PV. The meaning of the former can be gathered from the sequence of discrete constitutive elements, whereas the latter, which means 'to be left responsible for something one does not want to be responsible for', is not immediately intelligible to a person who has not heard it before.

The present approach re-examines some of the attempts made by representatives of generative and transformational grammar to establish syntactic systems of regularization. FRASER'S (1970: 39ff) 'frozenness hierarchy', for example, is questionable as he does not define the scope within which the system is supposed to operate. Besides, from the scant data he presents one can hardly derive generalizations. NEWMEYER'S (1974: 329) paraphrases of idiomatic expressions are arbitrary, and there are too many exceptions in his system, which he himself admits.

While attempts that discuss idioms within the framework of a predominantly syntactic approach do not really contribute anything to a better understanding of the phenomenon of idiomaticity, there are analyses that focus on descriptive levels

[9] for example, CHAFE (1968: 111 et passim); FRASER, (1970: 32); GLAAP (1985: 97).
[10] against CHAFE (1968: 116); NEWMEYER (1974: 327); ROTHKEGEL (1973: 6) and others.

other than syntactics. CHAFE'S approach, for example, is more promising in that he includes semantic considerations when he develops his theory of 'postsemantic symbolization'.[11] One can agree with what he says about the semantic presence or absence of elements in an idiom. For example, with reference to the expression *to kick the bucket*,[12] he rightly states that *bucket* is not present semantically when the idiom is present (as contrasted to a possible literal meaning in this case).

In this paper I can only touch on one aspect of pragmatics. Pragmatics is basically about the relationship between signs and users of signs. What would have to be discussed includes, among other things, CATFORD'S (1965: 31) concept of 'cotext' and 'context' (the latter term stands for the 'context of situation', whereas the former refers to items in the text accompanying the item under discussion), as well as functions of formulaic speech, which have been discussed by, for example, COULMAS, DANIELS, KOLLER, KÖLLER. Several functions ('usage functions'), which can be derived from "social interaction",[13] can be reduced to that of simplification of argumentation: often the idiom is used in an attempt to cope with complex situations. From a pragmatic point of view, 'social meaning' is more important than what is known as 'denotative meaning'.

A discussion of PV would not be adequate if it restricted itself to semiotics, although what I have been trying to show so far goes beyond the limits of a merely syntactic approach.

As for rhetoric, the very choice of a PV has a rhetorical effect of its own. One major result of a thorough rhetorical analysis would be the recognition that PV on the one hand and their, so to speak, 'straightforward counterparts' on the other hand, are by no means interchangeable. The one cannot be substituted for the other without a loss of what KÜHN (1985: 44) has called "semantischer Mehrwert", 'semantic surplus value', which is characterized by what he calls "Einstellungskundgaben", 'elements indicating a certain attitude'. WISSEMANN makes a useful distinction between the 'communicative value' of expressions and the 'semantic experience' that an expression creates.[14] The idiomatic expression (WISSEMANN'S 'Wortgruppenlexem') may have the same communicative value as a one-word lexeme, but the two differ with reference to the respective semantic experiences that the speaker or hearer has. This is true for PV, too. A PV does not express the same thing in a different way, but it is a means of expression in its own right, something quite unique. An approach from the point of view of rhetoric will thus have to concentrate both on speech intention and the effect the rhetorical device is meant to create. Such an approach is bound to deal with, among other things, metaphor. With reference to transferred imagery, PV are certainly related to metaphors. Just how this relationship can be determined would have to be analyzed.

---

[11] pp. 120 ff., et passim.

[12] p. 122 (an example flogged to death by now).

[13] COULMAS (1981: 68); STRÄSSLER (1982: 134 et passim).

[14] "Kommunikationsleistung" vs. "Bedeutungserlebnis", pp. 226 ff.

A number of discussions stress the 'pictorial quality' of idiomatic expressions.[15] If one agrees with the analyses made earlier in this paper, especially in the part about semantics, one will have to be very critical with respect to the much-quoted 'pictorial quality' of PV. Taking PLATO's (*Politeia* 392–394) poetological statements in connexion with ARISTOTLE's (*Poetics* II, 3) discussion of the 'speaking characters' within the well-known tripartite genre structure (lyric poetry, epic, drama) as a starting-point, I would like to introduce the idea of the 'scenic quality' of PV. Just as in drama, where it is not the dramatist as a person who speaks but the characters, a speaker who uses an idiomatic expression does not, as it were, speak in his own words, but makes use of a 'formula' that the speech community has at its disposal. The term 'scenic quality' seems to be more adequate to the requirements than the one mentioned above, which suggests the presence of 'pictures' or 'images' in idiomatic expressions. It is meant to point out that PV have a 'dramatic' character (which basically means 'action-orientated') in the process of communication. It is the context of the scenic quality of the expressions under discussion that provides the *raison d'être* for the restriction to what I have called 'PV'. Verbs are primarily concerned with action (*rhema* instead of *onoma*), and this is where the scenic quality of PV comes into its own. It should be noted, though, that there are, of course, expressions which are immediately recognizable from the point of view of imagery used. And there is certainly a gradable scale ranging from perspicuity to opacity. The place on that scale depends on, among other things, the period of time an expression has been in a language. It also depends on whether the field the expression was taken from is still known to the speech community. A PV thus sets a certain 'scene' without necessarily creating a 'picture'. The effect of this characteristic feature is twofold: as the PV is part of the speech community's vocabulary, it is sufficiently precise in its denotative value; at the same time, the 'semantic experience' is sufficiently imprecise so as to leave room for a certain imaginative response on the part of the hearer. This phenomenon is closely connected with, from the point of view of formal logic, the question whether PV are true or 'only' probable. One would have to consult, among other things, ARISTOTLE'S *Rhetoric* and his distinction between *entechnoi pisteis* and *atechnoi pisteis*. The latter pieces of evidence refer to documents, such as laws, deeds, witness depositions etc., whereas the former ones are part of the whole complex of rhetorical probability arguments so as to establish a priority of persuasion over conviction, of probability over truth.

REFERENCES

BURGER, HARALD

1973 *Idiomatik des Deutschen.* Tübingen: Niemeyer.

CATFORD, J. C.

1965 *A Linguistic Theory of Translation.* London: O.U.P.

[15] Cf. RÖHRICH (1986: 10, 17); SCHMIDT-HIDDING (1962: 10); BURGER (1973: 27), criticizes that view, so does KOLLER (1977: 15f).

CHAFE, WALLACE L.

1968 Idiomaticity as an Anomaly in the Chomskyan Paradigm. In: *Foundations of Language* **4**, 109–125.

COSERIU, EUGENIO

1974 *Synchronie, Diachronie und Geschichte; das Problem des Sprachwandels.* München: Fink.

COULMAS, FLORIAN

1981 *Routine im Gespräch; zur pragmatischen Fundierung der Idiomatik.* Wiesbaden: Athenaion.

COWIE, A.P./R. MACKIN EDD.

1975 *Oxford Dictionary of Current Idiomatic English.* Vol. 1. London: O.U.P.

COWIE, A.P./R. MACKIN/I. R. MCCAIG

1983 *Oxford Dictionary of Current Idiomatic English.* Vol. 2. London: O.U.P.

DANIELS, KARLHEINZ

1985 Geschlechtsspezifische Stereotypen im Sprichwort. In: *Sprache und Literatur in Wissenschaft und Unterricht* **56**, 18–25.

FRASER, BRUCE

1970 Idioms within a Transformational Grammar. In: *Foundations of Language* **6**, 22–42.

GLAAP, ALBERT-REINER

1985 Idiomatisches Englisch = Besseres Englisch? In: *Sprache und Literatur in Wissenschaft und Unterricht* **56**, 95–104.

HELLER, DOROTHEE

1980 Idiomatik. In: *Lexikon der germanistischen Linguistik*, edd. H. P. ALTHAUS, H. HENNE, H. E. WIEGAND. Studienausgabe 4 volumes. 2nd ed. Vol. 1. Tübingen: Niemeyer, 180–186.

HERBERMANN, CLEMENS-PETER

1981 *Wort, Basis, Lexem und die Grenze zwischen Lexikon und Grammatik.* München: Fink.

KLAPPENBACH, RUTH

1961 Feste Verbindungen in der deutschen Gegenwartssprache. In: *Beiträge zur Geschichte der deutschen Sprache und Literatur* **82**(= Festschrift Elisabeth Karg-Gasterstädt). Halle (Saale).

KOLLER, WERNER

1977 *Redensarten. Linguistische Aspekte, Vorkommensanalysen, Sprachspiel.* Tübingen: Niemeyer.

KÖLLER, WILHELM

1975 *Semiotik und Metapher.* Stuttgart: Metzeler.

KÜHN, PETER

1985 Phraseologismen und ihr semantischer Mehrwert. In: *Sprache und Literatur in Wissenschaft und Unterricht* **56**, 37–46.

LONG, THOMAS HILL / DELLA SUMMERS

1979 *Longman Dictionary of English Idioms.* Harlow, London: Longman.

LYONS, JOHN

1968 *Introduction to Theoretical Linguistics.* Cambridge: C.U.P.

MAKKAI, ADAM

1978 Idiomaticity as a Language Universal. In: *Universals of Human Language*, edd. CHARLES A. FERGUSON, JOSEPH H. GREENBERG, EDITH A. MORAVCSIK. 3 volumes. Vol. 3. Stanford: U.P., 401–448.

NEWMEYER, FREDERICK J.

1974 The Regularity of Idiom Behaviour. In: *Lingua* **34**, 327–342.

PAPE, WALTER

1985 Zwischen Sprachspiel und Sprachkritik. In: *Sprache und Literatur in Wissenschaft und Unterricht* **56**, 2–13.

RÖHRICH, LUTZ

1986 *Lexikon der sprichwörtlichen Redensarten.* 4-vol. paperback ed. (unchanged) of the 2-vol. ed. (3rd 1973). Freiburg: Herder.

ROTHKEGEL, ANNELY

1973 *Feste Syntagmen. Grundlagen, Strukturbeschreibungen und automatische Analyse.* Tübingen: Niemeyer.

SCHMIDT-HIDDING, WOLFGANG

1962 *Englische Idiomatik in Stillehre und Literatur.* München: Hueber.

SEIDL, JENNIFER / MCMORDIE, W.

1978 *English Idioms and How to Use Them.* 4th ed. Oxford: O.U.P., Bielefeld: Cornelsen-Velhagen & Klasing.

STRÄSSLER, JÜRG

1982 *Idioms in English. A Pragmatic Analysis.* Tübingen: Narr.

TAVERNER, THEODORE G.

1977 *Idioms and Idiom-Forming Verbs. A Case Grammar Analysis.* Doctoral Thesis. Ann Arbor.

WEINREICH, URIEL

1969 Problems in the Analysis of Idioms. In: *Substance and Structure of Language*, ed. JAAN PUHVEL. Berkeley, Los Angeles: University of California Press.

WISSEMANN, HEINZ

1961 Das Wortgruppenlexem und seine lexicographische Erfassung. In: *Indogermanische Forschungen* **66**, 225–258.

Zum Problem der funktionalen Übersetzung expressiver Lexik
am Beispiel slowakischer und deutscher Diminutivbildungen

Hana Krenceyová
Bratislava

1. Vorbemerkung

Die konfrontative Linguistik hat im tschechoslowakischen Kontext eine lange Tradition. Bereits nach dem 1. Linguistischen Kongreß in Den Haag im Jahre 1928 proklamierte die führende Persönlichkeit der Prager Schule V. Mathésius den analytischen Vergleich beliebiger, d.h. auch genetisch nicht verwandter Sprachen auf synchronischer Basis, wobei er den analytischen Vergleich mit dem systemhaften und funktionalen Prinzip verknüpfte (BARNET: 1983).

Die konfrontative Linguistik, die sowohl als Methode zur Gewinnung linguistischer Erkenntnisse als auch als Methode der Darstellung linguistischer Fakten verstanden wird, halten wir für eine der Voraussetzungen der erfolgreichen Realisierung des deutschen Fremdsprachenunterrichts.

Den unmittelbaren Anlaß zur folgenden bilateralen slowakisch-deutschen Konfrontation der Diminutivbildungen gab mir die deutsche Übersetzung von KLÁRA JARUNKOVÁS Roman *Die Einzige*, übersetzt von Gustav Just, die die expressive Ausdrucksweise des Originals nicht genügend beachtet.[1]

Die bilaterale slowakisch-deutsche Konfrontation des Wortschatzes stellt ein sehr kompliziertes, bisher noch wenig erforschtes Problem dar. Bereits ein oberflächlicher Vergleich der slowakischen Gegenwartssprache mit dem Deutschen zeigt u.a. einen großen Unterschied im Gebrauch der expressiven Lexik. Die Diminutive, die eine geeignete und reiche Quelle der Expressivität bilden, unterscheiden sich von ihren deutschen Äguivalenten nicht nur in ihrer Struktur, sondern auch in ihrer Distribution und Frequenz.

Im Unterschied zur notionalen, d.h. zur nichtexpressiven Lexik enthalten die Diminutive neben dem begrifflichen Inhalt ein weiteres, meist expressives Bedeutungsmerkmal, das die emotional-wertende Einstellung zum Sachverhalt oder zum Gesprächspartner signalisiert. Diese emotionale Wertung kann positiv, aber auch negativ, spöttisch, ironisch, scherzhaft oder abwertend sein.[2]

---

[1] Klára Jarunková, *Jediná*. Bratislava, 1963, übersetzt von Gustav Just, *Die Einzige*, Berlin, 1979.

[2] Die Expressivität ist nicht mit der Emotionalität gleichzusetzen. Diminutive stellen prinzipiell Sprachmittel mit einer inhärenten Expressivität dar.

2. Die formale Struktur der Diminutive im Slowakischen

2.1. Allgemeine Charakteristik

Diminutive, die einen Modifikationstyp der Ableitung vertreten, werden im Slowakischen mit Hilfe zahlreicher Diminutivsuffixe nicht nur von den meisten Substantiven, sondern auch von qualitativen Adjektiven und Adverbien und von einer Reihe Verben, gelegentlich auch von Pronomen (*každý* - *jeder*, *všetok* - *aller*) gebildet. Den Diminutivbildungen stehen Augmentative, d.h. Vergrößerungsbildungen gegenüber. Augmentative werden von den meisten Substantiven und von vielen Adjektiven mit speziellen Augmentativsuffixen abgeleitet. Sie signalisieren entweder die Vergrößerung bzw. Verschlechterung der Bedeutung oder die negative Stellungnahme des Sprechenden. Durch diesen Wortbildungsprozeß gehen alle Substantive zum neutralen Genus über wie im Deutschen die Diminutive mit *-chen* und *-lein*.

2.1.1. Subststantive

Im Bereich der Substantive existieren folgende Möglichkeiten der Diminutivbildung:

Diminutive 1. Grades:

Masc.:	Basis +	*-ík, -ko, -ec*
		Janík, nožík; Janko, dedko; krajec, palec
Fem.:	Basis +	*-ka, -ica*
		rúčka, nôžka, Janka; Katica
Neutr.:	Basis +	*-ko, -ce*
		očko, slovko; slovce

Diminutive 2. Grades:

Masc.:	Basis +	*-č-ík, -íč-ek, -(o)č-ek*
		Jančík, Janíček, zúboček, lístoček
Fem.:	Basis +	*-(u)oč-ka, -ič-ka*
		perinôčka, postieľôčka, knižočka;
		ručička, ružička, trávička
Neutr.:	Basis +	*-(i)eč-ko, -ič-ko*
		srdiečko, dievčatečko; zlatičko, očičko

Diminutive 3. Grades:

Masc.:	Basis +	*-č-ič-ek, -(o)č-eč-ek, íč-íč-ek*
		hrnčíček, chlapčíček, chlapčicíček
Fem.:	Basis +	*-(o)č-oč-ka, -(i)č-ič-ka*
		postieľočočka, triesočočka; kostičička
Neutr.:	Basis +	*-(i)ěc-eč-ko, ič-ič-ko*
		srdiečečko, očičičko

Seltener gebraucht man andere Suffixe:

-ä	*chlápä*
-ča	*chlapča, psíča*
-ul'	*bledul'a, ocul'ko*
-in-	*maminka*
-en-	*starenka*
-ien-	*mamičienka, dedulienko*
-úr-en-	*det'urence, dedulienko*
-uš-en-	*cipušenka*

Die Genuszugehörigkeit der Diminutive verändert sich nur bei einigen Suffixen (*-iatko, -ä, -ča*). Durch die Ableitung werden gelegentlich kurze Basisvokale lang und lange wiederum kurz (*noha - nôžka, ruka - rúčka; Ján - Janko*). Oft kommt es zu Alternationen der Konsonanten (*noha - nôžka* = h – z; *ruka - rúčka* = k – č; *brat - braček* = t – č; *mucha - muška* = ch – š; *svieca - sviečka* = c – č).

Obwohl die formale Bildung der Diminutive sehr kompliziert zu sein scheint, kann man sie relativ genau nach der Festlegung der funktionierenden phonologischen und Wortbildungsgesetze beschreiben, die Bedeutung der Verkleinerung ergibt sich aber nicht einfach aus der betreffenden Wortbildungsstruktur. Im Unterschied zum Deutschen kann man im Slowakischen nicht nur Diminutive ersten Grades, sondern von manchen Substantiven durch die Suffixerweiterung auch Diminutive zweiten und dritten Grades bilden. Grundsätzlich bietet es die Möglichkeit, die Expressivität zu graduieren. Die Basis von solchen Bildungen bekommt noch zwei bzw. drei zusätzliche Bedeutungsmerkmale:

oko	*očko*	*očičko*	*očičienko*
Auge	*Äuglein*	*Äugelchen*	*liebes Äugelchen*
postel'	*postiel'ka*	*postieľôčka*	*postiel'čička*
Bett	*Bettchen*	*kleines Bettchen*	*klitzekleines Bettchen*

In einigen Fällen kann man keine Diminutivbildung ersten Grades ableiten, die übliche Verkleinerung erfolgt durch die Suffixerweiterung (*vec - vecička Sache*, aber nicht möglich *vecka; tráva -trávička Gras*; aber nicht möglich *trávka*). Seltener werden Diminutive von der Pluralform gebildet (*detičky, det'úrence - Kinderchen; l'udkovia - Leutchen*).

Von den Ableitungssuffixen ersten Grades *-ík, -ko, -ok, -ka, -ica, -ko, -ce* haben die Suffixe *-ík, -ok, -ka* in vielen Wortbildungsstrukturen keine diminutive bzw. expressive, sondern ihre ursprüngliche, d.h. individualisierende Bedeutung. Bei dem Suffix *-ica* wurde die diminutive Bedeutung stark abgeschwächt, so daß die meisten Ableitungen nicht mehr als Diminutive empfunden werden (*ihlica - Stricknadel, lavica - Bank*). So existiert in der slowakischen Gegenwartssprache eine Reihe von Wortbildungskonstruktionen, die von der Struktur her den Diminutiven gleich sind, aber in Wirklichkeit keine diminutiven Ableitungen sind und auch keine diminutive, sondern nur rein begriffliche Bedeutung haben (*náramok - Armband, makovník - Mohnkuchen, slúžka - Dienstmädchen, svietnik - Kerzenständer, dedička - Erbin*).

Manche Diminutive wurden idiomatisiert, und dadurch verloren sie ihre Expressivität (*list - Blatt, lístok - Fahrkarte; pár - Paar, párok - Würstchen; roh - Horn, rožok - Hörnchen; ruka - Hand, rúčka - Griff*). Auffallend viele davon benennen Speisen, Gerichte bzw. Lebensmittel (*roštenka - Rostbraten, párok - Würstchen, rožok -Hörnchen, bábovka - Napfkuchen, hrášok - Erbsen, chlebíček - Brötchen, knedlička - Knödel* etc.).

Die Basis einiger idiomatisierter Diminutive ist nicht mehr gebräuchlich (*miláčik - Liebling*).

In manchen Fällen kann sowohl das unveränderte Ausgangswort als auch ein idiomatisiertes Diminutiv gebraucht werden, ihre Bedeutung ist synonym, so daß beide Varianten in demselben Kontext auftreten können (*brána - bránka das Tor; slák - sláčik Streichbogen*).

Die Diminutivbildungen zweiten und dritten Grades sind stark expressiv und werden in der Regel nicht idiomatisiert (aber *lyžička - Teelöffel, malíček - kleiner Finger*).

2.1.2. Adjektiv und Adverb

Im Slowakischen werden Diminutivbildungen ersten, zweiten und dritten Grades auch von qualitativen Adjektiven und von manchen Adverbien abgeleitet. Diese Wortbildungskonstruktionen sind sehr produktiv und werden als Mittel der Gradation gebraucht. Formaler Träger der Expressivität ist entweder ein Ableitungssuffix, seine Wiederholung oder die Kombination von mehreren Suffixen.

malý	*maličký*	*malinký*	*malilinký*	*maličinký*
Basis +	*-ič-k-*	*-in-k-*	*-il-in-k-*	*-ič-in-k-*
klein	*sehr klein*	*sehr klein*	*winzig klein*	*klitzeklein*

Die angeführten deutschen Äquivalente entsprechen den slowakischen Wortbildungskonstruktionen bloß bedeutungsgemäß im Sinne der Verkleinerung der Bedeutung. Die slowakischen Ableitungen enthalten außerdem noch das Bedeutungsmerkmal, das die positive Einstellung des Sprechenden signalisiert.

Ähnlich wie das Adjektiv *malý - klein* kann auch ein Adverb verkleinert werden:

blízko	*blízučko*	*blízučinko*	*blízulinko*	*blízučilinko*
nahe	*ganz nahe*	*sehr sehr nahe*	*sehr sehr nahe*	*absolut nahe*

Vereinzelt bildet man Diminutive auch von Pronomen. Frequentiert sind vor allem Ableitungen von *každý - jeder, sám - allein, všetok/všetko - alles:*

každý	*každučký*	*každučinký*	*každulinký*	*každučilinký*
sám	*samučký*	*samučičký*	*samulinký*	*samučilinký*
všetko	*všetučko*	*všetučinko*	*všetulinko*	*všetučilinko*

2.1.3. Verben

Im Bereich der Verben sind die Möglichkeiten der quantitativen Veränderung der Bedeutung mit Hilfe von Diminutivsuffixen viel beschränkter und haben keinen

Systemcharakter. Durch ein Ableitungssuffix wird entweder die Intensität der Bedeutung abgeschwächt oder eine positive Einstellung des Sprechenden zum Verbalhandlungsträger bzw. zum Gesprächspartner erreicht.

kývat'	*kyvat'*	*wackeln*	*schwach wackeln*
bežat'	*bežkat'*	*laufen*	*tippeln*
spat'	*spinkat'*	*schlafen*	*Heierchen machen*
smiat'sa	*smejkat'sa*	*lachen*	*niedlich/lieb lachen*

2.2. Semantik der Diminutive

Bereits die beschriebenen Wortbildungsprozesse zeigen, daß die Erschließung der Bedeutung der Diminutivbildungen nicht einfach ist. Außer den idiomatisierten Wortbildungskonstruktionen sind alle anderen Diminutivbildungen ausgeprägter Träger der Expressivität, wobei sich der Grad und der Typ der Expressivität nicht automatisch aus der Wortbildungsstruktur ergeben. Bedeutungsgemäß oszilieren die Diminutivbildungen zwischen zwei Polen - vom nichtexpressiven, mit dem Grad der Expressivität von Simplex identischen Inhalt bis zum extrem hohen Grad der Expressivität. Die Möglichkeit der genauen Differenzierung der Diminutivität bzw. Expressivität kann nicht auf eine abgeschlossene Anzahl von Stufen beschränkt werden. Bei manchen Wortbildungskonstruktionen hat bereits die Diminutivbildung ersten Grades eine starke expressive Bedeutung (*profesorík - Professorchen, doktorík Doktorchen* vgl. *Freundchen*), in anderen Fällen hat die Diminutivbildung zweiten Grades den expressiven Charakter des Simplexes (*lístok - Fahrkarte, lavicka - Bank*).

Der Grad der Expressivität und somit auch der präzise semantische Inhalt der Ableitung ist von vielen Faktoren abhängig, deren Wirkung sich oft überschneidet (der lexikalisch-semantische Inhalt der Basis, Stellungnahme des Sprechenden, Kontext und Situation, Charakter der Kommunikation, Alter des Gesprächspartners).[3]

Alle diese Einflüsse erschweren die Möglichkeit, die Diminutivbildungen bedeutungsgemäß in ein festes Schema einzuordnen. Von einigen Substantiven, vor allem Personenbezeichnungen, existieren reich entwickelte Reihen von Diminutiven, die sehr schwer klassifizierbar sind (z.B. *otec - Vater* kann folgende Diminutive bilden: *oco, ocko, otecko, oculko, oculinko, oculienko, ocíček, oculíček, ocinko, ocík, oculík, oculiatko, oculiatenko, oculiatečenko*).

Die Diminuierung interpretiert man gewöhnlich als eine Verkleinerung bzw. Verfeinerung der begrifflichen Bedeutung des Simplexes. Man könnte sie als eine Art substantivischer bzw. adjektivischer, adverbialer oder verbaler Graduierung bezeichnen, da sie eine quantitative Veränderung des Wortes darstellt, wobei sich die Grundbedeutung der Basis prinzipiell nicht verändert, sondern nur modifiziert.

[3] Die Diminutive kommen sehr oft in der lebhaften, familiären, volkstümlichen Kommunikation oder in der Kindersprache bzw. im Umgang mit Kindern vor. In sachlichen Aussagen kommen nur die idiomatisierten Bildungen vor.

Im Unterschied zur adjektivischen Steigerung (*alt älter – ältester*) wird die Modifizierung der Bedeutung nicht in bezug auf eine dritte Größe erreicht, sondern man drückt den absoluten Grad der Bedeutung aus.

Bei manchen Wortbildungskonstruktionen tritt die verkleinernde Bedeutung zurück, das Suffix hat eine kosende Funktion, und die Ableitung drückt eine positive Stellungnahme des Sprechenden zum bezeichneten Objekt bzw. zum Gesprächspartner aus (Schätzchen *pokladík, Möndchen – mesiačik*). In Abhängigkeit von der begrifflichen Bedeutung der Basis und von den außersprachlichen Einflüssen kann die Wortbildungskonstruktion auch eine abwertende, geringschätzige, ironische, also pejorative Bedeutung bekommen. So erreicht man durch die Anknüpfung eines Diminutivsuffixes an eine Personenbezeichnung keine Graduierung, sondern eine Abwertung oder Verschlechterung der Bedeutung (*učitelík – Lehrerchen, maliarik – Malerchen, vojačik – Soldatchen*). In anderen Fällen kann man die pejorative Bedeutung des Simplexes durch seine Diminuierung abschwächen (*sprosťáčik – Dummköpfchen, somárik – Eselchen, hlupáčik – Dummchen*). In Abhängigkeit vom Kontext oder von der Situation kann ein Diminutiv pejorative Bedeutung bekommen, der Sprechende drückt dadurch seine negative Stellungnahme aus:

kvet – kvietok Blume – Blümchen
to je pekný kvietok – das ist ein schönes Blümchen
on je pekný kvietok – er ist ein schönes Früchtchen

Die betreffende aktuelle Bedeutung ergibt sich – wie bei den meisten lexikalischen Einheiten – erst aus dem Textzusammenhang.

3.1. Diminutivbildungen im Deutschen

Die Diminutive im Deutschen werden in der Regel mit den Diminutivsuffixen *-chen* und *-lein* gebildet. Der Gebrauch dieser häufigsten Suffixe ist geographisch (obd. *-lein*) oder distributionell differenziert (*Spielchen, Seelchen, Schälchen, Bächlein, Ringlein*), wobei in der heutigen Schriftsprache die Bildungen mit *-chen* am meisten verbreitet sind. In den obd. Mundarten kommen mehrere Varianten des *-l*-Diminutivsuffixes vor (*Gretl, Rössel, Linderle, Raderl, Güsserl, Struderl, Müsli, Spätzli*). Der Gebrauch des Suffixes *-lein* führt zur Umlautung des Basisvokals, in Verbindung mit *-chen* unterbleibt der Umlaut in bestimmten Fällen (z.B. Rufnamen, Personenbezeichnungen). In einigen Fällen besteht zwischen den Ableitungen mit *-chen* und *-lein* ein Bedeutungsunterschied (*Männchen – Männlein, Frauchen – Fräulein*). Im Unterschied zum Slowakischen werden die Diminutive viel seltener mit Hilfe einer Suffixerweiterung gebildet. Gelegentlich kommen Ableitungen mit *-el-chen* vor (*Dingelchen, Büchelchen, Löchelchen;* nach Fleischer, 1983). Die Möglichkeit der regelmäßigen Bildung der Diminutive von Adjektiven, die im slowakischen Sprachsystem sehr produktiv ist, kennt das Deutsche nicht. Gelegentlich werden bloß einige substantivierte Adjektive diminuiert (*Dickerchen, Alterchen, Frühchen*).

Bei einer Reihe von Verben kann man durch den Gebrauch der Suffixerweiterung *-el-n* ein diminuierendes Bedeutungsmerkmal zur Basis hinzufügen. Im

Unterschied zum Slowakischen drücken diese Verben aber keineswegs generell eine positive emotional-wertende Einstellung des Sprechenden, sondern bloß die Abschwächung der Intensität der Verbalhandlung (auch das nicht immer) aus. Deutlich ergibt sich dieser Unterschied aus dem Vergleich einiger Wortpaare mit dem Slowakischen:

lachen	-	*lächeln*	*smiat'sa*	-	*usmievat'sa (abgeschwächt)*
	aber		*smiat'sa*	-	*smejkat'sa (dimin.)*
					lieb/niedlich lachen
husten	-	*hüsteln*	*kašl'at'*	-	*pokašliavat' (abgeschwächt)*
	aber		*kašl'at'*	-	*kašlenkat'(dimin.)*
					jd Lieber hustet

3.2. Bedeutung

Die Diminutivbildungen vertreten auch im Deutschen den Modifikationstyp der Ableitung, in der die Diminutivsuffixe "zum Inhalt des gegebenen Ausgangsbegriffes ein ergänzendes modifizierendes Merkmal hinzuzufügen" (Fleischer, 1983: 66). Dabei handelt es sich nicht nur um das Bedeutungsmerkmal der Verkleinerung, oft haben die Suffixe – ähnlich wie im Slowakischen – bloß eine kosende Funktion. Das gleiche Modell kann sowohl eine positive als auch negative emotional-wertende Einstellung des Sprechenden ausdrücken (Küßchen, Freundchen). Über die expressive Geltung entscheidet oft erst der Kontext oder die Situation.

4. Probleme der Äquivalenz

Die breite Skala der Diminutivsuffixe im Slowakischen, die eine bunte Bedeutungsschattierung der existierenden Modelle zur Folge hat, die Bedingtheit der aktuellen Bedeutung durch den begrifflichen Inhalt der Basis, durch die soziologischen und stilistischen Gegebenheiten und vor allem die außerordentlich hohe Frequenz dieser Bildungen in der Alltagssprache stellt einen Übersetzer vor ein ziemlich kompliziertes Problem.

Die Frequenz der Diminutive im Slowakischen ist im Unterschied zum Deutschen unvergleichbar höher, sie erreicht ihren Höhepunkt vor allem in der Kommunikation mit Kindern. Der unterschiedliche Gebrauch der Diminutive zeigt sich schon bei der Anrede. Die nichtdiminutiven Formen (*Eva, Anna, Jana, Martin, Peter* etc.) werden nur in der amtlichen, offiziellen Kommunikation gebraucht. In der Alltagskommunikation drücken die nichtdiminutiven Formen einen Abstand bzw. die unfreundliche Einstellung des Sprechenden zur angesprochenen Person aus. Man bevorzugt also in der Alltagssprache diminutive Formen der Anrede (z.B. *Evička, Anička, Martinko, Mat'o, Mat'ko, Petrík, Pet'ko, Pet'ulo* etc.).

Die außerordentlich hohe Frequenz der Diminutive im Slowakischen hat wahrscheinlich mehrere Gründe. Einerseits äußert sich darin meiner Meinung nach die auch in anderen Bereichen bestehende Tendenz der vielfältigeren und reichen Flexion. Andererseits hängt die hohe Frequenz wahrscheinlich mit der besonderen

Wahrnehmung der objektiven Realität und derer speziellen sprachlichen Erfassung von den slowakischen Sprachträgern ab. Ist die erhöhte Frequenz der Diminutive im österreichischen Deutsch dem Einfluß des slawischen Elements zuzuschreiben? Kann man dann die niedrigere Frequenz dieser Bildungen im Tschechischen wiederum durch den jahrhundertlangen kulturellen und sprachlichen Einfluß des Deutschen erklären? Die richtige Beantwortung dieser Fragen bedarf ausführlicher Untersuchungen. Das Problem der Äquivalenzfeststellung ist vor allem bei den mehrstufigen Diminutivbildungen, bei den Ableitungen von Adjektiven, Adverbien, Pronomen und Verben nicht leicht. Wie könnte man z.B. folgende – in der Kommunikation mit Kindern durchaus übliche Sätze adäquat übersetzen?

> *Malilinký psíček bežkal domkov. (Ein kleines Hündchen lief nach Hause,* aber im Slowakischen ist jedes Wort diminutiv.
>
> *Bol'ká t'a bruško? (Tut dir dein Bäuchlein weh(chen)?)*
>
> *Spapaj polievočku a bežkaj do postiel'ky spinkat'. (Iß* -(dim.) *Süppchen und lauf* (dim.) *ins Bettchen schlafen* (dim.))

Gibt es im Deutschen keine direkte Entsprechung in der Form einer Diminutivbildung, müssen die an das slowakische Diminutivsuffix gebundenen Bedeutungsmerkmale durch andere Sprachmittel signalisiert werden, so daß auch der Grad der Expressivität unverändert bleibt.

Daß die Festlegung der Äquivalenz für sehr frequentierte slowakische Diminutive nicht leicht ist, zeigt uns der deutsche Übersetzer des erwähnten Romans von KLÁRA JARUNKOVÁ. Von den 330 slowakischen Diminutivbildungen wurden bloß 50,6 % (167) adäquat, also auch mit Beibehaltung der vorkommenden Expressivität übersetzt. Davon waren 20,3 % (67) idiomatisierte Bildungen (fast zwei Drittel davon sind auch im slowakisch-deutschen Wörterbuch erfaßt). In 133 Fällen (40,3 %) wählte der Übersetzer nichtdiminutive Äquivalente, die fehlende Expressivität wurde auch nicht durch andere sprachliche Mittel ausgedrückt. 9,09% der Bildungen (30) wurden einfach weggelassen.

Von einer adäquaten Übersetzung wird verlangt, daß sie nicht nur den Sachverhalt, die inhaltliche Seite des Originals in eine andere Sprache wiedergibt, sondern sie soll dem Original auch funktional-stilistisch gleichwertig sein. Sie soll die gleiche Wirkung auf den Leser haben, wie das Originalwerk und entsprechende sprachliche Mittel wählen, die als Träger dieser Wirkung im Originalwerk funktionieren. Die Rückübersetzung in die Ausgangssprache soll mit dem Originaltext möglichst identisch sein. Diese Forderungen wurden in der analysierten Übersetzungen nicht erfüllt.

LITERATUR

BARNET, VLADIMÍR

1983 Možnosti a hranice slovanské konfrontační lingvistiky. In: *Československá slavistika,* 81–91.

FLEISCHER, WOLFGANG

1983 *Wortbildung der deutschen Gegenwartssprache.* 5. Auflage. Leipzig: VEB Bibliographisches Institut.

FLEISCHER, WOLFGANG/STEPANOWA M.D.

1985 *Grundzüge der deutschen Wortbildung.* Leipzig: VEB Bibliographisches Institut.

MISTRÍK, JOZEF

1970 *Štylistika slovenského jazyka.* Bratislava: SPN.

ONDRUS, PAVEL

1972 *Slovenská lexikológia II. Náuka o slovenej zásobe.* Bratislava: SPN.

ŠTOLC, JOZEF

1958 K morfol'ogii deminutív v slovenčine. In: *Jazykovedné štúdie* **3**, 19–83.

TIBENSKÁ

1982 Expresivita slovies z hládiska lexikografickej praxe. In: *Slevenská reč* (3).

VILIKOVSKÝ, JÁN

1984 *Preklad ako tvorba. Studia litteraria, zväzok 6.* Slovenský spisovatel' Bratislava.

Der Wortbildungstyp “Steigerungsbildung” im Deutschen

Robert J. Pittner
Moos

0. Einleitung

Im folgenden Beitrag geht es um Wörter, die in der traditionellen Forschung mit Begriffen wie VOLKSSUPERLATIVE, VERSTÄRKENDE KOMPOSITA, AUGMENTATIVE PRÄFIX(OID)BILDUNGEN usw. bezeichnet werden. Dieser Wortbildungstyp tritt v.a. bei Adjektiven (*saukalt, urgesund, erzkonservativ, stockfinster, blutwenig, grundverkehrt,* u.v.a.), und Substantiven (*Affenschande, Höllentempo, Riesenfußballer* usw.) auf. Im adverbiellen Bereich wäre noch das Beispiel *schnurstracks* zu nennen.

In den ältesten Arbeiten zu diesem Thema werden die Wörter dieses Typs als Untergruppe der Komposita gesehen und meist als VERSTÄRKENDE KOMPOSITA bezeichnet.[1]

Diese Einordnung geht davon aus, daß es sich dabei um eine Kombination aus zwei Stammorphemen handelt, von denen das erste das zweite in irgendeiner Art und Weise verstärkt. Schon HAUSCHILD bemerkt aber, daß es sich hierbei um sehr seltsame Komposita handelt, da die Erstglieder semantisch völlig demotiviert seien und zwei Hauptakzente auf jedem Wort liegen (HAUSCHILD 1899: 1).

Als man die Präfigierung von der Komposition unterscheiden lernte, wurden auch *erz-* und *ur-* als Präfixe einsortiert, da sie reihenbildend sind und kein Zusammenhang zu den homonymen Wörtern *Ur* und *Erz* zu erkennen ist (MÜLLER 1899, BAUMGARTEN 1908, PAUL 1920).

Dies führt dazu, daß der einheitliche Charakter dieser Gruppe nicht mehr gesehen wird, wenn man aufgrund obiger Überlegungen *uralt* als Präfigierung, *saudumm* aber als Kompositum bezeichnen müßte. In der Folgezeit wird der Präfixbegriff auch auf andere Erstglieder wie *sau-, grund-, stock-* usw. ausgedehnt, so daß nur noch darüber diskutiert wird, welche Morpheme als Präfixe zu bezeichnen sind und welche nicht (HENZEN 1947, BERZ 1953, FLEISCHER 1969). Eine generelle Hinterfragung des ganzen Konzeptes findet nicht statt, auch wenn in einigen Ansätzen mit Übergangsklassen gearbeitet wird, die man als HALBPRÄFIXE oder PRÄFIXOIDE bezeichnet (DUDEN [4]1984, ERBEN 1975).

---

[1] cf. BRÜCKNER (1854), DONY (1865), TOBLER (1868), HAUSCHILD (1899, 1903, 1903/04, 1904/05, 1929/30).

1. Morphologische Charakterisierung des Wortbildungstyps Steigerungsbildung

Die Frage, welche Morphemklassen in Steigerungsbildungen vorkommen, ist, obwohl kontrovers diskutiert, längst noch nicht geklärt. Während man sich darüber einig ist, daß das Zweitglied ein Wortstamm ist, gehen die Auffassungen über das Erstglied auseinander.

Gegen den Vorschlag, sie als Präfixe zu bezeichnen, spricht die Tatsache, daß sie generell akzentuierbar sind, was bei Präfixen nur in Ausnahmefällen (Negationspräfixe) vorkommt. Trotzdem ziehen sie nicht wie die Negationspräfixe den Hauptakzent allein auf sich, sondern bewirken vielmehr eine generelle Doppelakzentuierung.

Auch die Annahme, es könnte sich um Stammorpheme handeln, ist problematisch, da zwischen den Erstgliedern von Steigerungsbildungen und den frei vorkommenden Homonymen kein semantischer Zusammenhang mehr konstatiert werden kann, so daß die betroffenen Morpheme nicht mehr als frei vorkonmmend zu bezeichnen sind. In Wörtern wie ***stockschwul*** oder ***steinreich***[2] kann kein Bedeutungsmerkmal der Substantive ***Stock*** und ***Stein*** mehr identifiziert werden, so daß es berechtigt scheint, von einer Homonymierelation auszugehen. Damit ist aber auch die Einordnung dieser Erstglieder als Stammorpheme unsinnig, da solche immer FREI VORKOMMEN.

Bleibt noch der Vorschlag, sie als HALBPRÄFIXE oder PRÄFIXOIDE einzusortieren. Da diese Klasse aber als Übergangsklasse zwischen Präfixen und Stammorphemen, sprich Kompositionsgliedern, definiert ist, setzt eine Einordnung der hier diskutierten Morpheme einenÜbergang vom Stammorphem hin zum Präfix über die Zwischenstufe ERSTGLIED VON STEIGERUNGSBILDUNGEN voraus. Zwar können in der Geschichte der deutschen Sprache durchaus Übergänge vom Kompositionsglied zum Präfix festgestellt werden, doch ist meines Wissens noch kein Übergang bekannt, wo eine Zwischenstufe der hier vorliegenden Art gebildet worden wäre. Vielmehr unterliegen typische Übergangsprodukte wie ***Haupt-*** in ***Hauptstadt*** usw. entweder noch dem Verhaltensmuster der Komposita oder aber sie haben bereits präfixartige Züge angenommen. Dies ist bei Erstgliedern von Steigerungsbildungen aber nicht der Fall, was den Schluß nahelegt, daß ihre Einordnung in diese Gruppe eine durchaus sinnvolle Übergangsklasse zu einer reinen Rest- und Sammelklasse degradieren würde, was aber nicht sinnvollerweise angestrebt werden kann.

Eingedenk dieser Überlegungen bleibt also nur die Möglichkeit, diese Morpheme als eigene Klasse aufzufassen, deren Merkmale wie folgt zusammengefaßt werden können und die in Anlehnung an den Terminus STEIGERUNGSBILDUNG als STEIGERUNGSGLIEDER bezeichnet werden sollen.[3]

---

[2] Gemeint ist hier natürlich nicht die Bedeutung 'reich an Steinen', sondern 'sehr reich'.

[3] Den Terminus STEIGERUNGSBILDUNGEN verwendet meines Wissens zuerst FABIAN BERZ (1953).

Diese kommen prinzipiell nicht frei vor und können akzentuiert werden, ohne den Wortakzent allein zu tragen. Außerdem treten sie immer vorne an einen Wortstamm. Damit läßt sich diese Morphemklasse von allen anderen existierenden Morphemklassen unterscheiden und erfaßt darüberhinaus alle in diesem Zusammenhang in Frage kommenden Erstglieder, da sowohl häufig als Kompositionsglieder bezeichnete Morpheme wie *sau-* oder *stock-* als auch die scheinbaren Präfixe *ur-* und *erz-* darunter fallen, so daß dem einheitlichen Charakter dieser Klasse wieder Rechnung getragen wird.

Ein weiteres wichtiges morphologisches Merkmal ist der WORTAKZENT.[4] Steigerungsbildungen erhalten zwei relativ starke Akzente, von denen der zweite gelegentlich als etwas stärker empfunden wird. Dieses Phänomen tritt aber auch bei anderen Gelegenheiten, bei denen man gleich starke Akzente hat, auf (Wortakzent von Kopulativkomposita, Isolierende Akzentuierung in Sätzen), so daß man davon ausgehen kann, daß Steigerungsbildungen Doppelakzent haben und der gelegentlich stärker empfundene zweite Akzent eine realisationsphonologische Variante ist, der an dieser Stelle kein Gewicht zugemessen werden muß.

Steigerungsbildungen mit mehr als einem Steigerungsglied (*splitterfasernackt, nigelnagelneu, kohlpechrabenschwarz* usw.) haben auf jedem ihrer Bestandteile einen etwa gleich starken Akzent, wobei auch hier wieder der letzte als stärker empfunden werden kann. Hinzu kommt, daß häufig der mittlere Akzent abgeschwächt wird, was aber auch bei längeren Determinativkomposita der Fall sein kann. Dieses Phänomen ist wohl rhythmusbedingt, d.h. alternierende Rhythmen werden bevorzugt,weil sie einfach leichter zu sprechen sind.

Zusammenfassend kann man also sagen, daß der Wortakzent von Steigerungsbildungen auf jedem ihrer Bestandteile gleich stark liegt, jedoch aus rhythmischen oder aus realisationsphonologischen Gründen leicht verändert werden kann. Es muß jedoch davon ausgegangen werden, daß das strukturelle Akzentmuster dieses Wortbildungstyps eine gleich starke Akzentuierung aller Bestandteile verlangt.

Schnell abgehandelt werden können die Reihenfolgebeziehungen zwischen Steigerungsgliedern und den Grundwörtern. Die Steigerungsglieder können nämlich grundsätzlich nur vor den zu steigernden Wortstamm treten; eine Umkehrung der Reihenfolge ist nicht möglich.

---

[4] Unter WORTAKZENT soll hier diejenige Akzentuierung verstanden werden, die ein Wort erhält, wenn es isoliert ausgesprochen wird. Diese muß nicht mit der Akzentuierung in einer konkreten Verwendungssituation übereinstimmen.

2. Produktivität und Reihenbildung

Der Wortbildungstyp STEIGERUNGSBILDUNG ist sehr produktiv.[5] Zum einen können mit den meisten Steigerungsgliedern jederzeit neue Wörter gebildet werden (vgl. jugendsprachliche Ausdrücke wie *affenscharf, saugeil* usw.), zum anderen kann auch nahezu jedes deutsche Wort als Steigerungsglied verwendet werden, d.h. die Klasse der Steigerungsglieder ist absolut offen. Trotzdem sind manche Steigerungsglieder offenbar nicht mehr produktiv, man denke nur an *wunder-*, das zwar ältere Bildungen wie *wunderschön* oder *wunderhübsch* zuläßt, sich aber nicht mit neueren Adjektiven vergleichbarer Semantik verbinden läßt (**wundergeil, *wunderscharf, *wunderheiß*).

Zum Kriterium der REIHENBILDUNG ist zu sagen, daß es praktisch alle möglichen Stufen gibt, d.h. neben Einzelbildungen wie *honigsüß, aalglatt, zuckersüß, wieselflink, bierernst, herzensgut, krebsrot, patschnaß, zappenduster* usw. existieren auch stark reihenbildende Erstglieder wie *blitz-, ernst-, grund-, hoch-, sau-, stock-, tief-, tod-, ur-,* usw. Dazwischen sind alle denkbaren Übergänge realisiert.

3. Zur Semantik von Steigerungsbildungen

Steigerungsglieder verstärken den Inhalt des Grundwortes in ähnlicher Weise wie *sehr*. Trotzdem kann daraus keine totale Synonymität zwischen einer Phrase mit *sehr* und der entsprechenden Steigerungsbildung abgeleitet werden. Allerdings trifft eine Paraphrase mit *sehr* die Bedeutung der entsprechenden Adjektive genauer als eine oft als zugrundeliegend angenommene Vergleichsstruktur. *Hundemüde* bedeutet eben nicht 'müde wie ein Hund', sondern viel eher 'sehr/besonders müde'.

Auf einer Intensitätsskala der jeweiligen Adjektivbedeutung erhalten Steigerungsbildungen eine besonders hohe, aber nicht näher zu lokalisierende Position, d.h. es läßt sich kein genauer Punkt auf der Skala festlegen, an dem die gesteigerten Adjektive anzusiedeln wären. Insbesondere sind sie nicht, wie durch die Bezeichnung VOLKSSUPERLATIV nahegelegt wird, als Ersatz für den Superlativ anzusehen, denn sie bezeichnen sicher nicht das obere Ende einer Skala. Auch eine skalare Abstufung der einzelnen Steigerungsglieder untereinander kann nicht

[5] Die Begriffe PRODUKTIVITÄT und REIHENBILDUNG werden häufig durcheinandergeworfen. Hier soll unter Produktivität die Frage verstanden werden, ob ein Wortbildungsmuster unabhängig von der Zahl der existierenden Bildungen noch Neubildungen zuläßt, während unter REIHENBILDUNG das Phänomen Berücksichtigung findet, daß bestimmte Wortbildungstypen, unabhängig von der Frage der Produktivität, eine mehr oder minder große Anzahl an Bildungen aufweisen. Da es allerdings unmöglich ist, festzulegen, ab welcher Anzahl von belegten Bildungen man von einer Reihe sprechen soll und es zudem ebenso unmöglich ist, überhaupt zuverlässiges Zahlenmaterial über die Anzahl möglicher und realisierter Bildungen zu gewinnen, kann der Begriff REIHENBILDUNG auch nur sehr vage verwendet werden und sollte sinnvollerweise höchstens relativ gebraucht werden. Einer Vermischung der beiden Begriffe, wie häufig geschehen, sollte man sich allerdings im Interesse einer klaren Ausdrucksweise auf jeden Fall entschlagen.

festgestellt werden, was ein Blick auf die folgende Reihe zeigt, wo man keine allgemein verbindlichen Urteile über die Intensität der Steigerung feststellen kann: *kotz-, sterbens-, stink-, todlangweilig.* Auch die Anzahl der Steigerungsglieder läßt nicht auf den Grad der Steigerung schließen, was folgende Reihe belegt: *kohl-, kohlpech-, kohlpechrabenben-, kohlraben-, pech-, pechkohlraben-, pechraben-, rabenschwarz.*

Steigerungsglieder lösen über die denotative Bedeutung hinaus oft bestimmte Konnotationen aus. So kann man sich bei großer Hitze mit dem Adjektiv *eiskalt,* nicht aber mit *saukalt* über sein frisch gezapftes Bier freuen. Aber auch diese Konnotationen sind nicht streng festgelegt, sondern können sich je nach Verwendungssituation ändern. *Sau-* ist in der Sprache der Erwachsenen eher mit negativer Konnotation verbunden (*sauteuer, saudumm*), während es jugendsprachlich genau gegenteilig konnotiert ist (*saugeil, saustark*).

4. Welche Morpheme können als Steigerungsglieder verwendet werden?

Die im Zusammenhang mit Steigerungsgliedern am häufigsten diskutierte Frage ist sicher die nach der Herkunft der Steigerungsglieder. Trotzdem ist man von einer zufriedenstellenden Antwort im Grunde genauso weit entfernt wie vor der Jahrhundertwende. Auch jüngere Versuche wie der von EMMY SACHS (1963) müssen als gescheitert angesehen werden, da auch sie nicht berücksichtigt, daß die Semantik der Steigerungsglieder nicht mit der der gleichlautenden freien Morpheme übereinstimmt. Als Ergebnis bleibt festzuhalten, daß Steigerungsglieder häufig homonym zu Wörtern mit hohem expressiven Gehalt sind (vgl. *kotz-, stink-, blut-, kreuz-, himmel-* usw.). Häufig werden auch Homonyme zu Tiernamen verwendet (*sau-, affen-, hunde-/hunds-, pudel-, bären-* usw.), wogegen Bildungen, zu denen ein homonymes Vergleichskompositum möglich erscheint, eher selten sind (*honigsüß, zuckersüß, aalglatt, wieselflink* usw.). Bei dieser Gruppe läßt sich dann am Wortakzent feststellen, welche von beiden Lesarten vorliegt.

Am überzeugendsten scheint die These, daß Steigerungsglieder nur als zusätzliche Akzentträger fungieren und es überhaupt keine Rolle spielt, welches Morphem verwendet wird, wofür auch die These spricht, daß in der Standardsprache nicht (mehr) frei vorkommende Morpheme als Steigerungsglieder dienen können (*schlohweiß, klitzeklein, zappenduster*). Die semantische Leistung der Steigerung wird offensichtlich allein dadurch erreicht, daß der/die HörerIn den Strukturtyp Steigerungsbildung identifiziert. Das Steigerungsglied löst höchstens bestimmte Konnotationen aus, die aber nicht in eine Beschreibung des denotativen Bedeutungsgehalts gesteigerter Adjektive eingehen.

5. Abggrenzung von anderen Wortbildungstypen

Um die Ansetzung eines eigenen Wortbildungstyps zu rechtfertigen, muß noch gezeigt werden, daß dieser von allen anderen Wortbildungstypen wirklich zu unterscheiden ist. Dabei wird im folgenden nur auf die Typen eingegangen, mit denen eine Verwechslung nicht schon trivialerweise ausgeschlossen ist.

Die Abgrenzung von den Zusammenrückungen ist leicht, da bei diesem Wortbildungstyp immer ein Syntagma zugrundeliegt, was bei Steigerungsbildungen nicht der Fall ist.

Von Komposita lassen sie sich dadurch unterscheiden, daß bei diesen immer eine Verbindung aus zwei freien Morphemen vorliegt, was, wie oben gezeigt wurde, hier nicht der Fall ist. Zusätzlich trennt sie von den Kopulativkomposita die Tatsache, daß bei Steigerungsbildungen die Reihenfolge der beteiligten Morpheme nicht ohne Änderung der Bedeutung umkehrbar ist. Von den Determinativkomposita unterscheidet sie der Wortakztent, welcher bei jenen auf dem ersten Bestandteil liegt.

Präfigierungen schließlich heben sich von den Steigerungsbildungen dadurch ab, daß sie nie Doppelakzent haben können und daß die beteiligten Morphemklassen andere sind.

Damit ist gezeigt, daß Steigerungsbildungen eine einheitliche Klasse bilden und sich von allen anderen Wortbildungstypen abgrenzen lassen, was die Annahme eines eigenen Wortbildungstyps STEIGERUNGSBILDUNG nicht nur gerechtfertigt erscheinen läßt, sondern geradezu fordert.

LITERATUR

BAUMGARTEN, BRUNO

1908 Über steigernde Zusammensetzungen. In: *Zeitschrift für den deutschen Unterricht* **22**, 273–299.

BERZ, FABIAN

1953 *Der Kompositionstyp "steinreich".* Diss., Bern.

BRÜCKNER, G.

1854 Der Volkssuperlativ im Hennebergischen. In: *Die deutschen Mundarten* **1**, 222–230.

DONY, ALEXIS

1865 Ueber einige volksthümliche Begriffsverstärkungen bei deutschen und englischen Adjektiven. In: *Bericht über die höhere Bürgerschule zu Spremberg.* Spremberg.

DUDEN

1984 *Grammatik der deutschen Gegenwartssprache.* Mannheim/Wien/Zürich, 4. Aufl.

ERBEN, JOHANNES

1975 *Einführung in die Wortbildungslehre.* Berlin

FLEISCHER, WOLFGANG

1969 *Wortbildung der deutschen Gegenwartssprache.* Leipzig.

HAUSCHILD, OSKAR

1899 *Die verstärkende Zusammensetzung bei Eigenschaftswörtern im Deutschen (= Wissenschaftliche Beilage zum Jahresbericht des Wilhelm-Gymnasiums in Hamburg.)* Ostern 1899, Hamburg.

1903 Die verstärkende Zusammensetzung bei Eigenschaftswörtern. In: *Zeitschrift für deutsche Wortforschung IV*, 315–320.

1903/1904 Die verstärkende Zusammensetzung bei Eigenschaftswörtern II. In: *Zeitschrift für deutsche Wortforschung V*, 243–248.

1904/1905 Die verstärkende Zusammensetzung bei Eigenschaftswörtern III. In: *Zeitschrift für deutsche Wortforschung VI*, 198–211.

1929/1930 Die Übertragung der Verstärkungswörter. In: *Teuthonista* **6**, 266–268.

HENZEN, WALTER

1947 *Deutsche Wortbildung.* Haale a.S.

MÜLLER, KARL

1899 Die Verstärkung des sprachlichen Ausdrucks. In: *Zeitschrift des allgemeinen deutschen Sprachvereins XIV*, Spalte 6–14.

PAUL, HERMANN

1920 *Deutsche Grammatik Bd. V, Teil IV: Wortbildungslehre.* Halle a.S.

SACHS, EMMY

1963 On steinalt, stock-still and Similar Formations. In: *Journal of English and German Philology* **62**, 581–597.

TOBLER, LUDWIG

1868 *Über die Wortzusammensetzung nebst einem Anhang über verstärkende Zusammensetzungen.* Berlin

Affektive Lexik:
Kognitive, semantische und morphologische Aspekte

Klaus P. Schneider
Universität Hamburg

1. Der Objektbereich

Mit AFFEKTIVER LEXIK ist jener Teil des Wortschatzes einer Sprache gemeint, der zusätzlich zur sogenannten kognitiven (oder denotativen) Bedeutung eine bestimmte affektive Einstellung des Sprechers gegenüber dem Referenten zum Ausdruck bringt. Der Begriff AFFEKTIVE LEXIK, für den alternativ auch die Bezeichnung EXPRESSIVE LEXIK existiert (vgl. den Beitrag von Krenceyová in diesem Band), ist von LEECH (1974) entlehnt, der in seiner Taxonomie von Bedeutungstypen der grundlegenden KONZEPTUELLEN BEDEUTUNG ("CONCEPTUAL MEANING": "Logical, cognitive, or denotative content.") eine Reihe von Bedeutungstypen gegenüberstellt, die er "ASSOCIATIVE MEANING" nennt, und zu denen auch die AFFEKTIVE BEDEUTUNG ("AFFECTIVE MEANING": "What is communicated of the feelings and attitudes of the speaker/writer.") zählt (LEECH 1974: 26).

Zum Bereich der affektiven Lexik werden auch die sogenannten DIMINUTIVA und AUGMENTATIVA gerechnet, auf die sich die nachfolgende Diskussion beschränken wird.

2. Zum Stand der Diminutivforschung

Greift man, um erste Informationen über das Phänomen DIMINUTIV (und verwandte Erscheinungen) und dessen (bzw. deren) Erforschungsstand zu erhalten, zu Wörterbüchern zur sprachwissenschaftlichen Terminologie, ist man zunächst überrascht, in Standardwerken wie z.B. dem dreibändigen *Linguistischen Wörterbuch* von LEWANDOWSKI (1984) keinerlei Auskünfte darüber zu erhalten. Die Einträge DIMINUTIV und AUGMENTATIV fehlen. Der Gerechtigkeit halber muß man allerdings darauf verweisen, daß der Verfasser in seinem Vorwort schreibt (LEWANDOWSKI 1984, 5):

> Der zur Verfügung stehende Raum legte nahe, auf die Erläuterung von Begriffen (schul)grammatischer Art, wie *Ablativ, Artikel, Aorist* zu verzichten und sie umfassenderen Kategorien, wie *Kasus, Wortart, Tempus* zuzuweisen, die von größerer theoretischer Bedeutung sind.

Aber auch in größerem Zusammenhang sind die beiden Kategorien nicht zu finden. Hier wird deutlich, zu welcher Zeit und vor welchem theoretischen Hintergrund dieses Nachschlagewerk entstand (1. Auflage: Anfang bis Mitte der siebziger Jahre).

Abgesehen davon, daß im Laufe der letzten zwanzig bis dreißig Jahre, ungeachtet der nicht nur bei LEWANDOWSKI zum Ausdruck kommenden abqualifizierenden Bewertung, eine ganze Reihe deskriptiver Arbeiten zu Diminutiva (und Augmentativa) in verschiedenen Sprachen erschienen sind,[1] hat sich dadurch, daß die Dominanz des syntaktischen Bereichs in der Linguistik zugunsten der Lexis aufgegeben wurde (nicht zuletzt befördert durch Forschungen zu Assoziationen, zu Prototypen und zum mentalen Lexikon), und auch Morphologie und Wortbildung wieder eine größere Rolle spielen, die Einschätzung des theoretischen Statuses der Diminutivbildung verändert.

3. Morphologische Aspekte

Daß die Kategorie DIMINUTIV durchaus als auch in theoretischer Hinsicht interessantes Phänomen betrachtet werden kann, beweist BYBEES Buch *Morphology: A Study of the Relation between Meaning and Form* (1985). Eine der zentralen Thesen der Autorin lautet, daß bestimmte Bedeutungen in allen Sprachen grundsätzlich mit denselben formalen Mitteln ausgedrückt werden. Zu den Bedeutungen, von denen hier die Rede ist, wird von BYBEE explizit auch das DIMINUTIV gezählt.

Einige dieser Bedeutungen, so die Autorin, würden (eher) durch Derivation, andere hingegen (eher) durch Flexion gebildet. Zur ersten Gruppe gehört das DIMINUTIV, das aber bei BYBEE nur von peripherem Interesse ist, zur letzteren die Kategorie TEMPUS, die neben ASPEKT und MODUS in dem Buch die zentrale Rolle spielt (BYBEE 1985: 99).[2] Als Regel stellt BYBEE (1985: 99) auf, daß durch Derivationaffixe inhärente Bedeutungskomponenten ausgedrückt werden, während Flexionsendungen kontextuell wirksam sind. Demzufolge drücken Diminutivformen ein inhärentes Bedeutungsmerkmal aus, nämlich — laut BYBEE (1985: 110, Anm. 9) — die Größe einer Erscheinung (Gegenstand, Person usw.).

Die knappe Diskussion der Kategorie DIMINUTIV in BYBEE (1985) zeigt aber noch etwas ganz anderes. Während die deskriptiven Arbeiten, auf die oben summarisch verwiesen wurde, sich durchgängig ausschließlich mit indoeuropäischen Sprachen beschäftigen (von denen die Romania die am besten erforschte Sprachgruppe ist), untersucht BYBEE eine große Zahl nicht-indoeuropäischer Sprachen. Das DIMINUTIV ist also kein Spezifikum der indoeuropäischen Sprachfamilie, wie die erwähnte Literatur zum Thema suggeriert. Die Tatsache, daß beispielsweise in

---

[1] In ihrer Bibliographie zur Morphologie, die den Zeitraum von 1960 - 1985 abdeckt, verzeichnen BEARD & SZYMANEK (1988) mehr als ein Dutzend Aufsätze und ein halbes Dutzend Monographien zum Thema. Besondere Erwähnung verdienen die beiden Bände von ETTINGER (1974a, 1974b). Einige der Arbeiten sind kontrastiv angelegt (bilateral oder auch multilateral). Die neueste mir bekannte Publikation ist die Monographie von VOLEK (1987) zum Russischen.

[2] In diesem Zusammenhang verweist BYBEE auf ANDERSON (1982), der behauptet, Tempusformen würden in Kwahiutl derivational, und Diminutivformen in Falu mithilfe von Flexionsendungen gebildet. BYBEE (1985: 110, Anm. 9) teilt jedoch diese Einschätzung nicht. Nach ihrer Auffassung handelt es sich bei den von Anderson diskutierten Formen nicht um Diminutiva, da sie auch eine pejorative Bedeutung ausdrücken können.

den finno-ugrischen Sprachen und in den Bantusprachen, die von BYBEE (1985) nicht berücksichtigt wurden, diese Kategorie ebenfalls vorhanden ist, läßt vielmehr darauf schließen, daß das DIMINUTIV eine Universalie ist. Dagegen scheint die gegensätzliche Erscheinung, das AUGMENTATIV, eine implikative Universalie zu sein. Das heißt, daß es (offenbar) keine Sprache gibt, in der zwar die Kategorie AUGMENTATIV, nicht aber die Kategorie DIMINUTIV existiert. Der umgekehrte Fall ist jedoch zu beobachten. Während z.B. das Italienische, das Russische und das Swahili über beide Kategorien verfügen, fehlt das AUGMENTATIV beispielsweise im Deutschen und im Finnischen.[3] Schließlich sei noch darauf hingewiesen, daß häufig der Eindruck vermittelt wird, es handle sich bei DIMINUTIV und AUGMENTATIV ausschließlich um Substantivkategorien. Dies mag zwar für eine Reihe von Sprachen gelten, jedoch verfügt beispielsweise das Russische (wie auch andere Slavinen) über ein relativ umfängliches Inventar an Diminutiv- und Augmentativsuffixen zur Adjektivbildung sowie über die sogenannte diminutive Aktionsart der Verben, die auch im Deutschen, wenn auch nur peripher, noch produktiv ist (*schläfeln* ("Elternsprache"), *denkeln*, ...) — abgesehen von lexikalisierten Formen wie *tüpfeln, hüsteln* und *lächeln*. Vor diesem Hintergrund wird die Kategorie DIMINUTIV (und in eingeschränktem Maß auch die Kategorie AUGMENTATIV) als einheitliches wortartunabhängiges bzw. übergeordnetes semantisches Konzept postuliert. In diesem Beitrag jedoch bleibt die Diskussion auf Substantive beschränkt, und zwar in erster Linie auf Spontanbildungen und nicht auf lexikalisierte Formen wie *Mädchen, Märchen, Schneeglöckchen* oder *Eichhörnchen*.

4. Semantische Aspekte

Die traditionellen lateinischen Termini DIMINUTIVUM und AUGMENTATIVUM werden gewöhnlich mit Verkleinerungs- bzw. Vergrößerungsform eingedeutscht. Sie beziehen sich also auf das nach BYBEE (1985) durch die jeweiligen Derivationsaffixe ausgedrückte inhärente semantische Merkmal '(besonders) klein' bzw. '(besonders) gross'. Darüberhinaus können jedoch im Deutschen und in anderen Sprachen dieselben Affixe eine Wertung oder affektive Einstellung des Sprechers zum Ausdruck bringen. Daß es sich dennoch um zwei verschiedene Bedeutungskomponenten handelt zeigt zweierlei: Zum einen stehen beispielsweise im Finnischen jeweils verschiedene Suffixe zur Verfügung (vgl. VESIKANSA 1978: 51ff),[4] zum anderen gibt es z.B. im Deutschen Substantive mit den Suffixen *-chen/-lein*, die keinerlei Verkleinerungsbedeutung haben. So kommt ULRICH (1987) mit seinen Beispielen in Schwierigkeiten: Er paraphrasiert *Häschen* und *Vöglein* mit 'kleiner Hase' respektive 'kleiner Vogel', sein dritter Beleg *Väterchen* bleibt jedoch unkom-

---

[3] Zumindest sind keine Bildungen mit Derivationsaffixen möglich. Wie man letztenendes (unter funktionalen Gesichtspunkten) Formen wie *Riesenportionen, Riesengefängnis, Riesen-Attraktion* beurteilt, steht wieder auf einem anderen Blatt.

[4] An dieser Stelle möchte ich LIISA KUKKONEN für ihre Auskünfte zu finnischen Diminutivbildungen danken.

mentiert; selbstverständlich wäre eine analoge Umschreibung mit 'kleiner Vater' völlig inadäquat.[5]

Die aus diachroner Sicht interessante Frage, ob es im Deutschen in der Vergangenheit für die beiden verschiedenen Bedeutungskomponenten auch unterschiedliche Suffixe gab und der Formenbestand erst später aus sprachökonomischen Gründen vereinfacht wurde, ist zweitrangig und kann hier nicht beantwortet werden. Festzuhalten ist jedoch, daß eine Affinität zwischen den beiden Bedeutungen besteht. 'Kleinheit' ist potentiell affektiv besetzt, wobei 'Kleinheit' ambivalent ist: Die Einstellung eines Sprechers dazu kann entweder positiv oder negativ sein (traditionell spricht man von HYPOKORISTISCHER bzw. von PEJORATIVER Bedeutung).

Der Grund für die besagte Affinität ist wohl darin zu suchen, daß jede Aussage über die Größe einer Person, eines Gegenstandes usw. eine wertende Aussage ist. SAPIR (1944) gilt als der erste Linguist, der darauf hinwies, daß steigerungsfähige Adjektive auch dann einen Vergleich implizieren, wenn sie nicht in komparativischer Form gebraucht werden (letztlich geht diese Beobachtung auf Aristoteles zurück; s. LYONS (1977: 273f)). Mit einer Äußerung wie *Der hat ein großes Haus* nimmt der Sprecher Bezug auf Wertvorstellungen über die Größe von Privathäusern, er verweist implizit auf eine (als allgemeingültig angenommene) Norm. Von daher ist die Bezeichnung RELATIONALE oder RELATIVE Adjektive (traditionell auch WERTENDE QUALITÄTSADJEKTIVE) für "Eigenschaftswörter" wie *groß, klein, dick, dünn* motiviert.

Dieses relationale Moment, den Bezug auf eine Norm, oder genauer: die Wertung eines Sachverhalts als Normabweichung, läßt BYBEE (1985) außer acht. Sie vertritt, wie erwähnt, die Ansicht, daß das inhärente Merkmal, das durch Diminutivaffixe ausgedrückt wird, die Größe des Referenten bezeichnet. BYBEE ist auch nicht bereit, Formen, die neben der Verkleinerungsbedeutung eine affektive Bedeutung haben, als Diminutiva gelten zu lassen. So kritisiert sie das Verständnis der Kategorie DIMINUTIV von ANDERSON (1982), der die Auffassung vertritt, diese Kategorie sei nicht auf rein semantischer Basis zu bestimmen. BYBEE (1985: 110, Anm. 9) äußert sich dazu wie folgt:

> The diminutive category here does not necessarily denote the actual size of the entity, which would be an inherent characteristic of the entity, but is used also as a pejorative which indicates the speaker's attitude about the value of the entity in question.

Wie oben gezeigt wurde, ist es höchst problematisch, in diesem Zusammenhang von "tatsächlicher Größe" ("actual size") zu sprechen (es geht hier ja nicht um das metrisch exakt zu bestimmende Ausmaß), da Aussagen über die Größe immer die subjektive Wahrnehmung des Sprechers zugrunde liegt und insofern ein Werturteil gefällt wird. Außerdem müßten von BYBEEs Standpunkt aus betrachtet Ausdrücke

[5] Vgl. eine Passage aus JOHN IRVINGS Roman *The Cider House Rules* (1985: 76), in der Bezug genommen wird auf MAHLERS *Kindertotenlieder*: "In the front room, Wilbur Larch heard them singing something about someone's 'dear mother' — wasn't that what '*mütterlein*' meant?"

wie *Das Haus ist klein, das kleine Haus* und *Häuschen* synonym sein, und die mit der Diminutivform ausdrückbare hypokoristische oder pejorative Bedeutung wäre kontextuell oder situativ bestimmt und fiele somit in den Gegenstandsbereich der Pragmatik.

Dieser Sichtweise hält FLEISCHER (1975: 181) folgendes entgegen:

> Schon außerhalb eines Textzusammenhanges läßt die Nebeneinanderstellung von *Städtchen — kleine Stadt*, ... , die emotionale, expressive Färbung erkennen, die durch die Diminutiva vermittelt wird. Sie kann so stark werden, daß das begriffliche Element 'klein' völlig dahinter zurücktritt ...

Mit der Gegenüberstellung von "begrifflichem Element" und "emotionaler, expressiver Färbung" verweist FLEISCHER auf unterschiedliche Typen (semantischer) Bedeutung. Er stimmt darin mit LEECH (1974) und dessen eingangs erwähnter Einteilung überein. Bei der affektiven Bedeutung handelt es sich also um eine qualifizierende Interpretation der quantitativen Beurteilung, und diese Dimension fehlt Aussagen wie *Das Haus ist klein.* Ein Überschreiten der Norm kann Anerkennung und Bewunderung hervorrufen oder als Bedrohung empfunden werden, ein Unterschreiten der Norm kann als harmlos oder niedlich betrachtet, oder aber als defizitär angesehen werden. Augmentativ- und Diminutivformen sind also, wie bereits angedeutet, ohne Kontext ambivalent. Tendenziell scheint es jedoch so zu sein, daß Diminutiva (dim) eher eine hypokoristische Bedeutung (HYP) haben, Augmentativa (aug) eher eine pejorative (PEJ), so daß mit allem Vorbehalt (empirische Untersuchungen stehen noch aus) folgende AFFEKTHIERARCHIE postuliert werden kann:

dim: HYP > PEJ

aug: PEJ > HYP

Das affektive Potential und die grundsätzliche Ambivalenz von Diminutivformen sowie der in der Affekthierarchie dargestellte Sachverhalt sind besonders aus soziolinguistischer Sicht interessant.

5. Kognitive Strukturen und kulturelle Werte

Da Kenntnisse des Swahili nicht vorausgesetzt werden können, muß nun etwas weiter ausgeholt werden.

Swahili ist eine Bantusprache, die hauptsächlich im Osten Afrikas gesprochen wird (vor allem in Kenia, Uganda und Tansania; in Tansania wurde es zur Staatssprache erhoben). Daß es sich dabei nicht um eine ursprüngliche National- bzw. Stammessprache handelt, sondern um eine mehr oder weniger künstliche Handelssprache, ist hier insofern nicht von Belang, als Swahili nicht nur relativ alt, sondern auch im wesentlichen so aufgebaut ist wie andere Bantusprachen. Das hervorstechende typologische Merkmal dieser Sprachgruppe ist das sogenannte KONKORDANZSYSTEM, das nun kurz für Swahili skizzieren werden soll.[6]

[6] Eine gute, knappe Zusammenfassung der Swahili-Grammatik findet sich in HERMS

Die zentrale Wortart ist die der Substantive. Die Substantive sind in etwa acht semantische Klassen eingeteilt (die genaue Anzahl ist umstritten), deren Mitglieder als Kennzeichnung in der Regel jeweils dasselbe Präfix tragen. So gehören beispielsweise die Lexeme *kitabu* ('Buch'), *kiti* ('Stuhl') und *kisu* ('Messer') zur Klasse der Gegenständsbezeichnungen, *mtoto* ('Kind'), *mwalimu* ('Lehrer') und *mwizi* ('Dieb') zur Klasse der Bezeichnungen für Menschen. Genauer gesagt gibt es pro Klasse zwei Präfixe, einen für Singular und einen für Plural (z.B. *vitabu* ('Bücher'), *viti* ('Stühle') usw.).

Die Übereinstimmung, die in dem Begriff KONKORDANZSYSTEM zum Ausdruck kommt, bezieht sich auf die Präfigierung der vom Subjekt abhängigen Satzglieder, die von der Klassenzugehörigkeit des Subjekts determiniert wird. Als Beispiel sei folgender "Lehrbuchsatz" angeführt: *Visu vidogo vitatosha* ('Kleine Messer werden ausreichen': N_{pl} + KONKORDANZMERKMAL+ADJ-STAMM + KONKORDANZMERKMAL+FUTUR-INFIX(*ta*)+V-STAMM).

Zurück zum eigentlichen Thema: In den Bantusprachen gab es zusätzliche Klassen bzw. Klassenpräfixe für Diminutiva und Augmentativa, die — zumindest im Swahili — verschwunden sind. Dennoch lassen sich im heutigen Swahili Diminutiv- und Augmentativformen bilden, und zwar dadurch, daß man die Präfixe anderer Klassen benutzt. Der entscheidende Punkt ist in diesem Zusammenhang, um welche Klassen es sich dabei handelt.

Im heutigen Swahili werden Diminutiva dadurch gebildet, daß die Nominalwurzel das Präfix der Gegenstandsklasse erhält, also *ki-* im Singular bzw. *vi-* im Plural. Ein Beispiel wäre *ndege* ('Vogel'), *kidege* ('Vöglein'). (Der Vollständigkeit halber sei angemerkt, daß Substantive, die bereits der Gegenstandsklasse angehören, bei der Diminutivbildung eine Präfixerweiterung erfahren: z.B. *kijitabu* ('Büchlein').)

Daß diminuierte Substantive im Swahili semantisch als Gegenstände behandelt werden, ist eine bemerkenswerte Parallele zum Deutschen, wo das DIMINUTIV das Merkmal NEUTRUM vererbt.[7]

D.h., die deutschen Diminutivsuffixe bewirken eine Veränderung des grammatischen Geschlechts bei Maskulina und Feminina; alle deutschen Diminutivformen sind (anders als beispielsweise die russischen) "sächlich". Diese Parallele zwischen dem Deutschen und Swahili gibt Anlaß zu der Vermutung, daß es sich bei der Korrelation zwischen Diminutivformen und der Bedeutung der Gegenständlichkeit um mehr als eine einzelsprachliche Besonderheit handelt, sondern um eine prinzipiell universelle kognitive Struktur.

An dieser Stelle muß wieder säuberlich getrennt werden zwischen der Bedeutungskomponente 'kleiner als üblich' und affektiven Komponenten. Im Swahili

---

(1975). Der umfassende Sprachkurs von PERROTT (1975) überzeugt zwar weder durch didaktische Aufbereitung noch durch deskriptive Adäquatheit, bietet aber in dem Kapitel "Largeness and Smallness" ein paar aufschlußreiche Beobachtungen zu Diminutiv- und Augmentativformen.

[7] Was in neueren Theorien zur Wortbildung mit dem Terminus VERERBUNG ('PERCOLATION') gemeint ist, wird gut dargestellt in BOASE-BEIER (1987).

bedingen Diminutivformen als Satzsubjekt Konkordanzpräfixe der Gegenstandsklasse bei den abhängigen Satzgliedern, es sei denn, das Subjekt ist ein Mensch. Dann verfügt nämlich nur das Subjekt über das Präfix der Gegenstandsklasse, die anderen Satzglieder hingegen tragen die Konkordanzmerkmale der Menschenklasse. Diese Ausnahme gilt jedoch nicht, wenn es sich nicht um reine Verkleinerunsformen, sondern um Affektiva handelt. In diesem Fall werden auch in Sätzen mit menschlichen Subjekten durchgehend die Präfixe der Gegenstandsklasse gebraucht.

Die Gleichsetzung von Verkleinerung und Verdinglichung ist aus soziolinguistischer und kulturanthropologischer Sicht besonders interessant, wenn von Personen die Rede ist, speziell was das Verhältnis der Geschlechter angeht. Man vergleiche z.B. die lexikaliserten Formen *der Herr* versus *das Fräulein*, *der Junge* versus *das Mädchen*, (vgl. auch *der Helmut* versus *das Helga* in hessischen Dialekten), sowie *der Erwachsene* versus *das Kind*. Im Russischen dagegen, das ebenfalls über ein dreigliedriges Genussystem verfügt, sind die Entsprechungen zu *Fräulein* und *Mädchen* Feminina; Kosenamen für Männer tragen häufig eine weibliche Endung. Auch das Vorkommen von (lexikalisierten und spontan gebildeten) Diminutivformen im Deutschen verrät patriachalische Strukturen. Solche Formen treten gehäuft auf, wenn von Frauen und Kindern die Rede ist. Auch die Anrede *Kindchen* z.B. ist bezogen auf Männer undenkbar, genauso wie eine Äußerung *ein hübsches Ding* sich nur auf eine junge Frau beziehen kann. Die implizite Norm für "Vollwertigkeit" wird also vom erwachsenen Mann verkörpert. Entsprechend sind Diminutivbildungen von männlichen Vornamen oft abwertend gemeint ('dieser Mann genügt nicht den Vorstellungen von Männlichkeit'), vor allem, wenn sie von Männern benutzt werden. Die Frage, ob vor diesem Hintergrund alle diminutivischen Koseformen ambivalent oder gar tendenziell pejorativ sind, soll an dieser Stelle unbeantwortet bleiben. Tatsache ist jedenfalls, daß in unserer heutigen ('mainstream'-) Kultur Emotionen keinen hohen Stellenwert haben.

6. Zusammenfassung

Die wesentlichen Punkte seien hier thesenartig zusammengefaßt:

(1) Während die Kategorie DIMINUTIV eine Universalie zu sein scheint, ist der AUGMENTATIV eine implikative Universalie. Dies mag daher rühren, daß Normüberschreitungen tendenziell etwas Bedrohliches anhaftet.

(2) Durch Diminutiv- und Augmentativaffixe werden Verkleinerungs- bzw. Vergrößerungsformen gebildet, die, anders als (partiell) synonyme analytische Ausdrücke (etwa Nominalphrasen) über ein affektives Potential verfügen, das in der Regel aktualisiert zu sein scheint (insofern erscheint die Bezeichnung AFFEKTIVE LEXIK als gerechtfertigt).

(3) Während Augmentativformen eher pejorative Bedeutung zu haben scheinen, sind Diminutivformen zumindest ambivalent: 'verkleinern' kann heißen 'verniedlichen', 'verharmlosen', 'herunterspielen', 'verdinglichen', 'nicht für voll

nehmen'. Aufgrunddessen ergeben sich sozio- und pragmalinguistisch interessante Verwendungsweisen von Diminutivformen.[8]

LITERATUR

ANDERSON, STEPHEN

1982 Where's morphology? In: *Linguistic Inquiry* **13**, 571–612.

BEARD, ROBERT & SZYMANEK, BOGDAN (COMPILERS)

1988 *Bibliography of Morphology 1960–1985.* (=Library and Information Sources in Linguistics 18). Amsterdam/Philadelphia: Benjamins.

BOASE-BEIER, JEAN

1987 *Poetic Compounds: The Principles of Poetic Language in Modern English Poetry.* (= Linguistische Arbeiten 179). Tübingen: Niemeyer.

BYBEE, JOAN L.

1985 *Morphology: A Study of the Relation between Meaning and Form.* (= Typological Studies in Language 9). Amsterdam/Philadelphia: Benjamins.

ETTINGER, STEFAN

1974a *Diminutiv- und Augmentativbildung: Regeln und Restriktionen. Morphologische und semantische Probleme der Distribution und der Restriktion bei der Substantivmodifikation im Italienischen, Portugiesischen, Spanischen und Rumänischen.* (= Tübinger Beiträge zur Linguistik 54). Tübingen: Narr.

1974b *Form und Funktion in der Wortbildung: Die Diminutiv- und Augmentativmodifikation im Lateinischen, Deutschen und Romanischen. Ein Forschungsbericht 1900–1970.* (= Tübinger Beiträge zur Linguistik 47). Tübingen: Narr.

FLEISCHER, WOLFGANG

1975 *Wortbildung in der deutschenGegenwartssprache.* 4., durchgesehene Auflage. Tübingen: Niemeyer.

HERMS, IRMTRAUD

1975 *Gesprächsbuch Deutsch — Swahili.* Leipzig: VEB Verlag Enzyklopädie.

LEECH, GEOFFREY

1974 *Semantics.* Harmondsworth: Penguin.

LEWANDOWSKI, THEODOR

1984 *Linguistisches Wörterbuch 1–3.* 4., neubearbeitete Auflage. (UTB; 200, 201, 300). Heidelberg: Quelle & Meyer.

LYONS, JOHN

1977 *Semantics.* Cambridge: Cambridge University Press.

PERROT, D.V.

1975 *Swahili.* 14. Auflage. London: The English Universities Press.

[8] In dem vorliegenden Beitrag kann ich mich nicht zu pragmatischen Aspekten äußern. Ich werde dies an anderer Stelle nachholen.

SAPIR, EDWARD

1944 Grading: a study in semantics. In: *Philosophy of Science* **2**, 93–116.

ULRICH, WINFRIED

1987 *Linguistische Grundbegriffe*. 4., erneut bearbeitete und erweiterte Auflage. Kiel: Hirt.

VESIKANSA, JOUKO

1978 *Nykysuomen oppaita*. Band 2. Porvoo.

VOLEK, BRONISLAVA

1987 *Emotive Signs in Language and Semantic Functioning of Derived Nouns in Russian*. (= Linguistic & Literary Studies in Eastern Europe 24). Amsterdam/Philadelphia: Benjamins.

Syntax

AcI-Konstruktionen und Valenz

Karin Bausewein
München

1. Einleitung

AcI-Konstruktionen treten im heutigen Deutsch vor allem nach Verba sentiendi und *lassen* auf, die im folgenden AcI-Verben genannt werden.

(1) *Hans hörte die Diva eine Arie singen.*
(2) *Sie fühlte die Nässe auf ihre Hand durchsickern.*
(3) *Sie sah die Kinder in ihrem Garten spielen.*
(4) *Man ließ ihn schon wieder das Geschirr abspülen.*

AcI-Konstruktionen enthalten per definitionem eine Akkusativ-NP und ein infinites Verb. Sie können weitere Ergänzungen enthalten, die zu dem infiniten Verb gehören.

Hier sollen verschiedene Möglichkeiten, die Valenz von AcI-Verben zu analysieren, diskutiert werden. Dabei werden nicht nur Ansätze berücksichtigt, die sich explizit auf den Valenzbegriff beziehen, sondern auch neuere Vorschläge im Rahmen der generativen Syntax zur Analyse der AcI-Konstruktionen. Es handelt sich im wesentlichen um drei verschiedene Analysemöglichkeiten, die auf ihre empirische Adäquatheit und die theoretischen Probleme, die sie aufwerfen, untersucht werden. Als adäquateste Lösung wird sich eine Analyse von AcI-Verb und infinitem Verb als Verbalkomplex erweisen, wobei für die Wahrnehmungsverben, kausatives und nicht-kausatives *lassen* ein unterschiedlicher Grad an Auxiliarisierung vorliegt.

2. Die Valenz von AcI-Verben

Im wesentlichen gibt es folgende drei Vorschläge zur Analyse der Valenz von AcI-Verben:

1. Das AcI-Verb ist zweiwertig. Es subkategorisiert neben einer Nominativ-NP eine AcI-Konstruktion, diese ist satzwertig und bildet eine Konstituente.
2. Ein AcI-Verb ist dreiwertig. Es subkategorisiert neben einer Nominativ-NP eine Akkusativ-NP und eine Infinitivgruppe.
3. Das AcI-Verb bildet zusammen mit dem infiniten Verb einen Verbalkomplex mit einer entsprechenden Anzahl von Valenzstellen.

2.1 AcI-Verben als zweiwertige Verben

AcI-Konstruktionen sind satzwertig und bilden eine Konstituente. Das AcI-Verb ist somit als zweiwertig anzusehen. Diese Analyse hat nach Meinung einiger Autoren den Vorteil, daß die Valenz der AcI-Verben einheitlich beschrieben werden kann. Da bei den Wahrnehmungsverben anstelle der AcI-Konstruktion auch ein Komplementsatz oder ein Akkusativobjekt auftreten kann, haben hier die Wahrnehmungsverben in allen ihren Verwendungsweisen die gleiche Wertigkeit (HYVÄRINEN 1984: 323).

Auch die von CHOMSKY (1981) vorgeschlagene "Small Clause"-Analyse ist hierher zu rechnen. Ihm zufolge handelt es sich bei den AcI-Konstruktionen um satzwertige Konstruktionen, die als "Small Clauses" bezeichnet werden, da sie keinen INFL-Knoten enthalten, von dem aus die Finitheitsmerkmale an das Verb und der Nominativ an das Subjekt zugewiesen werden. CHOMSKY argumentiert, daß die AcI-Konstruktionen auf der Ebene der Logischen Form als Sätze zu repräsentieren seien und daher gemäß dem Projektionsprinzip auf allen Ebenen als Sätze realisiert sein müßten.

Diesen Vorschlägen, AcI-Konstruktionen als satzwertige Konstruktionen zu analysieren, ist entgegenzuhalten, daß sich Sätze mit AcI-Konstruktionen in topologischer Hinsicht wie einfache Sätze verhalten; alle Elemente können wie in einfachen Sätzen umgestellt werden.

Die Akkusativ-NP kann alleine im Vorfeld stehen.

(5) *Rubinstein hat sie noch nie spielen hören.*
(6) *Die Kinder läßt sie den ganzen Tag spielen.*
(7) *Den Kater hörte sie miauen.*
(8) *Den Papagei hörte er zum ersten Mal sprechen.*

Bei besonderer Hervorhebung kann auch das infinite Verb allein im Vorfeld auftreten.

(9) *Singen hat sie ihn schon oft gehört.*
(10) *Skifahren wollte er sie sehen.*

Dagegen lassen sich die Akkusativ-NP und das infinite Verb kaum zusammen ins Vorfeld stellen und gerade dies sollte dieser Analyse zufolge besonders gut möglich sein.

(11) *??Ihn singen wollte sie schon lange hören.*
(12) *??Sie skifahren wollte er sehen.*
(13) *??Den Papagei sprechen hat sie noch nie gehört.*

Sind Teile der AcI-Konstruktion pronominalisiert, so können sie in gewissen Umfang auch innerhalb des Mittelfeldes verschoben werden.

(14) *..., weil sie der Student tanzen sah.*
(15) *..., weil's (das Lied) der Lehrer die Schüler singen gehört hat.*

Die ziemlich festgelegte Abfolge AcI-"Subjekt" vor AcI-"Objekt"

(15a) **..., weil der Lehrer das Lied die Schüler singen hörte.*

ist darauf zurückzuführen, daß die Kasusmarkierung als unterscheidendes Merkmal wegfällt, da beide als Akkusativ-NPn realisiert sind und die Abfolge die Unterscheidung übernimmt. Einen Hinweis darauf, daß die AcI-Konstruktionen eine Konstituente bilden, ergibt sich aus der Mittelfeldstellung nicht.

AcI-Konstruktionen sind im Gegensatz zu Komplementsätzen nicht extraponierbar:

(16) **Er erzählte, daß er gesehen hat, sie tanzen.*
(16a) *Er erzählte, daß er gesehen hat, wie sie tanzen.*

Sie können nicht in der sogenannten "Rattenfängerkonstruktion" auftreten, wie das für eine Reihe von Komplementsätzen möglich ist, z.B. in (19):

(17) **Das ist das Lied, das die Kinder singen er hörte.*
(18) **Das sind die Kinder, die das Lied singen er hörte.*
(19) *Da liegen die Aufsätze, die zu lesen mich reizen würde.*

Das zeigt deutlich, daß die Akkusativ-NP zusammen mit dem infiniten Verb keine Konstituente bildet, wie bei dieser Analyse angenommen wird.[1]

2.2 AcI-Verben als dreiwertige Verben

Eisenberg (1986: 378) schlägt eine Analyse der AcI-Verben als dreiwertige Verben vor, die neben einer Nominativ-NP eine Akkusativ-NP und eine Infinitivgruppe subkategorisieren.

Diese Analyse erfaßt die topologischen Eigenschaften der Sätze mit AcI-Konstruktionen adäquater, da sie die Akkusativ-NP und das infinite Verb als selbständige Konstituenten auffaßt, was durch ihre freie Verschiebbarkeit auch bestätigt wird.

Eisenberg geht nicht darauf ein, wie bei dieser Analyse die semantische Valenz der Verben zu beschreiben ist. Da Wahrnehmungsverben zwei semantische Rollen zu vergeben haben, nämlich Experiencer und Stimulus, müssen entweder zwei voneinander unabhängige Konstituenten die Realisierung einer semantischen Rolle sein. Oder aber man nimmt an, daß das infinite Verb gar keine semantische Rolle erhält, also ähnlich wie ein expletives *es* gar kein Argument zu dem Verb wäre. Das ist aber schon aus dem Grund nicht einsichtig, da das Verb nicht wie expletives *es* bedeutungsleer ist. Eine dritte Möglichkeit bestünde darin, drei semantische Rollen anzusetzen, was aber von der logischen Valenz der Wahrnehmungsverben her nicht gestützt wird. Diese Verben haben nur zwei Argumente, nämlich den Wahrnehmenden und das Wahrgenommene, Experiencer und Stimulus.

Diese Analyse läßt sich daher nur vertreten, wenn man die Ebene der logischen Valenz von der Ebene der syntaktischen Valenz trennt. Diese Verben sind von ihrer logischen Valenz her zweiwertig, werden jedoch bei Auftreten mit einer AcI-Konstruktion syntaktisch als dreiwertige Verben realisiert.

Dieser Beobachtung wird m.E. am besten von einer von Williams (1981) vorgeschlagenen Analyse Rechnung getragen. Er schlägt vor, in der Argumentstruktur von Verben ein Argument als externes Argument auszuzeichnen (durch Unterstreichung gekennzeichnet).

---

[1] Weitere Argumente dafür, daß es sich bei Sätzen mit AcI-Konstruktionen um monosententiale Strukturen handelt, finden sich bei Bausewein (im Erscheinen). Primus (1987) legt überzeugend dar, daß auch die Reflexivierung in Sätzen mit AcI-Konstruktionen nach denselben Regeln funktioniert wie in einfachen Sätzen.

schlagen: (Agens, Patiens)

Das ausgezeichnete Argument ist dabei dasjenige Argument, das zwar eine semantische Rolle, nicht aber einen Kasus von seinem Verb erhält. Um eben ein solches Argument handelt es sich bei der Akkusativ-NP in AcI-Konstruktionen (cf. HAIDER 1985).

Da AcI-Konstruktionen nur bei Verben auftreten, die auch einfache Akkusativ-NPn als Ergänzung haben können, liegt es nahe, daß die Akkusativ-NP ihren Kasus von dem AcI-Verb erhält, da dieser nicht von dem infiniten Verb herrühren kann. Das infinite Verb kann seinerseits eine Akkusativergänzung haben, wie z.B. in

(1) *Hans hörte die Diva eine Arie schmettern.*

Diese beiden Akkusativ-NPn sind jederzeit als "Subjekt" und "Objekt" innerhalb der AcI-Konstruktion rekonstruierbar. Die Subjekt-Prädikat-Relation zwischen dem AcI-"Subjekt" und dem infiniten Verb wird von WILLIAMS durch Koindizierung der beiden Elemente gekennzeichnet. Diese Koindizierung bezeichnet die semantische Relation der Prädikation zwischen den beiden Elementen, hat jedoch keinen Einfluß auf die Syntax. Beide Elemente sind voneinander unabhängige Konstituenten.

Durch die Koindizierung sind die Akkusativ-NP und das infinite Verb als eine semantische Einheit gekennzeichnet, nämlich als eine Proposition, bestehend aus einem Prädikat und einem Argument. Ein Weg aus dem oben skizzierten Dilemma zeigt sich, wenn man annimmt, daß semantische Rollen auf der Ebene zugewiesen werden, die durch WILLIAMS' Koindizierung gekennzeichnet ist. Eine semantische Einheit erhält vom AcI-Verb die semantische Rolle Stimulus. Innerhalb der AcI-Konstruktion können zusätzliche Ergänzungen auftreten, die ihre semantische Rolle von dem infiniten Verb erhalten.

In Sätzen mit AcI-Konstruktionen werden also die Argumentstrukturen von zwei Verben kombiniert, und zwar in der Weise, daß die gesamte AcI-Konstruktion Argument zu dem AcI-Verb ist, die einzelnen Teile der AcI-Konstruktion jedoch Argumente zu dem infiniten Verb sind, also von diesem eine semantische Rolle erhalten. Durch die externe Realisierung des ausgezeichneten Arguments erscheinen die AcI-Verben als syntaktisch dreiwertige Verben.

2.3 VERBALKOMPLEXBILDUNG

Dieser Analyse zufolge bildet das AcI-Verb zusammen mit dem infiniten Verb einen Verbalkomplex mit einer entsprechenden Anzahl von Valenzstellen.

Für diese Analyse sprechen zunächst topologische Fakten.

Das infinite Verb und das Wahrnehmungsverb können zusammen ins Vorfeld gestellt werden.

(20) *Singen hören wollte sie ihn schon lange.*
(21) *Skifahren sehen wollte er sie unbedingt.*
(22) *Sprechen gehört hat er den Papagei noch nie.*

Ins Vorfeld stellen kann man die Akkusativ-NP zusammen mit dem infiniten Verb nur, wenn das Wahrnehmungsverb mit in das Vorfeld gestellt wird.

(23) *Ihn singen hören wollte sie schon lange.*
(24) *Sie skifahren sehen wollte er unbedingt.*
(25) *Den Papagei sprechen gehört hat er noch nie.*

Neben diesen topologischen Daten, die dafür sprechen, daß die beiden Verben eine Konstituente bilden, gibt es weitere Evidenz für eine Verbalkomplexbildung.

Es läßt sich eine Auxiliarisierung der AcI-Verben beobachten, die mit der steigenden Häufigkeit ihrer Verwendung einhergeht. HYVÄRINEN (1984) findet bei ihrer Auswertung des Mannheimer Korpus 337 Belege für AcI-Konstruktionen, davon 209 für *sehen*, 115 für *hören*, 9 für *fühlen* und 4 für *spüren*.

Die Verwendung des Ersatzinfinitivs ist relativ gebräuchlich bei *sehen* und *hören*, weniger gebräuchlich bei *fühlen* und *spüren*.

(26) *Er hat die Diva eine Arie singen hören/gehört.*
(27) *Sie hat ihn skifahren sehen/gesehen.*
(28) *Eben hatte er noch ihren Blick auf sich ruhen ?fühlen/gefühlt.*
(29) *Er hatte ihr Herz wie wild pochen ??spüren/gespürt.*

Werden die AcI-Verben mit dem Ersatzinfinitiv verwendet, so wird auch bei ihnen das finite Verb umgestellt.

(30) *...weil sie ihn kommen ?sehen/gesehen hat.*
*...weil sie ihn hat kommen sehen/*gesehen.*
(31) *...weil er sie kommen ?hören/gehört hat.*
*...weil er sie hat kommen hören/*gehört.*
(32) *...weil er ihr Herz pochen *spüren/gespürt hat.*
?...weil er ihr Herz hat pochen spüren/??gespürt.
(33) *...weil sie das Gewitter nahen *fühlen/gefühlt hat.*
?...weil sie das Gewitter hat nahen fühlen/??gefühlt.
(34) *...weil sie den Kuchen stehen lassen/gelassen hat.*
*...weil sie den Kuchen hat stehen lassen/*gelassen.*

3. AcI-Konstruktionen nach *lassen*

Es gibt zwei syntaktisch relevante Bedeutungen von *lassen:* kausatives und nicht-kausatives *lassen*. Die Grundbedeutungen von kausativem *lassen* sind paraphrasierbar mit *veranlassen* (Zwang, Veranlassung, Hervorrufung u.ä.) und *zulassen* (Genehmigung, Erlaubnis, Nichtwidersetzung u.ä.). Beim nicht-kausativen *lassen* wird ein bereits bestehender Zustand nicht verändert.[2]

Kausatives *lassen* kann das Perfekt nur mit dem Ersatzinfinitiv bilden, bei nicht-kausativem *lassen* ist alternativ dazu auch das Perfekt mit dem Partizip möglich.

(35) *Ich habe mir Kaffee und Kuchen bringen lassen/*gelassen.*
(36) *Ich habe Kaffee und Kuchen stehen gelassen/lassen.*

[2] Die syntaktische Relevanz dieser beiden Bedeutungen von *lassen* wurde von HUBER (1980) anhand einer Reihe von Tests dargelegt. Ich stütze mich hier auf seine Tests, ohne jedoch seinem Schluß zu folgen, daß es sich bei kausativem *lassen* um ein AcI-Verb, bei nicht-kausativem *lassen* dagegen um ein Kontrollverb handle, also um ein Verb mit einem Infinitivkomplement wie etwa *versprechen* oder *befehlen*.

Sätze mit nicht-kausativem *lassen* können passiviert werden, Sätze mit kausativem *lassen* dagegen nicht.

(37) *Kaffee und Kuchen wurden von uns stehen gelassen.*
(38) **Kaffee und Kuchen wurden von uns bringen gelassen.*

Die Passivierung der AcI-Konstruktion ist dagegen nur mit kausativem *lassen* möglich, nicht aber, wenn die kausative Interpretation eindeutig ausgeschlossen wird wie in (39).

(39) *Auch wenn ich es nicht veranlaßte/genehmigte, ließ ich ihn die Wand streichen/*ließ ich von ihm die Wand streichen.*
(40) *Ich ließ von ihm die Wand streichen.*

Kausatives *lassen* und die Modalverben haben eine Reihe von Gemeinsamkeiten. Sowohl kausatives *lassen* wie auch die Modalverben müssen ihr Perfekt mit dem Ersatzinfinitiv bilden.

(41) *Sie hat Kaffee und Kuchen bringen lassen/*gelassen.*
(42) *Sie hat Kaffee und Kuchen bringen müssen/*gemußt.*

Kausatives *lassen* und die Modalverben lassen keine Passivierung zu, bei der die Akkusativ-NP zum Subjekt wird.

(43) **Kaffee und Kuchen wurden bringen gelassen.*
(44) **Kaffee und Kuchen wurden bringen gemußt.*

Sätze mit Modalverben und mit kausativem *lassen* verhalten sich in diesen Punkten gleich.

Anders verhalten sich Konstruktionen mit nicht-kausativem *lassen*. Schon die Möglichkeit der Perfektbildung mit dem Partizip zeigt, daß dieses sich stärker wie ein Vollverb verhält. Hier treten viel festere Verbverbindungen auf, die sehr häufig sind und als lexikalische Einheiten gewertet werden können (z.B. *stehenlassen, liegenlassen, fallenlassen, laufenlassen*). Wie bei den Verba sentiendi geht auch hier die Verwendung des Ersatzinfinitivs mit der Voranstellung des finiten Verbs einher.

(45) *...weil er ihn hat laufen lassen/*gelassen*
(46) *...weil er ihn laufengelassen hat/*hat laufengelassen*

4. Ergebnis

Die AcI-Verben teilen die Eigenschaften der Modalverben in unterschiedlichem Maß. Die Ergebnisse lassen sich in folgender Skala der "Modalverbhaftigkeit" zusammenfassen:

Modalverben – kausatives *lassen* – nicht-kausatives *lassen* – *spüren/fühlen/hören/sehen*

LITERATUR

BAUSEWEIN, KARIN (im Erscheinen)
Akkusativobjekt, Akkusativobjektsätze und Objektsprädikate im Deutschen. Untersuchungen zu ihrer Syntax und Semantik. Tübingen: Niemeyer.

CHOMSKY, NOAM
1981 *Lectures on Government and Binding.* Dordrecht: Foris.

EDMONDSON, JEROLD A.
1980 Gradienz und die doppelte Infinitivkonstruktion im Deutschen. In: *Papiere zur Linguistik* **22**, 59–82.

EISENBERG, PETER
1986 *Grundriß der deutschen Grammatik.* Stuttgart: Metzler.

GREWENDORF, GÜNTHER
1988 *Aspekte der deutschen Syntax. Eine Rektions-Bindungs-Analyse.* Tübingen: Narr.

HAIDER, HUBERT
1985 The Case of German. In: JINDŘICH TOMAN (ED.), 65–101.

HUBER, WALTER
1980 *Infinitivkomplemente im Deutschen. Transformationsgrammatische Untersuchungen zum Verb* lassen. Dissertation Berlin.

HYVÄRINEN, IRMA
1984 Zur Satzgliedanalyse der AcI-Konstruktionen bei den deutschen Verben der Sinneswahrnehmung. In: *Deutsche Sprache* **12**, 303–325.

PRIMUS, BEATRICE
1987 *Grammatische Hierarchien. Eine Beschreibung und Erklärung von Regularitäten des Deutschen ohne grammatische Relationen.* München: Fink.

TOMAN, JINDŘICH (ED.)
1985 *Studies in German Grammar.* Dordrecht: Foris.

WILLIAMS, EDWIN S.
1981 Argument structure and morphology. In: *The Linguistic Review* **1**, 81–114.

Klassifizierung chinesischer Nomen durch die Zähleinheitswörter

Aizheng Chen
Göttingen

Für die Klassifizierung der deutschen Wortarten läßt sich ein morphologisches Kriterium verwenden. Die Wörter werden nach ihrer Veränderlichkeit und Unveränderlichkeit oder nach ihrer Deklinierbarkeit, Konjugierbarkeit und Komparierbarkeit klassifiziert. Die deutschen Nomen kann man z.B. nach ihrer Artikelfähigkeit und ihren grammatischen Kategorien (Genus, Kasus und Numerus) definieren.

Aber für die Klassifizierung der chinesischen Wortarten bzw. die Bestimmung der chinesischen Nomen versagen die oben genannten Klassifikationsmerkmale und grammatischen Kategorien, denn die chinesische Sprache, die dem isolierenden Sprachtyp angehört, ist eine flexionsarme Sprache.

Die chinesischen Nomen kennen z.B. keine Großschreibung, haben keine Fähigkeit, Artikel zu sich zu nehmen (im Chinesischen gibt es gar keine Wortart ARTIKEL), kennen die grammatischen Kategorien Genus und Kasus überhaupt nicht und Numerus zumindest im großen und ganzen nicht.

Im Chinesischen ist zwar das Suffix '*-men*' als Pluralendung der Nomen anzusehen, aber bei '*-men*' fehlt die Allgemeinheit. Es ist nur auf die Personen bezeichnenden Nomen beschränkt. Bei andere Lebewesen, Gegenstände und abstrakte Begriffe bezeichnenden Nomen gibt es die Möglichkeit der Pluralbildung nicht: **goumen* 'Hunde', **zhuozimen* 'Tische', **xianxiangmen* 'Erscheinungen'.

Außerdem stehen die Formen mit '*-men*', wie xueshengmen 'Studenten', nicht in Opposition zu *xuesheng* 'Student' als einer Singularform: auch wenn eine Mehrzahl angestrebt ist, ist die Form auf *-men* durchaus nicht obligatorisch, bzw. kann auch in diesem Fall das unmodifizierte Nomen ausreichen, z.B.:[1]

jintian	*kai*	*xue.*	*xuesheng*	*dou*	*lai*	*le.*
heute	beginnen	Semester.	Student	alle	kommen	Aspekt-Partikel

'Heute beginnt das Semester. Alle Studenten sind gekommen.'

Alles in allem kommt im Chinesischen keine obligatorische Pluralmarkierung am Nomen vor, wie es sich in dem folgenden Beispiel zeigt:

wo	*xiang*	*chi*	*pingguo*
Ich	möchte	essen	Apfel

'Ich möchte einen Apfel / Äpfel essen'.

Das Nomen *pingguo* hier bedeutet gleichermaßen 'Apfel' und 'Äpfel', kann sowohl Singular- als auch Pluralbedeutung haben.

---

[1] sans serif bedeutet eine wörtliche Übersetzung, '...' eine inhaltliche Übersetzung.

Im Chinesischen sind zwar auch manche Ableitungsaffixe vorhanden, die die Zugehörigkeit des Morphemgefüges zur Wortklasse NOMEN kennzeichnen, z.B.: Präffixe:*a-* (*a-yi* 'Tante', *a-ge* 'Bruder'), *lao* (*lao-hu* 'Tiger', *lao-shu* 'Maus'); Suffixe: *-zi* (*zhuo-zi* 'Tisch', *fang-zi* 'Haus'), *-jia* (*hua-jia* 'Maler', *zhuo-jia* 'Schriftsteller'), aber genau wie das Pluralsuffix '*-men*' reichen sie für eine morphologische Unterscheidung der Nomen von den anderen Wortarten bei weitem nicht aus.

> Da die Wörter in der chinesischen Sprache in der Regel keine äußeren morphologischen Merkmale haben, nach denen man sie einer bestimmten Wortart zurechnen könnte, so tritt bei ihrer Einteilung in Wortarten natürlich das syntaktische Kriterium in den Vordergrund. (DRAGUNOV, 1960: 1)

Das syntaktische Kriterium , das wir hier für die Bestimmung und die Klassifizierung der chinesischen Nomen verwenden, bezieht sich auf die syntaktischen Beziehungen einzelner Wörter. Im Anschluß an DRAGUNOV (1960: 1) sagen wir, es geht um die "Verbindungsfähigkeit mit Wörtern anderer Klassen und mit bestimmten formalen Elementen".

Syntaktisch gesehen, besitzen die chinesischen Nomen die Fähigkeit, sich mit ZÄHLEINHEITSWÖRTERN (ZEW) zu verbinden, genauer gesagt, wenn ein Nomen mit einem Numerale oder einem Demonstrativ- und Interrogativpronomen zusammen gebraucht wird, muß dazwischen ein ZEW eingefügt werden:

yi	*ben*	*shu*	*zhe/na*	*ben*	*shu*	*na*	*ben*	*shu*
ein	ZEW	Buch	dieses/jenes	ZEW	Buch	welches	ZEW	Buch

'ein Buch' 'dieses/jenes Buch' 'welches Buch'.

Die oben gegebenen Wortgruppen bestehen alle aus drei Wörtern bzw., unter syntaktisch-funktionalem Aspekt gesehen, aus zwei Bestandteilen: Attribut (Num./Demon./Inter. + ZEW) und Bezugswort (Nomen). Als Attribut hat der aus einem Num./Demon./Inter. und einem ZEW bestehende Komplex die Funktion, das Nomen näher zu bestimmen.

Die Fähigkeit, ein ZEW zu sich zu nehmen, wird zu den grammatischen Merkmalen der chinesischen Nomen gezählt. Die chinesischen Nomen unterscheiden sich auch dadurch eindeutig von anderen chinesischen Wortarten.

Durch die ZEW lassen sich die chinesischen Nomen nicht nur bestimmen, sondern auch klassifizieren. Im folgenden soll versucht werden, auf die Fragen einzugehen: 1. Was sind die ZEW? 2. Wie klassifizieren sie die chinesischen Nomen?

1. Die ZEW

Die ZEW bilden in der chinesischen Grammatik eine selbständige Wortart. Was ist unter einem ZEW zu verstehen? Um diese Frage zu beantworten, betrachten wir zuerst folgende 7 Beispiele und deren Formeln:

a)	*(da)*	*san*	*ge*	*ren*	(V) + Num + ZEW + N
	(schlagen)	3	ZEW	Mensch	
b)	*(mai)*	*san*	*jin*	*rou*	(V) + Num + ZEW + N
	(kaufen)	3	ZEW	Fleisch	

c)	*kan* sehen	*yi* 1	*hui* ZEW	*(dianying)* (Film)	V + Num + ZEW + (N)
d)	*ai* bekommen	*yi* 1	*dun* ZEW	*zou* schlagen	V + Num + ZEW + V
e)	*qu* gehen	*san* 3	*ci* ZEW		V + Num + ZEW + ∅
f)	*(you)* (haben)	*wu* 5	*jin* ZEW	*zhong* schwer	(V) + Num + ZEW + A
g)	*gao* hoch	*san* 3	*mi* ZEW		A + Num + ZEW + ∅

(V = Verb, Num = Numerale, N = Nomen, A = Adjektiv, ∅ = Nullform, () = weglaßbar).

Die oben angegebenen Formeln lassen sich weiter in der Generalformel zusammenfassen :

$$\left.\begin{matrix} V \\ (V) \\ A \end{matrix}\right\} \quad + \quad Num \quad + \quad [ZEW] \quad + \quad \left\{\begin{matrix} N \\ (N) \\ V \\ A \\ \emptyset \end{matrix}\right.$$

Aus der Generalformel sind folgende syntaktische Merkmale von ZEW ersichtlich:

1. Sie haben eine feste Stellung im Kontext, nämlich kommen immer im Rahmen [ ] vor.
2. Sie haben eine enge Bindung an das Numerale.

Wie die oben angeführten Beispielen zeigen, besitzen die ZEW folgende semantische Merkmale:

1. Mit dem davor stehenden Numerale zusammen bezeichnen sie die Quantität.
2. Bei dem Ausdruck der Quantität geben sie die Zähleinheit von Lebewesen und Dingen, von Handlungen und von Eigenschaften an.

Aufgrund ihrer syntaktischen Umgebungen lassen sich die ZEW in drei Subklassen einteilen:

1. ZEW/N (Zähleinheitswörter für Nomen): Beispiele a) und b),
2. ZEW/V (Zähleinheitswörter für Verb): Beispiele c), d) und e),
3. ZEW/A (Zähleinheitswörter für Ajektiv):Beispiele f) und g).

Da es um die Klassifizierung der chinesischen Nomen geht, beschränken wir uns im folgenden nur auf die ZEW/N.

ZEW/N und ihre Subklassen

Betrachten wir zunächst einige nach den Funktionen des Klassifizierens, Messens und Kollektivierens unterteilte Beispiele:

Klassifikatorkonstruktionen:

san	*zhang*	*zuozi*
drei	objekt mit ebener oberfläche	Tisch

'drei Tische'

liang	*gen*	*xiangyan*
zwei	längliche Objekte	Zigaretten

'zwei Zigaretten';

Meßkonstruktionen:

wu	*mi*	*bu*
'fünf	Meter	Stoff'
yi	*wan*	*mi*
'eine	Schale	Reis';

Kollektivkonstruktionen:

yi	*qun*	*yang*
'eine	Herde	Schaf'
yi	*tao*	*jiaju*
'eine	Garnitur	Möbel'.

Bei Klassifikatorkonstruktionen sind zwei verschiedene sprachliche Prozesse involviert: Quantifizieren und Qualifizieren. Das heißt, bei ihnen steht eine obligatorische Konstituente, die die Nomen (a) nach semantischen Kriterien klassifiziert und zugleich (b) quantifiziert, wobei sie eine Einheit mit dem Numerale bilden. Bei ihnen steht die Klassifikationsfunktion im Vordergrund und die Quantifikationsfunktion im Hintergrund, deswegen nennen wir diese ZEW/N Klassifikatoren bzw. Zahlklassifikatoren.

> Dieser Klassifizierung der Substantive liegt die Einteilung der Gegenstände der äußeren Welt nach einem bestimmten sinnlich wahrnehmbaren Merkmal, nach einer bestimmten wechselseitigen Beziehung zwischen Gegenständen zugrunde. (DRAGUNOV, 1960: 35)

Der Klassifikator *zhang* bezeichnet eine semantische Eigenschaft, die in Gegenständen mit ebener Oberfläche enthalten zu sein scheint, z.B.:

yi zhang zuozi	yi zhang chuang	yi zhang hua
'ein Tisch'	'ein Bett'	'ein Bild'.

Der Klassifikator *gen* ('Wurzel') steht der Bedeutung nach den Klassifikatoren *tiao* ('Ast'), *zhi* ('Zweig') und *gan* ('Gerte') nahe. Sie waren eigentlich Bezeichnungen für Teile des Baums (Vgl. LIU SHIRU, 1965: 95–106). Ihrer Bedeutung entsprechend werden sie im allgemeinen bei der Klassifikation der Nomen gebraucht, die längliche, stangenartige oder zweigartige Gegenstände bezeichnen, z.B.:

gen	:	yi gen xiangyan	liang gen shengzi
		'eine Zigarette'	'zwei Schnüre'
gan	:	yi gan cheng	liang gan qiang
		'eine Waage'	'zwei Gewehre'
zhi	:	shan zhi gangbi	shan zhi qianbi
		'drei Füller'	'drei Bleistifter'

tiao : yi tiao she 'eine Schlange' — yi tiao changdeng 'eine Bank'.

Es ist interessant, die wechselseitige Beziehung zwischen den Klassifikatoren *tou, wei, kou* und *yan*, die eigentlich Bezeichnungen der Körperteile sind, und den durch sie bestimmten Nomen zu betrachten:

tou (Kopf) für manche Tiere:

yi *tou* cangying	ein Kopf Fliege
yi *tou* lü	ein Kopf Esel
yi *tou* niu	ein Kopf Kuh
yi *tou* xiang	ein Kopf Elefant

wei (Schwanz) für Fische:

wu *wei* yu	fünf Schwanz Fisch

kou (Mund) für Personen, Schweine und Gegenstände mit Öffnungen:

san *kou* ren	drei Mund Personen
san *kou* zhu	drei Mund Schweine
wu *kou* xiangzi	fünf Mund Koffer
yi *kou* guo	ein Mund Topf

yan (Auge) für Brunnen:

yi *yan* jing	ein Auge Brunnen.

Im Unterschied zu Klassifikatoren haben die ZEW/N in den Maßkonstruktionen und Kollektivkonstruktionen nur die Quantifizierungsfunktion. Sie sind quantifizierende Wörter im eigentlichen Sinne des Wortes und genau mit deutschen Maß- und Mengenbezeichnungen zu vergleichen, deswegen nennen wir sie Quantifikatoren.

Unter syntaktischem Aspekt lassen sich die Quantifikatoren von Klassifikatoren unterscheiden:

1. Im Unterschied zu den Quantifikatoren werden die Klassifikatoren normalerweise nicht durch die Fügung eines Adjektivs von dem davorstehenden Numerale abgetrennt. Z.B.:

   Klassifikatoren: * Num + *Adj* + ZEW + N
   * yi *da* ge pingguo
   richtig: yi ge da pingguo
   'ein *großer* Apfel'
   * yi *xiao* zuo fangzi
   richtig: yi zuo xiao fangzi
   'ein *kleines* Haus';

   Quantifikatoren: Num + *Adj* + ZEW + Nom
   san ba yan 'drei Handvoll Salz'
   san *man* ba yan 'drei *volle* Handvoll Salz'
   yi qun yang 'eine Herde Schafe'
   yi *da* qun yang 'eine *große* Herde Schafe'.

2. Im Unterschied zu Quantifikatoren werden die Klassifikatoren auch in keinem Fall durch die Einschiebung des Wortes *de*[2] vom dahinter stehenden Nomen

[2] *de* ist eine strukturelle Partikel.

abgetrennt. Z.B.:

Klassifikatoren:	* Num + ZEW + *de* + N
	* yi ben de shu
	richtig: yi ben shu 'ein Buch'
	* wu pi *de* ma
	richtig: wu pi ma 'fünf Pferde';
Quantifikatoren:	Num + ZEW + de + N
	shi jin de rou 'zehn Pfund Fleisch'
	yi xiangzi de shu 'eine Kiste mit Büchern'
	yi qun de ren 'eine Menge von Menschen'.

Für diese Untrennbarkeit der Klassifikatoren vom Nomen besteht der Grund darin, daß eine notwendige Beziehung zwischen dem Klassifizierenden (Klassifikator) und dem Klassifizierten (Nomen) besteht, d.h. ein Klassifikator ist semantisch vom angegebenen Nomen abhängig. Jedem Nomen oder jeder Klasse der Nomen kommt ein bestimmter Klassifikator zu. Die Wahl des Nomens bestimmt zugleich auch, welcher Klassifikator zu verwenden ist. Diese notwendige Beziehung zwischen dem Klassifizierenden und dem Klassifizierten nennt man 'Inhärente Klassifikation' (Vgl. Serzisko, 1980: 17). Im Unterschied zu den Klassifikatoren haben die Quantifikatoren enge Beziehungen zu den Numeralen und machen stets eine Aussage quantitativer Art über das Nomen. Z.B.:

Klassifikatoren	Quantifikatoren
san pi ma 'drei Pferde'	san jin mi 'drei Pfund Reis'
——————→	←——————
* san pi gou 'drei Hunde'	san jin pingguo 'drei Pfund Äpfel'
* san pi yu 'drei Fische'	san jin yan 'drei Pfund Salz'.

Morphologisch unterscheiden sich die Quantifikatoren von den Klassifikatoren dadurch, daß sie in den meisten Fällen einen unabhängigen lexikalischen Status haben. Sie können selbst als Nomina verwendet und können selbst wiederum klassifiziert werden, wie die folgenden Beispiele zeigen:

als Nomina	als Quantifikatoren
yi zhi *tong*	yi *tong* shui
ein Stück Eimer	'ein Eimer Wasser'
yi zhi *wan*	yi wan fan
ein Stück Schale	'eine Schale Reis'.

Dagegen werden die Klassifikatoren meistens durch gebundene Morpheme realisiert. Die Klassifikatoren und die Quantifikatoren lassen sich weiter unterteilen. Die Quantifikatoren in den Maß- und Kollektivkonstruktionen sind auch in semantischer Hinsicht zu unterscheiden. Die Quantifikatoren in den Maßkonstruktionen wie *mi* (Meter), *gongjin* (Kilogramm) sind die exakten Maßeinheiten, mit denen eine bestimmte Größe bestimmt wird. Sie bilden ein System, das durch Konvention festgelegt wird. Bestimmtheit ist ihr semantisches Merkmal. Was *wan* (Schale) in der Konstruktion 'eine Schale Reis' betrifft, kann man sagen, daß es zwar keine so absolut bestimmte Größe ausdrückt, aber eine doch relativ bestimmte Quantität. Solche Wörter sind eigentlich Behälter-Nomina, d.h. sie sind von Nomen abgeleitet und fungieren in den Maßkonstruktionen als ZEW, deswegen sprechen wir bei ihnen von Okkasion-ZEW, und bei den exakten Maßeinheiten von Standard-ZEW.

Im Unterschied zu den oben genannten Maßeinheiten drücken die Quantifikatoren in den Kollektivkonstruktionen keine bestimmte Größe aus, sondern eine unbestimmte Anzahl von Lebewesen oder Gegenständen. Bei den Ausdrücken 'eine Menge Menschen', 'zwei Stapel Bücher' kann man nicht bestimmen, von wievielen Menschen und Büchern hier eigentlich die Rede ist. Unbestimmtheit ist deswegen ihr semantisches Merkmal.

Die Klassifikatoren sind auch in folgende zwei Gruppen einzuteilen:

a) Klassifikatoren für Lebewesen und Gegenstände bezeichnende Nomen, z.B.
   yi *ming* jiaoshi 'ein Lehrer'
   yi *tou* luotuo 'ein Kamel'
   yi *zhang* zhuozi 'ein Tisch';

b) Klassifikatoren für abstrakte Begriffe, z.B.
   yi *zhong* xianxiang 'eine Erscheinung'
   yi *zhen* fangxiang 'ein Wohlgeruch'
   yi *chang* meng 'ein Traum'.

2. ZEW/N und Untergruppen der Nomen

Die chinesischen Nomen lassen sich nach ihrer Verbindungsfähigkeit mit ZEW/N in folgende 3 Untergruppen einteilen:

1. Individuativa
2. Stoffnamen
3. Kollektiva

1. Individuativa haben ihre spezifischen ZEW/N, nämlich die Klassifikatoren:
   a. Individuativa, die Lebewesen und Gegenstände bezeichnen:
      san wei *keren* 'drei Gäste'
      liang ba *yizi* 'zwei Stühle';
   b. Individuativa, die abstrakte Begriffe bezeichnen:
      yi zhong *xianxiang* 'eine Erscheinung'
      yi zhen *fangxiang* 'ein Wohlgeruch'.
2. Stoffnamen können sich verbinden mit
   a. Maßeinheiten:
      - Standard-ZEW yi mi *bu* 'ein Meter Stoff'
        wu jin *rou* 'fünf Pfund Fleisch',
      - Okkasion-ZEW yi bei *cha* 'eine Tasse Tee'
        yi dai mianfen 'ein Sack Mehl';
   b. manchen Kollektiv-ZEW:
      san di *shui* 'drei Tropfen Wasser'
      yi tan xue 'eine Lache Blut'.
3. Kollektiva können sich verbinden mit Kollektiv-ZEW:
   yi dui fuqi 'ein Ehepaar'
   yi tao jiaju 'eine Garnitur Möbel'.

Das folgende Schema bietet eine Zusammenfassung des Dargestellten:

ZEW als eine Wortklasse

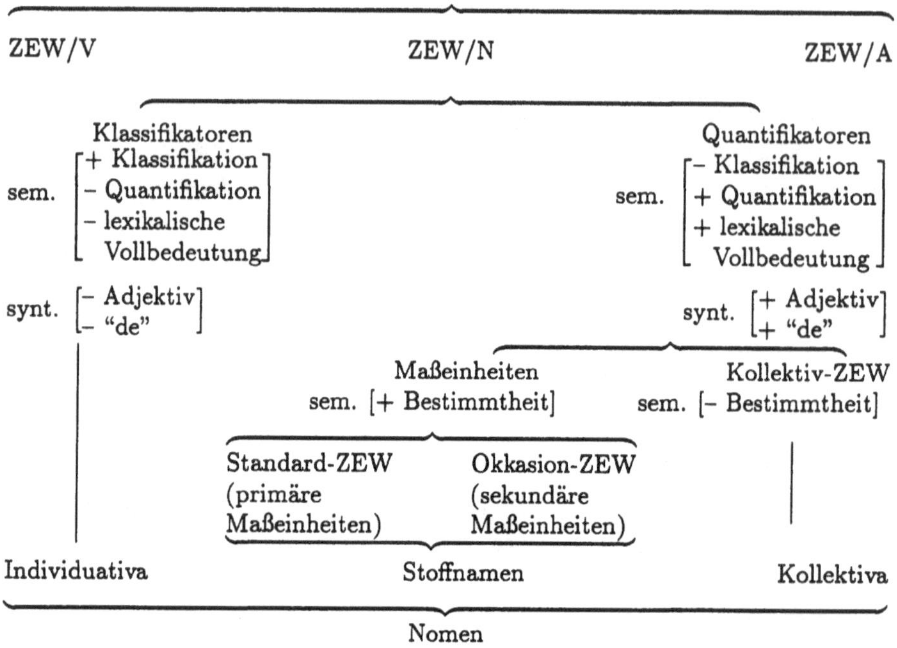

LITERATURVERZEICHNIS

DRAGUNOV, A.A.

1960 Untersuchungen zur Grammatik der modernen chinesischen Sprache. Berlin: Akademie-Verlag.

LIU, SHIRU

1965 Wei jin nan bei chao liangci yanjiu (Untersuchungen zu den Zähleinheitswörtern in der Zeit der Südlichen und Nördlichen Dynastien). Beijing: Zhonghua shuju.

SERZISKO, FRITZ

1980 Sprachen mit Zahlklassifikatoren: Analyse und Vergleich. akup: Arbeiten des Kölner Universalien-Projekts. Köln.

Zur Erweiterung des Begriffs "Umstandsangabe"

Martine Dalmas
Universität Aix-Marseille I

Ausgehen möchte ich von der mittlerweile traditionell gewordenen Unterscheidung zwischen der 'Proposition' als 'propositionalem (denotativem) Gehalt', der "Äußerung" als (einmalig d.h. in einer bestimmten konkreten Situation) aktualisierter Proposition und dem 'Äußerungsakt'[1] als illokutivem Akt, der von einem Sprecher vollzogen wird und sich an einen Adressaten richtet. Eine solche Unterscheidung zwischen den drei Ebenen, die etwa auf den Weg der Linguistik vom 'Satz' zum 'Sprechakt' über den 'Text' verweist, hat die Beschreibung vieler grammatischer Phänomene ermöglicht, die unberücksichtigt geblieben waren; sie hat auch andere Aspekte aus ihrem "wissenschaftlichen Abseits" hervorgeholt, so C. KÜPER (1984) über die Kausalverknüpfer *denn* und *weil.*[2]

Ich werde im folgenden zeigen, wie der ursprünglich auf die 'Proposition' bezogene Begriff 'Umstandsangabe' sich leicht erweitern läßt, und zwar so, daß sowohl sprechaktspezifische als auch text- bzw. diskurskonstitutive Phänomene mit einbezogen werden können.

1. Am Anfang war die Proposition...

Im Rahmen dieses Beitrags werde ich die Entstehungsgeschichte des Begriffs 'Umstandsangabe' und die verschiedenen Auffassungen nicht beschreiben können, sondern ich muß mich auf solche Aspekte beschränken, die für meine Ausführungen relevant sind.[3]

- Umstandsangaben, auch "Circumstanten" genannt: sie werden traditionell im Rahmen des Satzes, d.h. meistens der Proposition, behandelt und ihre Definition ist in erster Linie eine syntaktische: Sie sind 'Begleitumstände' d.h. 'Begleiterscheinungen', die nur am Rande eines Vorgangs auftreten können.
- Ihre semantische Definition ist eine Auflistung der möglichen Umstände: lokale, temporale, instrumentale usw.
- Morphologisch sind es Adverbien (sog. 'Umstandswörter'), Präpositionalgruppen — auch Adverbialgruppen genannt — oder Konjunktionalsätze.
- In der Valenztheorie unterscheiden sie sich als 'freie Angaben' strikt von den 'Ergänzungen', den 'Aktanten',[4] weil sie vom Verb nicht 'vorprogrammiert'

---

[1] Vgl. O. DUCROT (1978) bzw. (1984) sowie auch A. BERRENDONNER (1981).

[2] Vgl. auch G. HELBIG (1983) und (1984).

[3] Ich verweise hier auf J.P. CONFAIS (1989), der sich mit dem Begriff "circonstant" auseinandersetzt.

[4] Neuerdings haben sich auch die Bezeichnungen "Komplement" vs "Supplement" durchgesetzt; vgl. z.B. HERINGER (1988a).

werden (cf. HELBIG/SCHENKEL und HELBIG/BUSCHA). So treten sie im Satzschema — etwa bei HEIDOLPH ET ALII in ihren *Grundzügen einer deutschen Grammatik* — ganz links, vor der Negation, außerhalb der Prädikatsgruppe, als "fakultative Satzglieder von SB" (sprich: Satzbasis).[5]

Es werden u.a. folgende Beispiele hierfür angeführt:

(1) Die Katze spielt *in der Ecke*

(2) Ich arbeite *abends*

(3) Er öffnete das Glas *mit dem Büchsenöffner*

(4) Peter weiß das *jetzt*

(5) *Bei Nebel* gibt es häufig Unfälle

(6) Wir schicken den Brief *notfalls* zurück

(7) Klaus hat *aus Unachtsamkeit* eine Fensterscheibe zerschlagen

(8) Der Unterricht beginnt *deshalb* eine Stunde früher

(9) Die Straße war *zu unserem Erstaunen* fast leer

(10) Man hatte den Wagen *zur Durchsicht* in eine Werkstatt gebracht

(11) Das Institut hat *dazu* eine Zeitschrift gegründet

(12) Die Kinder sind *trotz aller Ermahnungen* aufs Eis gegangen

(13) Die Gerüste sind *dessen ungeachtet* stehen geblieben

(14) Brigitte hat *im nächsten Jahr / nächstes Jahr / bald* Prüfung

(15) Es gab *häufig* Auseinandersetzungen

Aber gerade diese "relative Unabhängigkeit gegenüber der Valenz des Verbs oder des prädikativen Adjektivs" läßt sich nicht immer sehr genau feststellen und erschwert also die Abgrenzung. Entscheidend ist dabei die Frage : "Was wird mit dem Verb 'vorprogrammiert'?" Während G. HELBIG/W. SCHENKEL (1969) die Frage auf syntaktischer bzw. logischer Ebene beantwortet, d.h. ein Minimum an Aktanten festlegt, schlägt z.B. W. BONDZIO (1971) eine semantische Lösung vor,[6] die zwangsläufig zu einer Erweiterung der Valenz führt, welche — außer den Modaladverbien — kaum noch 'freie Angaben' zulassen dürfte. Fest steht jedenfalls, daß sogar bei einer solchen Interpretation die sog. 'Satzadverbien' außerhalb der Verbvalenz — auch semantisch gesehen! — stehen und insofern als 'Circumstanten' betrachtet werden können. Ich werde versuchen, die Funktion solcher Elemente auf andere Phänomene zu übertragen. Im folgenden möchte ich mich aber noch mit Fällen befassen, die meistens undifferenziert oder gar unberücksichtigt bleiben.

[5] Die Autoren schreiben dazu: "die fakultativen Konstituenten, die im allgemeinen vor der Negation stehen, sind [...] **direkte Konstituenten von SB.** Ihre relative Unabhängigkeit gegenüber der Valenz des Verbs oder des prädikativen Adjektivs rührt daher, daß sie den Sachverhalt, den die übrigen Konstituenten des Satzes beschreiben, in zeitliche oder ursächliche Zusammenhänge einordnen oder ihn in bestimmter Weise einschätzen und bewerten." (S. 200/201)

[6] Eine Diskussion dieses Valenzmodells findet sich bei J. DAVID (1976).

2. Lokutive Ebene

Während die meisten bis jetzt erwähnten 'Umstandsangaben' sich im engen Rahmen der Proposition befanden, zum propositionalen Gehalt gehörten und jedenfalls im Rahmen des Satzes untersucht wurden, dienen weitere 'freie' Angaben zur Einordnung der aktualisierten Proposition, der Äußerung also, in einen größeren Rahmen. Sie gehören nicht direkt zum propositionalen Gehalt, zum beschriebenen Sachverhalt, sondern 'situieren' sozusagen die Äußerung:

2.1. Sie können zur Strukturierung der Rede dienen:

• es sind temporale Angaben, die sich auf die Temporalität der Rede beziehen; *erstens, zweitens* ... oder *dann* in folgendem Beispiel:

(16) X ist ein ganz toller Kerl: *erstens* raucht er nicht, *zweitens* trinkt er nicht, *drittens* ..., und *dann* habe ich auch gehört, daß er..

Es sind manchmal dieselben Lexeme, die auf den zwei Ebenen fungieren können, so zum Beispiel das deutsche *nun* oder *schließlich*[7] oder das französische *maintenant*.[8] Bei *schließlich* führt der Übergang auf die Erzählebene meistens zu einem argumentativen Gebrauch:

(17) *Nun* wollen wir uns wieder unserem Helden zuwenden und ihn weiter verfolgen.

(18) *Schließlich* war ich nicht hergekommen, um den ganzen Tag im Café zu sitzen: Ich wollte etwas erleben.

• oft wird nicht direkt an die vorhergehende Proposition angeknüpft, sondern an eine größere Einheit, die sich inzwischen beim Leser/Hörer als Vorstellung ergeben hat.[9]

Deiktische Zeitadverbiale können auf die diskursive Temporalität verweisen, besonders in Erzählungen: vgl. *vorhin, gestern, heute, jetzt.* Dabei kann es sich sowohl um die Erzählzeit, die Zeit des Erzählens (des Erzählers), als auch um die Zeit des Lesens oder Hörens (des Lesers oder des Hörers), d.h. um die Zeit des Dekodierens, handeln:

(19) *Jetzt* fragt sich wohl unser Leser ...

(20) *Gestern* war unser Held noch so glücklich!

• andere Angaben (etwa des Ortes oder der Art und Weise) können sich je nachdem auf die erzählte Welt oder auf die Erzählwelt beziehen, so zum Beispiel *hier, an dieser Stelle,*[10] oder *hiermit, auf diese Weise:*

---

[7] Siehe hierzu M. Pérennec (1988), der von einer "interpretationsinneren Temporalität" spricht.

[8] Siehe F. Nef (1980).

[9] Dies gilt auch für die Gesprächswörter, z.B. für *jedenfalls*, das oft an größere Redeeinheiten anküpft; dieser Gebrauch ist in S. Lenz' *Deutschstunde* sehr üblich.

[10] *hier* oder *an dieser Stelle* sind keine rein lokalen Deiktika; vgl. P. Eisenberg (1986: 202), dervon "psychischer Nähe" spricht.

(21) *An dieser Stelle* ist es vielleicht nötig, einige Fakten zu erwähnen, die...

(22) Was wir *hier* der Verständlichkeit halber in ordentlicher indirekter Rede wiedergeben, war in Wirklichkeit ... (SÜSKIND 155)

Solche Elemente verbinden noch Inhalte, Bedeutungsinhalte, sie gehören aber nicht mehr direkt zum beschriebenen Sachverhalt, sondern schon zur Vorstellungswelt des Sprechers bzw. seines Adressaten.

2.2. Es sind hier auch Elemente zu erwähnen, die den Geltungsanspruch der Äußerung bezeichnen: Sie verweisen entweder auf den ko-textuellen bzw. sozial anerkannten Rahmen oder auf eine "Informationsquelle"; mit anderen Worten, sie bestimmen die Umstände, unter denen die Äußerung gilt:

(23) *In dieser Hinsicht / In diesem Sinne / bekanntlich / ?Nach wie vor /?Im allgemeinen / ?Normalerweise...*

(24) *Laut Polizeibericht / Nach Meinung des Journalisten...*

und sie sind paraphrasierbar durch *"In dieser Hinsicht kann man sagen, daß", "Laut Polizeibericht ist es so, daß"* usw.

Wie die unter 1. analysierten Umstandsangaben (Umstände des beschriebenen Sachverhalts) sind sie syntaktisch integriert (sie können die erste Stelle im Satz besetzen); semantisch unterscheiden sie sich jedoch stark von ihnen, da sie sich auf die diskursive Ebene[11] beziehen — für J.M. ZEMB (1978: 403) gehören sie zu den "Prädikatoren", die sich an der Nahtstelle zwischen Thema und Rhema befinden.

2.3. Weiter gehören hierzu auch Adverbien, die auf den Wirklichkeitsgrad des genannten Sachverhalts[12] verweisen und somit die Geltung der Äußerung bekräftigen: *offenbar, offensichtlich, augenscheinlich, anscheinend, tatsächlich, wirklich...*

(25) *Offenbar* hatte an jenem Abend keiner etwas gesehen.

(26) *Tatsächlich* war das Mädchen von exquisiter Schönheit. (SÜSKIND 204)

oder solche, die auf den Wahrheitsgrad des Sachverhalts verweisen: *möglicherweise, eventuell...* und mehr oder weniger explizit auf den Gewißheitsgrad des Sprechers Bezug nehmen: *vermutlich, sicherlich, zweifellos* u.a.

(27) *Vermutlich* war an jenem Abend niemand ausgegangen.

(28) Die französische Tabak-Monopolgesellschaft [...] versuchte sofort, die aufgescheuchten Fans zu beruhigen: *Natürlich* würden die Braunen weiter hergestellt. (*Der Spiegel* 21/1989, S. 170)

---

[11] SCHANEN/CONFAIS (1986) unterscheiden zwischen der informativen und der kommunikativen Funktion.

[12] M. PÉRENNEC (1979) unterscheidet zwischen "Wahrheits-" und "Wirklichkeitsgrad". Vgl. auch den Artikel von L. MERLINI BARBARESI (1987), in dem zwischen "epistemic modifiers" und "inferability modifiers" unterschieden wird.

Es sind die epistemischen "Modalwörter", die zum größten Teil eine *daß*-Paraphrase zulassen und von G. HELBIG (1984) als "kommunikativ-pragmatische Hypersätze" bezeichnet werden.

Sie können auch die subjektive Stellungnahme des Sprechers ausdrücken, der den beschriebenen Sachverhalt einschätzt und bewertet: *bedauerlicherweise, dummerweise* usw. ...

(29) *Erstaunlicherweise* wußte niemand mehr, wie der Gast hieß.

(30) *Dummerweise* hatte er seinen Paß abstempeln lassen.

Auch solche Elemente mit bewertender Funktion ermöglichen eine *daß*-Paraphrase. Als parenthetische Kommentare des Sprechers können sie auch als "Umstände der Äußerung" angesehen werden.

All diesen Adverbialen ist gemeinsam, daß sie am Rande der Äußerung stehen und sie näher bestimmen, indem sie:

- die Äußerung im Textzusammenhang situieren;
- den Rahmen für die Geltung der Äußerung festsetzen;
- den Standpunkt des Sprechers zu seiner Äußerung präzisieren

Ihre situierende Funktion erlaubt meiner Meinung nach auch für solche Elemente die Bezeichnung 'Umstandsangaben'.

3. Illokutive Ebene

Ich habe eben die Modalwörter (im weiten Sinne) erwähnt, die auf die Stellung des Sprechers zu seiner Äußerung (= Aussage) verweisen und deren Skopus also die gesamte (aktualisierte) Proposition ist.

3.1. Manche Adverbiale beziehen sich direkt auf den Sprechakt, auf den illokutiven Akt (Aussage, Aufforderung, Frage usw.). Es sind Adverbien, Präpositionalgruppen, Partizipialgruppen oder Konjunktionalsätze;[13] syntaktisch stehen sie dann meistens außerhalb der Äußerung, d.h. sie sind nicht integriert:

(31) *Ehrlich,* ich habe mit dieser Sache gar nichts zu tun.

(32) *Im Ernst:* Willst du nun beim Projekt mitmachen, oder nicht?

(33) *Unter uns,* wir dürfen wohl unsere Zweifel ausdrücken, daß Bayerns Frauen weniger abtreiben (lassen) als die Frauen Nordrhein-Westfalens. (*Der Spiegel* 21/1989, S. 21)

(34) *Und vor allem:* Entsprach die Propaganda — abgesehen von wilden, nicht ernstzunehmenden Übertreibungen — nicht doch in wesentlichen Punkten eigenen Mutmaßungen und Überzeugungen?(*Philipp Jenningers Rede bei der Gedenkveranstaltung im Deutschen Bundestag 1988*)

(35) *Wenn du es unbedingt wissen willst,* ohne ihre Hilfe hätte ich es nie geschafft.

---

[13] Zu den Konjunktionalsätzen vgl. C. SAINT-MARCOUX CORTÈS (1988).

(36) *Denn was immer in der Zukunft geschehen oder von dem Geschehenen in Vergessenheit geraten mag:* An Auschwitz werden sich die Menschen bis ans Ende der Zeiten als eines Teils unserer deutschen Geschichte erinnern. (*Philipp Jenningers Rede bei der Gedenkveranstaltung im Deutschen Bundestag 1988*)

Da sie sich auf die Realisierung von Sprechakten in einer bestimmten Redesituation beziehen, verweisen solche Elemente auf die Befolgung der Konversationspostulate: So weist der Sprecher darauf hin, daß er mit *ehrlich* oder *genauer (gesagt)* die Maxime der Art, mit Sätzen wie *wenn du es wissen willst* die Maxime der Beziehung befolgt, usw.

Solche Indikationen, die — syntaktisch gesehen — als 'Rand'erscheinungen bezeichnet werden können, sind aber konversationell wichtig, da sie die vollzogenen Sprechakte diskursiv bewerten und ihre Bedeutung in einer bestimmten Redekonstellation (auf dem Hintergrund von Sprecherannahmen und Hörererwartungen) hervorheben Sie werden in der einschlägigen Literatur auch "redecharakterisierend"[14] oder "äußerungskommentierend"[15] bzw. "speech-act modifying adverbials"[16] genannt; die Bezeichnung 'sprechaktbezogene Umstandsangaben' scheint mir gar nicht so abwegig zu sein...

Eine genauere Untersuchung könnte zeigen, auf welcher Ebene solche Elemente die Rede charakterisieren (Redestruktur, Redeinhalt, Beziehungsaspekt/ 'Imagearbeit'): Ich verweise hier aus Platzgründen einfach auf die von W. NIEHÜSER (1987) vorgeschlagene Taxonomie dieser Adverbiale.

3.2. Wenn man einen Schritt weiter geht, könnten hier solche Parenthesen mit einbezogen werden, die eine ähnliche kommentierende bzw. textstruktuierende Funktion haben, wie z.B.:

(37) Er hatte — *das erzählten alle im Dorf* — niemanden kränken wollen.

(38) Vor vielen Jahren — *genauer weiß ich es nicht mehr* — schrieb er uns einen bösen Brief.

Daß auch propositionsbezogene Umstandsangaben als Parenthesen aufgeführt werden können,[17] hängt natürlich mit ihrem syntaktisch fakultativen Charakter zusammen. Beiden Arten von parenthetischen Elementen ist gemeinsam, daß sie einen 'subsidiären' Charakter haben; ihre "Nebenrangigkeit"[18] kann aber täuschen, besonders dann, wenn manipulativer Gebrauch vorliegt. Auf diesen Begriff der "Nebenrangigkeit" werde ich im folgenden noch zurückkommen.

---

[14] Vgl. u.a. W. NIEHÜSER (1987).
[15] So bei G. HINDELANG (1975).
[16] So bei A. MITTWOCH (1977).
[17] Vgl. dazu N. DUPONT (1985).
[18] Der Ausdruck findet sich bei A. BASSARAK (1987: 175).

3.3. Erweitert man den Begriff der sprechaktbezogenen Umstandsangaben, dann kann man noch einen weiteren Schritt — den letzten! — wagen und hier noch den Gebrauch von Sätzen erwähnen, die zwar nicht als Parenthesen präsentiert werden, aber eine ähnliche (kommentierende) Funktion haben.

- in erster Linie sind *nämlich*-Sätze zu nennen, die oft als sprechaktkommentierender Nachtrag fungieren:

(39) Bleibst du morgen zu Hause? Ich brauche *nämlich* das Auto.

- aber auch andere, nicht-koordinierte Sätze haben eine ähnliche Funktion, z.B. redeeinleitende Sätze,[19] die etwa in Interviews als Vorbereitung auf eine Frage sehr üblich sind:

(40) *Sie haben festgestellt, daß Sie im Grunde ein bürgerlicher Autor sind.* Sind Sie auch Intellektueller? (ARNOLD 195)

Aber meistens markieren Partikeln ihre Funktion oder ihre Beziehung zum folgenden Sprechakt:

(41) *Sie kommen doch aus Marseille.* Haben Sie dort von den Schiffen gehört? (HEIN 82)

(42) *Es gab damals ja auch politische Ubereinstimmungen* — was ist von den literarischen und politischen Ubereinstimmungen geblieben? (ARNOLD 87)

Solche einleitenden Sätze bilden den Rahmen, auch den informativen Rahmen, in dem der folgende Sprechakt (sei es eine Aussage, ein Befehl oder eine Frage) gerechtfertigt bzw. relevant ist. Sie bestimmen die Diskurswelt[20] mit, in die der Sprechakt einzuordnen ist, bzw. in der er gelten soll. Sie bilden mit diesem illokutiven Akt eine Einheit, eine diskursive Einheit, die weit über die einfache Äußerung hinausgreift und zur Kohärenz bzw. zur Kohäsion des Textes beiträgt. H.J. HERINGER (1988b) spricht von "Brücken", die der Rezipient bauen muß, um einen Text überhaupt als solchen zu "verstehen": Ich bin nun der Meinung, daß es diese Brücken schon im doch ziemlich engen Rahmen solcher diskursiven Einheiten gibt, wie ich sie gerade beschrieben habe. Ich verweise hier auch auf den Begriff "intervention" von E. ROULET (1985: 33); als diskursive Einheit setzt sich die "intervention" aus einem "acte directeur" und einem oder mehreren "actes subordonnés" zusammen. Diskursiv — d.h. meistens argumentativ — bleibt nach wie vor allein der "acte directeur" von Gewicht; er ist sozusagen der 'minimale Kern' der Rede, während die 'Begleitumstände' Randbestimmungen sind, die zwar eine redesituierende Funktion haben, jedoch diskursiv eine sekundäre Rolle spielen.

In diesem Sinne haben sie etwas Gemeinsames mit Präsuppositionen,[21] wenn

---

19 Vgl . M. DALMAS (1987).

20 Vgl. E. COSERIU (1975) und R. MARTIN (1983), besonders Kapitel V.

21 B. SCHLIEBEN-LANGE (1975: 101) stellt sich auch die Frage in Bezug auf die Diskursuniversen, die natürlich von größerem Umfang sind: "Es müßte möglich sein, Diskursuniversen als Set von pragmatischen Präsuppositionen zu formulieren, der — im Gegensatz zur 'komplexen Voraussetzungssituation' einer Einzelkommunikation hochkonventionalisiert ist."

man diese als Randinformationen betrachtet,[22] die argumentativ für die Fortsetzung der Rede nicht entscheidend sind und keinen direkten Einfluß haben.

4. Ein Schlußwort.

Es ging mir ja in der vorhergehenden Darstellung weniger um die Bezeichnung als um das Phänomen selber; trotzdem scheint mir der Begriff "Umstandsangabe" ziemlich dehnbar zu sein. Versteht man unter "Umstände" die Bedingungen, unter denen

- ein Prozeß sich vollzieht,
- eine Äußerung realisiert wird,
- ein Sprechakt vollzogen wird,

dann darf man m.E. die Bezeichnung beibehalten und auf solche Phänomene des Textes und des Diskurses übertragen. Sonst soll man sich eine andere Bezeichnung einfallen lassen, etwa 'Situativa'...

Auf alle Fälle steht fest, daß diese Elemente auf jeder Ebene keine zentrale Stellung einnehmen, aber durch ihre situative Funktion auf allen Ebenen als wichtige Stützen der Rede fungieren. Diese Funktion kann abschließend folgenderweise zusammengefaßt werden:

- Auf propositionaler Ebene sind die Angaben Daten, die den im Rhema (im Sinne von J.M. Zemb) beschriebenen Prozeß verifizieren; sie sind der gegebene Rahmen, in dem der Prozeß sich vollzieht. Eine solche Interpretation der 'Umstandsangaben' unterscheidet sich deutlich von der traditionellen Auffassung, da das Kriterium zur Abgrenzung der Angaben nicht mehr die Verbvalenz, sondern — schon im Aufbau der Proposition — die kommunikative Absicht ist.
- Auf lokutiver Ebene sind die Angaben Indikatoren zur Situierung der Äußerung im Kontext (unter Kontext verstehe ich sowohl den unmittelbaren Ko-text als auch die Redesituation, in welcher der Sprecher einen zentralen Platz einnimmt).
- Auf illokutiver Ebene sorgen die Angaben für die kommunikative Angemessenheit eines Redebeitrags.

---

[22] So z.B. O. Ducrot (1978); er versteht die Präsupposition als argumentative Strategie der Sprecher, da präsupponierte Inhalte dem Adressaten sozusagen aufgezwungen werden. A. Bassarak (1987) kommt zu ähnlichen Ergebnissen bei der Analyse von Parenthesen. N. Dupont (1985: 266) vergleicht " supposition" und "présupposition" und zitiert dazu O. Ducrot: "Supposition et présupposition ont en somme cette propriété de transformer, l'une, explicitement, l'autre, implicitement, l'univers de discours, de transporter le destinataire dans une situation choisie par le locuteur" C. Kerbrat-Orecchioni (1986: 36–39) unterscheidet zwischen den "semantischen" und den "pragmatischen" Präsuppositionen und betrachtet sie als "Sockel" der Rede. Für R. Pasch (1988) sind im Gegenteil appositive Strukturen keine Präsuppositionen

LITERATUR

BASSARAK, ARMIN

1987 Parenthesen als illokutive Handlungen. In: MOTSCH W. (ed.) *Satz, Text, Rede* (= Studia Grammatica XXV). Berlin: Akademie Verlag, 163–178.

BONDZIO, WILHELM

1971 Valenz, Bedeutung und Satzmodelle. In: HELBIG, G. (ed.) *Beiträge zur Valenztheorie.* Paris & La Haye: Mouton, 85–104.

CONFAIS, JEAN-PAUL

1989 Les notions de 'circonstance', 'complément circonstanciel' et 'circonstant'. In: CRLG (ed.) *La relative — La fonction circonstancielle.* Université de Nice.

SAINT-MARCOUX-CORTÈS, COLETTE

1988 *Contribution à l'étude des relations syntaxiques:la relation circonstancielle dans les subordonnées de l'allemand moderne.* Habilitationsschrift. Paris VIII.

COSERIU, EUGENIO

1975 Determinierung und Umfeld. In: COSERIU (ed.) *Sprachtheorie und Allgemeine Sprachwissenschaft.* München: Fink, 253–290.

DALMAS, MARTINE

1987 La demande d'information et de justification: son marquage dans le dialogue. In: *Cahiers d'Études Germaniques* **12**, 145–160.

DAVID, JEAN

1976 Sur quelques approches logiques de la distinction actants/circonstants. In: DAVID J./MARTIN R. *Modèles logiques et niveaux d'analyse linguistique — Actes du Colloque organisé par le Centre d'Analyse syntaxique de l'Université de Metz (7-9 novembre 1974).* Paris: Klincksieck.

DUCROT, OSWALD

1978 Présupposés et sous-entendus. In: *Stratégies discursives — Actes du Colloque du Centre de Recherches Linguistiques et Sémiologiques de Lyon 20–22 mai 1977.* Lyon: Presses Universitaires de Lyon, 33–43.

1984 *Le dire et le dit.* Paris: Minuit.

DUPONT, NORBERT

1985 *Linguistique du détachement en français.* Bern usw.: Peter Lang.

EISENBERG, PETER

1986 *Grundriß der deutschen Grammatik.* Stuttgart: Metzler.

HEIDOLPH, K. E. ET ALII

1981 *Grundzüge einer deutschen Grammatik.* Berlin: Akademie-Verlag.

HELBIG, GERHARD

1983 Morphosyntaktische, semantische und pragmatische Aspekte in der Beschreibung der deutschen Grammatik. In: *Studien zur deutschen Syntax.* Band I. Leipzig: VEB Verlag Enzyklopädie, 24–35.

1984 Grammatik aus kommunikativ-pragmatischer Sicht In: *Studien zur deutschen Syntax.* Band II. Leipzig: VEB Verlag Enzyklopädie, 7–35.

HELBIG, G./BUSCHA, J.

1984[8] *Deutsche Grammatik Ein Handbuch für den Ausländerunterricht.* Leipzig: VEB Verlag Enzyklopädie.

HELBIG, G./W. SCHENKEL

1969 *Wörterbuch zur Valenz und Distribution deutscher Verben.* Leipzig: Bibliographisches Institut.

HERINGER HANS-JÜRGEN

1988a *Lesen lehren lernen: Eine rezeptive Grammatik des Deutschen.* Tübingen: Niemeyer.

1988b Verstehen — eine wahrhaft interdisziplinäre Angelegenheit. In: *DAAD. Dokumentationen und Materialien 12 Deutsch-französisches Germanistentreffen. Berlin, 30.9. bis 4.10.1987. Dokumentation der Tagungsbeiträge,* 230–253

HINDELANG GÖTZ

1975 Äußerungskommentierende Gesprächsformeln. Offen gesagt, ein erster Schritt. In: *Beiträge zur Grammatik und Pragmatik,* hrsg. von von V. EHRICH/P. FINKE. Kronberg/T.: Scriptor, 253–263.

KERBRAT-ORECCHIONI, CATHERINE

1986 *L'implicite.* Paris: Armand Colin.

KÜPER, CHRISTIAN

1984 Zum sprechaktbezogenen Gebrauch der Kausalverknüpfer denn und u: Grammatisch-pragmatische Interrelationen In: *Linguistische Berichte* **92**, 15–30.

MARTIN, ROBERT

1983 *Pour une logique du sens.* Paris: Presses universitaires de France.

MERLINI BARBARESI, LAVINIA

1987 *obviously* and *certainly:* two different functions in argumentative dicourse. In: *Folia linguistica* **21**(1), 3–24.

MITTWOCH, ANITA

1977 How to refer to one's words: speech act modifying adverbials and the performative analysis. In: *Journal of Linguistics* **13**, 177–189.

NEF, FRÉDÉRIC

1980 *maintenant*$_1$ et *maintenant*$_2$: sémantisme et pragmatisme de *maintenant* temporel et non temporel. In: *La notion d'aspect.* Paris: Klincksieck, 145–166.

NIEHÜSER, WOLFGANG

1987 *Redecharakterisierende Adverbiale.* Göppingen: Kümmerle.

PASCH, RENATE

1988 Plädoyer für eine einheitliche pragmatische Beschreibung 'logischer' und 'nichtlogischer' Präsuppositionen. In: *2. Semantik-Syntax-Symposium.* Wissenschaftliche Beiträge der Friedrich-Schiller-Universität Jena, 105–116.

PÉRENNEC, MARCEL

1979 *Assertion et illocution en allemand.* Habilitationsschrift. Paris-Sorbonne.

1988 Interpretationsinnere Temporalität als Bestandteil einer Interpretationstheorie. In: *DAAD. Dokumentationen und Materialien 12. Deutsch-französisches Germanistentreffen. Berlin, 30.9. bis 4.10.1987. Dokumentation der Tagungsbeiträge,* 296–311.

ROULET, EDDY ET AL.

1985 *L'articulation du discours en français contemporain.* Bern usw.: Peter Lang.

SCHANEN, F./CONFAIS, J.P.

1986 *Grammaire de l'allemand. Formes et fonctions.* Paris: Nathan.

SCHLIEBEN-LANGE, BRIGITTE

1975 *Linguistische Pragmatik.* Stuttgart usw.: Kohlhammer.

ZEMB, JEAN-MARIE

1978 *Vergleichende Grammatik Französisch-Deutsch Teil I.* Mannheim usw: Bibliographisches Institut.

QUELLEN

ARNOLD, HEINZ LUDWIG

1975 *Gespräche mit Schriftstellern.* München: C. H. Beck.

HEIN, CHRISTOPH

1989 *Der Tangospieler.* Berlin und Weimar: Aufbau.

1988 *Die wahre Geschichte des Ah Q — Passage.* Berlin: Henschel.

SÜSKIND, PATRICK

1987 *Das Parfum. Die Geschichte eines Mörders.* Berlin: Volk und Welt.

The Pronominal Approach to Verbal Valency:
A formal description of *speak, say, tell,* and *talk*

Luc Dehaspe & Karel van den Eynde
Universität Leuven

1. Introduction

Like any set of concrete or abstract objects, the verb patterns of *speak, say, tell,* and *talk* can be approached from a whole range of different perspectives. Two of these points of view will be retained in the present discussion.

First, as an instance of a more common view on verbal valency, a brief introduction will be given into the syntactico-semantic analysis presented in *Speak, talk, say and tell* by VORLAT, DIRVEN, GOOSSENS, and PUTSEYS (DIRVEN et al. 1982). The theoretical assumptions of these authors have been determined by FILLMORE'S Scenes-and-Frames Semantics (1977) (henceforth SFS). Against this more familiar background, the Pronominal Approach to verbal valency will be situated. This is a less common linguistic research method conceived by K. VAN DEN EYNDE and developed in collaboration with Cl. BLANCHE-BENVENISTE (BLANCHE-BENVENISTE et al. 1984).

2. The SFS approach

The authors of *Speak, talk, say* and *tell* treat these verbs primarily as linguistic action verbs. They intend to show how the four verbs "put the linguistic action scene into perspective".[1]

In general, the adoption of such a specific approach to the language material involves the promotion of a particular subset of all imaginable aspects of the study object to descriptively relevant characteristics. In line with this general idea, the said authors promote the components of the scene of linguistic action to distinctive features; they start their study with a descriptive frame in which basically the following features occur: SENDER, RECEIVER, MESSAGE, TOPIC, EVALUATION, CHANNEL, CONVEYOR, CODE. These labels are attributed to the four verbs. A further examination of the label patterns that combine with each verb yields conclusions such as: "In contrast with *say/tell,* the pair *speak/talk* does not focus on

[1] "Set in C.J. FILLMORE'S Scenes-and-frames semantics (1977), this [DIRVEN et al. 1982] work's scenes represent the real-world context, and its frames the linguistic resources available for a particular scene. As an introductory example, the authors cite "the scene of commercial transaction" (p. 1), for which the set of verbs includes *buy, sell, cost,* and *pay.* In the same way that the choice of buy for the scene establishes the perspective of the purchaser, while sell establishes that of the seller, the authors propose to demonstrate a set of possible perspectives imposed upon a scene of language interaction by the choices made among the verbs *speak, talk, say,* and *tell*". (HADEN ELGIN 1985)

the message, but on the linguistic action itself" (DIRVEN et al. 1982: 166) or "*tell* not only has message-focus, but addressee-focus as well" (idem p. 167).

Obviously, the label patterns do not occur as such in a corpus, nor can they be directly elicited from a native speaker: the construction SENDER *tell* RECEIVER MESSAGE is not likely to appear in any newspaper and will sound nonsensical to any English non-linguist. Since label patterns such as the aforementioned are not directly observable in the English language system, their acceptability depends on their relation with English sentences: if the label pattern matches any English sentence it is valid, if it does not, it is to be rejected. Thus, the acceptability of SENDER *tell* RECEIVER MESSAGE can be derived from the grammaticality of *the director told the actress she would become a star,* by postulating the following pairs: *the director*/SENDER, *the actress*/RECEIVER and *she would become a star*/MESSAGE.

However, the label pattern SENDER *tell* RECEIVER SENDER can only be rejected with absolute certainty, if we have vainly attempted to match it up with every sentence of the English language. Given the practical problems the testing of all sentences of a language creates, the aforementioned testing procedure is usually weakened down to: if the label pattern matches an English sentence from the corpus it is valid, if it does not, it is to be rejected. By this strategy, the investigation is narrowed to a corpus in order to weaken down the unsatisfiable demand to check all sentences.

In the following paragraph, a strategy will be formulated that consists in anticipating this unsatisfiable demand rather than in weakening it down.

3. The Pronominal Approach

3.1. INTRODUCING THE PRONOMINAL SYSTEM AS A DESCRIPTIVE FRAME

Adopting the SFS perspective to verb patterns, the linguist is confronted with a finite set of metalinguistic patterns in which (s)he has to isolate the subset of valid patterns. For that purpose, another — no longer finite — set, the set of all sentences of a language, should be consulted. The previously raised problems this entails for the well-founded rejection of a pattern can be anticipated by working with a descriptive frame that meets the following two requirements.

First, the application of the frame to the four verbs should yield label patterns that are directly observable in the language system, unlike SENDER *tell* RECEIVER MESSAGE. Their acceptability then no longer depends on their relation with an infinite set of sentences but can directly be judged by a native speaker: if the label pattern is an English sentence it is valid, if the pattern is ungrammatical, it is to be rejected. Notice that this will substantially simplify the rejection procedure from checking all sentences to checking one single sentence. As a consequence, the task of verifying all possible label combinations can be successfully fulfilled. To put it briefly: the first requirement allows the construction of a reliable overview of all label patterns that can be combined with a particular verb.

The second requirement then pertains to the relevance of this overview for the characterization of the verbs. Each verb is described in the light of a limited set of label patterns. This description will of course be less detailed than the impracticable one based on all sentences. However, an appropriately chosen set of features will reveal the basic syntactico-semantic characteristics, so that, in a short time, the whole picture of the verb can be roughed out. How exactly this strategy should be understood will be exemplified below. For the time being it may suffice to point out that, given the fact that the drawing of a detailed picture of the verb is beyond reach, the second requirement allows the drawing of a reliable rough copy that will contain the essential information on the verb and that can be refined later on.

A descriptive frame based on the pronominal system seems to meet the two requirements above.

The application of a descriptive frame in which pronouns function as features yields pronominal constructions such as: THEY *tell you* THIS, NOBODY *spoke*, SHE *talked to* HIM *about* THEM, WHO *said* THIS. It goes without saying that these label patterns meet the first requirement in that they are directly observable within the language system. Any native speaker will accept the four label patterns above, as readily as he will reject the following patterns: THEY *tell* THIS YOU, NOTHING *spoke*, IT *talked to* HIM *about* THEM, WHO *said* YOU. Thus, a reliable overview of pronominal label patterns that combine with *speak, say, tell,* and *talk* can be obtained within a short period of time.[2]

The question then remains whether this overview is relevant to the description of these verbs. The minimal relevance of the overview stems from the natural though not negligible fact that it accounts for at least all the pronominal constructions. A broader relevance is contingent on the extent wherein a descriptive frame based on the pronominal system also meets the second requirement: do pronouns indeed constitute an appropriately chosen set of features that reveal the basic syntactico-semantic characteristics of the verbal paradigms? The affirmative answer to this question is one of the basic assumptions of the Pronominal Approach. According to this linguistic research method syntactic structures in which a verbal nucleus is completed with merely pronominal elements function as classifiers for basic syntactic structures as such. More specifically, feature values that can be directly obtained from the observation of constructions of the first type (i.e. pronominal constructions) are said to characterize fully the syntactic properties and partly the semantic properties of the second type of constructions whose lexical complexity often resists direct access to their syntactico-semantic features. The value of these assumptions will presently be measured against the results that can be obtained from it.

[2] Notice in this respect that the set of patterns to be verified is finite with both the SFS and the Pronominal Approach. The crucial difference between both perspectives is to be situated on the level of the verification itself. The Pronominal Approach is self-sufficient, whereas the SFS approach needs to import an infinite amount of extra information, namely all sentences of a language.

3.2. The Pronominal Approach to *speak, say, tell,* and *talk*

The workability of the Pronominal Approach as a short cut to a rough copy of verbal valency will be demonstrated by applying it to the verbs *speak, say, tell,* and *talk.* The complete inventory of label patterns that combine with each of the four verbs is too extensive to be presented here. With a view to a comparison with the SFS approach, it seems more favourable to focus on some idiosyncratic parts of the inventory and to select those pronominal patterns that prompt the dissociation of the four verbs.

In the first example it is demonstrated how application of the pronominal pattern YOU... reveals a distinction between *speak, talk* on the one hand and *say, tell* on the other hand.[3]

(1) *[speak,talk] =/= [say,tell]*
  ++ YOU *speak.*
  -- YOU *say.*
  - YOU *tell.*
  ++ YOU *talk.*

Only with the first couple the label pattern YOU + *verb* is an English sentence and therefore valid. The same distinction is made by the slightly more complex pattern YOU...THIS WAY in the second example.

(2) *[speak,talk] =/= [say,tell]*
  ++ YOU *speak* THIS WAY.
  -- YOU *say* THIS WAY.
  -- YOU *tell* THIS WAY.
  ++ YOU *talk* THIS WAY.

The aforementioned dissociation of *speak, say, tell* and *talk* is established by the combination of appropriately chosen patterns. Example (3) starts out with a pattern that yields grammatical constructions for all four verbs; (4), (5), (6), and (7) illustrate how small adaptations to the pattern reveal the peculiar syntactic behaviour of each of the verbs.

(3) *[speak,say,tell,talk]*
  + YOU *speak* IT *to* HER.
  ++ YOU *say* IT *to* HER.
  ++ YOU *tell* IT *to* HER.
  + YOU *talk* IT *to* HER.

---

[3] Symbols

[A] =/= [B]	the verbs in set [A] are dissociated from the verbs in set [B] by virtue of the following pronominal label patterns
(X)	example number X
++	accepted
+	hesitatingly accepted
-	hesitatingly rejected
--	rejected

(4) *[speak,talk] =/= [say,tell]*
- ++ YOU *speak to* HER.
- −− YOU *say to* HER.
- −− YOU *tell to* HER.
- ++ YOU *talk to* HER.

(further dissociated in (5))

(5) *[speak] (=/=) [talk]*
- ++ YOU *speak with* HER.
- \+ YOU *talk with* HER.

(6) *[speak,talk] =/= [say,tell]*
- −− YOU *speak* NOTHING *to* HER.
- ++ YOU *say* NOTHING *to* HER.
- ++ YOU *tell* NOTHING *to* HER.
- −− YOU *talk* NOTHING *to* HER.

(*say*/*tell* lines: further dissociated in (7))

(7) *[say] =/= [tell]*
- −− YOU *say* HER NOTHING.
- ++ YOU *tell* HER NOTHING.
- ++ YOU *say* NOTHING.
- − YOU *tell* NOTHING.

The same process is reproduced in (8)–(12). We start in example (8) with a pronominal environment shared by the four verbs, to arrive at a complete dissociation in (12).

(8) *[speak,say,tell,talk]*
- ++ YOU *speak* MUCH *about* IT.
- ++ YOU *say* MUCH *about* IT.
- ++ YOU *tell* MUCH *about* IT.
- ++ YOU *talk* MUCH *about* IT.

(9) *[speak,talk] =/= [say,tell]*
- ++ YOU *speak about* IT.
- −− YOU *say about* IT.
- −− YOU *tell about* IT.
- ++ YOU *talk about* IT.

(further dissociated in (10))

(10) *[speak] =/= [talk]*
- − YOU *speak of* IT.
- ++ YOU *talk of* IT.

(11) *[speak,talk] =/= [say,tell]*
- −− YOU *speak* SOMETHING *about* IT.
- ++ YOU *say* SOMETHING *about* IT.
- ++ YOU *tell* SOMETHING *about* IT.
- −− YOU *talk* SOMETHING *about* IT.

(*say*/*tell* lines: further dissociated in (12))

(12) *[say] =/= [tell]*
- − YOU *say* ME SOMETHING *about* IT.
- ++ YOU *tell* ME SOMETHING *about* IT.
- − I *was said* SOMETHING *about* IT.
- ++ I *was told* SOMETHING *about* IT.
- ++ YOU *say* SOMETHING *about* IT *to* HER.
- − YOU *tell* SOMETHING *about* IT *to* HER.

The more loose examples (13)–(16) further demonstrate the range of a descriptive frame based on the pronominal system.

(13) *[speak,talk] =/= [say,tell]*
++ YOU *speak of* HIM.
–– YOU *say of* HIM.
–– YOU *tell of* HIM.
++ YOU *talk of* HIM.

(14) *[speak,talk] =/= [say,tell]*
++ YOU *speak on* THAT.
–– YOU *say on* THAT.
–– YOU *tell on* THAT.
++ YOU *talk on* THAT.

(15) *[speak,talk] =/= [say,tell]*
–– YOU *speak* (HER) SO.
++ YOU *say* SO.
++ YOU *tell* HER SO.
–– YOU *talk* (HER) SO.

(16) *[speak] =/= [talk]*
++ I *speak for* MYSELF.
–– I *talk for* MYSELF.

(17), which contains a selection of examples illustrates the dissociative capacity of (1)–(16) more explicitly.

(17)

	speak	say	tell	talk
you ...	+	–	–	+
you ... her nothing	–	–	+	–
you ... of it	+	–	–	–

4. Conclusions

4.1. THE PRONOMINAL APPROACH AS A SHORT CUT TO LINGUISTIC INFORMATION

Time spent on the drawing of each of the complete pronominal label pattern inventories is measured in terms of minutes or hours, rather than days. This becomes a major asset when the research is not restricted to four verbs as is presently the case, but intends to cover all verbs of a language. The mere practical pro's of the Pronominal Approach have already been exploited with the construction of valency dictionaries for Dutch (6200 entries) and French (8500 entries).[4]

[4] The development of these dictionaries is realized in the PROTON project, which is funded by the K.U.LEUVEN (Belgium) and directed by Prof. VAN DEN EYNDE. Planned products of the project are man and machine readable dictionaries, both for French and Dutch. Per language, both versions of the dictionaries contain identical linguistic information, but the machine readable ones, written in PROLOG, are conceived as modules to be inserted in larger automatic language processing programs.

4.2. The Pronominal Approach as a way to a rough copy of verbal valency

In the context of this paper, the mere practical advantages of a method are subordinate to the quality of its outcome. In this respect, a comparison between the SFS and the Pronominal Approach urges itself.

A first observation to be made is that the direct information provided by both approaches is fundamentally different. In a way the Pronominal Approach leads to a fully elicited corpus of pronominal sentences. Examples (1)–(16) hint at the high density of this corpus in that they capture the dissociation of ***speak, say, tell*** and TALK. The peculiarities of these four verbs are BROUGHT out but NOT IDENTIFIED. It is only in a second stage that the examples can be further interpreted so as to give a name to the peculiar characteristics of each verb. The SFS approach proceeds the other way round. A preliminary set of identifying labels is first postulated and then applied to a random corpus of sentences so as to investigate how this set brings about the dissociation of the verbs. The initial product is not language material, such as pronominal sentences, but metalinguistic label patterns.

Since the Pronominal and the SFS approach produce outcome of a different level of interpretation, low and high respectively, a further comparison requires some equalizing. The best, perhaps even the only strategy thereto is the interpretation of the information contained in (1)–(16) using the SFS terminology.

As far as the perspectivation of the linguistic action scene is concerned, some of the conclusions of DIRVEN et al. (1982) are likewise observable in the examples presented in (1)–(16). Thus, it emerges from the label patterns there presented that ***speak*** and ***talk*** focus on the linguistic action itself whereas ***say*** and ***tell*** focus on the message. In fact more than half of the examples dissociate ***speak*** and ***talk*** on the one hand from ***say*** and ***tell*** on the other hand. Another conclusion obtained from the SFS approach is that "***tell*** not only has message focus, but addressee-focus as well" (DIRVEN et al. 1982, p. 167). Consider in this respect example (12) where the addressee can be made subject of the sentence with ***tell*** but not of the one with ***say***.

Observations made on pronominal sentences can thus be easily translated to the jargon of SFS. This is indicative of the fact that the descriptivist obtains from the Pronominal Approach within a short period of time a reliable, blurred picture he can then further develop in the line of his own field of interest.

References

BACELAR, MARIA FERNANDA

1987 ***Contribuição para um Dicionário de Verbos do Português, Novas Perspectivas Metodológicas.*** Dissertation, Lisboa.

BLANCHE-BENVENISTE, CLAIRE/JOSÉ DEULOFEU, JEAN STEFANINI, KAREL VAN DEN EYNDE

1984 ***Pronom et Syntaxe. L'approche pronominale et son application au français.*** Paris: SELAF.

DIRVEN, RENÉ, LOUIS GOOSSENS, YVAN PUTSEYS, EMMA VORLAT

1982 ***Speak, Talk, Say and Tell.*** Amsterdam/Philadelphia: John Benjamins.

EYNDE, KAREL VAN DEN, CLAIRE BLANCHE-BENVENISTE

1978 Syntaxe et mécanismes descriptifs: présentation de l'approche pronominale. In: *Cahiers de lexicologie* **XXXII** (1): 3–27.

EYNDE, KAREL VAN DEN, ERIK BROEDERS, CARMEN EGGERMONT, LUDO VANGILBERGEN

1988 The Pronominal Approach in NLP: A Pronominal Feature Analysis of Coordination in French. In: *Computers and Translation* **3**: 177–213.

EYNDE, KAREL VAN DEN, ALFONS MAES

1981 Pronominale paradigmen en basissemantiek in de verbale constructies. Beknopte schets voor een pronominale syntaxis van het Nederlands. In: *Handelingen van het XXXIIIste Vlaams Filologencongres*, 346–356.

FILLMORE, CHARLES J.

1977 Scenes-and-Frames Semantics. In: A. ZAMPOLLI (ED.), *Linguistic Structures Processing: Studies in Linguistics, Computational Linguistics and Artificial Intelligence.* Amsterdam: North-Holland Publishing Co., 55–81.

HADEN ELGIN, SUZETTE

1985 Review in: *Language.* Waverley Press, Inc.: Baltimore, U.S.A, 507.

Natürlichkeitstheoretische Syntax
Ein Modell und seine Anwendung

Günther Fliedl, Martina Maratschniger
Klagenfurt

0.0. Allgemeines zur Natürlichkeitstheorie

Die Natürlichkeitstheorie, wie sie in den letzten Jahren von MAYERTHALER, WURZEL, DRESSLER vor allem für die Erklärung morphologischer Prozesse entwikkelt wurde, ist eine Stabilitätstheorie. Sie ordnet morphologischen Erscheinungen NATÜRLICHKEITSGRADE zu. Dies tut sie aus der Intuition heraus, daß in der Morphologie natürlicher Sprachen manche Dinge einfacher, leichter faßbar, weniger komplex sind als andere. Die Natürlichkeitstheorie ermittelt die "Komplexität" sprachlicher Elemente relativ zur Wirkung allgemeiner, tendenzieller Prinzipien, wie etwa dem Prinzip der "semantischen Transparenz", dem "Markiertheitsikonismus" oder dem "konstruktionellen Ikonismus", der auf der Hypothese basiert, daß zwischen der semantischen Ebene und der Kodierungsebene dann eine ikonische Beziehung besteht, wenn "semantisch markierte Kategorien formal merkmalhafter, semantisch unmarkierte Kategorien formal weniger merkmalhaft kodiert werden" (siehe dazu: MAYERTHALER: 1981).

Da die Natürlichkeitstheorie eine Grammatik als ein offenes und dynamisches System ansieht, rechnet sie auch mit "Natürlichkeitskonflikten" zwischen miteinander konkurrierenden Prinzipien. In diesem Fall prognostiziert sie, daß die unmarkierte Fixierung eines Parameters relativ zu einer gegebenen NAT-Skala die markierte Fixierung relativ zu einer anderen zur Folge hat. Wir wollen nicht in die Details gehen, sondern nur ein allgemeines Prinzip der Natürlichkeitstheorie erwähnen, das für unsere weiteren Ausführungen wichtig sein wird – das typologische Muster:

$$\overset{>}{\mathrm{m}}\supset\overset{<}{\mathrm{m}}\ (=\overset{<}{\mathrm{nat}}\supset\overset{>}{\mathrm{nat}})$$

d.h.: "Markiertes impliziert die Existenz von weniger Markiertem"; oder anders ausgedrückt: "Unnatürliches impliziert die Existenz von Natürlicherem".

1.0. Der Repräsentationsrahmen der natürlichkeitstheoretischen Syntax

Wir haben nun versucht, das von uns hier ansatzweise dargestellte Analysekonzept der "Natürlichen Morphologie" für die Syntaxanalyse verwendbar zu machen. Dies setzte zunächst die Entwicklung eines geeigeneten Repräsentationsrahmens für syntaktische Zusammenhänge voraus. Dessen Grundzüge sollen im folgenden kurz erläutert werden.

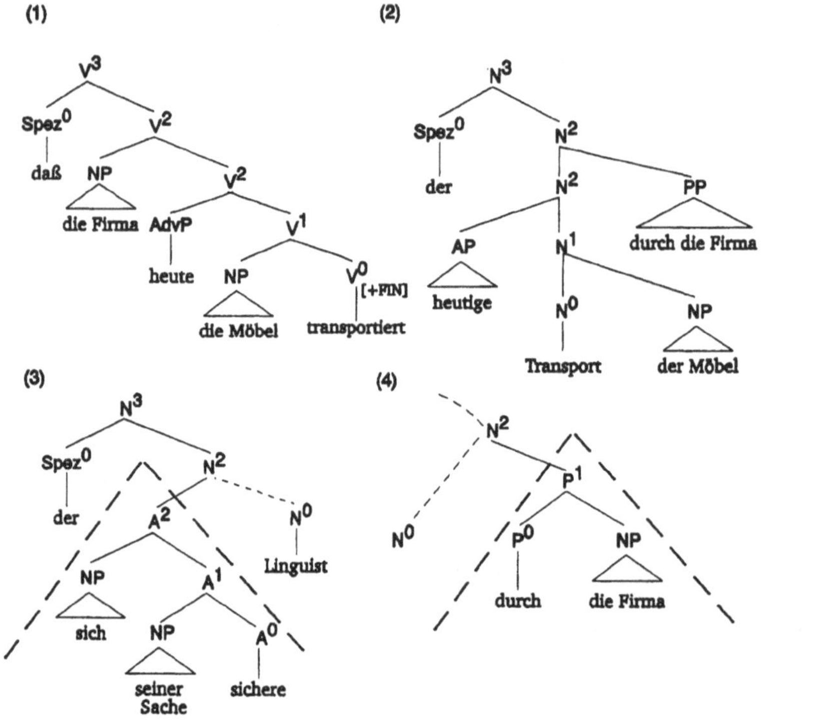

Wir ordnen Wortketten ganz in der Tradition der generativen Theoriebildung Konstituentenstrukturen zu; stellen also die hierarchischen Beziehungen zwischen Wörtern und Wortgruppen dar. Wir tun dies mit Hilfe einer von uns weiterentwickelten Form der $\overline{X}$-Theorie, deren ursprüngliche Version von Chomsky in den 70er Jahren vorgeschlagen wurde (CHOMSKY 1970). Die Strukturen (1) bis (4) sind das Ergebnis unserer Modifikationen im Rahmen der "Natürlichkeitstheoretischen Syntax" (siehe MAYERTHALER/FLIEDL 1989).

Diese Konstituentenstrukturen tragen folgenden empirischen Gegebenheiten Rechnung:

a. Nomina/Verben besitzen im unmarkierten Fall ein größeres Fügungspotential als ADJEKTIVE, ADPOSITIONEN und SPEZIFIKATOREN; d.h. daß N/V viel eher um Komplemente und Modifikatoren erweiterbar sind als die anderen Kategorien. Dies wird in unserem Modell durch die höhere Anzahl von N/V-Projektionen zum Ausdruck gebracht.

b. Nominal-/Verbalsyntagmen besitzen einen parallelen syntaktischen Aufbau!

c. Spezifikatoren (z.B: definite Artikel oder auch Complementizer) sind NICHT erweiterbar.

(5)

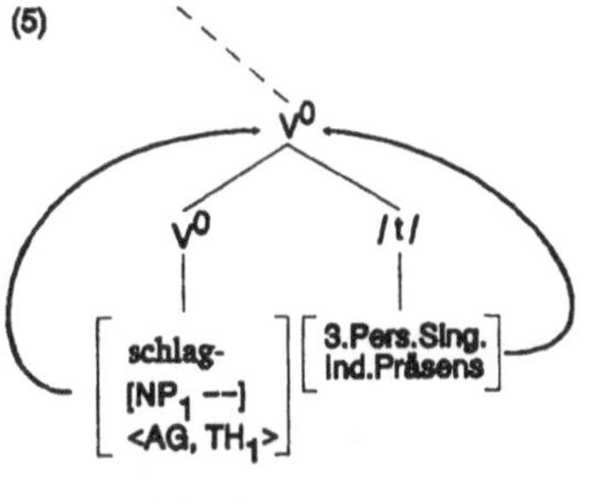

(6)

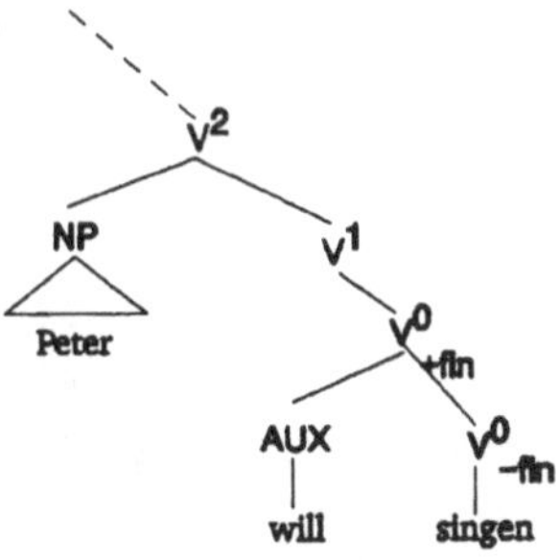

1.1. Die Strukturdomänen

Im Syntagmenaufbau der D-Struktur lassen sich mehrere Strukturdomänen unterscheiden. Unsere Hypothese ist, daß $X^1(X \in \{V, N, A, P, SPEZ\})$ jene Domäne bildet, in der die Komplemente angesiedelt sind. Restriktive Modifikatoren werden von X^2 dominiert. Appositive Modifikatoren und Referenz-Modus-Tempus-Spezifikatoren fallen hingegen in den unmittelbaren Dominanzbereich von X^3 (zur Stellung der Spezifikatoren siehe Zimmermann 1987).

Die Baumstrukturen (1) und (2) zeigen, daß in nominalen und verbalen Syntagmen alle diese Strukturdomänen identifizierbar sind. Dies rechtfertigt u.E. die Annahme, daß N/V höhere Projektionsstufen erlauben als die anderen lexikalischen Kategorien. Die Projektionshöhen der Strukturen werden also im Rahmen der NTS kategorienspezifisch bestimmt — wobei die Anzahl der Projektionshöhen mit den Möglichkeiten der Erweiterung einer Kategorie korreliert wird. Wie der Strukturbaum (1) deutlich macht, wird der Satz in unserem Modell als gesättigtes Verb (als Maximalprojektion von V) betrachtet. Dies hat zur Konsequenz, daß Flexionsmorpheme und Auxiliare nicht — wie dies etwa in Chomskys "Rektions- und Bindungstheorie" angenommen wird — als komplexes Symbol "INFL" den Kopf des Satzes bilden, sondern an V adjungiert werden und so eine Rekursion von V^0 bewirken. Die Strukturen (5) und (6) bilden dies ab.

1.2. Zur Abbildung morphosyntaktischer Prozesse

Ganz allgemein legt die NTS Wert darauf, alle morphosyntaktischen Operationen und ihre syntaktischen Konsequenzen formal zu repräsentieren. So werden neben der Anfügung von Flexionsmorphemen wie in Beispiel (5) auch Nominalisierungsprozesse strukturell explizit gemacht. Dies zeigt der Strukturbaum (7):

Hier wird dargestellt, daß im Türkischen das Nominalisierungsmorphem *-iş* (symbolisiert durch N^{-1}) als morphologischer Kopf die Kategorie des eingebetteten Syntagmas bestimmt. Der Exponent "–1" soll verdeutlichen, daß jene Elemente, die in seinem Dominanzbereich liegen, nur Morpheme sein können und deshalb keinen selbstständigen, also Wortstatus besitzen.

(7)

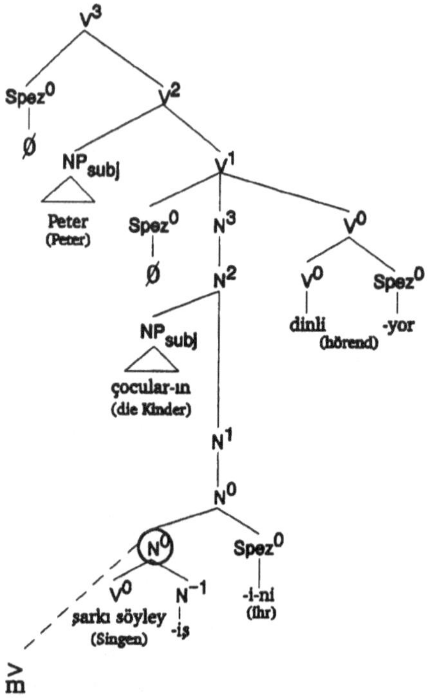

1.3. INFINITIVANSCHLÜSSE

Die eingebettete Infinitivgruppe in Struktur (8) wird als V^2-Projektion (also nicht als Maximalprojektion von V) analysiert, weil der Infinitivanschluß hier nicht die syntaktischen Kriterien eines vollständigen Nebensatzes erfüllt:

(8)

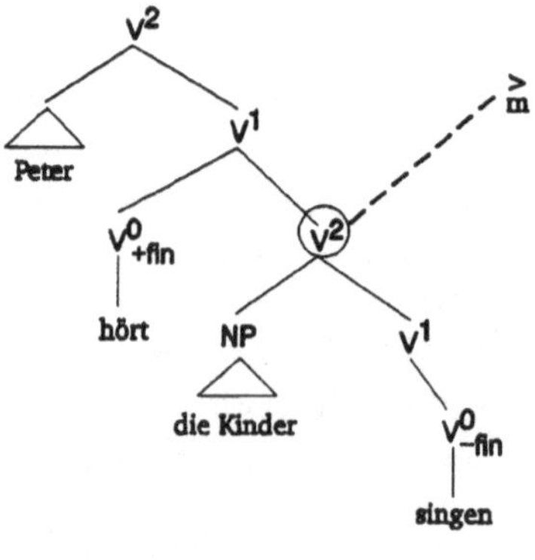

(9)

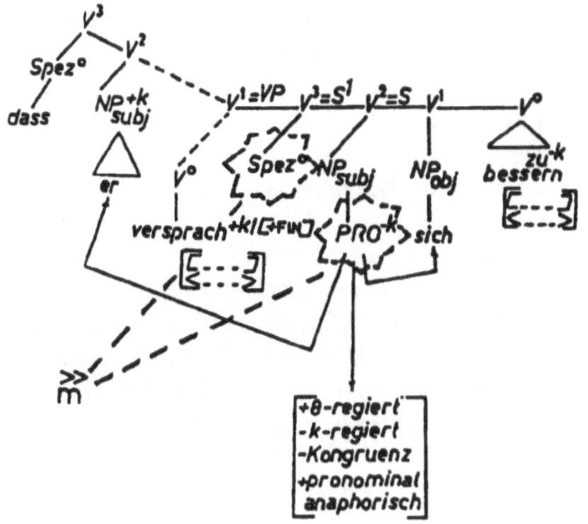

Als vollständig satzwertig stufen wir hingegen die Infinitivgruppe in Struktur (9) ein. Wir werten sie deshalb als V^3-Projektion, deren logisches, lexikalisch nicht realisiertes Subjekt mit PRO symbolisiert wird.

Das Merkmalsbündel unter PRO ist eine Auflistung jener Merkmale, die dem logischen Subjekt in der Generativen Grammatik üblicherweise zugewiesen werden.Zurück zur natürlichkeitsthoeretischen Axiomatik unseres Modells!

2.0. Syntaktische Natürlichkeit

2.1. MARKIERTHEITS(=Natürlichkeits)FAKTOREN

Unsere Grundhypothese ist, daß jeder syntaktischen Konstruktion ein bestimmter Natürlichkeitsgrad zugewiesen werden kann. Es gilt hierbei, daß der NAT-Grad von Konstruktionen als die Funktion des Zusammenspiels der folgenden Markiertheits-(=Natürlichkeits-)faktoren anzusehen ist:

a. der Existenz komplexer (intern strukturierter,propositionaler) Argumente des Matrixprädikates (das sind z.B.: Komplementsätze);

b. der Existenz leerer (lexikalisch nicht gefüllter) Kategorien z.B. eines PRO, dem logischen Subjekt eines Infinitivsatzes oder die eines leeren Spezifikators usw.

c. jener satzinterner Prozesse, die die Argumentzahl desMatrixelements verändern; wie z.B. ARGUMENTERWEITERUNG (=Kausativierung) oder ARGUMENTREDUKTION (=Passivierung).

Aus Platzgründen werden wir hier nur auf die Faktoren a) und b) eingehen. Die Existenz des Faktors a) ist in Struktur (7) nachweisbar. Hier ist ein propositionales Argument mittels Nominalisierung syntaktisiert. Die Markiertheit der Struktur wird einerseits durch die große Anzahl der invlovierten Strukturebenen, andererseits durch die Umkategorisierung des verbalen Elementes *şarki söyley* motiviert. In (8) besitzt die Inifinitivgruppe mit dem V^2-Status ebenso Argumentfunktion. Weil sie propositionalen Charakter hat, ist sie ebenfalls als Markiertheitsfaktor einzustufen. In (9) reduzieren sowohl das logische Subjekt (PRO) als auch der nicht lexikalisierte Spezifikator die Natürlichkeit der Infinitivkonstruktion. Dies ist u.E. darauf zurückzuführen, daß hier das Prinzip des "konstruktionellen Ikonismus" gleich zweimal verletzt wird: die semantisch relevanten Elemente SPEZ und PRO werden kodierungsseitig nicht erfaßt. Der doppelte Markiertheitspfeil hält das fest. Als Konsequenz unserer Analysen ergibt sich die Hypothese, daß kohärente Infinitivkonstruktionen (Verbindungen von finiten Hilfsverben mit infinitivischen Hauptverben, in denen kein leeres Element wie z.B. PRO vorkommt) als relativ natürlicher (=unmarkierter) einzustufen sind als Perzeptionsverbkonstruktionen; und diese wiederum als natürlicher (=unmarikierter) bewertet werden als inkohärente Infinitivkonstruktionen mit satzwertigen Infinitivgruppen, deren Kennzeichen in unserem Modell das PRO in Subjektsposition ist.

2.2. Zur prognostischen Kapazität des typologischen Musters

Ganz allgemein gilt, daß mit der Anzahl der involvierten Markiertheitsfaktoren die Markiertheit einer syntaktischen Konstruktion zunimmt — oder — umgekehrt proportional dazu — die Natürlichkeit einer Konstruktion abnimmt. Wegen der universellen Gültigkeit des oben erwähnten "typologischen Musters" lassen sich aus dieser allgemeinen Hypothese jene Prognosen ableiten, die Sie unter (10) finden:

(10)

satzwertige INFGR in $G(L) \supset$ –satzwertige INFRG in $G(L)|$ Faktor PRO

satzwertige INFGR < finite KOMPLEMENTSÄTZE / NOMINALPHRASEN

in infinitivarmern Sprachen

In der ersten Zeile wird festgehalten, daß die Existenz satzwertiger Infinitivgruppen in der Grammatik einer Sprache L die Existenz nicht-satzwertiger Infinitivgruppen in G(L) impliziert. Diese Implikation ist motiviert durch den Faktor PRO. Wir prognostizieren weiters, daß satzwertige Infinitivgruppen in infinitivarmen Sprachen durch finite Komplementsätze oder Nominalphrasen ersetzt werden. Zur Zeit versuchen wir im Rahmen eines Typologieprojektes mit dem thematischen Schwerpunkt INFINITIVKONSTRUKTIONEN IM EUROPÄISCHEN SPRACHRAUM diese Prognosen empirisch zu verifizieren. Zu diesem Zweck haben wir zunächst ein

(11) Sprache: ________ Param.: __ __ ________ Var.: __

Kodierungskategorien:

Beispiel:

Struktur:

Kommentar:

Litcode:	Autor(en):	Titel:	Seite:

Computerprogramm entwickelt, mit dessen Hilfe wir die relevanten Daten speichern, zuordnen und beliebig miteinander korrelieren können.

3.0. Exkurs: Zur Struktur unseres Computerprogramms

Das für unser Typologieprojekt entwickelte Speicherprogramm sieht folgendermaßen aus: Im Hauptmenü können Sprachen in unbegrenzter Anzahl gespeichert und in verschiedenen Masken bearbeitet und dokumentiert werden. Es hat eine Suchstrategie integriert, die es durch ihre facettenartige Struktur ermöglicht, alle nur erdenklichen Kombinationen von Sprachen und Parametern aufzufinden und zu ordnen. Die Hauptmaske, die Sie hier unter (11) abgebildet sehen, dient der Bearbeitung der Sprache nach den Fakten "Kodierungskategorie", "Beispielsätze" und "syntaktische Struktur":

Die Maske beinhaltet zusätzlich auch Blöcke zur Eingabe von Kommentaren und Literaturangaben. Hierdurch wird dem User und Betrachter eine weitere Aufschlüsselungsmöglichkeit geboten. Das dargestellte Datenmaterial kann somit weiter aufgearbeitet werden. Die folgende Abbildung ist ein Beispiel für eine beschriebene Maske:

Sie enthält die Aufarbeitung einer bairischen Perzeptionsverbkonstruktion. Das Markierhteitszeichen in der Position der Variantenfestlegung rechts oben soll symbolisieren, daß der Adverbialanschluß nach Perzeptionsverben im Bairischen als unmarkierte syntaktische Konstruktion angesehen werden kann. Dieses Faktum wird auch im darunterliegenden Kommentarblock begründet. Er dient zur Abspeicherung von Erläuterungs- und Quellverweisen. Es soll dadurch das gesamte gespeicherte Datenmaterial intern verbunden und vernetzt werden.

```
(12) Sprache: BAIRISCH    Param.: PERZV4007. PERZEPTIONSVERBEN  Var.: 1m
     Kodierungskategorien:
         DET N Vfin SPEZ DET Npl Vinf
     Beispiel:
         Da Peta heat wia de Kinda singa.
         Der Peter hoert wie die Kinder singen.
         Peter hoert, wie die Kinder singen.
     Struktur:
         [[NP[[V][SPEZ[NP[[V]]]adv ]]]
     Kommentar:
         Der Adverbialsatz ist relativ zm Infinitivanschluss als m einzu-
         stufen, weil seine Gebrauchsfrequenz weit hoeher ist als die der
         Infinitivgruppe.

     Litcode:   Autor(en):          Titel:               Seite:
       MAYE1989B MAYERTHALER Willi  ASPECTS OF BAVARIAN
                                    SYNTAX

     ^v Char Mode:  Replace  Page1                       Count:  6
```

Die Einspeicherung in die Maske beginnt mit der Eingabe eines Sprachnamens. Dieser wird vorher in einem dafür eigens erstellten Sprachparameterblock programmiert. Ist diese Eingabe erfolgt, wird die Kurzbezeichnung jenes Parameters, der aufgearbeitet werden soll, eingespeichert. Diese Kurzform wurde ebenfalls bereits vor Inbetriebnahme des Programms in einem speziell hierfür programmierten Parameterblock erstellt. Diese Eingabe hat ein automatisches Erscheinen der Ganzbezeichnung sowie das der Kodierungsnummer zur Folge.

Die letzte Eingabe, die in der obigen Maskendomäne erfolgt, ist jene der Variante. Sie bietet die Möglichkeit, das Datenmaterial natürlichkeitstheoretisch zu gewichten, also mit Markiertheitswerten zu versehen. In der darauf folgenden Zeile findet die Kategorienbezeichnung statt. Sie dient der kategoriellen Repräsentation der im Satz befindlichen Morpheme und Lexeme. Die Strukturzeile hingegen arbeitet nur die syntaktischen Relationen nach den Prinzipien der "Natürlichkeitstheoretischen Syntax" in Form einer Klammernotation auf. Die beiden Zeilen ergänzen sich somit in reziproker Weise und bieten die Möglichkeit zur gegenseitigen Spezifizierung und Präzisierung.

Der intervenierende 3-Zeilenblock bildet die Satzbearbeitungsdomäne; hier werden die empirischen Daten und die Übersetzungen von vorgegebenen und ausgewählten Satzstrukturen dargestellt und interlinear wie sinngemäß übersetzt.

Um nun die Arbeitsweise mit dem Computerprogramm zu erläutern, möchten wir auf einige Ergebnisse unserer typologischen Forschungen zum Thema "Infinitivkonstruktionen im europäischen Sprachraum" eingehen.

4.0. Das Klagenfurter Typologieprojekt

4.1. Die Untersuchungsmethode

Insgesamt haben wir 53 Prüfsätze in bisher 25 europäische Sprachen übersetzen lassen und miteinander verglichen (u.a. auch Dialektvarianten).

Als für uns relevante Parameter dienen nach semantischen Kriterien geordnete Verbklassen, auf die wir aus Platzgründen nicht genauer eingehen können.

Neben den INTENTIONALEN, NORMATIVEN uns PARATIVEN OPERATOREN, den PERZEPTIONS- und COMMISSIVVERBEN wurden in diese Prüfsätze auch Verbklassen nach den semantischen Kriterien der ASPEKTUALITÄT, der DIREKTIVITÄT, der SATISFAKTIVEN und der MANIPULATIVEN Bedeutung aufgenommen. Auch die Aspekte der REPRÄSENTATION, der KAUSATIVITÄT, der PERMISSIVITÄT und der EPISTEMIK sind bei der Auswahl der Matrixverben für diese Prüfsätze berücksichtigt worden. Auch das Einbettungsverhalten von UNPERSÖNLICHEN PRÄDIKATEN wurde untersucht.

Zwei vielleicht nicht ganz transparente Klassenbegriffe wollen wir kurz erläutern:

Als parative Operatoren bezeichnen wir Auxiliare, die eine bestimmte Fähigkeit einer involvierten Entität zum Ausdruck bringen. Das modale Auxiliar "können" ist hier als prototypischer Vertreter eingestuft worden. Die unpersönlichen Prädikate bilden keine semantisch homogene Klasse. Sie zeichnen sich dadurch aus, daß sie kein agentivisches Subjekt in ihrem Kontext zulassen und die Infinitivgruppe selbst Subjektsfunktion übernimmt.

Mit Hilfe des Computerprogrammes haben wir die Verbklassen auf ihre Verbindungsmöglichkeiten mit Inifinitivgruppen untersucht.

4.2. Zum syntaktischen Verhalten einiger Verbklassen im Standarddeutschen, Bairischen und Türkischen

Exemplarisch werden wir zunächst 3 Verbklassen herausgreifen, erläutern und ihr syntaktisches Verhalten in 3 verschiedenen Sprachen, dem Standarddeutschen, dem Bairischen und dem Türkischen darstellen. Als potentiell infinitivregierende verbale Elemente wurden ein Operator und zwei echte Matrixverben ausgesucht. Als Operatoren bezeichnen wir verbale Elemente mit Auxiliarfunktion, also Träger von Finitheitsmerkmalen, die zusammen mit nicht-finiten Verben Verbalkomplexe bilden. Als Beispiel hierfür haben wir die intentionalen Verben gewählt. Sie beschreiben Handlungen, nach ihrer, vom Sprecher gerichteten Absicht und Zielvorstellung. Der prototypischen Vertreter hierzu ist "wollen".

Weiters haben wir die Verben der commissiven Klasse und die Perzeptionsverben ausgesucht. Letztere umfassen alle verbalen Lexeme, die die Perzeption mit allen Sinnesorganen beschreiben. Als Beispiel hierfür haben wir "hören" ausgewählt, nicht nur semantisch-syntaktisch orientiert, sondern auch unter Einfluß einer gewissen biologischen Prototypikalität eben dieser Sinneswahrnehmungsebene. Als commissive Verben bezeichnen wir jene Verbtypen, die ausdrücken, daß der Sprecher sich auf bestimmte Entitäten festlegt (eine Definition im Sinne der Sprechakttheorie). Als Prototypen haben wir "versprechen" gewählt.

Im Schema unter Punkt (13) finden Sie die Gegenüberstellung der möglichen Konstruktionen in den 3 erwähnten Sprachen.

Zu Spalte 1:

Die intentionalen Operatoren bilden in allen 3 Sprachen kohärente Infinitivkonstruktionen. In den jeweiligen Strukturzeilen ist die kohärente Verbindung des intentionalen Verbs mit einem infinitivischen durch die Klammerung ausgedrückt. V^0 gibt die Projektionsstufe an; die davorstehende Anzahl an Klammern repräsentiert die interne Struktur des Verbalkomplexes.

Die Bairische Struktur unterscheidet sich von der Standarddeutschen lediglich bezüglich der Struktur der Subjekts-NP, da im Bairischen bei Eigennamen obligatorisch die Setzung des Artikels gefordert ist.

In der türkischen Struktur entsteht die Rekursion der V^0-Stufe durch die Affigierung der beiden Flexionsmorpheme *-mak* und *-yor*. SPEZ (A) bezeichnet das Infinitivmorphem *-mak*, das die erste V^0-Rekusrion bewirkt. SPEZ (B) steht für das Morphem "-yor", das in der klassischen Literatur und Grammatik als Präsensmorphem bezeichnet wird. Wir klassifizieren es als imperfektiver Aspekt, — wie man der Kodierungszeile entnehmen kann. Es ist eben dieses Morphem, welches die 2. V^0-Stufenrekursion auslöst. Durch die Verdoppelung des V^0-Knotens wollen wir ausdrücken, daß der Infinitivanschluß jeder möglichen syntaktischen Erweiterung wie z.B. der Anfügung des Objektes *kitabi* (=Buch) vorangeht.

Als erstes Teilergebnis zeigt sich, daß in allen 3 Sprachen eine Infinitivgruppe im Kontext der intentionalen Operatoren toleriert wird.

Zu Spalte 2:

Hier finden sich die möglichen Konstruktionen mit Perzeptionsverben in den 3 Sprachen.

Im Standarddeutschen ist der Infinitivanschluß im Kontext von Perzeptionsverben möglich und kann aufgrund seiner hohen Gebrauchsfrequenz sogar als unmarkiert eingestuft werden. Es handelt sich hierbei um eine Infinitivgruppe im 1. Status, also um jene, die das Infinitivpartikel "ZU" nicht enthält. Die Klammernotation bringt zum Ausdruck, daß diese Infinitivgruppe Objektfunktion besitzt, ohne jedoch ein logisches Subjekt (ein PRO) bei sich zu tragen.

Das Bairische erlaubt zwar ebenfalls den Infinitivanschluß nach Perzeptionsverben, jedoch muß dieser im Vergleich zum Adverbialsatz *wia de Kinda singa* als markiert gewertet werden, da seine Gebrauchsfrequenz weit unter jener der Adverbialsatzkonstruktion liegt. Dies wird durch die unterschiedliche Markiertheitszuweisung zum Ausdruck gebracht. Es zeigt sich also, daß kohärente Infintivanschlüsse bei Perzeptionsverben im Bairischen durch finite Nebensätze (Adverbailsätze) ersetzt werden.

(13)

SPALTE 1

Param.: INTEV / 4001 / INTENTIONALE VERBEN

Sprache: DEUTSCH

Variante:
Kodierungskategorien:
N AUXmod,fin Vinf
Beispiel:
Peter will singen.
Peter will singen.
Peter will singen.
Struktur:
[[NP [[AUX [V]]]vø]]]

Sprache: BAIRISCH

Variante:
Kodierungskategorien:
DET N AUXmod,fin Vinf
Beispiel:
Da Peta wui singa.
Der Peter will singen.
Peter will singen.
Struktur:
[[NP [[AUX [V]]]vø]]]

Sprache: TUERKISCH

Variante:
Kodierungskategorien:
N Nakk V-inf AUXimp.asp
Beispiel:
Paul kitb- ı satın al-mak isti-yor.
Paul Buch kauf- en woll-end.
Paul will das Buch kaufen.
Struktur:
[[NPsubj [NPobj [[[V]SPEZ]vø[[AUX]SPEZ]vø]vø]]]

A B

SPALTE 2

Param.: PERZV / 4007 / PERZEPTIONSVERBEN

Sprache: DEUTSCH

Variante:
Kodierungskategorien:
N Vfin DET Nakk,pl Vinf
Beispiel:
Peter hoert die Kinder singen.
Peter hoert die Kinder singen.
Peter hoert die Kinder singen.
Struktur:
[[NP [[V] [NP [[V]]]obj]]]

Sprache: BAIRISCH

Variante: 1m
Kodierungskategorien:
DET N Vfin DET Npl Vinf
Beispiel:
Da Peta heat de Kinda singa.
Der Peter hoert die Kinder singen.
Peter hoert die Kinder singen.
Struktur:
[[NPsubj [[V] [NPsubj [[V]]]obj]]]

Sprache: BAIRISCH

Variante: 2m
Kodierungskategorien:
DET N Vfin SPEZ DET Npl Vinf
Beispiel:
Da Peta heat wia de Kinda singa.
Der Peter hoert wie die Kinder singen.
Peter hoert, wie die Kinder singen.
Struktur:
[[NP [[V] [SPEZ [NP [[V]]]adv]]]

Sprache: TUERKISCH

Variante:
Kodierungskategorien:
N Ndef-gen V nsr-poss-akk AUX-imp.asp
Beispiel:
Peter, çocuklar-ın şarki söyleyiş - i- ni dinli-yor.
Peter Kinder der Singen ihr hoer-end.
Peter hoert die Kinder singen.
Struktur:
[[NPsubj [[NPsubj [[[[V]N-1]nø SPEZ]nø]]]obj [[AUX] SPEZ]vø]]]

SPALTE 3

Param.: COMMV / 4013 / COMMISSIVE VERBEN

Sprache: DEUTSCH

Variante:
Kodierungskategorien:
N Vfin PRONposs N ADVtemp PRAEP DET N IP Vinf
Beispiel:
Peter verspricht seinem Vater, morgen in die Stadt zu fahren.
Peter verspricht seinem Vater, morgen in die Stadt zu fahren.
Peter verspricht seinem Vater, morgen in die Stadt zu fahren.
Struktur:
[[NPi [[[V] NP] [[PROi [ADVP [PP [IP V]vø]]]]obj]]]

Sprache: BAIRISCH

Variante:
Kodierungskategorien:
DET N Vfin PRONposs N SPEZ PRON ADVtemp PREP DET N Vinf AUXfin
Beispiel:
Da Peta vaspricht seim Vota, doss ea murgn in d' Stot foan wead.
Der Peter verspricht seinem Vater, dass er morgen in die Stadt fahren wird.
Peter verspricht seinem Vater, dass er morgen in die Stadt fahren wird.
Struktur:
[[NPsubj [[[V] NPobj] [SPEZ v2[NP] v2[ADVP v1[PP [[V] AUX]vø]]]obj]]]

Sprache: TUERKISCH

Variante:
Kodierungskategorien:
N N-poss-dat ADV N-lok Vnsr-poss-akk POSTP V_V-imp.asp
Beispiel:
Peter baba- sı- na yarın şehr-e gideceg -i- ne dair söz ver -iyor.
Peter Vater-sein-em morgen Stadt Gang sein-en in versprech -end.
Peter verspricht seinem Vater, morgen in die Stadt zu fahren.
Struktur:
[[NPsubj vi[NPobj v[pi[ADVP pi[[NP [NP]] [P]]]]obj [[V]SPEZ]vø]]]

Im Türkischen betten Perzeptionsverben unseres Wissens nach obligatorisch Nominalsyntagmen ein. In der Strukturzeile ist die morphosyntatktische Struktur des Verbalnomens "Singen" repräsentiert. Durch die Affigierung des Nominalisierungsmophems *-iş* — in der Strukturzeile durch N^{-1} gekennzeichnet — das Verb in die Kategorie NOMEN übergeführt. Dies stellen wir durch die Indizierung mit n^0 dar. Durch die erneute, also 2. Setzung der Projektionsstufe n^0 wird angezeigt, daß es sich bei der Anfügung des Possessivmorphems *i* und des Akkusativmorphems *ni* um morphosyntaktisches Prozesse handelt. Darüber hinaus enthält diese Struktur die interne Aufgliederung der komplexen NP *çocuklarin şarki söleyişini*, wörtlich "der Singen ihr". Diese NP erhält im Sinne der "Natürlichkeitstheoretischen Syntax" die Klammerung, die rot umrandet wurde.

Als ein 2. Teilergebenis der syntaktischen Analyse halten wir fest, daß die Perzeptionsverbkonstruktionen bereits beachtliche Unterschiede in den 3 Sprachen aufweisen.

Zu Spalte 3:

In jenen Satzstrukturen, in denen die Verben der Commissiven Klasse als Matrixprädikate fungieren, ist der konstruktionelle Unterschied in den 3 Sprachen maximiert. Die Konstruktionsdifferenzen werden durch die jeweiligen Klammernotationen sichtbar.[1] Wir bezeichnen deshalb die gesamte Struktur in Anlehnung an die Definition von Haider (1986) als inkohärent. Als Kennzeichen der Inkohärenz ist das in der Strukturzeile grün eingekreiste PRO zu werten. Die Essentialität der Strukturzeile wird hier deutlich: erst in dieser werden die leeren Kategorien die im Modell der "Natürlichkeitstheoretischen Syntax" als Markiertheitsfaktoren

---

[1] Die folgenden, ursprünglich von Evers 1984 formulierten Tests dienen der Identifikation der Kohärenz bzw. Inkohärenz von Infinitivkonstruktionen:

a. Voranstellung unbetonter Pronomina

b. Trennbarkeit der Verbalgruppe

c. Skopus der Negation

d. Extraponierbarkeit

e. "langes" Passiv

ad a): nur kohärente, monosententiale Verbindungen erlauben die Voranstellung

ad b): nur bei inkohärenten, bisententialen Konstruktionen können z.B. adverbielle Elemente eingeschoben werden.

ad c): nur in monosententialen Strukturen kann sich das Negationselement auf den gesamten Verbalkomplexbeziehen.

ad d): Extraponierbarkeit der Infinitivgruppe setzt ihre satzwertigkeit voraus.

ad e): "langes" Passiv ist nur in monosententialen Strukturen möglich. Das Standarddeutsche erlaubt hier als einzige Sprache in diesem Korpus den Infinitivanschluß; wir stufen ihn auf Grund seiner hohen Gebrauchsfrequenz als unmarkiert ein. Die Infinitivgruppe kann relativ zu bestimmten Testergebnissen als satzwertig klassifiziert werden.

fungieren, syntaktisch repräsentiert und damit identifizierbar. Durch den Index v^0 bei der inneren Klammer symbolisieren wir, daß es sich bei der involvierten Verbform um einen erweiterten Infinitiv, also einen Infinitiv im 2. Status handelt.

Das Bairische erlaubt bei den Verben der Commissivklasse ausschließlich den Anschluß eines finiten Nebensatzes; die Struktur enthält daher bereits kein PRO mehr. In der Strukturzeile wird das komplementsatzeinleitende *daß* durch das Symbol SPEZ wiedergegeben. Die Finitheit des Verbalkomplexes erwzingt ein explizites Subjekt im Nebensatz, das in der Strukturzeile durch das rot umrandete Symbol *NP* festgehalten wird. Dargestellt wurde in der Strukturzeile auch die Linksausweitung des Nebensatzes durch Setzung der Projektionsstufenindizes V^1 und V^2 links von der Klammerung. Nur die Suffigierung des Morphems *-iyor* wird durch Rechtsindizierung abgebildet.

Im Türkischen wird das propositionale Argument, in der Struktur rot unterstrichen, durch eine komplexe NP kodiert. Die Struktur bringt zum Ausdruck, daß hier das Objekt des Matrixverb "versprechen" eine intern komplex strukturierte Postpositionalphrase ist. Die strukturelle Repräsentation dieser PP ist wiederum rot umrandet. Die Struktur weist bezüglich der Projektionsstufenindizierung folgende Merkmale auf: Das Verb erfährt eine Erweiterung nach rechts durch den verbalen Spezifikator. Die Rekursion der V^1-Projektionsstufe wird links notiert gemäß der Linkseinbettung der Postpositionalphrase und der Objekts-NP. Die doppelte Notierung dieses Index zeigt, daß beide Erweiterungen sich auf der gleichen Projektionsebene in der Baumstruktur befinden.

Wir resümieren: Die im Rahmen des NTS-Modells formulierten Prognosen werden durch die dokumentierten Beispielsätze auf Seite 281 bestätigt.

5.0. Ausweitung der Analyse und Interpretation

Bezogen auf eine größere Datenmenge, in der alle erwähnten Verbklassen Berücksichtigung fanden, läßt sich ebenfalls die oben skizzierte Implikationshierarchie feststellen. Dies wird durch das Schema (14) belegt:

Wir halten hier in Form von Merkmalslisten die Ergebnisse unseres Vergleichs von ausgewählten Prüfsätzen fest: "+" steht für den möglichen Infinitivanschluß bei den involvierten Verben in der Spalte links; "–" steht für die Nicht-Zulässigkeit von Infinitivanschlüssen. Die Bezeichnung für Konstruktionstypen — vertikal am linken Rand des Schemas notiert — überlappen einander. Dies soll ausdrücken, daß zwischen den getesteten Konstruktionen gradiente Übergänge bestehen.

So erfüllen z.B. finale Infinitive nach Bewegungsverben in vielen Sprachen die syntaktischen Kriterien für die Einordnung in die Gruppe der kohärenten Infinitivkonstruktionen.[2] Auch Perzeptionsverbkonstruktionen liegen in einem Übergangsbereich, weil sie sich nicht eindeutig einem Konstruktionstyp zuordnen lassen. Als vorläufiges Untersuchungsergbnis halten wir fest, daß jene standarddeutschen Infinitivkonstruktionen, in denen sich Markiertheitsfaktoren wie

[2] So können Objektspronomina dem gesamten Verbalkomplex vorangestellt werden. Ein Indiz für die fehlenden Satzgrenzen ist im allg. die Tatsache, daß keine adverbiellen Einschübe erlaubt sind.

(14)

Konstruktionstyp	Prädikate mit möglichem Infinitivanschluß		prototypische Verben		Standarddeutsch	Bairisch	Türki
finaler INF	INF in finaler Funktion			↑ m<	+	+	+
	finaler INF bei Bewegungsverben		gehen	INFINITIVANSCHLUSS	+		+
kohärente INFKO	INF bei intentionalen	Operatoren	wollen		+	+	+
	INF bei TMA-	Operatoren			+	+	+
	INF bei "DO"-	Operatoren	tun		+	+	+
	INF bei parativen	Operatoren	können		+	+	+
	INF bei normativen	Operatoren	müssen		+	+	+
	INF bei doxastischen	Operatoren	scheinen		+	+	+
	INF bei kausativen	Verben/ Operatoren	lassen/ machen		+	+	+
	INF bei permissiven	Verben	lassen		+	+	−
	INF bei Perzeptions-	Verben	hören		+	+	−
	INF bei unpersönlichen	Prädikaten			+	+	−
inkohärente INFKO	INF bei aspektualen	Verben	aufhören		+	+	−
	INF bei direktiven	Verben	auffordern		+	−	−
	INF bei doxastischen	Verben	glauben		+	−	−
	INF bei expectativen	Verben	hoffen		+	−	−
	INF bei commissiven	Verben	versprechen		+	−	−
	INF bei satisfaktiven	Verben	bedauern		+	−	−
	INF bei manipulativen	Verben	überzeugen		+	−	−
	INF bei Täuschungs-	Verben	(vor)täuschen		+	−	−
	INF bei Repräsentativ-	Verben	sagen		+	−	−
	INF bei epistemischen	Verben	wissen	↓ m>	+	−	−

1. PRO
2. der leere Spezifikator oder
3. eine hohe strukturelle Komplexität der involvierten Infinitivgruppe

nachweisen lassen, in den beiden anderen Sprachen durch natürlichere Konstruktionen ersetzt werden.

6.0. Zusammenfassung

Die Gültigkeit des implikativen Musters auf Seite ( ) hat sich auch für eine größere Datenmenge bestätigt. Die Merkmalsmatrix zeigt, daß zwischen Infintivkonstruktionen eine Implikationshierarchie besteht, die zum Großteil aus satzsyntaktischen Gegegebenheiten ableitbar ist. Nur das Standarddeutsche als relativ infinitivprominente Sprache läßt markierte, PRO-haltige Infinitivkonstruktionen zu. Das Bairische nimmt berzüglich der Typfrequenz von Infinitivkonstruktionen die erwartete Zwischenposition ein — es toleriert nur Infinitive, die im oberen und mittleren Bereich der Natürlichkeitsskala angesiedelt sind.

Im Türkischen schließlich sind nur markierte, natürliche Infinitivanschlüsse zulässig.

LITERATUR

CHOMSKY, NOAM

1981 *Lectures on Government and Binding.* Dordrecht: Foris.

BECH, GUNNAR

1955 *Studien über das deutsche Verbum Infinitum 1. Bd.* Kobenhavn, 2., unveränderte Auflage Tübingen 1983

DRESSLER, WOLFGANG-ULRICH/MAYERTHALER, WILLI/PANAGL, OSWALD/WURZEL, WOLFGANG-ULRICH

1987 *Leitmotifs in natural Morphology.* Amsterdam: Benjamins.

EVERS, ARNOLD

1984 *Clause Union in French and German.* Ms.Univ. Utrecht.

FLIEDL, GÜNTHER

1988 Kontrollphänomene und thematische Rollen. In: *2. Jenaer Semantik-Syntax-Symposium* (=Wissenschaftliche Beiträge der Friedrich Schiller-Universität Jena). Jena, 135–140.

HAIDER, HUBERT

1986 Fehlende Argumente: Vom Passiv zukohärenten Infinitiven. In: *Linguistische Berichte* 101/1986. Opladen: Westdeutscher Verlag.

JACKENDORFF, R.

1977 *$\overline{X}$-Syntax: A study of phrase structure.* Lingusitic Inquiry Monograph 2. Cambridge Mass.: The MIT Press.

MAYERTHALER, WILLI

1981 *Morphologoische Natürlichkeit.* Wiesbaden. (= Linguistische Froschungen Bd. 28). Athenäum Verlag.

MAYERTHALER, WILLI/FLIEDL GÜNTHER

1989 Natürlichkeitstheoretische Syntax. (NTS). Erscheint in: *An International Handbook of Contemporary Research.* Eds. Jacobs; v. Stechow; Sternefeld; Vennemann. Berlin/New York: Walter de Gruyter.

ZIMMERMANN, ILSE

1987 Die Argumentstruktur lexikalischer Einheiten und ihre Veränderung in Wortformenbildung, Derivation und Komposition. In: MOTSCH, W./ ZIMMERMANN, ILSE *Das Lexikon als autonome Komponente der Grammatik* (=Linguistische Studien des Zentralinsitutes für Sprachwissenschaft der Akademie der Wissenschaft der DDR, Reihe A, H.163), 1987, 85–125.

Drei Strategien zur Verdeutlichung der Subjektrolle in russischen Sätzen:

Zu Variation und Wandel im Russischen und zur typologischen Differenzierung slavischer Sprachen

Gerd Hentschel
Göttingen

1. Zum Subjektbegriff

Den Terminus Subjekt verwenden wir im folgenden als Bezeichnung für eine Einheit der syntaktischen Oberfläche. In den indoeuropäischen Sprachen wird das Subjekt typischerweise durch eine nominale Wortform im Nominativ repräsentiert oder durch ein nicht nominales Satzglied, welches durch ein Pronomen im Nominativ ersetzt werden kann. Angesprochen ist also das, was traditionellerweise auch als grammatisches Subjekt bezeichnet wird.

2. Zum Subjekt im Russischen

Das Russische unterscheidet sich vom Deutschen bekanntlich durch einen wesentlich geringer ausgeprägten Zwang zum Ausdruck eines solchen Subjekts. Anders gesagt: Im Russischen sind eingliedrige Satzstrukturen ohne Subjektgruppe, aber mit Prädikatskomplex typen- und tokenfrequentiell wesentlich verbreiteter als z.B. im modernen Hochdeutschen. Die Einfügung eines Subjekts in derartige Kontexte ist entweder ausgeschlossen oder würde die Bedeutung des Satzes verändern. Hier sind folgende Typen zu nennen:

(A) Unabhängige Infinitivsätze: Das dem deutschen Subjekt entsprechende Satzglied steht dabei im Dativ. In aller Regel drücken diese Konstruktionen eine für den Referenten (des deutschen Subjekts/der russischen Dativform) gegebene, von diesem nicht abänderbare Notwendigkeit, Verpflichtung, Unausweichlichkeit oder auch ein Bedürfnis aus:[1]

(1) Nam$_{Dat}$ uexat' čerez dva časa.
(1*) Uns abfahren in zwei Stunden.
(1') Wir müssen in zwei Stunden abfahren.

(B) Unpersönliche Sätze wie (2) und (3) drücken Ähnliches aus wie derartige Infinitivsätze:

(2) Nam$_{Dat}$ pridetsja uexat' čerez dva časa.
(2*) Uns kommt es zu, ab(zu)fahren in zwei Stunden.
(2') Wir müssen in zwei Stunden abfahren.

---

[1] Bei den mit * gekennzeichneten Sätzen handelt es sich um weitestgehend wörtliche Übersetzungen, welche natürlich nicht der Norm des Deutschen entsprechen.

(3) Mne$_{Dat}$ xočetsja pit'.
(3*) Mir will sich trinken.
(3') Ich habe Durst. (3") Ich muß etwas trinken.

Auch in anderen Untertypen des unpersönlichen Satzes ist die Verbform diejenige der 3. Pers. Sg., wobei das Präteritum diese als die des Neutrum erkennen läßt. Dem Beispielsatz (4) entspricht eine deutsche Passivkonstruktion, dem deutschen Subjekt entspricht ein Akkusativ:

(4) Kvartiru$_{Akk}$ bomboj razrušilo.
(4*) Die Wohnung durch eine Bombe zerstörte.
(4') Die Wohnung wurde von einer Bombe zerstört.

Andere unpersönliche Konstruktionen werden im Deutschen mit dem "Dummy-Subjekt" *es* wiedergegeben:

(5) Temneet. (6) Xolodno bylo.
(5*) Dunkelt. (6*) Kalt war.
(5') Es wird dunkel. (6') Es war kalt.

Wird ein Satz wie (6) auf das Empfinden von Individuen bezogen, tritt auch im Deutschen eine unpersönliche Konstruktion auf:

(7) Ej$_{Dat}$ bylo xolodno.
(7') Ihr war kalt.

In verneinten "Existenzsätzen" tritt an der Stelle des deutschen Subjekts ein Genitiv auf:

(8) Mašiny$_{Gen}$ tam ne bylo.
(8*) Des Autos dort nicht war.
(8') Das Auto war nicht dort. – aber affirmativ:

(9) Mašina$_{Nom}$ tam byla.
(9*) Das Auto dort war.
(9') Das Auto war dort.

Ebenso haben wir den Genitiv in Sätzen mit Hervorhebung einer partitiven und/oder quantifizierenden Bedeutung:

(10) Detej$_{Gen}$ prišlo.
(10*) An Kindern ist gekommen.
(10') Einige/Viele Kinder sind gekommen.
(10") Es sind einige/viele Kinder gekommen.

Diesen Sätzen mit infiniten oder finiten verbalen Prädikatformen ist eigen, daß sie entweder keine AGENS-Satzrolle haben bzw. daß eine gegebene AGENS-Rolle — wie im letzten Beispiel — durch die Wahl des unpersönlichen Ausdrucks in den Hintergrund gestellt wird.

Zwar sind einige spezifische unpersönliche Konstruktionen, die im Spätostslavischen noch anzutreffen sind, auf dem Weg zum heutigen Russisch untergegangen, jedoch haben die hier beschriebenen Strukturen im Laufe der Zeit eine allgemeine Ausweitung gefunden (vgl. GEORGIEVA 1968: 11–19).

Andere Varianten des unpersönlichen Satzes im Russischen müssen wir vernachlässigen, um überzugehen zu den:

(C) unbestimmt-persönlichen Sätzen, welche die Verbform in der 3. Pers. Pl. haben. Im Deutschen finden wir hier das pronominale Subjekt *man*:

(11) Govorjat, čto on ...
(11*) Sagen$_{3.P.Pl.}$, daß er ...
(11') Man sagt, daß er ...

Im Deutschen wie im Russischen können derartige Sätze in der Regel durch passivische Konstruktionen wiedergegeben werden, wobei die russische dann wiederum unpersönlich ist, und im Deutschen *es* steht:

(12) Govoritsja, čto on ...
(12') Es wird erzählt, daß er ...

(D) In persönlichen Sätzen kann in bestimmten Kontexten ein Personalpronomen als Subjekt getilgt werden. So kann der deutsche Satz (13'/14') in Abhängigkeit von Kontext und pragmatischen Faktoren ohne Personalpronomen als Subjekt wie in (13) wiedergegeben werden oder auch mit, (14):

(13) Mnogo čitaju.
(13*) Lese$_{1.P.Sg}$ viel.

(14) Ja mnogo čitaju.
(13'/14') Ich lese viel.

Nach all diesen Feststellungen können wir folgern, daß für das Russische Satzglieder im Nominativ eine weniger zentrale Rolle in der Kodierung bzw. Dekodierung propositional-semantischer Strukturen spielen als im Deutschen. Dennoch lassen sich in der historischen Entwicklung der russischen Sprache drei Phänomene beobachten, welche als Verdeutlichungsbestrebungen des Subjekts im Nominativ verstanden werden können und welche wir zum Teil, gegebenenfalls mit unterschiedlicher Ausprägung, auch in anderen slavischen Sprachen finden. Im einzelnen sind diese Erscheinungen wohl bekannt, aber in Hinsicht auf ihre Entwicklung und Motivation keinesfalls unstrittig interpretiert. Es handelt sich um:

A. Die vermehrte Verwendung des Personalpronomens in Subjektfunktion im Neurussischen gegenüber der weit verbreiteten pronominalen Subjekttilgung des Spätostslavischen ("Altrussischen"): also ein Abbau von Konstruktionen wie (13) und ähnlichen.

B. Die sogenannte Belebtheitskategorie.

C. Der prädikative Instrumental.

Es soll versucht werden, den Zusammenhang zwischen diesen Phänomenen herauszuarbeiten.

3. Personalpronomen in Subjektfunktion

Die slavischen Sprachen gehören in der Regel zu den sogenannten PRO-DROP-Sprachen. Ein Personalpronomen in Subjektstellung wird in diesen Sprachen normalerweise nicht realisiert, es sei denn, dieses soll besonders hervorgehoben werden. Eine weitere verbreitete Eigenschaft dieses Sprachtyps ist, daß die Flexionsmarkierung des Verbs die morphosyntaktischen Informationen erkennen läßt, welche auch durch das Personalpronomen in Subjektfunktion ausgedrückt würden. Allerdings verweist COMRIE (1988, 83) darauf, daß im Chinesischen und Japanischen PRO-DROP festzustellen ist, auch ohne daß prinzipiell eine derartige redundante Signalisierung von grammatischen Kategorien durch Personalpronomen in Subjektposition einerseits und Verbalflexion andererseits gegeben ist.

Das Neurussische ist nun – wenn überhaupt – im Vergleich zu seinem historischen Vorläufer, dem Spätostslavischen, und auch zu anderen slavischen Sprachen wie z.B. dem Polnischen in wesentlich geringerem Maße eine PRO-DROP-Sprache. Eine polnische Übersetzung von Saint–Exupérys *Vol de nuit* hat bei einem Textumfang von ca. 16.000 laufenden Wortformen nur 45 Fälle eines Personalpronomens als Subjekt, eine russische, bei etwa gleichem Textumfang in Wortformen, dagegen 635: 14mal soviel. Tabelle 1 listet die Häufigkeiten im einzelnen auf:[2]

Sprache	1.P.Sg.	2.P.Sg.	3.P.Sg.	1.P.Pl.	2.P.Pl.	3.P.Pl.	ges.
Russisch	77	12	439	19	32	56	635
Polnisch	12	1	24	1	0 (38)	7	45 (83)

Tab. 1: Personalpronomen in Subjektfunktion in einer russischen und einer polnischen Übersetzung desselben französischen Textes

Das moderne Russisch unterscheidet sich weiterhin sowohl vom Polnischen als auch vom Spätostslavischen dadurch, daß sein Vergangenheitstempus, das Präteritum (sowie auch die formal von diesem abzuleitenden Konjunktivformen), die für Verben typische flexionsmorphologische Markierung der grammatischen Person verloren hat, dagegen im Singular die eigentlich nominale Kategorie des Genus signalisiert. Das heutige russische Präteritum ist aus dem analytischen Perfekt entstanden. Dieses wurde gebildet aus dem sogenannten *l*-Partizip und den Präsensformen von *byti*, 'sein'. Die Genusmarkierung deutet also das "partizipiale Erbe" an. In der historischen Entwicklung des Russischen geht die zunehmende Realisierung des Personalpronomens in Subjektstellung mit dem fortschreitenden Verlust der Auxiliarformen, also des ursprünglichen finiten Teils der Perfektformen einher.

Von den meisten Sprachhistorikern wird die Realisierung des Personalpronomens in Subjektfunktion als Kompensationserscheinung für den Schwund der

---

[2] Bei den Zahlenangaben in Klammern handelt es sich um pronominale Verwendungen der Substantive *pan, pani, państwo*, 'der Herr, die Dame, die Herrschaften' in der für das Polnische spezifischen Form der höflichen Anrede. Dieser, aber auch der informellen Anrede ("Duzform") im Plural entspricht das russische Personalpronomen der 2.Pers.Pl. *vy*. Auch wenn wir die 32 Verwendungen für dieses russische Pronomen vernachlässigen, ändert sich am angestellten Vergleich nichts.

morphosyntaktischen Information des Hilfverbs angesehen: Das Personalpronomen übernimmt die Signalisation der grammatischen Person. Aber auch die gegenläufige Interpretation ist anzutreffen: Der Schwund der Auxiliarkomponente sei erst möglich geworden aufgrund eines allgemeinen Aufkommens des Personalpronomens in Subjektfunktion, u.U. in Analogie zu den Oberflächenstrukturen mit nicht pronominalen, d.h. stets zu realisierenden Subjekten (vgl. GEORGIEVA 1968: 25f, BORKOVSKIJ 1978: 12).

Wenn letzteres der Fall sein sollte, wenn also das potentielle Fehlen eines Signals der grammatischen Person in PRO-DROP-Sätzen im Präteritum keinen fördernden Effekt auf die Verwendung des Personalpronomens als Subjekt haben sollte, so dürfte sich die Vorkommenshäufigkeit der Personalpronomen bei Präteritumformen nicht von derjenigen bei Präsensformen unterscheiden. Letztere differenzieren im Russischen durchgehend alle sechs Person–Numerus–Kombinationen.[3]

Für die zehn häufigsten russischen Verben nach ZASORINA (1977)[4] wurde dieses auf der Basis eines knapp 200.000 Wortformen umfassenden Korpus von ca. 90 verschiedenen Texten (mit einem in etwa ausgeglichenen Anteil von schöner und Fach- bzw. journalistischer Literatur) kontrolliert. Die analysierten 757 Sätze lassen eine hoch signifikant (Vierfeldertext χ^2=69,26 bei χ^2_{crit}=3,84 auf dem 5-Prozent-Niveau) häufigere Verwendung des Personalpronomens im Kontext des Präteritum erkennen:

Tempus	Pers. Pro. als Subj.	PRO-DROP
Präteritum	307	111
Präsens	148	191

Tab. 2: Personalpronomen als Subjekt oder PRO-DROP bei russischen Präteritum- und Präsensformen

In der Variation der modernen russischen Sprache motiviert das Fehlen eines flexionsmorphologischen Signals der grammatischen Person beim Verb also überaus deutlich das Personalpronomen in Subjektposition. Für das 17. Jahrhundert hat BORKOVSKIJ (1978: 208ff) darauf verwiesen, daß in Konversationsbüchern (razgovorniki) jener Zeit sog. bestimmt–persönliche Sätze (d.h. Sätze mit nicht realisiertem Personalpronomen der 1. oder 2. Person in Subjektfunktion) im Kontext des bereits kopulalosen Perfekt fehlen. Im Kontext von Präsens und Futur, Tem-

---

[3] In einigen Konjugationsklassen ist ein phonetischer Zusammenfall (oder bestenfalls minimaler lautlicher Unterschied) der 3.Pers.Sg. mit der 3.Pers.Pl. zu beobachten, der auf die Reduktion unbetonter Vokale in den Auslautsequenzen (graphemisch) *-it* vs. *-jat* zurückzuführen ist.

[4] An Stelle von *est'* und *vidat'*, welche sich bei ZASORINA (1977) unter den zehn häufigsten Verben befinden, wurde aufgrund von nichtaufgelöster Homonymie in diesem Frequenzwörterbuch für das erstgenannte bzw. spezifischer syntaktischer Struktur und nahezu ausschließlichen Vorkommens in einer spezifischen Textsorte (Dramentexte) des letztgenannten Verbs das elfte und zwölfte Verb in der Häufigkeitshierarchie berücksichtigt.

pora mit Signal für die grammatische Person an der Verbform, ist dieser Satztyp dagegen gut belegt.

4. Die Belebtheitskategorie

Es ist zunächst hervorzuheben, daß dieser Begriff nicht die primäre Funktion der in allen slavischen Sprachen mit Kasusdifferenzierung beim Substantiv entwickelten Kategorie bezeichnet, sondern — und das noch ungenau — die Teilmenge der Substantive, bei welcher wir sie beobachten. Die Belebtheitskategorie beseitigt partiell den in den slavischen Sprachen weit verbreiteten Synkretismus zwischen Akkusativ und Nominativ, indem der Akkusativ die Form des Genitivs annimmt. Zu beachten ist jedoch, daß die paradigmatische Homonymie zwischen Akkusativ und Nominativ zunächst dort abgebaut wurde, wo sie sich syntagmatisch, d.h. hier primär für die Dekodierung der Satzbedeutung am störendsten auswirkte. Mit JAKOBSON (1936: 253) ist das ideale Subjekt eines transitiven Verbs ein belebtes Substantiv, das ideale direkte Objekt dagegen ein unbelebtes. Die Markierung des direkten Objekts und später(!) die Ersetzung der präpositionalen Akkusative durch den Genitiv läßt sich in der Geschichte des Russischen bekanntlich chronologisch in folgende Phasen gliedern. Erfaßt wurden (vgl. LASKOWSKI 1988: 116f, MÜLLER 1965: 15):

(a) Maskuline Eigennamen von männlichen Personen ca. im 11. Jh.

(b) Anschließend maskuline Appelativa im Singular, welche "juridisch mündige" männliche Personen bezeichnen.

(c) Maskuline Substantive im Singular als Bezeichnung männlicher Personen generell ca. im 13. Jh.

(d) Im 14. Jh. wird für die in (c) genannten Substantiva auch in post-präpositionaler Stellung der alte mit dem Nominativ zusammenfallende Akkusativ Singular durch die Genitivform ersetzt.

(e) 15./16. Jh. alle belebten Maskulina im Singular.

Tab. 3: Entwicklungsstufen der "Belebtheitskategorie" bei russischen Substantiven im Singular

Deutlich ist zu erkennen, daß sich das Aufkommen der sogenannten Belebtheitskategorie an der Hierarchie einer inhärenten Prädisposition der Substantive — die Stufen (a, b, c, e) in Tab. 3 — für die Agensrolle orientiert[5] (vgl. auch BREU 1988: 146f). Durch die im Gegensatz zur alten Markierung vom Nominativ distinkte neue Akkusativform werden diese Substantive explizit als Nicht-Subjekte gekennzeichnet. Es wird signalisiert, daß sie nicht in der Agensrolle auftreten. Das

[5] Offensichtlich hat die Prädisposition zur Agensrolle auch Einfluß auf die vermehrte Verwendung des Personalpronomens der 3. Person als Subjekt gehabt. Im Spätostslavischen war *onŭ*, welches als nicht attributives Pronomen zunächst für Personenbezeichnungen restringiert war, unverhältnismäßig häufiger in Subjektfunktion anzutreffen, als die konkurrierenden *tŭ*, *sĭ*, welche u.a. auch als Proformen für Gegenstandsbezeichnungen fungieren konnten (vgl. BORKOVSKIJ 1978: 10ff).

Subjekt, welches in diesen Sätzen erscheint, ist als einzige potentielle Nominativform klar als solches zu erkennen. Besonders markant ist das Nachziehen der Entwicklung im präpositionalen Kontext. Hier ist durch die Präposition bereits expliziert, daß die Substantive nicht Subjekt, nicht Agens sind.

Die Feminina bedurften in ihrer umfassendsten Deklination, den sogenannten a–Stämmen, keiner expliziten Kennzeichnung durch den "Genitiv–Akkusativ", da sie im Singular ohnehin über eine vom Nominativ distinkte Akkusativform verfügten.[6] Für die Neutra, die wie die Maskulina im Singular Synkretismus zwischen dem Nominativ und Akkusativ aufwiesen und es im modernen Russisch heute noch tun, verweist LASKOWSKI (1988: 115) darauf, daß sich bei einem minimalen Anteil von belebten Substantiven an diesem Genus Nominativ und Akkusativ in einer weitgehend komplementären Distribution befinden: der Nominativ als Subjekt von intransitiven Verben und der Akkusativ als direktes Objekt von transitiven Verben. Die syntagmatische Notwendigkeit einer Differenzierung der beiden Kasusformen wie bei den Maskulina war somit nicht gegeben.

Mit der Ausnahme des Bulgarischen und Makedonischen, welche die substantivische Kasusmarkierung vollständig abgebaut haben, kennen im Singular alle slavischen Sprachen die Belebtheitskategorie. Ihre weitere Entwicklung im Plural orientiert sich nach LASKOWSKI (1988) wiederum an der oben beschriebenen Hierarchie. Voraussetzung scheint dabei zu sein, daß sich bei den Maskulina ein zunächst nicht gegebener Synkretismus zwischen dem Nominativ und Akkusativ einstellte.[7] Dort, wo das nicht der Fall war — wie im Serbokroatischen —, bleibt die Belebtheitskategorie auf dem oben erläuterten Stand stehen, d.h. auf den Singular beschränkt. Sprachen wie das Polnische gehen im Plural bis Punkt (c), haben also ein viriles Genus im Plural. Das Ostslavische hingegen geht noch über Stufe (e) der Tabelle 3 hinaus und entwickelt die Belebtheitskategorie für alle Genera im Plural.

Es ging bei der Entwicklung der sogenannten Belebtheitskategorie also nicht um die explizite Kennzeichnung einer bestimmten semantischen Gruppierung von Substantiven, sondern um eine explizite flexionsmorphologische Differenzierung zwischen Subjekt und direktem Objekt, und zwar erstens dort, wo dieses aufgrund des Synkretismus nötig war (die flexionsmorphologische Markierung von Maskulina, welche wie Feminina dekliniert werden, wurde nicht erfaßt, auch wenn diese Substantive "juridisch äußerst mündige" Personen bezeichneten, z.B. *sud'ja*, 'Richter'[8]), und wo zweitens die Prädisposition zur Übernahme der Agens- und somit Subjektrolle am stärksten war.

---

[6] Diese Formen auf /-u/ sind auch heute noch die einzigen innerhalb einzelner Paradigmen nicht synkretischen Akkusativformen des Russischen.

[7] Auch dieses ist ein klares Argument gegen die verschiedentlich geäußerten Zweifel (z.B. ANDERSEN 1980: 20) bzw. gegen die strikte Ablehnung (z.B. REITER 1979: 424ff) der Homonymie von Akkusativ und Nominativ als auslösendes Element der Entwicklung.

[8] In diesen Fällen schlägt sich die Belebtheitskategorie nur im Kontext, d.h. in attributiven Adjektiv- und/oder Pronominalformen nieder: *ja znaju ètogo*$_{Akk=Gen}$ *sud'ju*$_{Akk}$, 'ich kenne diesen Richter'.

5. Der prädikative Instrumental

Der Kasus des substantivischen Prädikatsnomens in Sätzen mit der Kopula 'sein', russisch *byt'*, ist in den meisten indoeuropäischen Sprachen der Nominativ. In einigen slavischen Sprachen hat sich im Laufe der letzten Jahrhunderte jedoch der Instrumental in dieser Funktion verbreitet. In den Einzelsprachen ist dieses in unterschiedlichem Maße geschehen. Während der prädikative Instrumental z.B. im Serbokroatischen eine Randerscheinung ist, hat er sich im Polnischen nahezu vollständig durchgesetzt. Im heutigen Russisch läßt sich eine Variation feststellen, welche zumindest quantitativ im Polnischen des 16. oder 17. Jahrhunderts eine Entsprechung hat (vgl. HENTSCHEL 1989, KLEMENSIEWICZ 1926: 156ff). Auch im Russischen ist jedoch der Instrumental auf dem Vormarsch. Es sind also sowohl Sätze wie (15) als auch (16) möglich:

(15) On byl polkovnik$_{Nom}$.
(16) On byl polkovnikom$_{Instr}$.
(15'/16') Er war Oberst.

Obwohl für das Russische bereits von POTEBNJA 1874 (1958: 503f) sowie für das Polnische von KLEMENSIEWICZ (1926) angezweifelt, hält sich seit mehr als einem Jahrhundert die Meinung, daß mit dieser Kasusselektion eine semantische Differenzierung einhergeht und daß letztere diese Wahl motiviert. Der prädikative Nominativ stehe in Aussagen mit zeitlich unbegrenzter Gültigkeit, der Instrumental bringe dagegen eine zeitliche (oder auch lokale bzw. modale) Limitierung der Gültigkeit zum Ausdruck, so z.B. bei SCHALLER (1975: 87ff et passim). In einer detaillierten, auf einem Textkorpus von einer halben Million laufender Wortformen (in ca. 100 Texten) basierenden Analyse konnten wir die Haltlosigkeit dieser Ansicht für die Variation im modernen Russisch nachweisen (vgl. HENTSCHEL 1989). Vielmehr konnte ermittelt werden, daß das deutlichere Signal für das Prädikatsnomen, der Instrumental als vom Subjektkasus distinkte Form, in semantisch und/oder formal markierteren Kontexten wesentlich häufiger ist als in weniger markierten. Das auffälligste semantische Kriterium ist bezeichnenderweise das der Belebtheit. Zwar überwiegt in beiden Gruppen, d.h. sowohl bei belebten als auch bei den unbelebten Substantiven als Prädikatsnomen der Instrumental, aber bei den letztgenannten hochsignifikant stärker. Die 351 analysierten Sätze verteilen sich wie folgt:

	präd. Nom.	präd. Instr.
belebt	87	133
unbelebt	14	117

Tab. 4: Kasusselektion beim Prädikatsnomen im Russischen und die Kategorie der Belebtheit (χ^2=57,25).

Von ganz entscheidendem Einfluß auf die Kasuswahl ist das formale Kriterium der Form des Subjekts im Kopulasatz. Die typische Realisation des Subjekts ist eine nominale Wortform im Nominativ. Ist dieses nicht der Fall, so steht hochsignifikant häufiger der Instrumental:

	präd. Nom.	präd. Instr.
mit Subj. im Nom.	97	173
ohne Subj. im Nom.	4	77

Tab. 5: Kasusselektion beim Prädikatsnomen im Russischen und die Form des Subjekts (χ^2=29,19)

Die Sätze ohne Subjekt als Nominativform waren abhängige (17) oder unabhängige Infinitivsätze (18):

(17) "Trudno byt' sud'ej" — dumal on.
(17') "Es ist schwer, Richter zu sein." dachte er.

(18) S ego dobroj naturoj ne voinom byt'.
(18') Mit seinem gutmütigen Charakter kann man kein Soldat sein.

Weiterhin Subjektsätze wie (19) oder Partizipial- bzw. Gerundialkonstruktionen wie (20):

(19) Bolee togo, ispolnit' ėtu volju bylo moim synovnim dolgom.
(19') Mehr noch, diesen Willen zu erfüllen, war meine Sohnespflicht.
(20) Ešče v 20-30-x godax, buduči leningradcem, ja neodnokratno vystupal v Moskve ...
(20') Noch in den 20-er, 30-er Jahren, als ich Leningrader war, trat ich mehrfach in Moskau auf ...

Letztlich die oben beschriebenen PRO-DROP-Sätze wie (21):

(21) Tot xromoj, obščitel'nyj, skazal, čto ran'še vetfel'dšerom byl.
(21') Dieser lahme, aber gesellige Mensch sagte, daß er früher Hilfsveterinär gewesen sei.

Wir können also formulieren, daß es in russischen Kopulasätzen eine ausgeprägte Tendenz gibt, den prädikativen Nominativ dann zu meiden, wenn das Subjekt an der syntaktischen Oberfläche nicht als Nominativform vorliegt. Die Motivation liegt auf der Hand: Eine Nominativform im Satz — insbesondere die gegebenenfalls einzige — ist stark "subjektverdächtig".

Weiterhin ist der Instrumental signifikant wahrscheinlicher im markierten Tempus, dem (periphrastischen) Futur,[9] in Nebensätzen, bei nicht initialem Subjekt und in längeren Sätzen.

[9] In Präsenssätzen zeigt das Russische die Kopulatilgung, und beide Satzglieder, Subjekt und Prädikatsnomen, stehen in dieser Reihenfolge im Nominativ. Ein Grund, aus welchem sich weder im Russischen noch im Ukrainischen (SHEVELOV 1963: 99f) der Instrumental in kopulalosen Sätzen ausdehnen konnte, mag in der aus einer derartigen Entwicklung resultierenden Verwechslungsmöglichkeit mit elliptischen Sätzen aus Subjekt und einer andersartigen Nominalphrase im Instrumental gesehen werden. Eine solche Unklarheit kann sogar in Hinsicht auf Verwendungen des Instrumentals mit der soziativen Präposition *s*, /s/, 'mit' aufgrund der substantiellen Schwäche derselben entstehen: **Otec vračom.*, 'Vater ist Arzt.' vs. *Otec s vračom ...*, 'Vater mit dem Arzt ...'. Wie sehr

Es ist also auch hier überaus deutlich, daß es sich beim prädikativen Instrumental (sofern er nicht bewußt als Stilmittel[10] verwendet wird) mitnichten um eine semantische Motivation handelt, sondern erneut um eine explizite Differenzierung zwischen verschiedenen Satzgliedern. Dieses geschieht — vergleichbar mit der Entstehung der Belebtheitskategorie — vorzugsweise dort, wo es besonders nötig ist. Ganz analog zum Usus bei der sog. Belebtheitskategorie, wo vom Akkusativ in Genitivform gesprochen wird, könnten wir beim prädikativen Instrumental in Kopulasätzen vom Nominativ — dem zentralen Nennkasus im Jakobsonschen (1936: 249ff) Sinne — in Instrumentalform ausgehen, in der Form des mit Jakobson (1936: 261ff) peripheren Nennkasus.

6. Variation im Russischen und typologische Gliederung des Slavischen

Alle drei diskutierten Phänomene sind ganz offensichtlich durch einen sonst defizitären Ausdruck der Subjektrolle motiviert. Personalpronomen in Subjektposition werden im Russischen signifikant häufiger nicht realisiert, wenn die grammatische Person in der Verbform signalisiert wird. Dieses gilt auch für die typologische Beschreibung der slavischen Sprachen. Ausgeprägte PRO-DROP-Sprachen sind diejenigen, welche durchgehend eine vollständige Differenzierung der grammatischen Person in der Flexionsmorphologie des Verbs und somit ein Subjektsignal aufweisen, also die süd- und westslavischen Sprachen.[11] Die Verwendung des Personalpronomens als Subjekt von präterialen und konjunktivischen Sätzen ist eine direkte Strategie zur Subjektexplizierung und entspricht der natürlichen Tendenz zum Isomorphismus, in diesem Fall also zur Vermeidung einer "eins–zu–null–Entsprechung": angestrebt wird ein Signal für eine Bedeutung.

Die Verwendung der Personalpronomen, zumindest der nicht–anaphorischen der 1. und 2. Person, im Kontext von hinsichtlich der grammatischen Person voll spezifizierten Verbformen wie im russischen Präsens — also zwei Signale für eine Bedeutung — ist eine durch Analogie motivierte redundante Konstruktion, sofern es sich nicht um eine besondere Hervorhebung (z.B. in vergleichend–adversativen Konstruktionen) des pronominalen Subjekts handelt. Letzteres kann jedoch nur

---

der prädikative Instrumental auf das Vorhandensein der Kopula angewiesen ist, zeigt gerade die Situation im Ukrainischen (Shevelov 1963: 98ff). Weiterhin kann in der Obligatorik des prädikativen Nominativs in kopulalosen Sätzen nach dem Analogieprinzip ein Hemmschuh für die Ausweitung des prädikativen Instrumentals in solchen mit Kopula angesehen werden. Im Polnischen mit Kopula in allen Tempora ist er verbreiteter.

[10] Für das 19. Jahrhundert hat schon Potebnja 1874 (1958: 496f) festgestellt, daß im Kontext des Präteritums und des Futurs der Kopula mit der Wahl zwischen Nominativ und Instrumental feine Bedeutungsnuancen, "tonkie ottenki smysla" einhergehen können. Feine Bedeutungsnuancen sind aber allgemein typische Phänomene bewußter Stilisierung und nicht systematisch–grammatischer Differenzierung.

[11] Lediglich dort, wo in diesen Sprachen die alten slavischen Tempora des Aorist und des Imperfekt noch gegeben sind (zumeist buchsprachliche Formen) oder im Konjunktiv in der Konjugation des Hilfverbs *byti*, 'sein' weiter leben, wird auch die alte Homonymie zwischen 2. und 3. Pers. Sing. dieser Tempora fortgesetzt.

für einen sehr geringen Teil der in Abschnitt 3 analysierten russischen Präsenssätze angenommen werden.

Belebtheitskategorie und prädikativer Instrumental sind indirekte Explizierungsstrategien, welche durch Kasushomonymie und/oder flexionsmorphologische Satzgliedhomonymie bedingt sind. Beide sind Phänomene, die ein Satzglied explizit als Nicht-Subjekt kennzeichnen und somit indirekt das Subjekt verdeutlichen. Beide sind (ähnlich wie die Realisierung von Personalpronomen in Subjektposition von Sätzen mit Präteritumformen) bedingt durch ein semiotisches Prinzip "eine Form – eine Bedeutung". Genauer gesagt: verschiedene Satzglieder streben nach formaler Differenzierung. Die identische flexionsmorphologische Markierung von Subjekt und direktem Objekt einerseits und Subjekt und Prädikatsnomen andererseits wird abgebaut. Abgesehen von den Ø–Endungen, die als typische Marker des Gen. Pl. und somit des Akk. Pl. der belebten Feminina und Neutra anzusehen sind, sich aber entwicklungsgeschichtlich generell "auf dem Rückzug" befinden, entsprechen sowohl Belebtheitskategorie als auch prädikativer Instrumental dem konstruktionellen Ikonismus bzw. der Diagrammatizität: ein markierteres Satzglied (direktes Objekt bzw. Prädikatsnomen) erhält eine formal aufwendigere, merkmalhaftere flexionsmorphologische Markierung als das lexikalisch gleichartig zu realisierende weniger markierte Satzglied (das Subjekt).

Sowohl Belebtheitskategorie als auch prädikativer Instrumental zeugen weiterhin von der Ökonomie, mit welcher natürliche Sprachen mit den zur Verfügung stehenden Differenzierungsmöglichkeiten umgehen. Formale Differenzierungen von syntakto–semantischen Unterschieden werden nur dort bzw. bevorzugt dort eingeführt, wo Homonymien die größten kommunikativen Schwierigkeiten nach sich ziehen würden.

Die unterschiedliche Ausprägung der drei diskutierten Explizierungsstrategien des Subjekts in den slavischen Sprachen läßt eine arealtypologisch interessante Verteilung erkennen, wie folgende Tabelle verdeutlicht (lies '+' als stark oder stärker ausgeprägt, '–' als kaum bzw. nicht vorhanden):

Strategie	Russ.	Ukr.	Poln.	Tsch.	Srbkr.	Slov.
Pers.Pro. als unbet. Subj.	+	+	–	–	–	–
"Belebtheit" im Plural	+	+	(+)	–	–	–
prädikativer Instrumental	+	+	+	+	–	–

Tab. 6: Ausprägung der drei Strategien zur Explizierung des grammatischen Subjekts in verschiedenen slavischen Sprachen

Am weitesten ausgeprägt ist die allgemeine Tendenz der Subjektexplizierung durch die drei diskutierten Phänomene in den ostslavischen Sprachen. Dann folgt das Polnische, welches — wie das Slovakische — die Belebtheitskategorie im Plural nur für männliche Personen entwickelt hat. Das Tschechische kennt noch den prädikativen Instrumental. Im Südslavischen hingegegen haben wir eine Fehlanzeige. Eine befriedigende umfassende Analyse der Entwicklung aller drei Phänomene hätte diese Verteilung und alle komplexen syntaktischen und flexionsmorphologischen Implikationen ihrer Motivierung in den Einzelsprachen zu berücksichtigen.

LITERATUR

ANDERSEN, H.

1980 Morphological change: towards a typology. In: FISIAK (1980), 1–50

BIERWISCH, M., W. MOTSCH, I. ZIMMERMANN (HRSG.)

1988 *Syntax, Semantik und Lexikon. Rudolf Růžička zum 65. Geburtstag.* Berlin: Akademie

BERGERFURTH, W., E. DIEKMANN, O. WINKELMANN (HRSG.)

1979 *Festschrift für Rupprecht Rohr zum 60. Geburtstag.* Heidelberg: Julius Groos

BORKOVSKIJ, V. I. (RED.)

1978 *Istoričeskaja grammatika russkogo jazyka. Sintaksis - prostoe predloženie.* Moskva: Nauka

BREU, W.

1988 Die grammatische Belebtheit als Genusgrammem. In: SETSCHKAREFF, REHDER, SCHMID (1988), 43–55

COMRIE, B.

1988 Conjunction reduction in PRO-DROP-languages: some Slavic evidence. In: BIERWISCH, MOTSCH, ZIMMERMANN (1988), 83–87

FISIAK, J. (ED.)

1980 *Historical morphology.* The Hague, Paris, New York: Mouton

GEORGIEVA, L. V.

1968 *Istorija sintaktičeskich javlenij russkogo jazyka.* Moskva: Prosveščenie

GROCHOWSKI, M., D. WEISS (HRSG.) im Druck

Festschrift für Andrzej Bogusławski zum 60. Geburtstag.

HENTSCHEL, G.

1989 Der prädikative Instrumental beim russischen Substantiv als redundantes Signal in Kopulasätzen. In: GROCHOWSKI, WEISS (im Druck)

JAKOBSON, R.

1936 Beitrag zur allgemeinen Kasuslehre. Gesamtbedeutungen des russischen Kasus. In: *TCLP* **6**, 240–288

KLEMENSIEWICZ, Z.

1926 Orzecznik przy formach osobowych *być*. In: *Prace filologiczne* XI, 123–181

LASKOWSKI, R.

1988 The systemic prerequisites of the development of the declensional patterns of the Slavic languages. (The category of gender.) In: *Scando-Slavica* **34**, 111–125

MÜLLER, K.

1965 Die Beseeltheit in der russischen Sprache der Gegenwart und ihre historische Entwicklung. In: *Sitzungsberichte der Deutschen Akademie der Wissenschaften zu Berlin. Klasse für Sprachen, Literatur und Kunst* 1965/2, 3–15

POTEBNJA, A. A.

1958 (1874) *Iz zapisok po russkoj grammatike.* T. I–II. Moskva: Gosudarstvennoe učebno-pedagogičeskoe izdatel'stvo Ministerstva prosveščenija RSFSR

REITER, N.

1979 Der semiotische Status der Beseeltheitskategorie im Slavischen. In: BERGERFURTH, DIEKMANN, WINKELMANN (1979), 403–432

SCHALLER, H.

1975 *Das Prädikatsnomen im Russischen.* Köln, Wien: Böhlau

SETSCHKAREFF, V., P. REHDER, H. SCHMID (HRSG.)

1988 *Ars Philologica Slavica. Festschrift für Heinrich Kunstmann.* München: Sagner

SHEVELOV, G. Y.

1963 *The syntax of modern literary Ukrainian.* The Hague: Mouton

ZASORINA, L. N. (RED.)

1977 *Častotnyj slovar' russkogo jazyka.* Moskva: Russkij Jazyk

Die Struktur kohärenter Konstruktionen im Deutschen

Michel Kefer
Liège

1. In Grammatiken, die Transformationen oder damit vergleichbare Mechanismen zulassen, werden oft Analysen vorgeschlagen, die man als abstrakt bezeichnen kann: es wird auf irgendeiner Ableitungsstufe eine Struktur angenommen, die in der Oberflächenstruktur ungrammatisch ist, die also obligatorisch zu zerstören ist. So geht z.B. PERLMUTTER (1978) davon aus, daß das Passiv, auch das unpersönliche Passiv, grundsätzlich im Aufstieg eines direkten Objekts zum Subjekt besteht. In einem Satz wie (1)

(1) Es wurde getanzt.

würde PERLMUTTER also das Pronomen *es* zunächst als direktes Objekt einführen, dann zum Subjekt befördern. (Ich halte es für falsch, *es* in (1) als Subjekt zu betrachten, aber darum geht es hier nicht.) In (2)

(2) Er sah, daß getanzt wurde.

wäre das zum Subjekt aufgestiegene Pronomen *es* zu tilgen. Sowohl die Tilgung als auch der Aufstieg von *es* zum Subjekt wären in einem Satz wie (2) obligatorisch. PERLMUTTER (1978: 176–178) hat das unpersönliche Passiv im Türkischen untersucht. Er stellt zwar fest, daß in dieser Sprache alle unpersönlichen Passivsätze subjektlos sind (in der Entsprechung eines Satzes wie *Es wurde getanzt* müßte das Pronomen fehlen), aber das hindert ihn nicht daran, ein Pronomen als direktes Objekt einzuführen, zum Subjekt zu befördern und dann wieder zu tilgen. Auf diese Weise erhält er das angebliche Universale aufrecht, daß in jedem Passivsatz ein direktes Objekt zum Subjekt aufgestiegen ist. Die Operationen, die er annimmt, sind aber gespensterhaft, untestbar; sie hinterlassen keine feststellbare Spur. Sie sollten m.E. nicht zugelassen sein. Deshalb habe ich in KEFER (1989) das Prinzip formuliert, daß in keiner Komponente der Grammatik etwas vorhanden sein darf, was obligatorisch zu zerstören ist. Ich habe jedoch eine Ausnahme vorgesehen, und zwar für Regeln, die Informationen aus zwei Zyklen benutzen (genauer: Informationen, die erst in einem Zyklus j, und Informationen, die schon im Zyklus $j-1$ zur Verfügung stehen). Das läßt zu, daß etwa (4) aus (3) abgeleitet wird.

(3) $[_{S_2}$ sie$_i$ $[[_{S_1}$ NP$_i$ [Lieder schreiben]] wollen]]

(4) $[_{S_2}$ sie [Lieder [schreiben wollen]]]

(Informationen, die für unser Problem irrelevant sind, z.B. Tempus und Modus, habe ich in (3) und (4) ausgelassen.) Ich werde zu zeigen versuchen, (a) daß die zwei Strukturen (3) und (4) zur syntaktischen Darstellung eines Satzes wie

(5) Sie will Lieder schreiben.

notwendig sind und (b) daß (4) aus (3) abgeleitet wird, und zwar durch die Senkung des höheren Verbs, das fortan "Hauptverb" genannt wird, zur Schwester-Konstituente des abhängigen Verbs, das im Infinitiv erscheinen muß. Da diese Regel bei einem Verb wie *wollen* obligatorisch ist, wird zugleich gezeigt, daß die Ausnahme von der Beschränkung gegen obligatorische Transformationen notwendig ist. Ich muß allerdings darauf hinweisen, daß die Verb-Senkung nicht immer obligatorisch ist, wenn sie in Frage kommt: bei einer Untermenge der Hauptverben, die ein Infinitivverb mit *zu* verlangen, z.B. bei *beabsichtigen*, ist die Regel fakultativ, d.h., neben einer Oberflächenstruktur wie in (4) (vgl. (6)(a)) gibt es auch eine Oberflächenstruktur, die mit der Tiefenstruktur identisch ist und aus zwei Sätzen besteht (vgl. (6)(b)):

(6)(a) Sie hat Lieder zu schreiben beabsichtigt.

(6)(b) Sie hat beabsichtigt, Lieder zu schreiben.

Konstruktionen wie in (5) und (6)(a) nennt Bech (1955) kohärent, solche wie in (6)(b) inkohärent. Diese Konstruktionen sind u.a. von Evers (1975) und von Kefer (1989: 134–161) untersucht worden.

2. Ich glaube, es gibt stichhaltige Gründe, bei kohärenten Konstruktionen die transformationelle Lösung anzunehmen. Betrachten wir z.B. folgende Sätze:

(7) Lieder schreiben wird sie nie wollen.

(8) Schreiben wollen wird sie Lieder nie.

In (8) wird eine Konstituente der Oberflächenstruktur (vgl. (4)), in (7) aber eine Konstituente der Tiefenstruktur (vgl. (3)) topikalisiert. Details über die Art und Weise, wie die Topikalisierungsregel zu formulieren ist, sind in Kefer (1989: 340–348) zu finden. Von den allermeisten Linguisten, die sich mit Konstituentenstrukturen beschäftigt haben, wird folgendes angenommen: (a) Zwei Satzglieder, die man ohne Pause topikalisieren kann, bilden zusammen eine Konstituente; (b) in ein und derselben Konstituentenstruktur ist es ausgeschlossen, daß eine Konstituente wie *schreiben* in (3) oder (4) mit einem Satzglied eine Konstituente und mit einem anderen Satzglied eine andere Konstituente bildet. Man muß mindestens eine dieser zwei Annahmen aufgeben, wenn man die transformationelle Lösung nicht annimmt.

Die transformationelle Lösung rettet uns eigentlich über einen anderen Widerspruch hinweg. Auf die Erscheinung hat schon Evers (1975) hingewiesen: Kohärente Konstruktionen (wie in (5) und (6)(a)) weisen Eigenschaften von Einsatzstrukturen auf, wenn man bestimmte Tests anwendet, aber Eigenschaften von Zweisatzstrukturen, wenn man andere Tests anwendet. Es ist wichtig, daß es für beide Strukturtypen viele verschiedene Tests gibt; sie werden in Kefer (1989) beschrieben, hier können wir uns auf einen oder zwei Tests für jeden Strukturtyp beschränken. Wie Einfachsätze ohne Hauptverb und im Gegensatz zu inkohärenten Konstruktionen werden kohärente Konstruktionen normalerweise ohne Pause ausgesprochen — eben weil sie aus einem einzigen Satz bestehen (vgl. BECH (1955: 61–62)); und sie können — aus demselben Grund — normalerweise nur eine Negation enthalten (vgl. EVERS (1975: 28–30)). Aber bestimmte Erscheinungen beziehen sich auf S_1 in (3). In

(9) (A: Hat sie Lieder geschrieben?)
B: Sie hat Lieder schreiben wóllen.

ist *(sie) Lieder schreiben* gegeben, aber das ist nur in (3) eine Konstituente, nicht in (4). Es sollte klar sein, daß in (9) nicht etwa *Lieder* allein gegeben ist, sonst wäre die Betonung anders:

(10) (A: Mag sie Lieder?)
B: Sie hat Lieder schréiben wollen.

Und wenn das Ganze gegeben wäre, wäre das finite Verb zu betonen:

(11) (A: Hat sie Lieder schreiben wollen?)
B: Ja, sie hát Lieder schreiben wollen.

(Siehe KEFER (1989: 240–241)). Auch in bezug auf die lexikalische Einsetzung ist S_1 in (3) erwünscht: die Valenz des Verbs von S_1 ist davon unabhängig, ob es in einem Einfachsatz oder bei einem ein-, zwei- oder dreiteiligen Hauptverb (*müssen, wollen/lassen, helfen* usw.) benutzt wird: siehe EVERS (1975: 35–36).

Die Regel, durch die (4) aus (3) abgeleitet wird, ist in KEFER (1989: 152 und 168) formuliert worden. Sie tilgt den eventuellen referenzidentischen leeren Subjekt-Knoten und das S-Symbol des eingebetteten Satzes der Eingabestruktur und bewirkt u.a., daß der Kopf des Matrixsatzes mit dem Kopf des eingebetteten Satzes der Eingabestruktur eine Konstituente bildet. Durch dieselbe Regel — Verb-Senkung — läßt sich etwa (12) in (13) transformieren.

(12) $[_{S_2}[_{S_1}$ sie [Lieder schreiben]] müssen]

(13) $[_{S_2}$[sie [Lieder [schreiben müssen]]]]

(Wir kommen in Abschnitt 4 auf ein Detail der Struktur (13) zurück.) Auf die Konstituentenstruktur (12) wird in (14), auf die Konstituentenstruktur (13) in (15) zurückgegriffen:

(14) Lieder schreiben wird sie nie müssen.

(15) Schreiben müssen wird sie Lieder nie.

Alles, was oben die Einsatz- bzw. Zweisatzhaftigkeit von (5) betrifft, gilt auch für

(16) Sie muß Lieder schreiben.

Zum Beispiel entspricht (17) dem Satz (9) und zeigt, daß auf S_1 in (12) zurückgegriffen werden muß:

(17) (A: Hat sie Lieder geschrieben?)
B: Sie hat Lieder schreiben m'üssen.

3. Alle diese Probleme werden durch meine transformationelle Lösung beseitigt, jedoch nicht durch die von EVERS. EVERS schlägt vor, das Verb von S_1 in S_2 anzuheben. Das ist aber unannehmbar, wenn man die interne Konstituentenstruktur der Sätze betrachtet. Wenn man die Verb-Anhebung auf (12) anwendet, bekommt man (18) als Oberflächenstruktur.

(18) $[_{S_2}[_{(S_1)}$ sie Lieder] [schreiben müssen]]

Aber niemand hat je zeigen können, daß *sie Lieder* in einem solchen Fall eine Konstituente bildet. Wenn wir dagegen das Hauptverb in (12) senken, bekommen wir das richtige Ergebnis (vgl. (13)). Daß z.B. *Lieder schreiben müssen* eine Konstituente ist, zeigt (19):

(19) Lieder schreiben müssen hat sie nie.

4. Betrachten wir nun (13) näher. In KEFER (1989: 149) wird für einen *müssen*-Satz eine Oberflächenstruktur wie in (20) angenommen:

(20) $[_{S_2}$ sie [Lieder [schreiben müssen]]]

Strenggenommen ist das ein Fehler, denn die Verbsenkungsregel ergibt in Wirklichkeit (13). Jedoch sind (13) und (20) in vielerlei Hinsicht miteinander äquivalent. Zu beachten ist insbesondere, daß alle c-Kommando-Relationen zwischen den Satzgliedern in (13) und (20) identisch sind und daß alle Satzglieder in beiden strukturellen Darstellungen zu S_2 gehören (gemeint ist hier die Relation "belong to"). (20) würde ein anderes Ergebnis als (13) liefern bei eventuellen Regeln, die auf den bzw. auf die vom S-Knoten unmittelbar dominierten Knoten verweisen; solche Knoten sind in (20) die Subjekt-NP *sie* und der Knoten, der genau *Lieder schreiben müssen* dominiert und traditionell VP genannt wird; in (13) dagegen ist der Knoten, der die Subjekt-NP und den "VP"-Knoten unmittelbar dominiert, der (einzige) Knoten, der vom S_2-Knoten unmittelbar dominiert wird. Also wäre (13) in jeder Theorie unannehmbar, in der das Subjekt eines Satzes als vom S-Knoten des Satzes unmittelbar dominierte NP-Konstituente definiert wird und/oder in der es einen Knoten mit dem Symbol VP gibt, der auch vom S-Knoten unmittelbar dominiert werden muß; das ist aber in der in KEFER (1989: insbesondere 172–189) vorgeschlagenen Theorie nicht der Fall: da wird der Standpunkt vertreten, daß es kein Symbol VP gibt, und es werden Argumente für eine Definition des Subjekts vorgebracht, in der die unmittelbare Dominanz des S-Knotens keine Rolle spielt, die aber bewirkt, daß *sie* sowohl in (13) als auch etwa in (4) Subjekt ist. Also bereiten (13) und die Verbsenkungsregel, die diese Struktur produziert, keine Schwierigkeit.

LITERATUR

BECH, GUNNAR

1955 *Studien über das deutsche Verbum infinitum.* Kopenhagen: Munksgaard.

EVERS, ARNOLD

1975 *The transformational cycle in Dutch and German.* Bloomington: Indiana University Linguistics Club.

KEFER, MICHEL

1989 *Satzgliedstellung und Satzstruktur im Deutschen.* Tübingen: Gunter Narr.

PERLMUTTER, DAVID M.

1978 Impersonal passives and the unaccusative hypothesis. In: *Proceedings of the Fourth Annual Meeting of the Berkeley Linguistics Societg*, 277–324.

Das sogenannte Passiv im Baskischen

Ulrich Lüders
Allershausen

Der Vergleich schwer zu klassifizierender Konstruktionen mit bekannten Typen ergibt häufig ein unbefriedigendes Ergebnis. Der Grund liegt oftmals in der Annahme universell gültiger Kategorien. Die Folge ist, daß sich die Eigenschaften der zu untersuchenden Kategorie nur zu Teilen mit den mit den vordefinierten Kategorien decken. Das Problem wird auch nicht immer durch die Annahme prototypischer Kategorien gelöst. Als Beispiel einer problematischen Zuordnung sollen hier die sogenannten Passiv- Konstruktionen im Baskischen untersucht werden.

Bei den sogenannten baskischen Passiva handelt es sich um periphrastische Konstruktionen, deren typologisches Charakteristikum und deren Gemeinsamkeit die Suffigierung eines Morphems (hier Extension oder verbale Erweiterung genannt) an eine infinite Verbform ist. Die Unterschiede der Konstruktionen mit verbalen Erweiterungen liegen 1. in der Position der Agens-Phrase, 2. in der Markierung der Agens-Phrase, 3. in der Art der verbalen Erweiterung und 4. in der Art des Auxiliars (Siehe Tabelle 1 und dazu einige Beispiele (2) – (7), Beispiel (1) zeigt den normalen transitiven Satztyp).

Tabelle 1:

Position der Agens-Phrase	:	±	präverbal
Markierung der Agens-Phrase:		±	Ergativmarkierung
Art der verbalen Erweiterung:		*-a,*	*-ta*
Art des Auxiliars	:	*izan, egon (*itr.*); ukan, eduki (*tr.*)*	

(1)

amak	*sagarrak*	*egosi*	*ditu*
Mutter-ERG-SG	Apfel-ABS-PL	kochen	AUX=ukan-ERG3-ABS6-PRÄS

die Mutter hat die Äpfel gekocht

(2)

apaiza	*meza*	*eman-a*	*da*
Pfarrer-ABS-SG	Messe-ABS-SG	geben-EXT-SG	AUX=izan-ABS3-PRÄS

der Pfarrer hat die Messe gelesen

(3)

sagarrak	*amak*	*egosi-ak*	*dira*
Apfel-ABS-PL	Mutter-ERG-SG	kochen-EXT-PL	AUX=izan-ABS6-PRÄS

Mutter hat die Äpfel gekocht

(4)

azak	*aitak*	*landatu-ta*	*dira*
Kohl-ABS-PL	Vater-ERG-SG	pflanzen-EXT	AUX=izan-ABS6-PRÄS

Vater hat den Kohl gepflanzt (siehe auch G. Rebuschi, 1982: 449, (59a))

(5)

etxea	*gizonek*	*egin-a*	*dago*
Haus-ABS-SG	Mann-ERG-PL	machen-EXT-SG	AUX=egon-ABS3-PRÄS

die Männer haben das Haus gebaut

(6)

eskuak	*lotu-ak*	*zituen*
Hand-ABS-PL	binden-EXT-PL	AUX=ukan-ERG6-ABS3-PRÄT

die Hände waren zusammengebunden (P. M. Zabaleta 1981, II:16)

(7) *semea* *esan-a* *daukat*
Sohn-ABS-SG sagen-EXT-SG AUX=eduki-ERG1-ABS3-PRÄS
ich habe es immer wieder zu meinem Sohn gesagt, ich habe ihn instruiert

Außer der Schwierigkeit, ein Bündel ähnlicher Konstruktionen erklären zu müssen, sind wir noch mit dem Problem konfrontiert, daß die Beispiele in unterschiedlichem Maße akzeptabel sind. Das wichstigste Ergebnis bei einem Test von etwa dreißig Sprecher/inne/n[1] ist eine systematische Variation der Antworten, die an die Ergebnisse von A. SCHMIDT zum durch Semisprechertum bedingten Verfall der morphologischen Ergativität im YOUNG DYIRBAL erinnern. Einige einfache Aussagen sind: Kann ein/e Sprecher/in Konstruktionen mit dem Auxiliar *eduki* bilden, so auch mit *ukan*, nicht umgekehrt. Kann ein/e Sprecher/in Sätze mit der Extension *izan* und *-ta* bilden, dann auch mit *izan* und der Extension *-a*. Zusätzlich gilt für jede Kombination: Können bei einer bestimmten Kombination Sätze mit *P1/2* gebildet werden, dann auch mit *P3*, nicht aber umgekehrt.

Ein drittes Problem ist die unterschiedliche Interpretation der Aktionsart. Die übersetzungsorientierten Interpretationen sind nicht nur als Resultativ zu verstehen, wie z.B. bei N. HIMMELMANN, JR. (1986) zu lesen ist oder als Stativ, wie *R. Trask* festhält (1985: 988). Die Beispiele wurden entweder als Resultativ (8), Stativ (5) und (7), "experiential perfect"[2] (7) und (11) oder Nichtkontinuativ (10) interpretiert. Letzterer trifft wohl auf die meisten Beispiele zu. Durch den Nichtkontinutativ wird deutlich gemacht, daß durch eine Handlung ein Resultat erzielt wurde, das die Fortsetzung derselben Handlung unnötig macht. Manche Beispiele werden aber auch nicht anders übersetzt und interpretiert[3] als ihre Pendants ohne Extension.

(8) *itxi-ta* *dago*
schließen-EXT AUX=egon-ABS3-PRÄS
es ist geschlossen

(9) ... *zeuzkaten* *hesiak* *egin-ak*
AUX=eduki-ERG6-ABS6-PRÄT Zaun-ABS-PL machen-EXT-PL
sie hatten Zäune errichtet... (Bergstämme hatten Zäune gegen Wölfe errichtet und nun sind sie durch die Zäune beschützt, P. M. ZABALETA 1981, II:75/76)

---

[1] Die an der Untersuchung beteiligten Sprecher/innen stammen aus San Sebastian und umliegenden Ortschaften, und waren alle des Batua, der Vereinheitlichten Sprache, mächtig.

[2] Siehe B. COMRIE (1976: 58): "The experiential perfect indicates that a given situation has held at least once during some time in the past leading up to the present." In unserem Fall hat die Situation zusätzlich eine Auswirkung auf eine (potentielle) Handlung im Präsens.

[3] Die Bedeutungsfindung beruhte zum einen auf Übersetzung, wobei das Spanische eine Resultativkonstruktion aufweist, die statt *haber tener* verwendet. So wurde z.B.

xerra bat jan-a daukat
Filet ein-ABS essen-EXT AUX=eduki-ERG1-ABS3-PRÄS

mit *tengo comindo un filete* übersetzt, anstatt mit *he comido un filete*. Zum anderen beruht die Bedeutungsfindung auf explikativen Übersetzen, was gerade dann nötig wird, wenn es in der Übersetzersprache keine analogen Grammatikalisierungsprozesse gibt.

(10) *boligrafoa* *nik* *erosi-a* *da*
Kugelschreiber-ABS-SG ich-ERG kaufen-EXT-SG AUX=izan-ABS3-PRÄS
ich habe den Kugelschreiber schon gekauft

(11) *aitak* *ardoa* *isuri-a*
Vater-ERG-SG Wein-ABS-SG verschütten-EXT-SG

daukat
AUX=eduki-ERG1-ABS3-PRÄS
Vater hat den Wein (schon einmal) verschüttet (und er kann dich nicht schimpfen, falls dir dasselbe passiert)

Im Gegensatz zur im Baskischen üblichen Satzkonstruktion wird im Falle der erweiterten Konstruktionen ein Morphem an die infinite Form des Verbes suffigiert, entweder *-a* oder *-ta*.[4]

Gerade der erste Fall ist es aber, der die Konstruktionen als eine baskische Eigenheit deutlich macht. Manifestiert sich der Unterschied zwischen Aktiv- und Passivsätzen auf der morphologischen Ebene mittels unterschiedlicher Verbformen, so liegt normalerweise ein eigenes Passivmorphem vor, wie Beispiel (12) zeigt.

(12) *gör-mek* *gör-ül-mek* **bülbül-ül*
TÜR sehen-INF sehen-PASS-INF *Nachtigall-PASS

Im Baskischen aber entspricht das Suffix *-a* dem Artikel, der im nominalen Bereich zur Bildung referentieller bzw. determinierter Ausdrücke Verwendung findet (vgl. (13) und (14)). Wie nominale Ausdrücke können Ausdrücke mit der verbalen Erweiterung *-a* in den Plural gesetzt werden (vgl. (15) mit (3)).

(13) *kotxe-Ø-z* *ibilli* *nintzen*
Auto-TDEF-INSTR fahren AUX=izan-ABS1-PRÄT
ich bin mit dem Auto gefahren

(14) *ikusi* *duzun* *kotxe-a-z* *ibilli*
sehen AUX=ukan-ERG2-ABS3-REL Auto-DEF-INSTR fahren

nintzen
AUX=izan-ABS1PRÄT
ich bin mit dem Auto gefahren, das du gesehen hast

(15) *kotxe-a* > *kotxe-ak*
Auto-ABS-SG Auto-ABS-PL

Die erweiterten Phrasen kongruieren grundsätzlich nach zwei verschiedenen Prinzipien.[5] Syntaktische Kongruenz berücksichtigt die Wortstellung, die jeweils

[4] In Nordbaskischen liegt noch eine weitere Möglichkeit vor. Der Partitiv *-(r)ik* kann an die infinite Form des Verbes angefügt werden. So z.B. im Souletinischen:

lagünak nik ikusi-rik dira
Freunde-ABS-PL ich-ERG sehen-PART AUX=izan-ABS6-PRÄS
ich habe die Freunde gesehen

[5] Ausnahmen bilden die von J. Bollenbacher zitierten Beipiele (siehe (17)), und die Beispiele eines Sprechers aus Hondarrabia (siehe Bemerkung 6).

nicht-präverbale Phrase kongruiert mit der Extension *-a* (siehe (3)). Semantische Kongruenz berücksichtigt die semantische Rolle der Nominalphrasen, nur die Patiens-Phrase kongruiert mit der Erweiterung *-a* (siehe (16)).

(16)	*diskak*	*aitonak*	*entzun-ak*	*ditu*
	Platte-ABS-PL	Großvater-ERG-SG	hören-ABS-PL	AUX=ukan-ERG3-ABS3-PR
	Großvater hat die Platten gehört			

Im ersten Fall handelt es sich durchweg um intransitive Sätze, im zweiten ausschließlich um transitive Sätze. Intransitive Beispiele wurden in der Literatur am häufigsten zitiert und interpretiert. J. BOLLENBACHERS Beispiel (siehe (17)) einer Passivkonstruktion wurde 1985 von E.L. KEENAN im Zusammenhang mit der Diskussion um Passivität in Ergativsprachen wieder aufgegriffen. Das von J. BOLLENBACHER angeführtes Beispiel diente E.L. KEENAN (1985) dazu, die These zu untermauern, daß es in Ergativsprachen sehr wohl Passivkonstruktionen gibt. Diese Konstruktion wurde allerdings bei der vorliegenden Untersuchung nicht bestätigt.[6] Bei G. REBUSCHI finden sich mehrere intransitive Konstruktionen mit Erweiterungen, "le passif court" ± "expansion ergatif" (siehe (3), gleiches Beispiel), "le passif long" (4), le premier antipassif (18). R. TRASK lehnt die Passivinterpretation einer Konstruktion wie (3) ab. Statt dessen bietet er eine Konstituentenstruktur (19) an, in der der Ergativ als Subjekt eines infiniten transitiven untergeordneten Verbes auftritt. Argumente dafür sind die Permutabilitität der Konstituenten (siehe (19)) und die Kongruenz (20). Beide Argumente gelten auch für andere intransitive Konstruktionen mit verbalen Erweiterungen (siehe (21), (22)).

(17)	*gizonak*	*txakurra*	*mal̃uskatua*	*da*
	man-the-ERG	dog-the-ABS	beaten	AUX
	The dog was beaten by the man (BOLLENBACHER, 1977: 182)			

(18) *makiñatxo bat ipui gozo entzuna niok*

j'ai (litt. je suis) entendu un tas de jolis contes (G. Rebuschi, 1982: 452)[7]

(19) [Piarresek egina] [da] [etxe hori]

etxe hori Piarresek egina da
*Piarresek etxe hori egina da
*etxe hori egina da Piarresek

---

[6] Das Beispiel stammt von einem Emigranten aus Gipuzkoa, der nach Kalifornien übersiedelte. R. TRASK lehnt diesen Sprecher als inkompetent ab (1985: 989). Ich konnte allerdings eine ähnliche Konstruktion in Gipuzkoa finden, wobei es keine Zweifel an der Kompetenz des Sprechers gab. Dieses Beispiel weist gespaltene Kongruenz auf und erinnert an die gespaltene Kongruenz der von J. NICHOLS (1982) zitierten Beispiele des Inguschischen. In *apaiz-ek meza eman-a dira* kongruiert die Ergativphrase im Numerus mit dem Auxiliar und die Absolutivphrase mit der erweiterten Verbphrase. Entsprechende Beispiele wurden mehrfach in größeren Zeitabständen getestet. Dieser Sprecher permutierte seine Beispiele anders als die zitierten, und wurde deswegen aus der Wertung genommen.

[7]	*makiñatxo*	*bat*	*ipui*	*gozo*	*entzun-a*	*niok*
	Menge	ein-ABS	Erzählung	nett	hören-EXT-SG	AUX=ABS1-ALK

(20) Piarresek$_i$ egina$_j$ da$_j$ etxe hori$_j$
Piarresek$_i$ eginak$_j$ dira$_j$ etxe horiek$_j$

Peter hat das Haus/die Häuser gebaut

(21) [apaiza] [meza emana] [da]
apaizak$_i$ mezak$_j$ emanak$_i$ dira$_i$

der Pfarrer hat die Messe/die Messen gelesen

(22) meza$_i$ emana$_j$ da$_j$ apaiza$_j$
*apaiza$_j$ emana$_j$ da$_j$ meza$_i$

Von einer Konstituentenstruktur wie der von R. TRASK vorgeschlagenen ausgehend sieht N. HIMMELMANN die Erweiterung mit *-a* als die Möglichkeit im Baskischen an, kategoriale Strukturen zu bilden, im Gegensatz zur üblichen thetischen Grundstruktur des Baskischen (N. HIMMELMANN, 1986: 16ff).

> Most importantly, it is generally difficult, if not impossible, to determine a predication-base at all. The predicate, consisting mostly of an infinite form of the verb and an auxiliary, agrees with up to three participants none of which can be clearly pointed out as "that talked about". Even the segmentally unmarked NP, the absolutive, cannot lay claim to this position, since there is no further structural correlate that would show that this NP is in some sense more prominent than any other. What is important in this respect is that topic-comment structure does not play a prominent role in this language, because NPs that can be derived from context (potential topics) normally are not further fully specified, but simply taken up by the agreement markers. (N. HIMMELMANN, 1986: 20)

und

> ... the main part of the verb agrees with the NP in the absolutive. In (25, hier (20)) the auxiliary also changes from the transitive to an intransitive one... Thus the absolutive NP is clearly set apart from other NPs in these constructions and it becomes legitimate to call it the predication-base. (HIMMELMANN, 1986: 22)

N. HIMMELMANNS Aussage gilt nur für Konstruktionen wie (3). Zur Unterstützung der kategorialen Interpretation vergleicht er diese mit analog gebildeten Prädikationen, die nichtverbale Prädikate involvieren (siehe (23) und (24)).

Erweitert man die Interpretation von N. HIMMELMANN auf Konstruktionen wie (2), so genügt es nicht, zu sagen, daß die Absolutivphrase deutlich abgesetzt ist. Denn Konstruktionen wie (2) weisen zwei Absolutivphrasen auf. Während im Falle von (3) die Absolutivphrase den Patiens repräsentiert, wäre jetzt die analoge Phrase eine Agens-Phrase. Die Tatsache aber, daß die meisten intransitiven Konstruktionen syntaktische Kongruenz zeigen, indem sie mit der nichtpräverbalen Phrase kongruieren, läßt nur einen Schluß zu. Es ist die positionell bestimmte Phrase, die als Prädikationsbasis bezeichnet werden muß (vgl. (23a) und (23b)). Sowohl Patiens als auch Agens-Phrasen können so als Prädikationsbasis fungieren (in (23a) LIBURUA = Prädikationsbasis = Patiens, in (23b) *apaiza* = Prädikationsbasis = Agens).

(23a) *liburua* *haurrek irakurri-a da*
Prädikationsbasis

(HIMMELMANN, 1986: 22)[8]

(23b) *apaiza* *meza eman-a da*
Prädikationsbasis
(vgl. (2))

(24) *ogi-a on-a da* (HIMMELMANN, 1986: 22)[9]

Deutlich verschieden im syntaktischen Verhalten sind die transitiven Konstruktionen mit Extension. Die transitiven Konstruktionen unterscheiden sich einmal im Kongruenzverhalten, die erweitere Phrase kongruiert stets mit der Patiens-Phrase bzw. Absolutiv-Phrase, zum anderen ist der Vergleich mit Prädikationen, die nichtverbale Prädikate involvieren, ein anderer. Im folgenden sollen die transitiven Beispiele mit appositiven Konstruktionen verglichen werden. Der inhaltliche Unterschied zwischen einer transitiven nichtverbalen prädikativen Konstruktion zu einer appositiven Konstruktion liegt in einer Hervorhebung der Adjektivphrase. Man vergleiche die wesentlich prominentere Struktur (25) mit (26). In (26) ist das Adjektiv dem Nomen beigeordnet. Sowohl Nomen und Adjektiv flektieren, im Gegensatz zur Gruppenflexion (25), bei der nur die Nominalphrase aus Nomen und Adjektiv flektiert.

Analog verhält es sich mit den transitiven erweiterten Konstruktionen (siehe (27)). Die erweiterte Phrase kann ebenfalls als in Apposition zur Absolutivphrase stehend bezeichnet werden. Aus dem Vergleich zwischen (26) und (27) ergibt sich als die diskurs-pragmatische plausibelste Erklärung eine in den Vordergrund gerückte Handlung, die im Kontrast zur prominenteren Konstruktion ohne verbale Extension steht. Es muß überlegt werden, ob die Absolutivphrase als deutlich abgesetzt betrachtet werden kann. Sie ist zwar die einzige Phrase, die erweiterten Verbalphrase kongruiert. Mit dem Auxiliar aber kongruieren wie in der thetischen Konstruktion sowohl Absolutiv als auch Ergativ (vgl. die Kongruenz transitiver Konstruktionen ohne (28) und mit Extension (29)).

(25) *[kotxe berri]-a* *daukat*
Auto neu-ABS-SG AUX=eduki-ERG1-ABS3-PRÄS
ich habe einen neuen Wagen

(26) [kotxe]-a [berri]-a daukat
ich habe einen neuen Wagen

(27) Pellok$_i$ [disk(a)]-ak$_j$ [entzun]-ak$_j$ ditu$_{i,j}$
Pello hat die Platten (schon) gehört

[8] *liburu-a* *haurr-e-k* *irakurri-a* *d-a*
book-DEF:SG:ABS child-DEF:PLU-ERG read-DEF:SG:ABS ABS3-SG-AUX
"The book has been read by the children."

[9] *ogi-a* *on-a* *d-a*
bread-DEF:ABS good-DEF:ABS ABS3-SG-AUX
"The bread is good."

(28) Pellok$_i$ diska$_j$ entzun du$_{i,j}$
Pello hat die Platte gehört

(29) Pellok$_i$ diska$_j$ entzun-a$_j$ du$_{i,j}$
Pello hat die Platte (schon) gehört

ABKÜRZUNGEN

ABS	Absolutiv
ALK	Alokutiv
AUX	Auxiliar
DEF	Definit
ERG	Ergativ
EXT	Extension
INF	Infinitiv
INSTR	Instrumental
itr.	intransitiv
SG	Singular
PART	Partitiv
PASS	Passiv
P1	erste Person
P2	zweite Person
P3	dritte Person
PL	Plural
PLU	Plural
PRÄS	Präsens
PRÄT	Präteritum
REL	Relativanzeiger
TDEF	Transdefinite
tr.	transitiv
TÜR	Türkisch
1	erste Person
2	zweite Person
3	dritte Person
6	dritte Person

LITERATUR

BOLLENBACHER, J.

1977 The basque passive. In: DOUGLASS (1977), 181–192.

COMRIE, B.

1976 *Aspect.* Cambridge: University Press.

DOUGLASS, WILLIAM A. (ED.)

1977 *Anglo-American contributions to Basque studies: Essays in honor of Jon Bilbao.* Reno: University of Nevada.

HIMMELMANN, N. JR.

1986 Morphosyntactic predication. A functional operational approach. In: *AKUP* **62**.

KEENAN, E. L.

1985 Passive in the world's languages. In: SHOPEN(1985).

NICHOLS, JOHANNA

1982 Ingush Transitivization and Detransitivization. In: *BLS* **8**, 445–62.

REBUSCHI, G.

1982 Structure de l'énoncé en basque. In: *Collection ERA 642, numéro spécial.* Laboratoire de Linguistique Formelle, Equipe de Recherches Associé en CNRS. Paris: Université de Paris VII.

SCHMIDT, A.

1985 The fate of ergativity in dying Dyirbal. In: *Language* **61**, 378–396.

SHOPEN, TIMOTHY (ED.)

1985 *Language typology and syntactic description.* Cambridge: University Press.

TRASK, R.

1985 Short note: The Basque passive. In: *Linguistics* **23**: 985–991.

ZABALETA, P. M.

1981 *Estepako semeak I, II.* Übersetzung von H. BAUMANN, Steppensöhne. Donostia: Hordago.

Die Bedeutung einer linguistischen Analyse der Zielsprache auf der syntaktischen Ebene für den Fremdsprachenunterricht

Minyan Luo
Universität Bremen

Als ein Arbeitsmittel für die Gestaltung des Fremdsprachenunterrichtes und die Konzipierung eines Sprachlehrwerkes hat die linguistische Analyse in der Geschichte der Fremdsprachendidaktik ihren Charme gezeigt. Im modernen Fremdsprachenunterricht, in dem die kommunikative Didaktik dominiert, ist dieses Arbeitsmittel immer noch von großer Bedeutung und es erweist sich in der Praxis als unverzichtbar. Einer der Anwendungsbereiche der linguistischen Analyse ist die Feststellung der Lernschwierigkeiten von Lernenden im Fremdsprachenunterricht.

Die Lernschwierigkeiten von Lernenden im Fremdsprachenunterricht, insbesondere im Unterricht außerhalb der Länder der Zielsprachen, haben — wie bekannt — viele Ursachen, wie falsche Lernstrategien, soziokulturelle Differenzen, mangelnde Lernbedingungen, inadäquate Unterrichtsmethoden usw. Und nicht zuletzt gehört auch eine nicht optimale Konzeption eines Sprachlehrwerks, das sich für den Fremdsprachenunterricht außerhalb der zielsprachigen Ländern eines der wichtigsten Medien erweist, zu den Faktoren, die Lernenden Schwierigkeiten bereiten. Offenbar gibt es hier wiederum verschiedene Faktoren zu benennen, wie den didaktischen, thematischen und sprachlichen Aufbau und die Übungsformen usw. Zum sprachlichen Aufbau zählen neben phonetischen und lexikalischen Stoffen auch die syntaktischen, semantischen und pragmatischen Strukturen. Die Frage ist, ob dieses Problem auch auf die Beziehung zwischen Lernenden und dem sprachlichen Aufbau der Lehrbuchkonzeption zurückgeführt werden könnte, und wenn ja, in wieweit ein unzureichender syntaktischer Aufbau den Lernenden Schwierigkeiten zu bereiten vermag.

1. Lehrwerk und Lernende

Zwischen Lernenden und Lehrwerk besteht eine direkte und enge Beziehung, die den Lernprozeß der Lernenden stark beeinflußt.

a. Ein Lehrwerk bietet dem Lernenden beim Erlernen einer Fremdsprache Hilfestellung an, d.h. es werden ihm Lernstoffe, Aufgaben, Hinweise auf die Aufgaben sowie Überprüfungsmöglichkeiten usw. angeboten, damit er sich Kenntnisse, Fähigkeiten und Fertigkeiten im Umgang mit einer Fremdsprache durch dieses Medium erfolgreich aneignen kann. In diesem Sinn nimmt das Lehrwerk im Fremdsprachenunterricht eine "dominierende Stellung" ein (NEUNER 1979).

Trotz der Veränderungen der didaktischen und methodischen Prinzipien für den Fremdsprachenunterricht in der Entwicklungsgeschichte der Fremdsprachendidaktik und -methodik bleiben die Funktion und diese "dominierende" Rolle des

Lehrwerks unverändert. Dies läßt sich wohl dadurch begründen, daß Lehrwerke einerseits direkt abhängig von den jeweils aktuellen Lerntheorien, der Psychologie und der Allgemeindidaktik (KRAKOW 1986) und auch von anderen wissenschaftlichen Disziplinen wie Linguistik, Soziologie und Philosophie sind und andererseits die didaktischen und methodischen Leitvorstellungen ihrer Zeit konkretisieren (NEUNER 1981). Deshalb hatte PIEPHO 1962, als er feststellte, daß an den Volksschulen Erfolg im Englischunterricht nicht zu erreichen war, gefordert: "Die Wende muß beim Lehrbuch beginnen" (PIEPHO, 1962).

b. Diese enge Beziehung zwischen Lernendem und Lehrwerk wird auch durch die individuellen Bedingungen der Lernenden sowie die konkreten Lernbedingungen bedingt. Nehmen wir hier die chinesischen Studenten im Fach Germanistik bzw. DaF. als Beispiel. Sie lernen Deutsch an chinesischen Universitäten und Hochschulen. Ihnen fehlt somit die fremdsprachige Umgebung. Deutsch begegnet ihnen fast nur im Unterricht, im Sprachlabor oder im Lehrwerk.

Zwar haben einige Universitäten und Hochschulen zur Zeit deutschsprachige Lektoren zur Verfügung, das ist jedoch nur wie ein Tropfen auf einen heißen Stein. Das beim Spracherwerb entstehende Bedürfnis der Lernenden, Deutsch anzuwenden, kann dadurch nicht befriedigt werden. Diese externen Lernbedingungen führen zu einer Abhängigkeit der Lernenden vom Sprachlehrwerk. Und durch die internen Bedingungen bei den Lernenden wird diese Abhängigkeit noch weiter verstärkt.

Die chinesichen Studenten sind in der Regel zwischen 18 und 22 Jahren. Wenn sie eine Fremdsprache lernen, wollen sie als Erwachsene wissen, was sie lernen, wie sie lernen und wozu sie etwas lernen sollen (NEUNER 1979). Sie lernen somit eine Fremdsprache primär nicht bloß durch "Imitationen "oder "Lehren", sondern vor allem unter Einsatz ihrer kognitiven Fähigkeit und ihres logischen Denkens. Ein Lehrbuch kann ihnen mit einem angemessenen Aufbau des Lernstoffes, mit Übungen einer bestimmten Übungstypologie und Überprüfungsmöglichkeiten helfen, auf diesem Weg Erfolg zu erzielen.

2. Grammatik und Fremdsprachenunterricht

Nach dem heutigen Forschungsstand wäre die Frage, ob ein kommunikativ-pragmatisch orientierter Fremdsprachenunterricht Grammatik braucht, kein Thema mehr in der Diskussion über die Fremdsprachendidaktik und -methodik (GÖTZE 1985, HELBIG 1986). Man fragt sich heute vielmehr, welche Grammatik der Fremdsprachenunterricht braucht.

Meines Erachtens ist eine Grammatik und ihre Progression — unabhängig davon, ob sie durch eine "didaktische Grammatik", eine "kommunikative Grammatik" oder eine "funktionale kommunikative Grammatik" (Bausch, R. 1979; KLEINEIDAM 1986; STRECKER 1987; EPPERT 1985) im Lehrwerk präsentiert wird — schon dann immer vorhanden, wenn bestimmte Texte in einem Lehrwerk nach einer bestimmten Strategie, sei es nach einer Situations — Themen — oder Intentionsprogression, sei es nach einer grammatischen Progression, dargeboten werden, denn "es gibt eine Grammatik des Deutschen jenseits und unabhängig aller Schulen und Konzepte (STEINFELD 1986), nämlich "ein innewohnendes Regelsystem" einer natürlichen Sprache (KLEINEIDAM 1986). Die Präsentation der Grammatik erfolgt somit nicht nur durch grammatische Erklärungen mithilfe einer Metasprache im Lehrwerk und Darstellung der Paradigmen, sondern auch in den Lehrbuchtexten durch einen entsprechenden Aufbau. Da zwischen Lernendem und Lehrwerk ein Abhängigkeitsverhältnis besteht, ist anzunehmen, daß neben den Faktoren, die nach den Aspekten des kommunikativ-pragmatischen Ansatzes wichtig sind, auch der sprachlische Aufbau der Lehrbuchkonzeption erheblichen Einfluß auf Lernprozeß und Lernerfolg haben wird. Um auf die Frage einzugehen, in wieweit eine möglicherweise unangemessene Präsentation syntaktischer Strukturen in Lehrbuchtexten den Lernenden Schwierigkeiten bereiten wird, wurde das Sprachlehrwerk "Wir sprechen Deutsch"(WSD) (HIEBER/ZHAO/HAN Peking, 1979–1985) mit Hilfe einer mehrstufigen Deskriptionssprache auf der syntaktischen Ebene beschrieben und analysiert.

3. Arbeitsverfahren

Die Analyse von syntaktischen Strukturen in der Lehrbuchkonzeption erfolgt durch eine auf EDV gestützte sprachliche statistische Operation, die zwei Instrumente benötigt: Syntaktische Deskriptionssprache von Horst KREYE und SAT (Syntaktische Analyse von Texten), ein Computerprogramm von Werner Wosniok.

Gegenstand der Beschreibung und Analyse sind die Texte des Lehrwerks. Text ist hier unter syntaktischem Aspekt als eine Kette von sprachlichen Zeichen anzusehen und kann im Extremfall aus einem einzigen Zeichen bestehen. Ein Text erstreckt sich in der Regel linear in einer geordneten Folge von Zeichen, die in drei Differenzierungsstufen unterteilt sind (KREYE 1989)

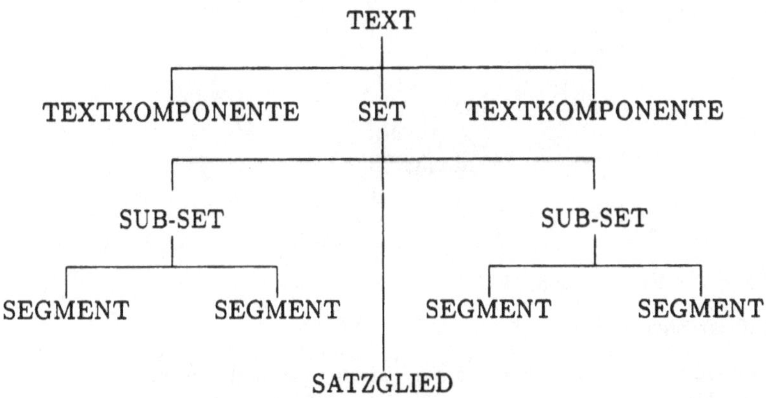

(1) Auf der Textebene

(Unterscheidung von Textkomponenten REDE und NARRAT).

(2) Auf der SET-Ebene

Unterscheidung von SET, SUB-SET, und SEGMENT.

"SET" ist eine syntaktische Satzeinheit im Text, besteht mindestens aus einem (vollständigen bzw. unvollständigen) Satz oder einem zusammengesetzten Satz (vgl. DUDEN1984: 1012).

"SUB-SET" ist ein untergeordneter Rang von SET, besteht mindestens aus einem (vollständigen bzw. unvollständigen) Satz oder einem Satzgefüge (vgl. DUDEN 1984).

"SEGMENT" ist der grundlegendeste Teil von SET, besteht mindestens aus einem Satzglied und kann eine SET und/oder SUB-SET konstituieren. Diese Unterscheidung kann in den folgenden Beispielen veranschaulicht werden:

Wenn eine SET nur ein einfacher Satz wie "Ich lerne Deutsch."(H) oder "Wir freuen uns auf die Ferien."(H), dann ist die SET hier gleich wie eine SUB-SET und ein SEGMENT; wenn eine SET ein zusammengesetzter Satz ist, dann ist sie zu unterscheiden in SUBSET und SEGMENT, die Strukturen dieses Satzes werden dann enkodiert:

Wenn er nun bei Tisch saß und den Löffel kaum halten konnte, schüttete er Suppe auf das Tischtuch, und es floß ihm auch etwas wieder aus dem Mund. (WSD,B2,46,1984)

SET:	Wenn er ... dem Mund.	K + K H / & H X 1 1 1 0 0 0
SUB-SET:	Wenn ... Tischtuch,	K + K H / 1 1 1 0
	und ... Mund.	& H X 0 0
SEGMENT:	Wenn ... saß	K 1
	und	+ 1
	den Löffel ... konnte,	K 1
	schüttete ... Tischtuch,	H 0
	und	& 0
	es ... Mund.	H

(3) Auf der Satzgliedebene

Unterscheidung von einzelnen Satzgliedern. Satzgliedwertig können einzelne Wörter oder Wortgruppen sein.

Die Sätze "Ich lerne Deutsch." und "Wir freuen uns auf die Ferien." sind auf der SET-und SUB-SET-Ebene zwei einfache Sätze: H und H. Auf der Satzgliedebene haben sie zwei verschieden Satzmuster, die durch Verbvalenz von einandern zu unterscheiden sind:

(1)

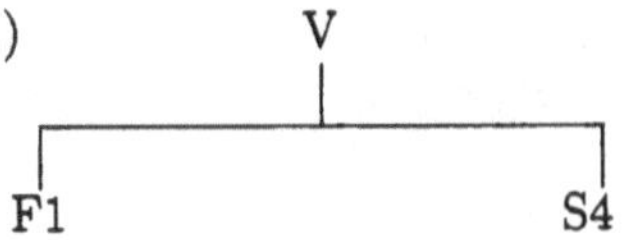

(2)

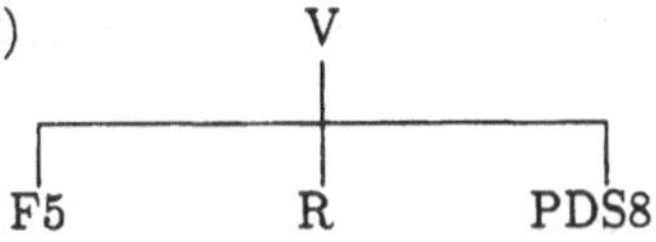

Die einzelnen Daten werden nach der Enkodierung jeweils auf der 1., 2. oder 3. Differenzierungsstufe in einen Erfassungsbogen für die Computereingabe eingetragen. Mit Hilfe vom Programm SAT werden die Daten dann je nach den folgenden Kategorien ausgewertet:

I. Kategorien für die 1. Differenzierungsstufe (TEXT)
   1. Anteil von NARRAT
   2. Anteil von REDE
      a. direkte REDE
      b. indirekte REDE
      c. monologische REDE
      d. zitierte REDE
   3. Anzahl von WÖR (Wörter)
   4. Anzahl von SET
   5. Anzahl von SUB-SET
   6. Die mittelwertige Anzahl von WÖR/SET oder SUB-SET.

II. Kategorien für die 2. Differenzierungsstufe (SET)
   1. SET-Strukturen
   2. SUB-SET-Strukturen
   3. Anzahl von Hauptsätzen
   4. Anzahl von Nebensätzen
   5. Die mittelwertige Anzahl von | SUB-SET/SET
WÖR/SET
WÖR/SUB-SET
Nebensatz/Hauptsatz
Konjunktion/WÖR
   6. Anzahl von Konjunktionen
   7. Anzahl von Vollständigen Sätzen
   8. Anzahl von Ellipsen
   9. Anzahl von Einbettungen
   10. Tempus
   11. Modus

III. Kategorien für die 3. Differenzierungsstufe
   1. Anzahl von Satzgliedern
   2. Satzstrukturen

3. Anzahl und Form der Verbvalenz (Regentien / Dependentien)
4. die mittelwertige Anzahl von Dependentien/Regentien.

4. Analyse der syntaktischen Strukturen in WSD

Das hier zum Gegenstand der Forschung genommene Sprachlehrwerk "Wir sprechen Deutsch" besteht aus vier Bänden: Grundstufe 1 (G1), Grundstufe 2 (G2), Mittelstufe 1 (M1) und Mittelstufe 2 (M2). Es wurde in der Zeit zwischen 1979 und 1982 in Peking herausgegeben. Bis 1984 wurde dieses Lehrwerk — nach den Ergebnissen einer Umfrage 1984 — von den meisten chinesischen Universitäten und Hochschulen (11 von 15 befragten Hochschulen) für Studenten im Fach Germanistik bzw. DaF. verwendet.

Die Konzeption des Lehrwerkes wurde stark von der kommunikativ-pragmatischen Fremdsprachendidaktik und -methodik beeinflußt und geprägt: In der Zielsetzung wurde betont, daß Sprache "als Kommunikationsmittel " den Studenten vermittelt werden solle und daß Fremdsprachenerlernen bedeute, kommunikative Kompetenz in Fremdsprachen zu erwerben (Wir sprechen Deutsch. Lehrerhandbuch, 1979). Somit basiert die Lehrbuchkonzeption auf einer Themen- und Situationsprogression, der die grammatische Progression total untergeordnet ist. Um die Authentizität der Lehrbuchtexte zu gewährleisten, wurden ab G2 nur die originalen Texte ausgewählt. Der Einsatz der Muttersprache ist ab G2 ausgeschlossen.

1985 habe ich in China eine Umfrage über die Auswirkung dieses Lehrwerks im Unterricht unter den Studenten, Lehrern und den Autoren dieses Lehrwerks gemacht. Nach den Ergebnissen dieser Umfrage wurde das Lehrwerk generell und insbesondere in bezug auf seine neuartige Konzeption, die Authentizität der Texte und die wirklichkeitsnahe Sprache positiv bewertet. Aber auch nicht wenige Beschwerden waren zu hören, daß Studenten im Unterricht mit diesem Lehrwerk oft auf große Schwierigkeiten gestoßen seien und die Motivation der Lernenden beim Fremdsprachenerwerb — wie die Lehrenden angegeben haben — abgeschwächt worden sei.

Die Ergebnisse der Umfrage zeigen uns, daß Studenten z.B. im Übergang zwischen den aufeinander folgenden Bänden und Texten auf Schwierigkeiten gestoßen sind. Diese Schwierigkeiten entstanden freilich aus verschiedenen Gründen, z.B. soziokulturellen,sprachlichen usw. Allein im sprachlichen Bereich entstanden die Schwierigkeiten schon auf verschiedenen Ebenen, z.B. auf der semantischen, syntaktischen oder pragmatischen Ebene. Diese Analyse beschränkte sich zunächst auf den sprachlichen Bereich und zwar auf der syntaktischen Ebene, d.h. auf der Oberflächenstruktur der deutschen Sprache und richtete sich vor allem auf die Progression und Frequenz syntaktischer Strukturen auf der Text- und SET-Ebene. Sie dient dem Zweck, die aktuellen Stellen der Schwierigkeiten und Ursachen dafür herauszuarbeiten.

4.1 Das Verhältnis zwischen REDE und NARRAT

Zwischen Grundstufe und Mittelstufe des Lehrwerkes besteht eine rapide Wende von der mündlichen Sprache zur schriftlichen. Der Anteil an der schriftlichen

Umfrage über das Lehrwerk "Wir sprechen Deutsch"*

Inhalt	Absolute Zahl	Prozent
— Das Lehrbuch ist		
schwer	33	75,0
nicht schwer	5	11,0
— Die Schwierigkeiten liegen		
in der Progression von Texten und Bänden	16	36,3
in Sprachstrukturen	21	47,7
in unangemessenen Frequenzen	5	11,0
in Übungen	7	15,9
in Erklärung grammatischer Regeln	5	11,0
in wissenschaftlichen Texten	7	15,0

*Die Umfrage wurde unter 44 Studenten aus der Pädagogischen Universität Ostchina, Peking Universität und Nanking Universität durchgeführt.

Sprache steigt um 4,5% zwischen G1 und G2, jedoch um 115,8% zwischen G2 und M1. Zwar sollte es in der Regel zwischen Grund- und Mittelstufe eine qualitative und quantitative Wende von der gesprochenen zur geschriebenen Sprache geben, es scheinen mir aber die Steigerungen in Übergängen zu G2 und zu M1 nicht angemessen, denn bevor Studenten in die Mittelstufe kommen, haben sie in G1 und G2 zu wenig Gelegenheiten gehabt, Texte in geschriebener Sprache zu lernen, und besitzen daher keine ausreichende Grundlage, schwierige Problemme in M1 zu bewältigen. Diese rapide Wende erfordert somit von Studenten eine große Umstellung und kann sie schon bei der Rezeption der Texte hindern.

TEXTKOMPONENTE:
Narrat, Rede

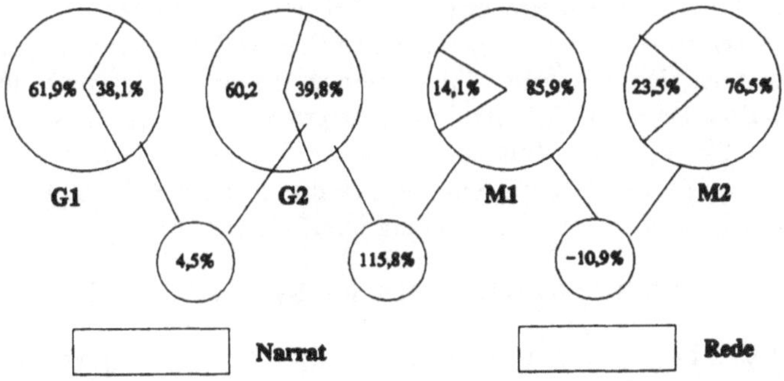

4.2 Steigerung der SUB-SET-Strukturen

Eine SUB-SET-Struktur ist die grundlegende Form einer SUB-SET, z.B. H; HK; K KH etc. In den Texten in G1 gibt es insgesamt 1008 SUB-SET, die 30 SUB-SET-Strukturen unterstehen. Das ist 3% von der gesamten Zahl der SUB-SET. In G2 hingegen 8,8%, also im Vergleich zu G1 ist die Prozentzahl um 193,3% gestiegen. Zwischen G2 und M1 beträgt die Steigerungsrate 89,7%. Bei den beiden Übergängen besteht ein großer Sprung bezüglich der SUBSET-Strukturen.

Die Steigerung des Prozentsatzes*
von SUB-SET-Strukturen

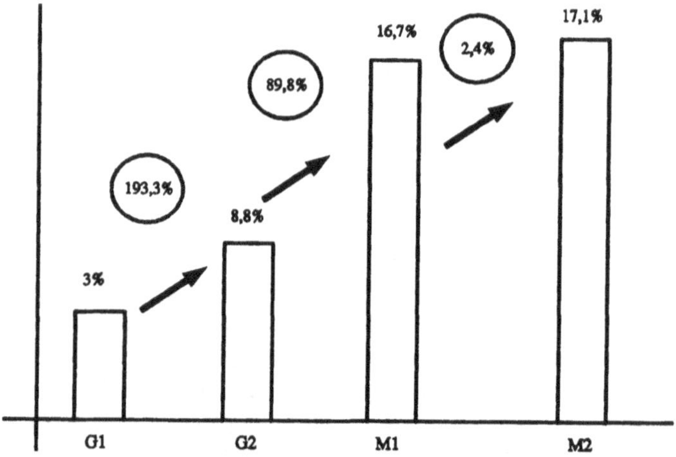

* Der Prozentwert der SUB-SET-Strukturen von der Anzahl der SUB-SET in einem Band.

4.3 Der Anstieg im Übergang von G1 zu G2

Diese steile Steigerung im Übergang von G1 zu G2 kann auch in einer deterlierten Analyse konkretiesiert werden, wobei in den letzten 8 Texten in G1 und in den ersten 8 Texten in G2 die neu erschienenen SUB-SET-Strukturen statistisch ausgewertet wurden. Die absoluten Zahlen zeigen uns eine Steigerung um 178% und die Proposition der SUB-SET-Strukturen zeigt uns hier auch immerhin eine Steigerung um 50,2%, d.h. die Studenten mußten schon gleich nach den vierwöchigen Semesterferien mit Texten anfangen, die sich durch schwierige Satzkonstruktionen auszeichnen. Dadurch sind sie notwendig überfordert.

4.4. Steigerung des Schwierigkeitsgrades der SUB-SET-Strukturen

Es handelt sich hier nicht nur um eine quantitative Steigerung, sondern auch um eine qualitative, nämlich die Steigeruung des Schwierigkeitsgrades der SUB-SET-Strukturen.

Die SUB-SET-Strukturen in den letzten 8 Texten in G1
und in den ersten 8 Texten in G2

	G1	G2	Steigerungsrate
Anzahl v. SUB-SET-Strukturen	20	37	
Anzahl neuer SUB-SET-Strukturen	9	25	178%
Anteil neuer SUB-SET-Strukturen an der Gesamtzahl	45%	67,6%	50,2%
M. v. ANZ der neuen SUB-SET-Strukturen (pro Text)	1.13	3,13	177%

Die schwierigeren SUB-SET-Strukturen (Schwierigkeitsgrad 7,6,4) treten hauptsächlich in der ersten Hälfte in G2 auf (in der 3. 4. 5. und 8. Lektion). In G1 hingegen ist die Progression des Schwierigkeitsgrades sehr flach: Bis zur 10. Lektion bleiben die SUB-SET-Strukturen nur im Rahmen des einfachen Satzes, wie "Guten Tag."(H), "Ich heiße Thomas Wild."(H) oder "Seine Frau ist Sekretärin und sie haben schon eine Tochter."(H H). Diese in H enkodierten Sätze können allerdings noch präziser differenziert werden, denn die Komplexität dieser einfachen Sätze ist auch sehr verschieden. Diese Differenzierung kann auf der Satzgliedebene gemacht werden. Ab 11. Lektion werden die Sätze (SUBSET) in einer zyklichen, aber langsam steigenden Progression immer komplexer, bleiben jedoch unter dem 2. Schwierigkeitsgrad. In G2 erreichen die Sätze schon in der 3. Lektion den Grad 4, in der 4. Lektion den Grad 6 und in der 8. Lektion den Grad 7, also den höchsten Grad in diesem Band.

Diese rapide Steigerung des Schwierigkeitsgrades der Satzstrukturen im Übergang von G1 zu G2 kann Studenten nicht nur Schwierigkeiten bereiten, sondern ist auch eine psychische Belastung für die Studenten. Denn die syntaktisch komplexeren und schwierigeren Satzstukturen, die die Studenten vorher nie zur Kenntnis genommen und plötzlich in einer kurzen Zeit zu bewältigen haben, überfordern die Studenten und können ihre Lernlust dämpfen. Übrigens darf nicht vergessen werden, daß zu den Schwierigkeiten neben syntaktischen auch noch semantische, pragmatische und soziokultuelle Probleme gehören.

Die hier durch eine linguistische Analyse festgestellten kritischen Stellen des Lehrwerks, an denen Lernende auf Schwierigkeiten stoßen können, entsprechen den Ergebnissen der Umfrage bei den Studenten in China, die dieses Lehrwerk benutzt haben. Die Studenten haben bei ihrem Fremdsprachenerwerb eine Fülle von mündlich bzw. schriftlich konstituierten Texten zu rezipieren und ihre sprachliche Performanz durch entsprechenden Textproduktion von Semester zu Semester unter Beweis zu sellen. Bei der Rezeption von Texten ergeben sich vor allem dann die Schwierigkeiten, wenn an oben angeführten Stellen Satzkonstruktionen erfaßt werden müssen, die in ihrer komplexen Struktur (auf der Basis der bis dahin von ihnen gelernten Satzstrukturen) noch nicht durchschaut werden können. Es kommt hier häufig vor, daß die Vielfalt und Schwierigkeit komplexer syntaktischer Strukturen und die mangelnde Frequenz dieser Strukturen in Texten und Übungen die Textrezeption in entmutigender Weise erschwert. Die Analyse komplexer Sätze

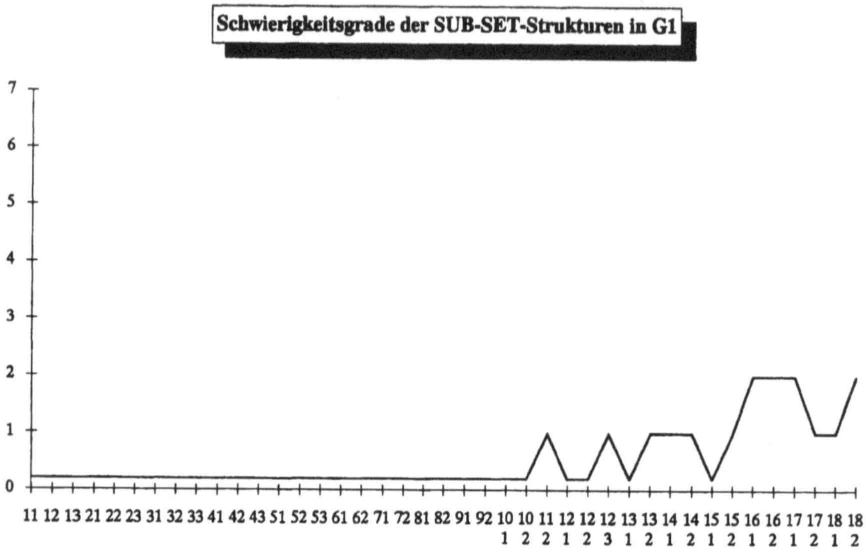

0. H, & H, H + H, ...
1. H R, K H, K I H.
2. H O R O.
3. H Z O + I.
4. K H + K Z K.
5. K H + H Z + Z.
6. & H O + O + O R Z
7. H + H K Z I + Z + Z.

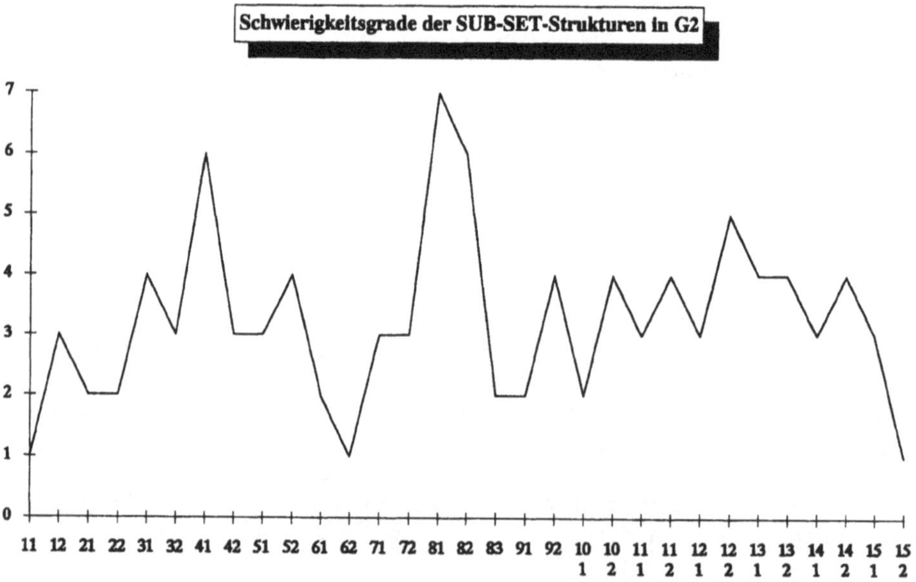

belastet die Lehrenden und Studenten in gleicher Weise. Oft müssen derartige Analysen spontan und verfrüht während der Rezeption erfolgen und überschreiten darin die Aufnahmefähigkeit der Lernenden (Dieser Ansatz kann durch eine eingehende Analyse von syntaktischen Strukturen auf der Satzgliedebene weiter überzeugend begründet werden). Eine langsam steigende und kontrollierte Progression syntaktischen Strukturen (und sprachlichen Strukturen überhaupt) ist m.E. auch für einen kommunikativ-pragmatisch orientierten Fremdsprachenunterricht erforderlich und sollte somit bei der Erstellung einer Lehrwerkkonzeption nicht vernachlässigt werden.

Die aus dieser Studie erworbenen Erkenntnisse beweisen gleichzeitig, daß die linguistische Analyse der Zielsprache bei der Gestaltung des Fremdsprachenunterrichtes und der Konzipierung eines Sprachlehrwerkes immer noch von aktueller Bedeutung ist.

LITERATUR

BAUSCH, R.

1979 *Beiträge zur didaktischen Grammatik.* Königstein: Scriptor.

DUDEN

1984 *Der Große Duden, Bd.4.* Mannheim.

EPPERT, F.

1985 Zum Konzept Grundgrammatik DaF. In: *Zielsprache Deutsch*, 4/1985, 16–29.

HELBIG, G.

1986 Kommunikative Grammatikunterricht. In: *Deutsch als Fremdsprache* 1/1986.

JÄGER, CH.

1984 *Kommunikative Fremdsprachendidaktik: sprachsystem- und sprechhandlungsorientiert.* Frankfurt a.M.: Peter Lang.

KLEINEIDAM, H.

1986 *Fremdsprachengrammatik.* Tübingen: Gunter Narr.

KRAKOW, A.S.

1986 Zum Stellenwert des Lehrbuchs im Fremdsprachenunterricht. In: *DaF* 2/1986.

KREYE, H.

1989 *Satzform und Stil.* Heidelberg: Julius Groos.

LUTZ, G.

1985 Grammatik? — Ja! Aber Welche? In: *Zielsprache Deutsch* (4), 11–15.

NEUNER, G.

1979 *Zur Analyse fremdsprachlicher Lehrwerke.* Frankfurt a.M.: Peter Lang.

1981 *Übungstypologie zum kommunikativen Deutschunterricht.* Berlin: Langenscheidt.

PIEPHO, H.-E.

1962 Das "ideale" Lehrbuch. Englischunterricht in der Volksschule. In: *Praxis* **9**, 22–26.

STEINFELD, TH.

1986 Über Spracherwerb, Grammatikerwerb und die "black box". In: *Info DaF* **13**(2), 122–128.

STRECKER, B.

1987 Grammatik im kommunikativen Unterricht. In: *Sprache und Literatur* **59**, 1–6.

SZULC, A.

1986 Zum Stellenwert des Lehrbuchs im Fremdsprachenunterricht. In: *DaF* 2/1986, 78–83.

ZHAO, D./HIEBER, W. U.A.

1979–1985 *Wir sprechen Deutsch.* Bd. 1–4. Beijing: Handelsverlag.

ZIMMERMANN, G.

1979 Was ist eine didaktische Grammatik? In: WINFRIED K., *Perspektiven des Fremdsprachenunterrichts in der BRD.* Frankfurt a.M.: Diesterweg.

Syntaktische Analyse aus psycholinguistischer Sicht

Madeline Lutjeharms
Vrije Universiteit Brussel

1. Einführung

In der Linguistik sind viele Theorien zur syntaktischen Analyse entwickelt worden. Im allgemeinen haben diese sehr zu einem besseren Verständnis der Regelmäßigkeiten beigetragen, die bestimmen, wie Wörter in einer bestimmten Sprache kombiniert werden, um Sätze zu bilden. Nur inwiefern der Sprachverwender sich dieser Regelmäßigkeiten bewußt ist und ob die syntaktische Analyse, das Erfassen der strukturellen Beziehungen im Satz, als selbständige modulare Ebene im Dekodiervorgang betrachtet werden kann oder völlig interaktiv mit den anderen Verarbeitungsebenen verläuft, ist nicht so deutlich. Vorläufig gibt es nur lückenhafte, teilweise widersprüchliche und noch großenteils hypothetische Antworten auf solche Fragen. Über die Art der Cues, die die syntaktische Erwartungshaltung steuern, gibt es inzwischen jedoch einige Erkenntnisse.

Die Satzverarbeitung wurde bis vor einigen Jahren fast nur für Englisch als Muttersprache untersucht. Die Ergebnisse dieser Forschungen sind aber nicht ohne weiteres auf andere Sprachen übertragbar. BATES ET AL. (1982) vermuten wohl zu Recht, daß die Identifizierung von Syntax mit Wortfolge anglozentrisch ist.

2. Rezeption und Produktion, Hören und Lesen

Die Bedeutung syntaktischer Regeln für den Sprachverwender ist bei Rezeption und Produktion nicht völlig gleich, da im einen Fall die vorgegebenen Beziehungen analysiert, während im anderen Fall die Beziehungen erst hergestellt werden müssen. Ziemlich verbreitet ist die Auffassung, daß die Syntax "für Mitteilungsleistungen von viel zentralerer Bedeutung zu sein .... scheint .... als bei Verstehensleistungen" (VOLLMER/ SANG 1980: 125f.). Jedoch gibt es beim rezeptiven Lesen und beim genauen Verstehen immer eine syntaktische Verarbeitung, allerdings völlig automatisiert. Der normale Leser hat anders als manche Hirnverletzte und manche taube Leser keine Probleme mit umkehrbaren Sätzen, wie 'Das Mädchen sieht das Kind / Das Kind sieht das Mädchen' (vgl. CARR 1981). Doch beim ungestörten Prozeß der Sinnentnahme lenkt der Leser/ Hörer die Aufmerksamkeit auf die Bedeutung der Inhaltswörter, während die automatische Dekodierung syntaktischer Hinweise keine Aufmerksamkeit verlangt. Erst bei einer Störung dieser Dekodierung kommt es zu einer bewußten Analyse oder zum Raten. Viel ist allerdings über Unterschiede in der Rolle der Syntax bei Produktion und Rezeption nicht bekannt. In der kognitiven Psychologie wurde fast nur die Rezeption untersucht.

Die wichtigen Unterschiede zwischen Lese- und Hörverständnis liegen auf den Verarbeitungsebenen unterhalb des Textverständnisses. Der Leser muß distinkte Einheiten, nämlich die vorgegebenen Buchstaben, Wörter, Sätze ..., auf mehreren Ebenen integrieren, um zur Bedeutung zu gelangen, während der Hörer in der Lautkette sinnvolle Einheiten erkennen muß. Gerade für die syntaktische Analyse wirkt die Intonation, die dem Leser fehlt, unterstützend, auch wenn sie z.T. durch die Interpunktion ersetzt wird. Es ist anzunehmen, daß sich daraus Unterschiede für die syntaktische Analyse ergeben. Im weiteren werde ich vor allem vom Leseverständnis ausgehen.

3. Wie können syntaktische Aspekte der Informationsverarbeitung untersucht werden?

Beim Versuch, Erkenntnisse über die syntaktische Analyse durch den Leser zu gewinnen, können mehrere Methoden eingesetzt werden. In der kognitiven Psychologie werden Laborexperimente vor allem zu doppeldeutigen Strukturen durchgeführt. Wegen der Komplexität solcher Experimente wird fast immer mit einzelnen Sätzen — eventuell in Kombination mit einem anderen Satz oder einem Wort, um Phänomene der assoziativen Aktivierung ("priming") zu untersuchen — und oft mit nur sehr geringen Probandenzahlen gearbeitet. Es werden jedoch sehr viel mehr Experimente zur Worterkennung und zum Einfluß der Schemakenntnisse als zur syntaktischen Analyse durchgeführt. Eine weitere Erkenntnisquelle sind Computersimulierungen, und zwar als Vergleichsmaßstab, besonders in bezug auf die Faktoren, die bei der Informationsverarbeitung durch den Menschen eine Rolle spielen könnten. Intro- und Retrospektion des Lesers sowie die Analyse von Fehlern beim lauten Lesen liefern gelegentlich Daten über bewußte oder automatisierte Erwartungen zur Wortfolge.

Die Informationsverarbeitung kann am leichtesten dann untersucht werden, wenn sie gestört verläuft. Letzteres ist beim Lesen einer Fremdsprache oft der Fall. Mehrmals ist festgestellt worden, daß Störungen beim Lesen der Fremdsprache durch automatisierte muttersprachliche Dekodierprozesse ausgelöst werden, die nicht oder nur beschränkt in die Fremdsprache übertragen werden können (zu den Transfer- und Kombiniermöglichkeiten syntaktischer Dekodierverfahren aus Mutter- und Fremdsprachen, siehe MacWhinney (1987) und die bibliographischen Angaben dort). Neuerdings werden auch Experimente mit Lesern (oder Hörern) einer Fremdsprache durchgeführt (ibidem). Dabei wird normalerweise von einer Hypothese über syntaktische Aspekte der Informationsverarbeitung, z.B. von einem Modell, ausgegangen, wozu dann Experimentierverfahren aufgestellt werden, um Erkenntnisse über die Hypothese zu gewinnen. So kann die Gefahr entstehen, daß die oft aufgrund einer eher künstlichen Art der Informationsverarbeitung erzielten Ergebnisse zu sehr von der Hypothese abhängig sind. Deshalb sind Daten aus dem Fremdsprachenunterricht, die bei einem etwas natürlicheren Dekodiervorgang entstehen, eine nützliche Ergänzung zu den Experimenten. Allerdings braucht man für die Deutung dieser Daten neben den linguistischen die Erkenntnisse aus der kognitiven Psychologie.

4. Daten aus dem Fremdsprachenerwerb und einige Fehlerbeispiele

Inwieweit die syntaktische Analyse beim Lesen einer Fremdsprache eine Schwierigkeit darstellt, ist in der Fremdsprachendidaktik eine umstrittene Frage. Sie kann jedoch nicht ohne Berücksichtigung der jeweiligen Ausgangs- und Zielsprache beantwortet werden. Leser, deren Muttersprache eine sehr große Flexibilität in der Wortfolge zeigt, wie dies beispielsweise im Niederländischen, Deutschen und Ungarischen der Fall ist, verlassen sich bei der Satzverarbeitung auf sehr viel mehr Indizien als nur auf die Wortfolge. Bei einer Sprache mit überwiegend SVO-Wortfolge stoßen sie auf ein ihnen bekanntes System. Das bedeutet nicht, daß sie die syntaktische Analyse aus der Muttersprache ohne weiteres auf die Fremdsprache übertragen können, denn bestimmte Indizien, die sie in der Muttersprache automatisch verarbeiten, fehlen in der Fremdsprache oder werden nicht als Cue wahrgenommen. Solche Leser werden aber nicht mit einer völlig neuartigen Wortfolge konfrontiert und können daher schon erworbene Wortfolgeverarbeitungsstrategien auf die Fremdsprache übertragen. Daß Leser einer Fremdsprache aufgrund ihrer Muttersprache sehr viele syntaktische Dekodierstrategien benutzen, die für muttersprachliche Leser redundant wären, wie beispielsweise die Beachtung der Verb/Subjekt-Kongruenz, der Unterscheidung Belebtheit/Unbelebtheit und situationeller Faktoren, wird den Verstehensprozeß nur selten stören. Ich habe in der Literatur zum Fremdsprachenunterricht keine Daten finden können, die darauf hinweisen, daß die Wortfolge in der Fremdsprache für solche Leser eine große Schwierigkeit darstellt (LUTJEHARMS 1988). Das Englische ist durch eine sehr feste Wortfolge gekennzeichnet. Wahrscheinlich ist dies der Grund dafür, daß die Syntax in Untersuchungen über englischsprachige Lerner vor allem des Deutschen und Russischen, aber auch des Französischen und Spanischen als große Schwierigkeit bezeichnet und der Erwerb einer Strategie zur syntaktischen Dekodierung als unerläßlich betont wird (ibidem).

Die SVO-Folge wird sprachübergreifend oft als die grundlegende Wortfolge betrachtet, auch wenn sie dies sicher nicht für alle Sprachen ist und das kanonische Satzschema nicht in allen Sprachen gleich wichtig zu sein scheint (SLOBIN/ BEVER 1982, vgl. UROŠEVIĆ ET AL. 1988). MACWHINNEY ET AL. stellten bei Deutschsprachigen z.B. die Tendenz fest, beim Fehlen morphologischer Indikatoren das erste Substantiv als Subjekt zu deuten (1984). Die Folge Nominativ-Verb-Akkusativ ist meinen — niederländischsprachigen — Studenten dort, wo sie nicht paßt, wie bei den kopulativen Verben, bei der Produktion nur schwer abzugewöhnen. In einem meiner Leseverständnistests kam folgender Teilsatz vor, den die Studenten übersetzen sollten: "Den Privaten müßte dann die Unterhaltung des Massenpublikums ebenso überlassen bleiben ..." (Die Zeit). Im Niederländischen hätte man bei Voranstellung des indirekten Objekts die Präposition 'aan' erwartet. Weil die Studenten Kasusindikatoren, die es im Niederländischen kaum gibt, nicht beachten, wurde das Dativobjekt nicht erkannt.Daher kam eine Übersetzung im Sinne von 'Die privaten Sender müssen die Unterhaltung anderen überlassen' 36mal vor (bei N=94), davon wurde 21mal 'Den Privaten' als 'Privatsektor' in eine Einzahlform umgewandelt und 15mal das Prädikat in den Plural umgesetzt. Da diese

Lösung aufgrund des Vorwissens inhaltlich unlogisch ist, hatten 14 Studenten die Bedeutung des Hauptverbs so geändert, daß die Bedeutung des Satzes wiederhergestellt wurde. Von diesen 14 hatten 8 das Modalverb in die Mehrzahl und 6 das 'Subjekt' in die Einzahl umgesetzt. Die Subjekt-Verb-Kongruenz wurde der SVO-Deutung angepaßt. Ich glaube nicht, daß aus solchen Beobachtungen und Daten geschlossen werden darf, daß die SVO-Folge einer universellen Tiefenstruktur entspricht, denn diese Phänomene könnten auf Frequenz beruhen. Ein Vorteil der SVO-Folge ist aber, daß die direkte Vorgabe der satzgründenden Elemente S und V am Satzanfang die Dekodierung erleichtert. Daher wohl sind englische oder französische Nebensätze trotz des Kontrastes in der Wortfolge durch das Vorrücken des Prädikats für Niederländisch- oder Deutschsprachige bei der Rezeption unproblematisch. Dasselbe gilt für das Vorrücken der Nominalformen des Verbs im Hauptsatz. Erwartungen in bezug auf Leerstellen können dann sofort die weitere Dekodierung leiten.

Im deutschen Verb 'rüsten' erkennt ein Niederländischsprachiger, wenn das Verb kontextuell eingebettet ist, das niederländische *uitrusten* ('ausstatten, ausruhen'). Für 'rüsten' gibt es nur ein sehr seltenes verwandtes Übersetzungsäquivalent und zudem je nach Kontext sehr viele sehr verschiedene Äquivalente. Das niederländische *uitrusten* kann reflexiv verwendet werden, muß aus Valenzgründen aber immer mit einem Präpositionalobjekt ('mit ...') oder eventuell mit einem bewertenden Adverb (z.B. 'gut') verwendet werden. In einem Satz aus dem obenerwähnten Leseverständnistest "ARD und ZDF haben sich für den Wettbewerb mit neuen Veranstaltern gerüstet" wurde deshalb von mindestens 54 von 94 Studenten 'mit neuen Veranstaltern' als Präpositionalobjekt statt als Attribut bei 'Wettbewerb' gedeutet. Bei einer Inhaltsfrage kam nämlich 54mal eine Antwort vor im Sinne von 'Sie haben sich mit neuen Organisatoren/Anlagen/Mitteln usw. ausgestattet/ neue Veranstalter angestellt/sich neu organisiert' u.ä. Dies bedeutet nicht, daß die übrigen Studenten den Teilsatz richtig oder überhaupt verstanden hatten, sie hatten ihn vielleicht nur nicht für die Antwort verwendet.

Beim ungestörten Prozeß der Sinnentnahme lenkt der Leser seine Aufmerksamkeit auf die Bedeutung der Inhaltswörter, während syntaktische Hinweise automatisch dekodiert oder nicht beachtet werden. Um zu dieser automatischen Dekodierung zu gelangen, muß der Leser imstande sein, einen Satz automatisch in Syntagmen zu gliedern. Die Wahrnehmung größerer Einheiten im Satz ermöglicht eine Reduzierung der Einheiten, die das Arbeitsgedächtnis verarbeiten muß (vgl. MORGAN ET AL. 1987), und dadurch eine direkte Sinnentnahme. Dazu sind Sprachkenntnisse erforderlich. Eine korrekte syntaktisch bedingte Erwartungshaltung muß automatisiert worden sein, was Kenntnisse in bezug auf Satzmuster, Wortfolge, Wortart, Funktionswörter, Flexionsmorpheme u.ä. sowie Wortvalenz beinhaltet.

Eine falsche — automatische oder bewußte — Segmentierung kann zu schlimmen Verständnisfehlern führen. So fand ich als Antwort auf die Inhaltsfrage 'wie reagieren ARD und ZDF auf die Möglichkeit, daß es kommerzielle Konkurrenz geben wird?' bei 16 Studenten die Antwort, daß ARD und ZDF zusammammenarbeiten würden. Diese Studenten mit überwiegend schwachem Globalverständnis des Textes hatten im Teilsatz "gehen ARD und ZDF erst einmal miteinander, gewissermaßen übungshalber, in mancher Hinsicht so um" die Satzklammer schon nach 'miteinander' geschlossen und 'miteinander gehen' als 'zusammenarbeiten' gedeutet. Zwei weitere Studenten, beide mit sehr gutem Ergebnis im Globalverständnis, hatten eine solche Deutung nachträglich korrigiert. Im allgemeinen ist die Satzklammer, die durch trennbare Verbteile entsteht, keine Schwierigkeit für Niederländischsprachige, wie auch die geringe Fehlerzahl, 16 von 94, in diesem Beispiel zeigt. Allerdings hatten nicht alle Studenten diese Textstelle für ihre Antwort verwendet.

Auch die Verwechslung von Wortarten führt zu Segmentierproblemen, wie folgendes Beispiel zeigt. Im Satzteil "sondern schon die Ankündigung vermehrten Wettbewerbs" hatten 12 Studenten "vermehrten" als Verb verstanden und im Sinne von "die Ankündigung vermehrte den Wettbewerb" übersetzt. Dabei wurden die Kongruenz Verb-Subjekt und die Deklinationsendung an "Wettbewerb" übersehen. Die Wortfolge im weiteren Satz wurde auch nicht beachtet.

5. Eine Hypothese zur Struktur des Sprachwissens im Gedächtnis

In der Gedächtnisforschung geht man davon aus, daß das semantische Gedächtnis das allgemeine begriffliche Wissen enthält, während das episodische Gedächtnis die Wahrnehmungssituation speichert (TULVING ET AL. 1982). Im allgemeinen wird angenommen, daß das mentale oder innere Lexikon, also das rein sprachliche Wissen des Sprachverwenders, zum semantischen Gedächtnis gehört. Daher wird in Experimenten zur Worterkennung meistens von EINEM Prozeß ausgegangen und nicht zwischen Erkennung der Form und der Bedeutung unterschieden (vgl. GERRIG 1986). Gelegentlich wird aber doch die Frage aufgeworfen, ob nicht zwischen mentalem Lexikon und semantischem Gedächtnis unterschieden werden muß (z.B. BIERWISCH 1979, TULVING ET AL. 1982). INHOFF nimmt aufgrund seiner Experimente ein Zwei-Prozesse-Modell an, das auf dem Unterschied zwischen lexikalischen und postlexikalischen (interpretativen) Prozessen beruht (1984).

Semantische Verarbeitung verlangt Aufmerksamkeit. Es ist aber möglich, Sprache ohne inhaltliche Verarbeitung wahrzunehmen, wobei man zwar weiß, daß man liest oder hört, jedoch ohne die Ebene der Form zu überschreiten, ein typisches Phänomen fehlender Aufmerksamkeit. Man bleibt sozusagen auf der Ebene des inneren Lexikons stecken, ein Zugriff zum semantischen Gedächtnisses findet nicht statt. Um Fehler bei der Worterkennung, die ich bei der Beobachtung im Fremdsprachenunterricht und in Tests des fremdsprachigen Leseverständnisses gefunden habe, interpretieren zu können, gehe ich ebenfalls von einer Trennung zwischen innerem Lexikon und semantischem Gedächtnis aus (LUTJEHARMS 1988). Die Tatsache, daß bei der Aufnahme von Informationen die Oberflächenform meist nicht mitgespeichert wird, jedenfalls nicht auf derselben Ebene, deutet auch auf diese Trennung hin. Die Beobachtung, daß eine schon dargebotene Oberflächenform später schneller verarbeitet wird (LUTJEHARMS 1988: 124 nach mehreren Autoren), was auf meist unbewußte Wiedererkennung hinweist, könnte dann als Phänomen auf der Ebene des inneren Lexikons gedeutet werden. Das leichte Verwechseln häufig zusammen benutzter Wörter derselben Wortart, auch wenn sie semantisch nicht direkt verwandt sind (vgl. FODOR ET AL. 1975), und von Wörtern mit einem ähnlichen Lautbild, auch wenn der Sprachverwender die jeweiligen Wörter und deren Bedeutungen beherrscht, läßt ebenfalls eine Trennung zwischen innerem Lexikon und semantischem Gedächtnis vermuten. Solche Fehler können dann als das Zustandekommen einer Fehlverbindung zwischen beiden Datensystemen erklärt werden. Über die Art der Verbindungen zwischen den Gedächtnisstrukturen ist allerdings kaum etwas bekannt, doch bei der Annahme einer gemeinsamen Speicherung von Wort und Begriff im Netzwerk des semantischen Gedächtnisses wären solche Verwechslungen eher unwahrscheinlich. Einige Daten, die sich bei Experimenten zur assoziativen Aktivierung ergaben (BOCK 1986, und — mit einer etwas anderen Deutung der Daten — auch WILLIAMS 1988), dürften ebenfalls auf die Trennung hinweisen. Die Hypothese einer "Dichotomie in sprachspezifische und allgemein-kognitive Fähigkeit zur Durchführung abstrakter mentaler Prozesse", die FELIX entwickelt hat (1982: 282f), entspricht schließlich auch einer Unterscheidung zwischen dem inneren Lexikon und dem semantischen Gedächtnis. Die sprachspezifische Fähigkeit wäre dann ein Phänomen auf der Ebene des inneren Lexikons.

Der Erwerb einer weiteren Sprache, nachdem schon ein Sprachsystem entwickelt wurde, dürfte anfänglich über eine direkte Verbindung zum muttersprachlichen Lexikon vorgenommen, aber bei fortschreitender Entwicklung zu einem neuen Lexikonsystem ausgebaut werden. Diese Hypothese impliziert eine direkte Verbindung beider Lexikonsysteme mit dem semantischen Gedächtnis, sowie je nach Stufe des Spracherwerbs und nach der Art der Verwendung beider oder mehrerer Sprachen unterschiedlich starke Verbindungen zwischen einzelnen Lexikonsystemen. Dabei ist nicht auszuschließen, daß in vielen Fällen das muttersprachliche Lexikonsystem das zentrale, dominierende System bleibt (KOLŠANSKIJ 1985, LUTJEHARMS 1988). Verbindungen zwischen allen Lexikonsystemen müssen jedoch aufgrund von Transferphänomenen zwischen Fremdsprachen angenommen werden.

Bei der Annahme der Hypothese des mentalen Lexikons als unterscheidbarer Gedächtnisstruktur — soweit nicht eher von einem Komplex von Prozeßtypen gesprochen werden soll, denn es handelt sich bei Kenntnissen nie um eine statische Gedächtnisstruktur — muß syntaktisches Wissen als Phänomen dieses Lexikons betrachtet werden. In Sätzen mit Nonsens-Wörtern kann nämlich entschieden werden, ob diese Wortfolgen syntaktisch korrekt sind oder nicht, obwohl eine semantische Entscheidung hier ausgeschlossen ist. Eine solche Entscheidung trifft man aufgrund der Wortform, vor allem aufgrund morphologischer Aspekte. Die syntaktische Analyse darf also nicht als von der Wortebene losgelöst betrachtet werden, doch sie muß als Aspekt der automatisch verlaufenden Verarbeitungsebene von der begrifflichen Ebene unterschieden werden. Inwieweit die syntaktische Analyse eine autonome Verarbeitungsebene ist oder von einer völligen Interaktion aller Verarbeitungsebenen ausgegangen werden muß, ist umstritten (LUTJEHARMS 1988: 93ff. nach mehreren Autoren, vgl. MACWHINNEY 1987). Diese Frage kann mit den heutigen Daten noch nicht gelöst werden, doch die Unterscheidung zwischen einer Verarbeitung auf der Ebene des mentalen Lexikons und einer auf der Ebene des semantischen Gedächtnisses könnte etwas mehr Klarheit in die Daten bringen.

Die Annahme einer syntaktischen Ebene im Dekodierprozeß, unabhängig von der Frage , ob sie nun als modular oder als völlig interaktiv mit den anderen Verarbeitungsebenen betrachtet werden muß, impliziert nicht, daß eine Sinnentnahme ohne syntaktische Analyse unmöglich ist. Sie impliziert jedoch, daß der Verstehensprozeß ohne syntaktische Dekodierebene gestört verläuft, weil durch das Fehlen einer syntaktisch bedingten Erwartungshaltung oder durch die Blockierung aufgrund einer falschen Erwartung die Beziehungen zwischen den Wörtern nicht mehr automatisch erkannt werden können. Eine Rekonstruktion dieser Beziehungen aufgrund semantischer Kriterien verlangt Aufmerksamkeit, eine solche Rekonstruktion findet nicht auf der Ebene des inneren Lexikons, sondern auf der des semantischen Gedächtnisses statt. Diese ziemlich bewußte Rekonstruktion führt zu einer Überlastung des Arbeitsgedächtnisses und deshalb zu Strategien wie beispielsweise einem Verzicht auf weitere Dekodierung, Raten, analytischem Lesen oder der Bitte um Wiederholung beim Hören. Durch fehlende syntaktische Analyse wird die Sinnentnahme jedenfalls beeinträchtigt, es sei denn, der Leser oder Hörer wird mit (großenteils) schon bekannten Informationen konfrontiert.

6. Eine Theorie der syntaktischen Analyse: Das Wettbewerbsmodell von Bates und MacWhinney

Das beste Modell zur Untersuchung der syntaktischen Analyse ist das sogenannte Wettbewerbsmodell. Das *'competition model'* von BATES und MACWHINNEY gehört zu den funktionalistischen Theorien, nach denen Grammatik als eine Beschreibung der Elemente, Kategorien und Operationen aufgefaßt wird, die zwischen Bedeutungen und der spezifischen Oberflächenform einer bestimmten Sprache vermitteln (BATES ET AL. 1982). Nach diesem Modell werden mehrere der 4 Arten Oberflächenindikatoren, nämlich: lexikalische Einheiten, morphologische Andeutungen, Wortfolge und prosodische Aspekte, gleichzeitig, in unterschiedlichen Kombinationen und mit wechselnder Gewichtung eingesetzt, um eine zweckmäßige Verarbeitung zu erreichen. Es handelt sich also um ein Interaktionsmodell, da es Interaktion zwischen den einzelnen Cues gibt. Die Oberflächenindikatoren werden sprachabhängig ausgewählt. Die Überlappung der Funktionen wird ausgenutzt, z.B. die des *'topic'* und der Agensrolle. Eine Form kann verschiedene Funktionen wiedergeben, und umgekehrt kann eine Funktion in mehreren Formen ausgedrückt werden. Form und Funktion bedingen sich gegenseitig in dem Sinne, daß die Formen der natürlichen Sprachen den kommunikativen Funktionen dienen. Es gibt zwei Verarbeitungsebenen: eine funktionale, man könnte sagen die Bedeutungsebene einer Äußerung, und eine formale, die sich auf die Oberflächenform bezieht. Nach dem Wettbewerbsmodell sind die Ebenen völlig integriert, d.h. sie werden nicht modular verarbeitet. Für den Verstehensprozeß geht man von einer dynamischen Kontrolle der formalen Wiedergabe in bezug auf die Funktion aus, die einem System paralleler Aktivierung durch die Oberflächenindikatoren unterliegt, daher *'competition'* (MACWHINNEY ET AL. 1984).

7. Wortvalenz und syntaktische Analyse

Bei der automatischen syntaktischen Analyse muß von einer linearen Verarbeitung der Oberflächenform mit direkter Zuweisung der syntaktischen Funktion während der Wortwahrnehmung ausgegangen werden, denn auch ohne Sinnentnahme findet eine Bestätigung der Wohlformiertheit statt, die auf der Zusammengehörigkeit bestimmter Wortarten und auf dem Vorhandensein und der Kongruenz bestimmter Flexionsmorpheme beruht. Die Sinnentnahme ist eine bewußte Verarbeitung. Dabei werden begriffliche Beziehungen hergestellt; es handelt sich nicht um eine syntaktische Analyse. Es muß aber irgendeine Form der Interaktion zwischen beiden Ebenen angenommen werden. Diese zeigt sich in der semantischen Valenz.

Obwohl die syntaktische Analyse als automatischer Prozeß m.E. einstufig und linear verläuft, beruht die syntaktische Kompetenz auf Komponenten zweierlei Art, auf einer linearen und auf einer hierarchischen Komponente. Die eine, grammatisch formale Komponente umfaßt die Wortfolge und die möglichen Kombinationen von Wortarten, die Flexionsmorpheme und die Funktionswörter, m.a.W. die Satzmuster, die im Regelsystem des inneren Lexikons enthalten sind. Diese Komponente ist linear, d.h. sie bedingt die Wortfolge in ihrer Linearität. Die andere, lexikalische Komponente umfaßt die Wörter mit der syntaktischen Ebene der semantischen Valenz, d.h. "die Beziehungen der Wortbedeutungen zu den Argumentstellen, ... die Argumentstellen selbst und ..... deren Anzahl" (HEIDOLPH ET AL. 1981: 163). Die syntaktische Ebene der semantischen Valenz wird auf der Satzebene aufgrund der syntaktischen Wortvalenz realisiert (*ibidem*, HELBIG 1986). Diese Komponente führt eine hierarchische Struktur ein in dem Sinne, daß bestimmte Kombinationen eine Vorbedingung für die Wohlformiertheit sind, während andere fakultativ verwendet werden können. Nicht alle Satzglieder sind im syntaktischen Sinne gleich wichtig. Es entsteht ein ähnlicher Spannungsbogen wie bei bestimmten Funktionswörtern, doch jetzt nicht nur aufgrund der betreffenden Wortart, sondern auch aufgrund der "auf der Bedeutung beruhenden Valenzstruktur" (HEIDOLPH ET AL. 1981: 165), die die Realisierung bestimmter Valenzstellen stärker oder weniger stark erwarten läßt. Beide Komponenten, die lineare und die hierarchische, bestimmen das Entstehen einer syntaktisch bedingten Erwartungshaltung.

Während die syntaktische Valenz als Phänomen des inneren Lexikons betrachtet werden muß, ist die semantische Valenz, sowohl deren syntaktische Ebene wie die der "Beziehungen der semantischen Vereinbarkeit zwischen den Wörtern, die in den Satz eingehen" (*ibidem*: 163), wohl eher ein Phänomen des semantischen Gedächtnisses, wobei in der syntaktischen Ebene der semantischen Valenz die Verbindung zwischen beiden Gedächtnisstrukturen liegen dürfte.[1] Die semantische Valenz wird in sehr großem Maße von einer Sprache in die andere transferierbar sein, denn sie beruht großenteils auf Erfahrung und Wahrnehmung der Umwelt.

[1] Häufige Kollokationen gehören wohl gleichzeitig auch zum Lexikon, weil oft eines der Wörter einer solchen Wortverbindung auch ohne semantische Verarbeitung das andere Wort oder die anderen Wörter hervorrufen kann, was auf einer sehr starken assoziativen Aktivierung beruhen muß.

Es kommen aber auch Deckungsungleichheiten im lexikalischen Ausdruck dieser Valenz vor, die die semantische Vereinbarkeit zwischen Wörtern und dadurch auch die syntaktischen Kombinierungsmöglichkeiten beeinflussen. In der sprachlichen Realisierung der syntaktischen Ebene der semantischen Valenz, also in der syntaktischen Valenz, sind sprachabhängig jedoch große Unterschiede möglich, sogar bei so verwandten Sprachen wie Niederländisch und Deutsch. Ein Fremdsprachenlerner wird aber spontan mit der semantischen Valenz die syntaktische Valenz auf das Übersetzungsäquivalent transferieren, wie sich aus Fehlern bei Produktion und Rezeption ergibt.

Durch die Rolle der semantischen Valenz übersteigt der Spannungsbogen der syntaktisch bedingten Erwartung die syntaktische Ebene, und es wird eine Wechselwirkung mit der semantischen Ebene hervorgerufen. Inneres Lexikon und semantisches Gedächtnis greifen hier wie bei der Wortinterpretation ineinander, und eine Trennung scheint vielleicht schwer vertretbar. Doch gerade die sprachabhängigen Unterschiede legen eine Trennung sehr nahe. Je nach Sprachkode muß eine teilweise verschiedene Erwartungshaltung aufgebaut werden, wozu Unterschiede in der syntaktischen Realisierung der semantischen Valenz internalisiert werden müssen.

Die syntaktische Valenz muß m.E. bei der Untersuchung der potentiellen Cues für die syntaktische Analyse als eines der Kriterien berücksichtigt werden. Bei der automatischen syntaktischen Verarbeitung spielt diese Stufe der Valenz wohl eher eine Rolle als rein semantische Kriterien. Auf jeden Fall muß wie im Wettbewerbsmodell von vielen verschiedenen Cues ausgegangen werden, die die syntaktische Ebene der Sprachverarbeitung je nach Fall in unterschiedlicher Stärke steuern. Besonders bei Sprachen mit flexibler Wortfolge, bei denen nicht von Anfang an ein festes Satzverarbeitungsschema eingesetzt werden kann, muß angenommen werden, daß die syntaktischen Hinweise die Erwartung des Lesers oder Hörers interaktiv auf eine immer begrenztere Anzahl potentieller Fortsetzungsmöglichkeiten einschränken. Es gibt denn auch viele Typen oft sehr komplexer syntaktischer Verarbeitungsmöglichkeiten.

LITERATURVERZEICHNIS

BATES, E./MCNEW, S./MACWHINNEY, B./DEVESCOVI, A./SMITH, S.

1982 Functional constraints on sentence processing: A cross-linguistic study. In: *Cognition* **11**, 245–299.

BIERWISCH, MANFRED

1979 Strukturen und Prozesse im Sprachverhalten, Einleitende Bemerkungen. In: BIERWISCH (1979), 1–28.

BIERWISCH, MANFRED (HRG)

1979 *Psychologische Effekte sprachlicher Strukturkomponenten.* Berlin: Akademie-Verlag.

BOCK, J.KATHRYN

1986 Syntactic Persistence in Language Production. In: *Cognitive Psychology* **18**, 355–387.

CARR, THOMAS H.

1981 Building theories of reading ability: On the relation between individual differences in cognitive skills and reading comprehension. In: *Cognition* **9**, 73–114.

FELIX, SASCHA W.

1982 *Psycholinguistische Aspekte des Zweitsprachenerwerbs.* Tübingen: Gunter Narr Verlag.

FODOR, JANET D., FODOR, J.A. UND M.F. GARRETT

1975 The Psychological Unreality of Semantic Representations. In: *Linguistic Inquiry* **6**, 515–531.

GERRIG, RICHARD J.

1986 Process and products of lexical access, In: *Language and Cognitive Processes* **1**, 187–195.

HEIDOLPH, KARL E., FLÄMIG, WALTER UND WOLFGANG MOTSCH
Autorenkollektiv unter der Leitung von

1981 *Grundzüge einer deutschen Grammatik.* Berlin: Akademie-Verlag.

HELBIG, GERHARD

1986 Zu umstrittenen Fragen der substantivischen Valenz. In: *Deutsch als Fremdsprache* **23**, 200–207.

INHOFF, ALBRECHT W.

1984 Two Stages of Word Processing during Eye Fixations in the Reading of Prose. In: *Journal of Verbal Learning and Verbal Behavior* **23**, 612–624.

KOLŠANSKIJ, G.V.

1985 Kommunikationslinguistische Probleme und Fremdsprachenunterricht. In: *Deutsch als Fremdsprache* **22**, 73–77.

LUTJEHARMS, MADELINE

1988 *Lesen in der Fremdsprache. Versuch einer psycholinguistischen Deutung am Beispiel Deutsch als Fremdsprache.* Bochum: AKS-Verlag.

MACWHINNEY, BRIAN

1987 Applying the Competition Model to bilingualism. In: *Applied Psycholinguistics* **8**, 315–327.

MACWHINNEY, BRIAN BATES, ELISABETH UND REINHOLD KLIEGL

1984 Cue Validity and Sentence Interpretation in English, German, and Italian. In: *Journal of Verbal Learning and Verbal Behavior* **23**, 127–150.

MORGAN, JAMES L. MEIER, RICHARD P. UND ELISSA L. NEWPORT

1987 Structural Packaging in the Input to Language Learning: Contribution of Prosodic and Morphological Marking of Phrases to the Acquisition of Language. In: *Cognitive Psychology* **19**, 498–550.

SLOBIN, DAN I. UND THOMAS G. BEVER

1982 Children use canonical sentence schemas: A crosslinguistic study of word order and inflections. In: *Cognition* **12**, 229–265.

TULVING, ENDEL SCHACTER, DANIEL L. UND HEATHER A. STARK

1982 Priming Effects in Word-Fragment Completion Are Independent of Recognition Memory. In: *Journal of Experimental Psychology: Learning, Memory, and Cognition* **8**, 336–342.

UROŠEVIĆ, Z. CARELLO, CLAUDIA SAVIĆ, M. LUKATELA, G. UND M.T. TURVEY

1988 Word Order and Inflectional Strategies in Syntactic Processing. In: *Language and Cognitive Processes* **3**, 49–71.

VOLLMER, HELMUT J. UND FRITZ SANG

1980 Zum psycholinguistischen Konstrukt einer internalisierten Erwartungsgrammatik. In: *Linguistik und Didaktik* **11**, Nr. 42, 122–148.

WILLIAMS, JOHN N.

1988 Constraints upon Semantic Activation during Sentence Comprehension. In: *Language and Cognitive Processes* **3**, 165–206.

Bemerkungen zum Gebrauch der Präpositionen französisch "de" und italienisch "di/da"

Luzian Okon
Minusio

1. Auf den ersten Blick meint man, feststellen zu können, daß die Präpositionen an sich und auch ihre syntaktische Verwendung keine besonderen Schwierigkeiten darstellen. Die Präpositionen gehören zu den unveränderlichen Wörtern und kennen Flexion, Konjugation und Deklination nicht. In der deskriptiven Grammatik, etwa bei GEORGES MOUNIN, wird dementsprechend eine kurze und kategorische Definition der Präpositionen gegeben: "le terme désigne une classe de mots ou de locutions invariables (à, de, par, pour, sur, à cause de, avant de etc.) ou particules, qui ont une fonction grammaticale et qui, comme c'est le cas en latin et en grec, se trouvent en général (dans les langues classiques d'Europe) juste avant le nom ou le syntagme nominal auxquels ils confèrent l'autonomie fonctionelle" (1974: 269). Für ihre Verwendung im Satz meint man, mit den Regeln des *bon usage* auszukommen, etwa auf die Frage: *Wohin gehst Du? Ich gehe in die Stadt* (Akkusativ); auf die Frage: *Wo lebst Du? Ich lebe auf dem Land* (Dativ). Der Fremdsprachendidaktiker stellt allerdings fest, daß die Verwendung der Präpositionen viel umfangreichere Probleme stellt. Die Richtungspräpositionen etwa im Deutschen: *an, auf, nach, zu, in* sind in ihrer Verwendung willkürlich: *ich fahre an die See, ich gehe auf den Berg, ich fahre nach Italien*, (aber: *ich fahre in die Schweiz*), *ich gehe zu meinem Freund.* In meinen Lehrveranstaltungen in Deutsch als Fremdsprache bildeten die Studenten wegen dieser Regellosigkeit ungrammatische Sätze wie: **ich gehe zu Berg, *ich reise in Italien, *ich gehe nach Arzt, *ich fahre nach Schweiz.* Da die normative Grammatik hier versagt, kann man nur mit *overlearning* diesen Wirrwarr zu ordnen versuchen. Gegenüber der Willkür und Regellosigkeit im Deutschen bieten Französisch und Spanisch dagegen klare und eindeutige Regeln an.

Französisch:	je vais en France	—	je suis en France,
	je vais à Paris	—	je suis à Paris,
	je vais au Portugal	—	je suis au Portugal.
Spanisch:	voy a Francia	—	estoy en Francia,
	voy a Paris	—	estoy en Paris.

"Les deux prépositions de lieu les plus employées sont *à* et *dans* (dont *en* est une sorte de variante)", folgert GEORGES GOUGENHEIM (1966, I: 305). Damit wird die didaktische Arbeit im Bereich "français, première langue étrangère" wesentlich leichter.

2. Die Präpositionen *di* und *da* im Italienischen erscheinen in ähnlicher Weise willkürlich in ihrer Verwendung wie die deutschen Ortspräpositionen. Im Gegen-

satz zum Französischen, das nur *de* aus dem Lateinischen übernommen hat, hat das Italienische eine Präposition *da* gebildet, die sich aus dem Lateinischen *de* + *ab* herleitet (MANLIO CORTELAZZO/PAOLO ZOLLI; 1980, II: 309) und die beständig mit *di* (Lateinisch: *de*) konkurriert und ungleich häufiger als *di* verwendet wird; dem DIZIONARIO SANSONI *tedesco-italiano* (1975) zufolge hat *da* eine überaus große semantische Streuung aufzuweisen und wird in 33 Fällen verwendet. Sogar für italophone Sprecher ergeben sich beträchtliche Schwierigkeiten, und erst recht für frankophone Sprecher, die mit nur einer Präposition, *de*, haushalten müssen, für die das Italienische zwei anbietet, *di* und *da*. So heißt es beispielsweise in einem Inserat der *Tessiner Zeitung* 'ECO DI LOCARNO': *"Famiglia ticinese cerca da comperare casa"*, wo die normative Grammatik *di* verlangt. Die italienischen *'Ferrovie dello Stato'* stellen in ihrem Dokumentationsband *"Il Mondiale, Italia* **'90"** einen Roman von DOMINIQUE FERNANDEZ (*Madre Mediterranea*) vor, in dem der Autor NAPOLI ein großes Lob spendet; Napoli sei die Stadt paradiesischer Unordnung: *tanto disordine da paradiso*, lautet der Titel des Artikels, soviel paradiesische Unordnung, wo der frankophone und germanophone Sprecher wohl eher *di paradiso* erwartet. Und wer sollte nicht etwa Schwierigkeiten haben mit *divieto di caccia, licenza di caccia und cane da caccia*? Und warum heißt es: *una donna da rifiuto* (Miststück, Abschaum) in einem berühmten Roman von ALBERTO BEVILACQUA *"La Califfa"* (1964: 7)?

Auf den ersten Blick handelt es sich um das gleiche grammatikalische Problem, das zusammengesetzte Substantiv. Das "goofing" im Sinne von HEIDI C. DULAY und MARINA K. BURT (1972: 235), dem der nichtitalophone Sprecher verfällt, liegt sehr nahe.

3. Treten wir nun genauer in die Diskussion von *de/di/da* ein: In der normativen Grammatik von MAURICE GREVISSE (1955: 789–793) werden im wesentlichen drei Anwendungen der französischen Präposition *de* aufgeführt:

1° un rapport de départ (éloignement, sortie, origine, extraction: patir d'un lieu;

2° un rapport d'appartenance, de dépendance: le livre de Paul, le sens d'un mot;

3° des rapports divers présentant une certaine analogie avec le rapport d'appartenance: espèce ou genre, partie, qualité, matière, temps: un sac de noix, peu de bien, le meilleur des hommes, un homme de génie.

Diese wenigen kategorischen Regeln lassen sich gut explizieren und vom nicht frankophonen Sprecher begreifen und assimilieren. EDDY ROULET hat (im Unterricht mit nicht Frankophonen) die schematische Darstellung erarbeitet, in der er zu einer Anwendung von *de* in neun Fällen gelangt.

Wenn wir diese Skizze nun auf das Italienische übertragen, ergibt sich, daß in nur drei Fällen unbedingt *di* zu setzen ist, daß in drei Fällen beide Präpositionen in Frage kommen und daß in zwei Fällen *da* gesetzt werden muß, und zwar im Sinne

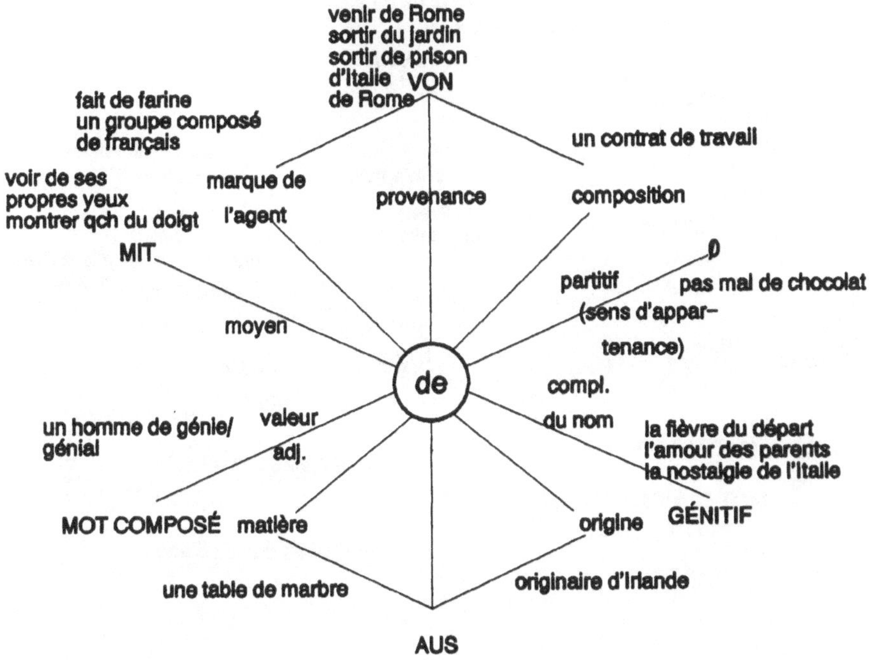

des lateinischen *separativus*. Das französische partitive *de* entfällt im Italienischen (*molta gente, tanta paura*). Die italienische Konstruktion "andare *dal* medico" hat im Französischen keine Entsprechung und stellt im Italienischen eine semantische Absurdität dar; *da* wird hier nicht im Sinne von "woher", sondern im Sinne von "wohin" gebraucht; paradox ausgedrückt, handelt es sich um einen umgekehrten Separativ.

Darüber hinaus wird *da* in zahlreichen Fällen gebraucht, in denen das Französische *à*, *pour* und *chez* setzt. Das DIZIONARIO SANSONI gibt das ganze breite Bedeutungsspektrum von italienisch *da* wie folgt wieder:

1. agente: era amata da tutti.
2. causa efficiente: è stato informato da una lettera anonima.
3. moto da luogo (von/aus):
   quando sei partito da Roma?
   uscire dal negozio.
   buttarsi dalla finestra.
4. luogo da cui si compie un'azione: dal nostro balcone si vede il mare.
5. moto per luogo: all'andata siamo passati da (über) Firenze.
6. moto a luogo: andrò da lui (zu ihm) domani.

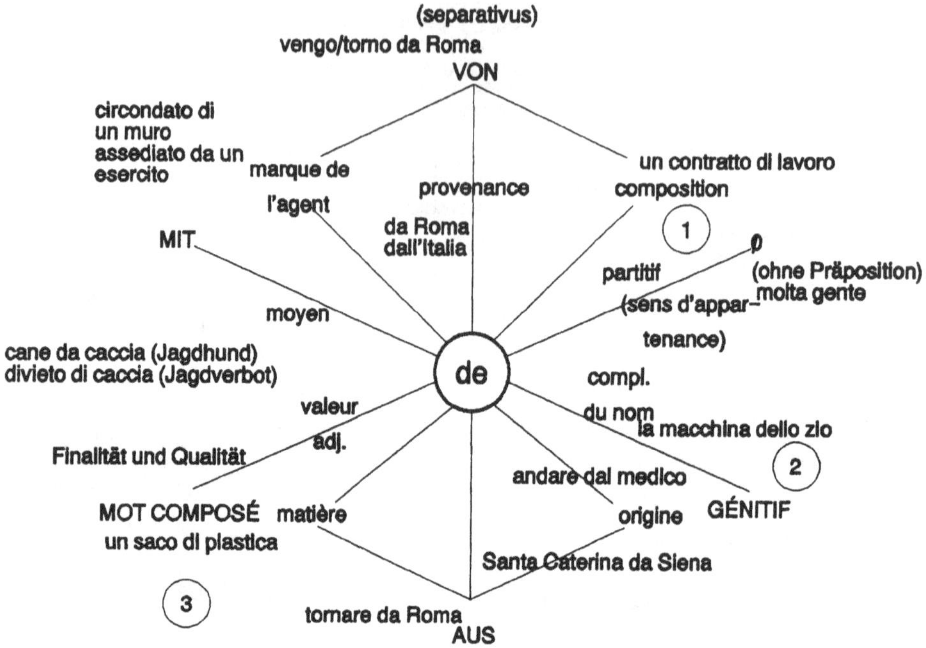

7. stato in luogo: cenerò dai (bei den) nonni.
8. origine:
   discendere da nobile famiglia.
   venire dalla (vom) campagna.
   Sant'Antonio da (von) Padova.
   apprendere qualche cosa dai (aus den) giornali.
   da (nach) una stampa antica.
9. separazione, allontanamento: staccare il francobollo dalla busta.
10. distanza: a cento chilometri da Roma.
11. tempo:
    da quando.
    dormivo da un'ora.
12. causa: tremare dal (vor) freddo.
13. mezzo: la riconobbi dalla capigliatura.
14. senso di "tramite": te lo manderò da (durch) un amico.
15. fine, scopo:
    il quadro serve solo da (als, zur) ornamento.
    rete da pesca.
    macchina da scrivere.
16. qualità: la casa dalle (mit den) persiane rosse.

17. prezzo, valore:
    un gelato da (zu) cento lire.
    abiti da ventimila in su.
18. limitazione: cieco da (auf) un occhio.
19. modo, maniera:
    comportarsi da (wie ein) vigliacco.
    una risposta da maleducato (Adjektiv, ungezogene Antwort).
    agire da saggio (weise).
    vita da cani.
20. età, condizione:
    da giovane ero uno sportivo.
    da principale era più gentile che da impiegato.
21. in funzione di: fungere da amministratore.
22. secondo, in base a: da quel che dicono i giornali.
23. con pronomi personali: fare qualche cosa da solo.
24. seguito dall'infinito consecutivo:
    era così stanco da (so daß) non poter studiare.
25. seguito dall'infinito finale: è abbastanza grande da capirlo.
26. seguito dall'infinito: necessità, obbligo: camicie da stirare. (Übersetzung mit Relativsatz).
27. senso temporale: il concerto dura dalle otto alle dieci.
28. mit avere: non ho niente da mangiare (je n'ai rien à manger).
29. mit avere: senso di "müssen": ho da scrivere una lettera.
    (entsprechend dem Spanischen: yo tengo que escribir una carta).
30. essere coll'infinito passivo: l'arte è sempre da (muß) incoraggiare.
31. esserci col senso di "werden": non c'è più nulla da fare.
    c'è da impazzire.
32. mit Zeitadverbien: da molto.
    fin da (auf) piccolo.

33: in Kombination mit anderen Adverbien und Präpositionen:
   a) mit Adverb: da lontano.
   b) mit Präposition: fuori dalla finestra.
   c) mit Pronomen: da solo.

Sowohl empirisch, als auch kognitiv ist es also ungleich leichter, den neunfachen Gebrauch von *de* als den Gebrauch von *da* in 33 Fällen zu assimilieren und im Sprachgebrauch zu meistern. Die Mißachtung von *da* und der Gebrauch von *di* statt *da* führt zu einer sprachlichen Interferenz, zu den "faux frères", und diese Interferenz kann im schlimmsten Fall zu einem semantisch falschen Verständnis führen.

4. Im Falle von *di/da* handelt es sich um eine intralinguale Interferenz, die von italophonen Sprechern größtenteils nicht bewältigt wird, im Falle von *de* und *di/da* dagegen haben wir es mit einer interlingualen Interferenz Französisch/Italienisch zu tun. Zu diesem Thema habe ich an zwei Kongressen das Wort ergriffen, in Münster 1980 und in Heidelberg 1987. In beiden Fällen jedoch handelt es sich um lexikalisch-semantische und um morpho-syntaktische Interferenzen. Interferenzen können für die kommunikative Kompetenz ein beträchtliches Hindernis darstellen. Im schlimmsten Fall wird die adäquate Verständigung verunmöglicht, und "Welt" im Sinne von HARRY HOIJER (1954: 92) , "social reality", kann nicht angemessen vermittelt werden. ELS OKSAAR (1983: 125) zitiert das Beispiel eines Finnen in Hamburg, der das zweite Stück Kuchen, das er sehr gerne gegessen hätte, nicht erhält, da er "danke" gesagt hat, im Sinne von "ich bin bedient". Die Fremdsprachendidaktik muß dem Problemkreis der Interferenzen und ihrer Vermeidung im Zusammenhang mit Bilingualismus und Diglossie größere Aufmerksamkeit schenken.

5. Wie kann man Interferenzen bewältigen, wenn überhaupt?

a. durch overlearning,

b. durch kontrastive Lernprozesse im Sinn der habit formation,

c. durch Kontextualisierung (méthode Decroly),

d. durch Versuch von Klassifikationen, womit man sich jedoch in die Nähe der normativen Grammatik und ihrer Regeln begibt. MARIA LUISA ALTIERI BIAGI (1978: 128-132) schlägt allerdings eine "classificazione come produzione, non come prodotto" vor: "noi passiamo dalla percezione delle cose ad una considerazione relazionale di esse" (1978: 128), so daß der Lernende an den "strategie classificatorie" mitwirkt und sein Produktionsvermögen angeregt wird, und nicht durch "nozionismo", d.h. daß der Sprachlehrer "von oben herab" Axiome und Regeln vermittelt, die der Schüler einfach zu "schlucken" hat, wie etwa im klassischen Lateinunterricht, wo permanent Regeln assimiliert und angewendet werden.

6. Die Vermittlung von *de*, *di* und *da* erfordert größte sprachdidaktische Geschicklichkeit. Es handelt sich hier nicht um puristische Erwägungen, sondern letztlich um die Möglichkeit für den nichtitalophonen Sprecher, INTERAKTIONALE KOMPETENZ zu erlangen, was noch mehr ist als kommunikative Kompetenz (ELS OKSAAR, 1989: 311).

LITERATUR

ALTIERI BIAGI, MARIA LUISA

1978 *Didattica dell'italiano.* Milano: Bruno Mondadori.

BEVILACQUA, ALBERTO

1964 *La Califfa.* Milano: Rizzoli.

CORTELAZZO, MANLIO/ZOLLI, PAOLO

1979–1988 *Dizionario etimologico della lingua italiana, I–V.* Bologna: Zanichelli.

DIZIONARIO SANSONI

1975 Deutsch/Italienisch. Firenze e Roma: Sansoni.

DULAY, HEIDI C. /BURT, MARINA K.

1972 Goofing: an indicator of children's second language learning strategies. In: *Language learning* **22**, 235–252.

GOUGENHEIM, GEORGES

1966-1975 *Les mots français dans l'histoire et dans la vie, I+II.* Paris: Picard.

GREVISSE, MAURICE

1955 *Le bon usage.* Gembloux: Duculot.

HOIJER, HARRY

1954 The Sapir-Whorf Hypothesis. In: HOIJER (ED.) *Language in Culture.* (=Comparative Studies of Cultures and Civilizations, No. 3; Memoirs of the American Anthropological Association, No. 79). Chicago: University of Chicago Press, 92–105.

IL MONDIALE-ITALIA '90

1989 Roma: Edizioni Lancio.

MOUNIN, GEORGES

1974 *Dictionnaire de la linguistique.* Paris: PUF.

OKON, LUZIAN

1980 Interferenzerscheinungen bei Schülern italienischer Muttersprache im fortgeschrittenen Französischunterricht. In: *Sprache: Verstehen und Handeln, Akten des 15. Linguistischen Kolloquiums, Münster, Band 2,* 153–160. Tübingen: Niemeyer.

1987 Kommunikative Kompetenz und sprachliche Interferenzen, ausgehend vom Verhältnis Italienisch-Französisch. In: *Angewandte Linguistik und Computer, Kongreßbeiträge der 18. Jahrestagung der Gesellschaft für Angewandte Linguistik, Heidelberg. Sektion: Kontrastive Linguistik und Fehleranalyse,* 195–197. Tübingen: Narr.

OKSAAR, ELS

1983 Language learning as cultural learning. In: *Rassegna italiana di linguistica applicata* **15** (2–3).

1989 Mehrsprachigkeit im Vorschulalter. In: *Die neueren Sprachen* **88**(4).

ROULET, EDDY

1980 *Langue maternelle et langues secondes, vers une pédagogie intégrée.* Paris: Crédif-Hatier.

Irreale Vergleichssätze

Wilhelm Oppenrieder
München

Untersuchungsgegenstand ist ein Teilbereich der Vergleichsstrukturen des Deutschen, die sogenannten irrealen Vergleichssätze. Beispiele sind:

(1) *Er tut, als ob er etwas zu sagen hätte.*

(2) *Es klang immer ein wenig so, als hielte er die Hände zum Trichter geformt vor den Mund.*

(3) *Das klingt, als wenn es ein Stück von mir wäre.*

(4) *Der Jan schreit, wie wenn er am Spieß stecken würde.*

Zunächst geht es um Formaspekte dieser Satztypen, danach um deren Verwendung, insbesondere die selbständige Verwendung.

Die Beispiele (1)–(4) zeigen, daß irreale Vergleichssätze durch eine ganze Palette von Einleitungsausdrücken gekennzeichnet werden können: *als ob, als, als wenn* und *wie wenn.*[1] Zudem weisen diese Einleitungsausdrücke einige Merkwürdigkeiten auf.

Erstens: Üblicherweise wird die Satzeinleiterposition (Komplementiererposition) im Deutschen von einem einzigen Ausdruck besetzt, hier scheinen es dagegen zwei sein zu können, nämlich *als ob, als wenn* und *wie wenn.*

Zweitens: Der Ausdruck *als*, der, satzeinleitend gebraucht, ansonsten nur mit Verb-Letzt-Stellung verträglich ist, scheint hier Verb-Zweit-Stellung auszulösen.

---

[1] Daneben treten sehr selten noch weitere Einleitungsausdrücke auf, z.B. *als wie wenn*:

(i) *Ausgschaut ham mir, als wie wenn wir 14 Tag in einem feindlichen Stacheldrahtverhau dring'hängt wären.*

Oder *wie als ob* (diesen Nietzsche-Beleg verdanke ich J.-M. Bobillon):

(ii) *Daß ich ... vom deutschen Wesen zu fabeln begann, wie als ob es eben im Begriff sei, sich selbst zu entdecken und wiederzufinden ...*

Ulvestad (1957: 203) bringt einen Beleg mit *wie als*:

(iii) *Ich lief schnell, wie als gälte es, sich ein Landgut zu erobern auf diesem Gang.*

und als besonderes Schmankerl einen Beleg mit einem unzweideutigen Verb-Zweit-Satz (vgl. auch Curme 1960: 222):

(iv) *Wenn ich im Fahren lange hinaufsah, war es mir, der ganze Himmel käme auf mich zu.*

Blatz (1896: 1097) führt einige Lenau-Belege mit *ob*, d.h. ohne Vergleichspartikel, auf.

Die Bezeichnung dieser Strukturen macht bereits klar, daß hier zwei spezifische Bedeutungsaspekte zusammenkommen, nämlich ein Vergleich auf der einen Seite, der aber andererseits 'irreal' ist. Die beiden Bedeutungsaspekte werden durch unterschiedliche formale Mittel signalisiert. Was den Vergleich angeht, so ist offensichtlich eine der beiden für Vergleiche typischen Partikeln *als* und *wie* obligatorisch.[2] Für diese Partikeln gilt, daß sie zwar auch so wie echte Satzeinleiter gebraucht werden können, d.h. sie steuern Verb-Letzt-Stellung. Andererseits treten sie als Vergleichspartikel nicht nur in satzeinleitender Funktion auf, sondern stehen auch vor NPn oder PPn.

(5) *Max war zu Fuß so schnell wie mit dem Auto.*

(6) *Max war zu Fuß schneller als mit dem Auto.*

Analysiert man die beiden Vergleichspartikeln auf diese Weise, so entfällt das Problem der doppelten oder dreifachen Besetzung der Satzeinleiterposition: *als* und *wie* fungieren als ganz normale Vergleichspartikel (mit der marginal möglichen Verdopplung *als wie*). Eigentliche Satzeinleiter sind in den irrealen Vergleichssätzen nur *wenn* und *ob*.

Es bleiben jedoch Merkwürdigkeiten bestehen: Auf der einen Seite die schon erwähnte Beobachtung, daß *als* im Vorfeld eines Verb-Zweit-Satzes stehen zu können scheint, auf der anderen Seite ein unterschiedliches Verhalten von *als* und *wie*: Nur *als*, nicht jedoch *wie* läßt *ob* als Satzeinleiter zu und ist mit der 'Verb-Zweit-Stellung' verträglich:

(7) **Er tut, wie ob er etwas zu sagen hätte.*

(8) **Er tut, wie hätte er etwas zu sagen.*

Die Untersuchung der Gemeinsamkeit der Satzeinleiter *wenn* und *ob*, sowie der scheinbaren Verb-Zweit-Stellung führt auf den zweiten für diese Strukturen charakteristischen Bedeutungsanteil — die 'Irrealität'.

Die eingebetteten Sätze tragen durch ihre Struktur zu einem wesentlichen Teil zur Irrealität des Vergleichs bei. Es handelt sich nicht um im weitesten Sinn 'assertierende' Satztypen, die unter den Vergleichspartikeln eingebettet sind, sondern um Konditionalsätze (genauer: um die Antezedenssätze in konditionalen Gefügen). Zur Irrealität trägt allerdings im typischen Fall auch der Verbmodus bei, der mit der Satzstruktur zusammenspielt (auf den Verbmodus komme ich weiter unten zu sprechen).

Die typische konditionale Satzform ist der durch *wenn* eingeleitete Verb-Letzt-Satz. Ein solcher kann hier auch nach beiden Vergleichseinleitern verwendet werden (vgl. die Beispiele (3) und (4)). Die Form mit *ob* als Verb-Letzt-Stellung steuerndem Ausdruck ist ebenfalls ein — im heutigen Deutsch allerdings nicht mehr frei verfügbarer — Konditionalsatz; d.h. bei diesem *ob* handelt es sich nicht um den für polare indirekte Fragesätze verwendeten Satzeinleiter. Vielmehr hat sich

---

[2] Die in Fußnote 1 erwähnten Dreierkombinationen (sowie die Verdopplung in (iii)) von Einleitungsausdrücken sind das Resultat der auch ansonsten gelegentlich beobachteten Kombination der beiden Vergleichspartikeln *als* und *wie*.

in dieser speziellen Konstruktion das noch im Mittelhochdeutschen als der übliche Konditionalsatzeinleiter gebrauchte *ob* erhalten. Wenn auf die Vergleichspartikel *als* die Antezedenssätze konditionaler Satzgefüge folgen können, dann ist zu erwarten, daß auch eine weitere — im heutigen Deutschen durchaus noch gebräuchliche — Antezedensform verwendet werden kann, nämlich die uneingeleitete Verb-Erst-Form. Tatsächlich tritt diese auch sehr häufig auf, vgl. Beispiel (2) oben, das oberflächlich betrachtet wie ein Verb-Zweit-Satz aussieht.

Es handelt sich bei derartigen Sätzen aber mit Sicherheit nicht um eine übliche Verb-Zweit-Stellung mit der Vergleichspartikel *als* in der Vorfeldposition.

Zum einen spricht dagegen die Parallele mit den anderen möglichen Strukturen. Dort steht auf der einen Seite *als* immer außerhalb der die Vergleichsgröße denotierenden Phrase — dies wäre bei einer Verb-Erst-Analyse von (2) dann auch der Fall. Auf der anderen Seite sind *wenn* — und hier eben auch *ob* — Konditionalitätsmarkierer, denen ansonsten eine Verb-Erst-Struktur als Alternative gegenübersteht. Zum zweiten läßt sich das *als* nicht aus dem vermeintlichen Vorfeld verschieben.

(9) **Es klang immer ein wenig so, er hielte als die Hände zum Trichter geformt vor den Mund.*

Charakteristisch für das Vorfeld ist jedoch gerade, daß es als eine thematisch ausgezeichnete Position durch die verschiedensten Typen von Ausdrücken besetzt werden kann (im typischen Fall durch jeweils eine maximale Projektion). Die Partikel *als* hätte also, würde sie als vorfeldfüllend analysiert, eine ganz merkwürdige Sonderstellung, da sie obligatorisch dieses Vorfeld besetzen müßte und in dieser Position niemals durch einen anderen Ausdruck ersetzt werden könnte.[3] Beide

[3] Zwei weitere Partikeln, die sich als Vorfeldfüller *wie als* zu verhalten scheinen, sind *zwar* und *kaum*.

(i) *Zwar weiß ich viel, doch möcht ich alles wissen.*

(ii) *Kaum war ich im Bett, (da) war ich auch schon eingeschlafen.*

Beide lassen sich jedoch aus dem Vorfeld verschieben und durch einen anderen Ausdruck an dieser Position ersetzen, ohne daß es zu ungrammatischen Ergebnissen käme. (Bei der *kaum*-Version ändern sich allerdings die Einbettungsmöglichkeiten.)

(i') *Ich weiß zwar viel, doch möcht ich alles wissen.*

(ii') *Ich war kaum im Bett, *_/da war ich auch schon eingeschlafen.*

Die Vergleichspartikel *als* verhält sich auch nicht so wie denotationslose Ausdrücke, die nur der Besetzung der Vorfeldposition dienen, z.B. das 'Vorfeld-*es*'.

(iii) *Es liegt heute was in der Luft.*

Zwar kann ein solcher denotationsloser Vorfeldfüller nicht verschoben werden:

(iii') **Heute liegt es was in der Luft.*

Er kann jedoch zugunsten eines anderen Vorfeldausdrucks einfach wegfallen.

(iii") *Heute liegt was in der Luft.*

Beobachtungen sprechen ganz eindeutig dafür, bei Sätzen wie (2) von einer gewissermaßen verdeckten Verb-Erst-Stellung auszugehen.

Als Ergebnis läßt sich also festhalten: Die irrealen Vergleichssätze lassen sich in die Vergleichspartikeln *als* und *wie* und in einen darauf folgenden Konditionalsatz aufspalten.

Was könnte dann der Grund sein, daß nur bei *als* alle drei Möglichkeiten der Satzstrukturierung genutzt werden können? In den irrealen Vergleichssätzen war *als* nicht von Anfang an durch *wie* ersetzbar. Eine mögliche Erklärung für die Unverträglichkeit von *wie* und *ob* ist deshalb, daß zu der Zeit, als die Vergleichspartikel *wie* auch in dieser Konstruktion verwendet werden konnte, *ob* als ein normaler Konditionaleinleiter bereits durch *wenn* weitgehend verdrängt worden war, so daß es für die Bildung einer *wie ob*-Struktur nicht mehr zur Verfügung stand. Verb-Erst-Konditionalsätze sind demgegenüber im Gegenwartsdeutschen ja durchaus noch zulässig. Die Unverträglichkeit mit *wie* mag aber daran liegen, daß ein (nicht als Frageadverb fungierendes) *wie*, sobald es 'präsentential' verwendet wird, sofort als normaler Satzeinleiter interpretiert wird, bei dem nur Verb-Letzt-Stellung zulässig ist.

Beide Erklärungsmöglichkeiten für die Unverträglichkeit von *wie* mit bestimmten 'konditionalen Strukturen' deuten dann aber darauf hin, daß die Kombination *als ob* und *als* mit Verb-Erst-Stellung im Gegenwartsdeutschen als feste Konstruktionen zu verstehen sind, deren Auseinanderfallen in einen Vergleichsteil und in einen Konditionalsatz nicht mehr transparent ist. (Darauf weist natürlich auch die Tatsache hin, daß *ob* nicht mehr als eigenständiger konditionaler Satzeinleiter gebraucht werden kann.) D.h. die unter den Vergleichspartikeln eingebetteten Strukturen sind nicht mehr als Konditionalsätze im eigentlichen Sinn erkennbar, sondern signalisieren nur noch, zusammen mit dem Verbmodus, die 'Irrealität'.

Mindestens in der Schriftsprache sind *als* und *als ob* die bei weitem häufigsten Einleitungsausdrücke.[4] In der mündlichen Rede dagegen treten die Strukturen mit *wenn* sicherlich viel häufiger auf als in schriftlichen Texten,[5] insbesondere auch die in der Schriftsprache nur ganz vereinzelt anzutreffende Kombination *wie wenn* — möglicherweise deshalb, weil diese Strukturen 'durchschaubarer' sind,

---

Diese letzte Möglichkeit entfällt selbstverständlich bei *als*, das wesentlich zur semantischen Interpretation des irrealen Vergleichssatzes beiträgt. (Die in Fußnote 1 erwähnten echten Verb-Zweit-Sätze sind für mich ungrammatisch.)

[4] In ULVESTADS (1957: 205) Korpus findet sich *als* in 76.3%, *als ob* in 17.5% und *als wenn* in 4.1% der Fälle. JÄGER (1971: 225) gibt für sein Korpus an, daß *als* in 70%, *als ob* in 24% und *als wenn* in 5% der Belege auftritt. PFEFFER (1985: 7) findet für sein Material, "daß *als, als ob, als wenn, wie wenn* Gliedsätze mit irrealem Vergleich einleiten in einem ungefähren Verhältnis von 13 : 5 : 2 : 1", d.h. auf diese Ausdrücke entfallen 62%, 24%, 10% und 4% der Fälle. Die Form mit *als* und Verb-Erst-Stellung kommt also etwa in zwei Dritteln der Fälle vor, die mit *als ob* in einem knappen Viertel. Beide überwiegen ganz eindeutig.

[5] Schon BEHAGHEL (1928: 282) stellt fest, daß in den ihm "näher bekannten Mundarten [...] *als wenn* zur Alleinherrschaft gekommen" sei.

insofern sie eindeutig in eine Vergleichspartikel und in einen die 'Nicht- Realität' signalisierenden Verb-Letzt-Satz zerfallen.[6]

Der zweite üblicherweise verwendete Irrealitätsanzeiger ist der Verbmodus. Konjunktiv-II-Formen sind offensichtlich unmarkiert, da sie bei allen Kombinationen von Einleitungsausdrücken ohne weiteres gebraucht werden können und am häufigsten auftreten. Konjunktiv-I-Formen finden sich etwas seltener, sind aber immer noch relativ zentral. Insbesondere in der Verb-Erst-Konstruktion werden sie ziemlich häufig verwendet, während sie in den *ob*-Versionen seltener sind und insbesondere in den *wenn*-Versionen als stark markiert erscheinen.

(10) *Er tut, als habe er etwas zu sagen.*

(11) *Er tut, als ob er etwas zu sagen habe.*

(12) *?Er tut, als wenn er etwas zu sagen habe.*

(13) *?Er tut, wie wenn er etwas zu sagen habe.*

Zum Teil sind sogar indikativische Formen zulässig. Vor allem finden sie sich in den durch *wenn* eingeleiteten Strukturen. In *als ob*-Sätzen ist der Indikativ dagegen eher marginal und in den verdeckten Verb-Erst-Strukturen sogar unzulässig.[7]

(14) *Eva hört sich an, als wenn/wie wenn sie immer noch Schnupfen hat.*

(15) *(?)Eva hört sich an, als ob sie immer noch Schnupfen hat.*

(16) **Eva hört sich an, als hat sie immer noch Schnupfen.*

Daß der Indikativ insbesondere bei irrealen Vergleichssätzen mit *als wenn* und *wie wenn* als Einleitungsausdrücken gebraucht wird, hängt sicherlich damit zusammen, daß hier mit dem Satzeinleiter *wenn* bereits ein 'Irrealitätszeichen' vorhanden ist.[8] Die Unverträglichkeit der *als*-Sätze mit dem Indikativ andererseits

[6] Wenn LEYS (1980: 196f.) schreibt, daß nicht nur *als ob*-Sätze im heutigen Deutsch nicht mehr als semantisch komplexe Konstruktionen mit einem elliptischen Konditionalgefüge zu verstehen seien, sondern analogerweise auch *als wenn*-Sätze, dann hat er damit nur insofern recht, als die *wenn*-Sätze wohl nicht wie normale Antezedenssätze in (hier elliptischen) Konditionalgefügen verwendet werden. Diese *wenn*-Sätze bei den Kombinationen *als wenn* und *wie wenn* können jedoch durchaus auch im Gegenwartsdeutschen als eigenständige 'nicht-assertierende' Strukturen verstanden werden — nicht immer sind *wenn*-Sätze Teile von Konditionalgefügen, z.B. nicht bei *wenn*-Wunschsätzen (vgl. dazu OPPENRIEDER 1989: 222f.). Möglicherweise hat die Tendenz der mündlichen Rede, mehr *wenn*-Versionen zu verwenden, ihren Grund darin, daß die beiden — in jedem irrealen Vergleich vorkommenden — Bedeutungsaspekte des Vergleichs und der Nicht-Realität des Vergleichssachverhalts auch formal klar voneinander getrennt werden können und die Konstruktion somit insgesamt transparenter wird.

[7] Vereinzelte Belege für Verb-Erst-Sätze mit Indikativ, wie sie z.B. die Dudengrammatik (DROSDOWSKI 1984: 163, Fn.1) anführt, halte ich für schlichtweg ungrammatisch; vgl. dazu auch ULVESTAD (1957: 208f.).

[8] Dies paßt auch zu der in Fußnote 6 geäußerten Vermutung, daß durch die Verwendung von *wenn* eine durchschaubarere Trennung des Vergleichs- und des Irrealitätsaspekts ermöglicht wird: Je eindeutiger die Satzform selbst die Irrealität zu erkennen gibt, umso weniger ist die Verwendung einer konjunktivischen Verbform vonnöten.

dürfte vor allem darauf zurückzuführen sein, daß die verdeckte Verb-Erst-Stellung nicht als 'Irrealitätszeichen' erkennbar ist und daher die Verwendung einer nicht-indikativischen Form obligatorisch wird.[9] In irrealen Vergleichssätzen ist also der Konjunktiv der unmarkierte Verbmodus,[10] wobei der Konjunktiv II häufiger ist und einen weiteren Anwendungsbereich hat als der Konjunktiv I.[11]

Ein eindeutiger semantischer Unterschied zwischen Konjunktiv I und II läßt sich nicht feststellen (vgl. zu diesem Problemkomplex ULVESTAD 1957: 212ff. FLÄMIG 1959: 98; JÄGER 1971: 234).[12] Bei der Verwendung des Indikativs kann dagegen die 'nicht-reale' Bedeutungskomponente abgeschwächt werden (in Richtung auf eine mehr oder weniger gut begründete Vermutung). Im Grenzfall geht sie ganz verloren. Nur in diesem Fall kann problemlos *genauso* eingefügt werden.

---

[9] Ein weiterer Grund mag sein, daß die *als*-Form eher einer gehobenen Stilebene angehört, die generell keine indikativischen Formen in irrealen Vergleichssätzen zuläßt (vgl. dazu auch ULVESTAD 1957: 208).

[10] Das gilt zumindest für die Schriftsprache.

[11] Zahlen aufgrund von (schriftsprachlichen) Korpora bestätigen das Überwiegen des Konjunktivs und insbesondere des Konjunktiv II. In JÄGERS Korpus, das keine indikativischen Formen berücksichtigt, ist sowohl bei *als*- wie auch bei *als ob*-Sätzen das Verhältnis von Konjunktiv I zu Konjunktiv II 1:2, bei den selteneren *als wenn*-Sätzen dagegen 1:13 (vgl. die Tabelle 19 in JÄGER 1971: 226.)

ULVESTAD findet in den moduseindeutigen Sätzen 100% Konjunktiv in *als*-Sätzen, 91.1% Konjunktiv in *als ob*-Sätzen und 95% Konjunktiv in *als wenn*-Sätzen (vgl. die Tabelle 2 in ULVESTAD 1957: 208); bei den moduseindeutigen konjunktivischen Verben steht bei *als* in 63.8%, bei *als ob* in 78.8% und bei *als wenn* in 64.5% der Fälle der Konjunktiv II (ebd. 210).

PFEFFER (der allerdings keine absoluten Zahlen angibt) findet in seinem Korpus bei *als* ausschließlich den Konjunktiv, zu 51% den Konjunktiv II, bei *als ob* zu 67% den Konjunktiv II, zu 23% den Konjunktiv I und in immerhin 10% der Fälle den Indikativ, bei *als wenn* 50% Konjunktiv II und 50% Indikativ und bei *wie wenn* 80% Indikativ und nur zu 20% Konjunktiv II (vgl. die Tabelle 1 in PFEFFER 1985: 7), also bei den *wenn*-Formen überhaupt keinen Konjunktiv I. Außer in Ulvestads Korpus tritt also in den *wenn*-Sätzen der Konjunktiv I so gut wie nicht auf — das könnte als Hinweis gewertet werden, daß in diesem Fall die Interpretation als (elliptisches) Konditionalgefüge nicht völlig ausgeschlossen ist, da die Wahl eines 'nicht-konditionalen' Verbmodus nahezu blockiert ist.

[12] Das seltenere Auftreten des Konjunktiv I mag mit einem generellen Rückgang dieses Verbmodus zusammenhängen (Hinweis von J.-M. Bobillon). Daß überhaupt der Konjunktiv I vorkommt, wird im allgemeinen auf den Einfluß der indirekten Rede zurückgeführt (vgl. z.B. FLÄMIG 1959: 98ff.). Wenn aber LEYS — im Anschluß an CURME (1960) — vermutet, daß im Gegenwartsdeutschen alle irrealen Vergleichssätze "zugleich als IR[indirekte-Rede, W.O.]Sätze entstehen und verstanden werden" (LEYS 1980: 197), wobei der Vergleich eine Frage impliziere, dann bleibt völlig unklar, wieso überhaupt eine solche implizierte Frage als indirekte Rede formuliert werden müßte und zudem den hör- und sichtbaren Verbmodusgebrauch steuert. Andererseits macht der Konjunktiv-IGebrauch auch die Subsumierung der Konstruktion unter die konditionalen Strukturen unmöglich.

(17) *Das sieht genauso aus, wie wenn man Honig und Motorenöl zusammenrührt.*

Das auf eine irreale Interpretation festgelegte *als ob* ist dagegen nicht mehr verwendbar:

(18) *??Das sieht genauso aus, als ob man Honig und Motorenöl zusammenrührt.*

Man sollte in diesem Fall von einem eigenen Konstruktionstyp sprechen, den man als 'konditionalen Vergleich' bezeichnen könnte.

Im typischen Fall tritt in den irrealen Vergleichssätzen jedoch der Konjunktiv auf, die typische Vergleichspartikel ist *als*, das entweder mit einem durch *ob* eingeleiteten Verb-Letzt-Satz oder mit einem Verb-Erst-Satz verbunden wird.

Diese Strukturen sind auch deshalb zentral, weil nur in diesem Fall die Lesart als irrealer Vergleichssatz garantiert ist. Die durch *als wenn* oder *wie wenn* eingeleiteten Vergleichssätze können dagegen (außer in den eben genannten konditionalen Vergleichen) auch ganz regulär z.B. nach komparierten Adjektiven verwendet werden.

(19) *Ich war zu Fuß schneller, als wenn ich mir ein Taxi genommen hätte/ *als ob ich mir ein Taxi genommen hätte/*als hätte ich mir ein Taxi genommen.*

(20) *Nichts wäre unangenehmer, als wenn man beim Gurkenhobeln ans Telefon müßte/*als ob man beim Gurkenhobeln ans Telefon müßte/ *als müßte man beim Gurkenhobeln ans Telefon.*

Damit sind wir bereits zur Verwendung der irrealen Vergleichssätze gelangt. Eingebettet besetzen die irrealen Vergleichssätze eine 'modale Adverbialstelle', sei diese valenznotwendig (wie bei *sich anhören* in den Beispielen (14)–(16)) oder frei. Sie lassen sich in diesem Fall durch ein *so* pronominalisieren, bzw. ein solches kann als Platzhalter oder Bezugsausdruck dienen.

Sie nehmen unter den anderen in dieser Funktion verwendbaren Vergleichsausdrücken allerdings eine Sonderstellung ein, da ansonsten bei derartigen nichtkomparativischen Vergleichen nur *wie* als Vergleichspartikel zulässig ist.

(21) *Hier siehts ja aus, als wäre eine Bombe explodiert.*

(22) *Hier siehts ja aus wie/*als nach einem Bombenangriff.*

Der eingebettete Vergleichssatz gibt dabei an, unter welchen Umständen ein Sachverhalt in der Weise beschaffen wäre, wie der im Matrixsatz benannte Sachverhalt beschaffen ist (vgl. zur Semantik der irrealen Vergleichssätze KASPER 1987: 134ff.).

Neben dieser eingebetteten kommt jedoch auch eine selbständige Verwendung vor, bei der eine explizite Vergleichsbasis fehlt (zu dieser Verwendung vgl. auch OPPENRIEDER 1989: 205ff.).[13]

---

[13] Im Übergangsbereich zwischen eingebettetem und selbständigem Gebrauch liegen

Wesentlich für die selbständig verwendeten *als ob*-Sätze ist, daß bei der Interpretation die Polarität vertauscht werden muß. Ich möchte derartige Strukturen daher rhetorische Vergleiche nennen.

(23) *Als ob ich hier was zu sagen hätte!*

(24) *Als ob ich nicht bereits genug gesagt hätte!*

Gemeint ist in (23), daß der Sprecher nichts zu sagen hat, in (24) dagegen, daß er bereits genug gesagt hat. Für die eingebetteten irrealen Vergleichssätze gilt diese automatische Polaritätsumkehrung nicht. Vielmehr kann dort der im Vergleich genannte Sachverhalt tatsächlich zutreffen:

(25) *Anna geht, als ob sie einen Stein im Schuh hätte.*

Hier läßt der Sprecher offen, ob Anna tatsächlich einen Stein im Schuh hat; lediglich die Charakterisierung ihrer Gehweise ist relevant. Das Nicht-Bestehen des Vergleichssachverhalts kann höchstens in manchen Fällen aufgrund des Weltwissens erschlossen werden:

(26) *Dieter geht, als ob er einen Besen verschluckt hätte.*

In den selbständigen rhetorischen Vergleichen kommt es dagegen gerade nicht auf die Charakterisierung eines übergeordneten Sachverhalts an. Die Nicht-Realität des im rhetorischen Vergleich ausgedrückten Sachverhalts gilt ausnahmslos, so daß andererseits das polare Gegenstück als 'real' zu interpretieren ist.

Kennzeichnend für derartige rhetorische Vergleiche ist, daß sie im Standardfall einen emphatischen Akzent enthalten, der dem Exklamativakzent[14] ähnelt (zum Exklamativakzent vgl. BATLINER 1988).

(27) *Als ob* DAS *eine Affäre wäre!*

Unter mir nicht völlig klaren Bedingungen kann auch die Modalpartikel *schon* verwendet werden, insbesondere offensichtlich dann, wenn ein thematischer, definiter Ausdruck den emphatischen Akzent trägt.

(28) *Als ob* DER *schon was von Bindungsprinzipien verstehen würde!*

Die unmarkierte Verwendung eines rhetorischen Vergleichs ist die als reaktiver Zug. Eine Vorgängeräußerung, bzw. eine Folgerung oder Implikatur aus dieser wird dabei nicht nur einfach zurückgewiesen, sondern als geradezu absurd (eine irreale Welt wird für die wirkliche ausgegeben) charakterisiert.

(29) *A: Der König will deinen Jodler noch einmal hören.*
B: Als ob er nicht selbst singen könnte!

(nicht als Modaladverbien fungierende) irreale Vergleichssätze, die zur Qualifizierung eines vom Sprecher vorher beschriebenen Sachverhalts dienen; typischerweise geben sie eine vermutete Erklärung für diesen Sachverhalt an:

(i) *Max war knallrot im Gesicht — als ob er sich furchtbar aufgeregt hätte.*

[14] hier durch Großschreibung symbolisiert

Diese emphatische Zurückweisung von erschließbaren Annahmen eines Gesprächspartners ist wohl auch der Grund, daß rhetorische Vergleiche Exklamativsätzen stark ähneln.

LITERATUR:

ALTMANN, HANS

1988 *Intonationsforschungen.* Tübingen: Niemeyer.

ALTMANN, HANS/BATLINER, ANTON/OPPENRIEDER, WILHELM (HGG.)

1989 *Zur Intonation von Modus und Fokus im Deutschen.* Tübingen: Niemeyer.

BATLINER, ANTON

1988 Der Exklamativ: Mehr als Aussage oder doch nur mehr oder weniger Aussage. In: ALTMANN (1988), 243–271.

BEHAGHEL, OTTO

1928 *Deutsche Syntax. Band III. Die Satzgebilde.* Heidelberg: Carl Winter.

BLATZ, FRIEDRICH

1896 *Neuhochdeutsche Grammatik mit Berücksichtigung der historischen Entwickelung der deutschen Sprache. Zweiter Band. Satzlehre (Syntax).* 3. Auflage. Karlsruhe: J. Lang.

CURME, GEORGE O.

1960 *A Grammar of the German Language.* 2. Auflage. New York: Frederick Ungar.

DROSDOWSKI, GÜNTER (HG.)

1984 *Duden. Grammatik der deutschen Gegenwartssprache.* 4. Auflage. Mannheim/Wien/Zürich: Bibliographisches Institut.

FLÄMIG, WALTER

1959 *Zum Konjunktiv in der deutschen Sprache der Gegenwart.* Berlin: Akademie-Verlag.

JÄGER, SIEGFRIED

1971 *Der Konjunktiv in der deutschen Sprache der Gegenwart.* München: Hueber.

KASPER, WALTER

1987 *Semantik des Konjunktivs II in Deklarativsätzen des Deutschen.* Tübingen: Niemeyer.

LEYS, ODO

1980 Vergleichssätze als indirekte-Rede-Sätze. In: *Deutsche Sprache* 8, 193–199.

OPPENRIEDER, WILHELM

1989 Selbständige Verb-Letzt-Sätze: Ihr Platz im Satzmodussystem und ihre intonatorische Kennzeichnung. In: ALTMANN/BATLINER/OPPENRIEDER (1989), 163–244.

PFEFFER, J. ALAN

1985 Über den kontrastiven Gebrauch der modalen Vergleichskonjunktionen ALS, ALS OB, ALS WENN, WIE WENN und AS IF, AS THOUGH, LIKE. In: *Zielsprache Deutsch* **16**, Heft 2, 7–9.

ULVESTAD, BJARNE

1957 The Structure of the German Quasi Clauses. In: *The Germanic Review* **32**, 200–214.

Adversative Nebensätze in der deutschen und bulgarischen Gegenwartssprache

Stanka Stojanova-Jovčeva
Universität Sofia, Bulgarien

0. Es wird davon ausgegangen, daß die Adversativität eine selbständige semantisch-funktionale Kategorie ist und somit keine Untergruppe der Modalität darstellt (zur Problematik der Modalität vgl. STOJANOVA-JOVČEVA 1991). In einer ganzen Reihe von Nachschlagewerken werden die Termini 'Adversativität' bzw. 'adversativ' überhaupt nicht genannt (z.B. KLAUS/BUHR 1969; HELBIG 1969; ROSENTAL'/TELENKOVA 1976 u.v.a.). In anderen sind die Termini zwar angeführt, jedoch nur oberflächlich behandelt. So spricht AHMANOVA (1969: 301) von "adversativer Relation",[1] die eine "syntaktische Bedeutung, ausgedrückt durch adversative Wörter", sei. Was jedoch unter 'adversativ' zu verstehen ist, wird nicht genannt. Im Fremdwörterbuch (1963: 9) und im Lexikon sprachwissenschaftlicher Termini (1985: 17) wird es als "entgegensetzend, gegensätzlich" erläutert. SPIEWOCK (1976: 13; 104) verweist auf den Terminus 'Kontrastsatz', zu dem er seltsamerweise auch den Komparativsatz rechnet.

1. In den meisten Grammatiken der deutschen Gegenwartssprache (DGS) wird von Adversativsätzen gesprochen, allerdings sind die Auffassungen recht heterogen. Im allgemeinen sind zwei große Gruppen feststellbar: a) die adversativen Nebensätze (NS) werden zu den Modalsätzen gerechnet; b) die adversativen NS werden als eine selbständige semantische Gruppe betrachtet.

1.1. Obwohl die Grundauffassung in der ersten Gruppe als traditionell bezeichnet werden kann, sind die Auffassungen auch hier nicht einheitlich. BAUER (1832: 226) spricht von "adversativen oder entgegensetzenden Bindewörtern (im engeren Sinn)", wobei er nur *indessen* (in einer Reihe mit mehreren koordinierenden Konjunktionen) nennt. Allerdings sind für ihn "absolut entgegensetzende Bindewörter" auch die "conzessiven" und die "restrictiven". BLATZ (1896[3]: 1059) führt nur *anstatt daß* und *statt daß* an und meint: "Soll ausgedrückt werden, daß die Nebenhandlung NICHT die erwartete, sondern eine ENTGEGENGESETZTE ist, so steht *anstatt daß*, *statt daß* (selten)." "*Statt daß* wird auch in OPPOSITIVER Bedeutung zur Zusammenstellung von Gegensätzen gebraucht: (...)". Bei ENGELIEN (1902: 567) steht nur *anstatt daß* mit der Bemerkung: "bezeichnet einen beschränkten Gegensatz, dem eine Verneinung versteckt zugrunde liegt". SÜTTERLIN (1918[4]: 402–3) nennt *während* und *anstatt daß* in einer Gruppe, die einen "Gegensatz" ausdrücke. CURME (1952[2]: 574) vereint in einer Gruppe, die ein Ergebnis ("result") beinhalte, nicht nur *anstatt daß*, sondern auch *ohne daß*, *kaum daß* und *so daß*. SCHULZ/GRIESBACH (1978[11]: 275) formulieren als Obergruppe "Art und Weise (modal)" und dazu zwei Untergruppen "adversativ" und

[1] Dieses sowie alle anderen Zitate aus dem Bulgarischen und Russischen sind von mir übersetzt. (S. S.-J.)

"instrumental", wobei die adversative folgende weitere Differenzierung erfährt: "(Gegensatz) während, indes, indessen, wohingegen; (gegensätzlicher Vorgang) statt daß (...); (Grad) so...daß, soviel, soweit; (Proportion) je...desto (...); (Ungleichheit) als". FRITSCHE (1981: 80) übernimmt dieselbe Klassifikation. Im *Handbuch für den Sprachgebrauch* (1976: 226–8) gibt es 11 Gruppen von Modalsätzen, wobei die 4. Gruppe nur *(an)statt daß* enthält: "Modale Beziehungen, die eine nicht wahrgenommene oder ersetzte Möglichkeit bezeichnen. Leistung: Diese modale Beziehung kennzeichnet ein Verhalten als ein Ausweich- oder Ersatzverhalten." Die 11. Gruppe enthält nur *während*: "Modale Beziehungen, die Gegensätze bezeichnen. Leistung. Vergleich und Beschreibung machen es sinnvoll, die Beziehungen des Gegensatzes (Adversativsatz) zu den Modalsätzen zu rechnen. Der unter einem bestimmten Gesichtspunkt durchgeführte Vergleich zweier Dinge oder Bereiche kann eine ausschließliche Gegensätzlichkeit feststellen." SOMMERFELDT/STARKE/ NERIUS (1983: 182) unterscheiden 12 Gruppen von Modalsätzen. In der Gruppe i) "Angabe eines ersetzten Sachverhalts oder Gegenstands" wird neben *(an)statt daß* auch *als daß* genannt. KORABLEVA (1965: 212) vermerkt einerseits: "die konjunktionalen Modalsätze werden durch die Konjunktionen (...) *anstatt daß* (...) eingeleitet", andererseits ist sie der Meinung: "Die Modalsätze mit *daß* stehen den Kausalsätzen nahe." ERBEN (1972[11]: 209) spricht von "'Kontrast'-Sätzen, eingeleitet vor allem durch "adversatives" *während* , seltener durch *derweil* (altertümelnd), *indes(sen)* und *wohingegen* (...). Durch *(an)statt daß* eingeleitete Sätze bezeichnen eine "Ersatzhandlung" gegensätzlicher Art, die statt des eigentlich Geforderten getan wird (...)". GULYGA (1971: 107) vereint in einem "Block von Satzgefügen des Begleitumstandes und der Gegenüberstellung" folgende Modelle: "Modell *indem*, Modelle *während*, Modell *ohne daß*, Modell *statt daß*". MOSKAL'SKAJA (1983: 308) bezieht sich auf die Modelle von GULYGA, jedoch spricht sie auch von "Scheingliedsätzen", zu denen "zum Teil auch die sog. KONTRASTSÄTZE mit der Konjunktion *während*" gezählt werden.

1.2. Zu der zweiten Gruppe gehören bedeutend weniger Linguisten. So bilden die Adversativsätze bei MENSING (1965[8]: 133) eine Gruppe für sich, wobei die Konjunktionen *während (doch)*, *anstatt daß* genannt werden. Ähnlich behandelt auch DORFMÜLLER-KARPUSA (1981: 100–24) diese NS. Bei HELBIG/BUSCHA (1986[9]: 695) allerdings wird nur *während* genannt: "Das Geschehen des NS steht im Gegensatz zum Geschehen des HS." Eine andere selbständige Gruppe bilden die *statt daß*-, *anstatt daß*-Sätze. Sie werden "Substitutivsätze" genannt: "Der NS zeigt eine nicht wahrgenommene Möglichkeit, der HS als Ersatz eine andere Möglichkeit." HEIDOLPH/FLÄMIG/MOTSCH (1981: 783–4) sprechen von einem "einfachen Gegensatz zweier zugleich existierender Sachverhalte *p* und *q*" bei NS, die durch *während* eingeleitet werden. "Wird ein Gegensatz zwischen einem durch die Aussage *Neg(p)* charakterisierten Sachverhalt und einem Sachverhalt *q* unterstrichen, wobei *p* gleichzeitig als eigentlich erwartet (erwünscht) hervorgehoben wird", tritt *anstatt daß* auf. Explizit unterstreichen die Autoren: "Die traditionelle Einordnung der *anstatt daß*-Verknüpfung als Ausdruck eines Modalverhältnisses scheint uns hingegen nicht berechtigt zu sein.", jedoch ohne irgendeinen Beweis.

2. In der bulgarischen Gegenwartssprache (BGS) wird Adversativität im Satzgefüge durch die Konjunktionen *vmesto da* und *dokato* markiert. Bei MLADENOV/VASILEV (1939: 317) steht *dokato* nur in der Gruppe der Temporalsätze, *vmesto da* in der Gruppe, die "die Art und Weise, die Maßangabe oder einen Vergleich" (386–7) ausdrücken. KOSTOV (1939: 236) nennt ebenfalls den temporalen Charakter von *dokato*; *vmesto da* wird überhaupt nicht angeführt. TEODOROV-BALAN (1940: 341; 1961: 482) spricht von "trennenden Konjunktionen, jedoch nur bei koordinierenden Relationen; *dokato* und *vmesto da* werden nicht angeführt. Auch MASLOV (1956: 287) nennt keine der beiden Konjunktionen, während SAVOVA (1984: 150) sie zwar nennt, jedoch überhaupt nicht auf ihre semantischen Besonderheiten eingeht. Für ADREJČIN (1978: 416) sind die *dokato*-Sätze nur Temporalsätze, die *vmesto da*-Sätze Art und Weise-Sätze. Auch POPOV (1974: 293) sieht nur die temporale Leistung von *dokato*; *vmesto da* ist in der Gruppe "Adverbialsatz der Ausschließung" (307) zusammen mit Konjunktionen wie *osven če*, *osven da*, *osven deto*, *osven kato*, *deto šte*, *osven ako*. Auch in der Grammatik-BAN (1983: 348–59) wird *dokato* in der Gruppe der Temporalsätze angeführt; *vmesto (namesto) da* ist ebenso wie bei Popov zusammen mit einer ganzen Reihe von Restriktiv-Konjunktionen in einer Gruppe der "Ausschließung" (409–13).

3. Im Satzgefüge kann die Adversativität nicht durch eine einzige grammatische oder lexikalische Einheit ausgedrückt werden (sowohl in der DGS als auch in der BGS). Vielmehr wird sie ausgedrückt durch die Zusammenwirkung zwischen dem Prädikatsverb des Hauptsatzes, der einleitenden Konjunktion und dem im NS enthaltenen Geschehen. Zwischen den Geschehen des HS und des NS bestehen semantisch-funktionale Relationen der Gegenüberstellung, der Entgegensetzung, der Opposition. Semantisches *tertium comparationis* beim konfrontativen Sprachvergleich ist die Adversativität, formales *tertium comparationis* ist das Satzgefüge mit einem Nebensatz, der Adversativität ausdrückt. Die Untersuchung wird auf vier Ebenen durchgeführt: der semantisch-lexikalischen, der syntaktisch-strukturellen, der Ebene der Satzglieder und der morphologischen. Hier kann aus Raumgründen nur auf die erste Ebene eingegangen werden.

4. In der DGS wird die Adversativität im Satzgefüge durch die Konjunktionen *während*, *indes(sen)*, in der BGS durch die Konjunktion *dokato* markiert, die jedoch in den beiden Sprachen ebenfalls Temporalität ausdrücken können. So ergeben sich drei Varianten der semantischen Relationen zwischen HS und NS bei diesen NS in den beiden Sprachen:

a) Temporalität

(1) *Während* ich in die summende Dunkelheit hineinhorchte, sah ich durch die Portieren den Ausschnitt des anderen Zimmers wolkig und überdeutlich.
(REMARQUE, KAMERADEN 231)

(1a) *Dokato* se vslušvah v brâmčaštata tâmnina, viždah prez zavesite edin kăs ot drugata staja, oblačno i vse pak tvârde jasno.
(REMARK, DRUGARI 250)

(2) Ich, Signorina, denke *indes* ich singe, an schöne Frauen: ...
(H. MANN, BRANZILLA 359)

(2a) Az, sin'ora, *kogato* peja, mislja za hubavi ženi: ...

(H. MAN, BRANCILA 108)

(3) Trjabvaše dosta da počaka, *dokato* čue glasa mu — koj e?

(VEŽINOV, NOŠTEM 261)

(3a) Sie mußte ziemlich lange warten, *bis* er sich meldete.

(WESHINOW, NACHTS 312)

b) Adversativität

(4) Die Besuche seiner Frau begann er zu fürchten, *während* er sie doch herbeisehnte.

(H. MANN, LIEBESGESCHICHTE 290)

(4a) Poseštenijata na žena mu počnaha da go plašat, *dokato* vse pak kopneeše za neja.

(H. MAN, LJUBOVNA ISTORIJA 285)

(5) Ich habe Martern gehabt, *indes* er Vergnügen hatte.

(H. MANN, BRANZILLA 364)

(5a) Az se iztezavah, *dokato* toj se zabavljavaše.

(H. MAN, BRANCILA 113)

(6) *Dokato* ispanecât javno beše zagrižen, publicistât edva uspjavaše da skrie prijatnata si vâzbuda (...)

(DIMOV, TJUTJUN I/489)

(6a) *Während* der Spanier (...) offensichtlich besorgt war, konnte der Publizist seine freudige Erregung kaum verbergen.

(DIMOV, TABAK 455)

c) Temporalität + Adversativität

(7) *Während* er auf den Karren kletterte, mußte Matteo nachschieben, und dafür zog er den Matteo hinauf.

(H. MANN, TONIETTA 165)

(7a) *Dokato* se katereše na kolata, Mateo trjabvaše da go tika, posle pâk toj iztegli Mateo nagore.

(H. MAN, TONIETA 145)

(8) Beim Abschied hatte sie ein gewisses, nicht einwandfreies Lächeln — *indes* er ganz ernst blieb.

(H. MANN, GLÄUBIGER 346)

(8a) Na proštavane usmivkata i be njakak osobena, ne sâvsem bezuprečna, *dokato* toj ostana napâlno seriozen.

(H. MAN, KREDITORÂT 256)

(9) Krâčmarjat počuvstvuva prijatna vâzbuda na miren graždanin, kojto se radva na blagorazumieto si, *dokato* glupacite se gonjat i trepjat s policijata.

(DIMOV, TJUTJUN I/400)

(9a) Der Wirt spürte die angenehme Erregung des friedfertigen Bürgers, der sich über seine Besonnenheit freut, *während* sich die Dummköpfe mit der Polizei herumschlagen.

(DIMOW, TABAK 371)

Beim eindeutigen semantischen Merkmal 'Temporalität' wird Gleichzeitigkeit der Geschehen im HS und NS ausgedrückt, worauf auch GULYGA (1971: 107) hinweist. Hinzu muß unbedingt auch die IDENTITÄT DER SUBJEKTE IM HS UND IM NS genannt werden. Dagegen ist beim eindeutigen semantischen Merkmal 'Adversativität' die Identität der Subjekte im HS und NS äußerst selten, wobei sie dann die grammatischen Subjekte betrifft und nicht die logischen Subjekte. Meist ist im HS und im NS auch ein Oppositionspaar enthalten (z.B. *begann zu fürchten* ⇔ *herbeisehnte; ich* ⇔ *er; Martern* ⇔ *Vergnügen; ispanecât* ⇔ *publicistât; javno zagrižen* ⇔ *prijatna vâzbuda*), wodurch die Gegenüberstellung, Entgegensetzung bzw. Opposition zwischen HS und NS unterstützt wird. Bei der Überlappung von Temporalität und Adversativität wird parallel Gleichzeitigkeit und Gegenüberstellung realisiert.

Adversativität in der DGS kann ebenfalls durch *anstatt daß* bzw. *statt daß*, in der BGS durch *vmesto da* bzw. *namesto da* markiert werden, z.B.:

(10) *Anstatt daß* ihr beide das Verhör erleidet, werde ich ihn sogleich erschießen lassen.

(H. MANN, BRANZILLA 347)

(10a) *Vmesto* dvamata *da* iztârpite razpita, šte neredja da go razstreljat vednaga.

(H. MAN, BRANCILA 93)

(11) *Vmesto da* civriš, po-dobre prinesi da večerjame.

(VEŽINOV, ZVEZDITE 273)

(11a) *Statt zu* heulen, bring lieber was zu essen.

(WESHINOW, STERNE 299)

(12) Drugite (...) ovčari slušaha (...) i *namesto da* dobijat otvraštenie ot proseškoto povedenie na hadžijata, tija go pohvaljavaha.

(STOJANOV, ZAPISKI 30)

(12a) Die übrigen Schäfer lauschten (...), priesen den Hadschi, *anstatt* über dessen schäbiges Verhalten befremdet *zu* sein, ...

(STOJANOW, AUFBRUCH 35)

In den beiden Sprachen ist hier das Geschehen des NS eine erwartete, aber nicht realisierte Möglichkeit, die mit dem realisierten Geschehen des HS im Gegensatz steht. Bei einer Identität der Subjekte im HS und NS wird in der DGS alternativ eine Infinitiv-Konstruktion mit *anstatt zu/statt zu* verwendet; z.B.:

(13) *Statt zu* reden, wandte er den Kopf, ...

(OTTO, LÜGE 86)

(13a) *Vmesto da* govori, toj izvârna glava bavno, ...

(OTO, LÂŽATA 97)

(14) *Anstatt* uns nun trübe *zu* verlassen, hätten wir heute früh zusammen sterben sollen, ...

(H. MANN, PIPPO SPANO 316)

(14a) *Vmesto* sega *da* se razdeljame v neradost, trjabvaše taja sutrin zaedno da umrem, ...

(H. MAN, PIPO SPANO 55)

Da in der BGS das Subjekt weder im HS noch im NS obligatorisch auftreten muß, ist die Identität der Subjekte im HS und im NS nicht für das Auftreten des Subjekts relevant. Oft ist auch bei diesen Adversativsätzen ein Oppositionspaar im HS und NS enthalten, z.B.: *Verhör erleidet* ⇔ *erschießen lassen; dobijat otvraštenie* ⇔ *pohvaljavaha*, wodurch der Gegensatz der Geschehen im HS und NS unterstützt wird.

5. Für alle Adversativsätze mit den genannten Konjunktionen in den beiden Sprachen konnten folgende Besonderheiten festgestellt werden:

5.1. Das Satzgefüge hat einen ausgeprägten zweigliedrigen Charakter. Strukturell wird das dadurch bestätigt, daß die NS nur als Vorder- oder als Nachsätze auftreten (Zwischensätze wurden im untersuchten Korpus nicht ermittelt; durchgeführte Transformationen wirken gekünstelt oder unakzeptabel).

5.2. Die Adversativsätze beziehen sich nicht nur auf das Prädikatsverb des übergeordneten Satzes, sondern auf den übergeordneten Satz als Ganzes. Somit besitzen sie eine viel größere Selbständigkeit als andere NS. Dies kann dadurch bewiesen werden, daß HS und NS nicht nur ihre Position, sondern auch ihren Satzrang tauschen können, bzw. kann der NS in einen selbständigen Satz transformiert werden, wobei die Adversativität als Relation zwischen den beiden Sätzen bestehen bleibt, z.B.:

(4b) Die Besuche seiner Frau sehnte er herbei, *während* er sie doch fürchtete.

(5b) Er hatte Vergnügen, *indes* ich Martern gehabt habe.

(13b) Er redete nicht, *statt* dessen wandte er den Kopf.

(14b) Wir verlassen uns nun trübe, *anstatt daß* wir heute früh zusammen starben.

(6b) Ispanecât javno beše zagrižen, *dokato* publicistât edva uspjavaše da skrie prijatnata si vâzbuda.

(11b) Nedej da civriš, *vmesto* tova po-dobre prinesi da večerjame.

(12b) Drugite ovčari ne se otvraštavaha ot hadžijata, *a* go pohvaljavaha.

(5c) Er hatte Vergnügen. Ich *dagegen* habe Martern gehabt.

(11c) Drugite ovčari ne se otvraštavaha ot hadžijata. *Naprotiv* te go pohvaljavaha.

5.3. Die ausgeprägte Zweigliedrigkeit und Selbständigkeit der Adversativsätze ist offenbar auch der Grund dafür, daß im übergeordneten Satz keine Korrelate zum NS enthalten sind.

6. Somit erweist sich, daß auf der semantisch-lexikalischen Ebene die adversativen NS in der DGS und in der BGS keine Differenzen aufweisen. Obwohl in Gramma-

tiken und anderen Untersuchungen der BGS nicht von adversativen NS gesprochen wird, und die hier genannten subordinierenden Konjunktionen in anderen semantischen Gruppen zu finden sind, konnte festgestellt werden, daß auch in der BGS eine Gruppe von NS existiert, die als semantisches Merkmal die Adversativität aufweisen.

LITERATUR:

AHMANOVA, OL'GA S.

1969 *Slovar' lingvističeskih terminov.* Moskva: Sovetskaja enciklopedija.

ANDREČIN, LJUBOMIR

1978 *Osnovna bâlgarska gramatika.* Sofija: Nauka i izkustvo.

BAUER, H.

1832 *Vollständige Grammatik der neuhochdeutschen Sprache.* Neudruck 1967, Berlin.

BLATZ, F.

1896[3] *Neuhochdeutsche Grammatik.* Band 2. 3. Aufl. Karlsruhe.

CURME, G. O.

1952[2] *A Grammar of the German Language.* New York.

DORFMÜLLER-KARPUSA, K.

1981 Konnektive Ausdrücke und konnektive Relationen. In: FRITSCHE, J. (ED.), *Konnektivausdrücke Konnektiveinheiten. Grundelemente der semantischen Struktur von Texten.* Hamburg, 100–124.

ENGELIEN, A.

1902 *Grammatik der neuhochdeutschen Sprache.* Neubearbeitet unter Mitwirkung von H. JANTZEN, Neudruck 1972, Hildesheim, New York.

ERBEN, JOHANNES

1972 *Deutsche Grammatik. Ein Abriß.* 11. völlig neubearbeitete Auflage, München: Max Hueber.

Fremdwörterbuch

1963 Autorenkollektiv, Gesamtleitung H. KLIEN, 9. verbesserte und erweiterte Ausgabe, Leipzig: Bibliographisches Institut.

FRITSCHE, J.

1981 Zum Gegenstandsbereich einer Untersuchung deutscher Konnektive. In: FRITSCHE, J. (ED.), *Konnektivausdrücke Konnektiveinheiten. Grundelemente der semantischen Struktur von Texten.* Hamburg, 25–99.

Gramatika na sâvremennija bâlgarski knižoven ezik

1983 Band 3, Hauptredaktion D. TILKOV/S. STOJANOV/K. POPOV. Sofija: Bâlgarska Akademija na Naukite.

GULYGA, ELENA V.

1971 *Teorija složnopodčinennogo predloženija v sovremennom nemeckom jazyke.* Moskva: Vysšaja škola.

HEIDOLPH, KARL ERICH/FLÄMIG, WALTER/MOTSCH, WOLFGANG(ED.)

1981 *Grundzüge einer deutschen Grammatik.* Berlin: Akademie.

HELBIG, GERHARD

1969 *Kleines Wörterbuch linguistischer Termini.* Beilage zur Zeitschrift "Deutsch als Fremdsprache". Dresden: Zeit im Bild.

HELBIG, GERHARD/BUSCHA, JOACHIM

1986[9] *Deutsche Grammatik. Ein Handbuch für den Ausländerunterricht.* Leipzig: Enzyklopädie.

KLAUS, GEORG/BUHR, MANFRED

1969 *Philosophisches Wörterbuch.* Leipzig: Bibliographisches Institut.

KORABLEVA, L.G.

1965 *Kurzgefaßte deutsche Grammatik.* Moskva-Leningrad.

KOSTOV, NIKOLA

1939 *Bâlgarska gramatika.* Sofija: Kazanlâška dolina.

Lexikon sprachwissenschaftlicher Termini

1985 R. CONRAD (ED.), Leipzig: Bibliographisches Institut.

LIEBSCH, HELMUT/DÖRING, HELLMUT

1976 *Deutsche Sprache. Handbuch für den Sprachgebrauch.* Leipzig: Bibliographisches Institut.

MASLOV, J. S.

1956 *Očerk bolgarskoj grammatiki.* Moskva: Literatury na inostrannyh jazykah.

MENSING, OTTO

1965[8] *Deutsche Sprachlehre.* Neubearbeitet von W. PETERSEN. Hannover Berlin Darmstadt Dortmund.

MLADENOV, STEFAN/VASILEV, STEFAN

1939 *Gramatika na bâlgarskija ezik.* Sofija: Kazanlâška dolina.

MOSKAL'SKAJA, OL'GA I.

1983 *Grammatik der deutschen Gegenwartssprache.* 3. verbesserte und erweiterte Auflage, Moskau: Vysšaja škola.

POPOV, KONSTANTIN

1974 *Sâvremenen bâlgarski ezik. Sintaksis.* Sofija: Nauka i izkustvo.

ROZENTAL', DITMAR E./TELENKOVA, MARGARITA A.

1976 *Slovar'-spravočnik lingvističeskih terminov.* 2. verbesserte und ergänzte Auflage, Moskva: Prosveščenie.

SAVOVA, LIDIJA

1984 *Kratka bâlgarska gramatika za čuždestranni studenti.* Sofija: Nauka i izkustvo.

SCHULZ, DORA/GRIESBACH, HEINZ

1978[11] *Grammatik der deutschen Sprache.* Neubearbeitung von H. GRIESBACH, München.

SOMMERFELDT, K.-E./STARKE, G./NERIUS, D.(LEITUNG)

1983 *Einführung in die Grammatik und Orthographie der deutschen Gegenwartssprache.* Leipzig: Bibliographisches Institut.

SPIEWOCK, WOLFGANG

1976 *Wörterbuch grammatischer Termini.* Greifswald: Ostsee-Druck Rostock.

STOJANOVA-JOVČEVA, STANKA

1991 *Die Kategorie 'Modalität' im Satzgefüge (Voraussetzungen für eine konfrontative Untersuchung der deutschen und bulgarischen Sprache).* In: Indogermanische Forschungen, Berlin New York: Walter de Gruyter (im Druck).

SÜTTERLIN, L.

1918[4] *Die deutsche Sprache der Gegenwart. (Ihre Laute, Wörter, Wortformen und Sätze). Auf sprachwissenschaftlicher Grundlage zusammengestellt.* Leipzig, Neudruck Hildesheim/New York 1972.

TEODOROV-BALAN, ALEKSANDÂR

1940 *Nova bâlgarska gramatika.* Sofija: T. F. Čipev.

1961 *Nova bâlgarska gramatika za vsjakogo.* Sofija: Bâlgarska Akademija na Naukite.

Primärliteratur

Dimov, Tjutjun: Dimov, D., Tjutjun, čast I, Sofija 1981

Dimov, Tabak: Dimow, D., Tabak, Berlin 1981, übersetzt von J. Klein

H. Mann, Branzilla; Gläubiger; Liebesgeschichte, Tonietta; Pippo Spano: Mann, H. Novellen, Leipzig 1974

H. Man, Brancila; Kreditorât; Ljubovna istorija; Pipo Spano; Tonieta: Man, H., Triminuten roman. Noveli, Sofija 1977, übersetzt von T. Berberov

Oto, Lâžata: Oto, H., Lâžata, Sofija, 1960, übersetzt von C. Kaludieva

Otto, Lüge: Otto, H., Die Lüge, Berlin 1956

Remark, Drugari: Remark, E. M., Trima drugari, Sofija 1974, übersetzt von P. K. Činkov

Remarque, Kameraden: Remarque, E. M., Drei Kameraden, Moskau 1963

Stojanov, Zapiski: Stojanov, Z., Zapiski po bâlgarskite vâstanija, Sofija 1976

Stojanow, Aufbruch: Stojanow, S., Der Aufbruch der Fliegenden Schar, Berlin 1978, übersetzt von H. Herboth

Vežinov, Noštem: Vežinov, P., Noštem s belite kone, Sofija 1983

Vežinov, Zvezdite: Vežinov, P., Zvezdite nad nas, Sofija 1976

Weshinow, Nachts: Weshinow, P., Nachts mit weißen Pferden, Berlin 1978, übersetzt von H. Tschakarowa

Weshinow, Sterne: Weshinow, P., Die Sterne über uns, Berlin 1978, übersetzt von E. Hartmann

Zum Gebrauch der Modalpartikel "denn" in Fragesätzen

Eine korpusbasierte Untersuchung

Maria Thurmair
München

Denn
ist das Alpha
und das Omega

Denn am Anfang
Denn ich habe Hunger
Denn ich habe Angst

Denn ich bin da
Denn ich will leben
Denn ich liebe

Denn in der Mitte
fragt:
"Wie lange denn noch?"

Denn in der Mitte
fragt:
"Wozu denn das alles?"

Denn am Ende
wird nicht einmal sagen
"So stirb denn"
(Erich Fried)

Das zur Einführung in das Thema zitierte Gedicht zeigt bereits die wesentlichen Funktionen von *denn: denn* tritt auf als Konjunktion, als Modalpartikel und als (meist temporales) Adverb.[1]

Im folgenden wird nur das Vorkommen als Modalpartikel untersucht. Ziel dieser Untersuchung ist es, auf der Basis eines umfangreichen spontansprachlichen Korpus eine einzige Funktion für *denn* zu finden, die für alle Verwendungen von *denn* als Modalpartikel gilt. Grundlage der Analyse ist das Korpus "Gesprochenes Standarddeutsch. Telefondialoge" von BRONS-ALBERT (Tübingen 1984), das Telefongespräche — vorwiegend privater Natur — enthält. Die im folgenden dargestellten Ergebnisse lassen sich aber m.E. durchaus auch auf andere Korpora übertragen; sie sind auch ganz sicher nicht spezifisch für telefonische Kommunikation.

---

[1] In den Verwendungen als Adverb lassen sich verschiedene Varianten unterscheiden, einmal nur regional gebrauchtes *denn* alleine (*Seine Tochter ging denn das letzte Jahr zur Schule*) und einmal in Kombination mit Partikeln wie *doch, wohl* und *auch* (*So einfach ist es denn doch nicht*). In allen diesen Fällen wird *denn* im süddeutschen Sprachgebiet meist durch *dann* ersetzt. Dies gilt auch für eine weitere, seltenere Verwendung von immer akzentuiertem *denn,* das nur im *w*-Fragesatz nach vorangegangener Negation auftreten kann (A: *Sind das Flöhe?* B: *Nein!* A: *Was denn?* (BRONS-ALBERT, 2)). Daß es sich hier im übrigen sicher nicht um eine betonte Variante der Modalpartikel handelt, wie dies z.B. WEYDT (1986) annimmt, zeigt neben der möglichen Ersetzbarkeit durch *dann* auch die Tatsache, daß dieses akzentuierte *denn* mit der Modalpartikel zusammen auftreten kann (vgl. dazu genauer OPPENRIEDER/THURMAIR 1989: 36f).

Ohne hier auf eine ausführliche Charakterisierung von Modalpartikeln einzugehen (vgl. dazu ausführlich THURMAIR 1989: 21–37 u. 94–99), soll als wesentlicher Aspekt die interaktionsbezogene Funktion von Modalpartikeln hervorgehoben werden: Modalpartikeln verankern Äußerungen im Interaktionszusammenhang und modifizieren oder spezifizieren Illokutionstypen.

Wie alle Modalpartikeln ist auch *denn* satzmodusabhängig: es tritt nur in *w*-Fragesätzen und in Entscheidungsfragesätzen auf.[2]

Die Funktion von *denn* liegt — in *w*-Fragen und Entscheidungsfragen gleichermaßen — darin, die Äußerung dadurch in den Interaktionszusammenhang einzubinden, daß ein Konnex zum Vorgängerbeitrag bzw. zu Folgerungen oder Implikaturen aus diesem oder allgemeiner zu Aspekten der Gesprächssituation hergestellt wird. Über diese Funktion von *denn* herrscht auch in der Forschung weitgehend Konsens (vgl. z.B. KÖNIG 1977, FRANCK 1980: 222–226, HENTSCHEL/WEYDT 1983). *Denn* dient also dazu, anzuzeigen, daß der Anlaß für die Frage direkt in der aktuellen Kommunikationssituation liegt. Meist handelt es sich um eine explizite Äußerung des Gesprächspartners; Auslöser für die Frage kann aber auch ein anderer Anlaß in der Situation sein.

(1) B: *Übrigens, Wanzen kann man riechen, nich, die riechen etwas.*
A: *Wie riechen die denn?* (Brons-Albert, 9)
(2) A: *Und im letzten Jahr war ich sogar vom Klassenunterricht befreit! Da bekam ich dann Bücher, deutsche und polnische und durfte, wenn ich sie ausgelesen hatte, darüber Aufsätze schreiben.*
B: *Polnisch? Kannst du denn auch Polnisch?*

Die Tatsache, daß *denn* einen Konnex zu einem vorangegangenen Aspekt der Gesprächssituation markiert, wird dadurch belegt, daß es kaum in gesprächseröffnenden Fragen (wie (3a) und (3b)) oder in Fragen, die einen Themenwechsel einleiten (wie (4)), verwendet werden kann:

(3a) **Entschuldigung, könnten Sie mir denn sagen, wo's hier nach Heubach geht?*[3]
(3b) *Guten Tag. *Führen Sie denn auch Lederwaren?*
(4) B: *Deshalb bin ich sehr dafür, daß es* [das Meerschweinchen] *jeden Tach läuft, damit es / der Kreislauf in Ordnung bleibt.*
A: *Ja.*
B: *Och ja, mein Mäuschen!*
A: *Och, die sin anfällig, die Viecher.*
B: *Habt ihr (?*denn) die / in die Samstagszeitung ma reingeguckt, ob da noch was für euch Interessantes war?* (Brons-Albert, 134)

In beiden Fragetypen dient *denn* also dazu, einen Rückwärtskonnex anzuzeigen. Diese Funktion ist relativ unspezifisch, da die Verbindung zum Vorgängerzug als eine Art der Kohärenz und somit als ein Grundprinzip der Konversation zu sehen

[2] Besonders in *w*-Fragesätzen wird *denn* sehr häufig als enklitisches *'n* realisiert: *Was is'n mit dir los? Warum soll ich'n da weich sein? Wieso'n das?*

[3] Beispiel (3a) wäre akzeptabel bei kontrastiv akzentuiertem *Sie*; in diesem Fall wird aber genau ein anderer Sachverhalt ('jemand anderer konnte es mir nicht sagen') impliziert, zu dem ein Konnex hergestellt wird.

ist — und insofern im Grunde nicht markiert werden müßte; vielmehr gilt im allgemeinen gerade umgekehrt: wenn Kohärenz fehlt, z.B. bei Themenwechsel, wird dies eigens angezeigt. *Denn* markiert also nur etwas im Standardfall ohnehin notwendigerweise Gegebenes.

Hier soll nun gezeigt werden, daß *denn* keine speziellere Funktion hat, als anzuzeigen, daß eine Frage eine Standardfrage, d.h. eine unmarkierte Frage ist (— im Gegensatz zu verschiedenen Versuchen in der Forschung, eine speziellere Funktion von *denn* anzugeben).

Unter einer Standardfrage verstehe ich in Anlehnung an Searle eine Äußerung, mit der der Sprecher einen Informationsmangel anzeigt, den er beheben will, und mit der er den Hörer, der über diese Information verfügt, auffordert, ihm diese zu geben. Hinzu kommt — ausgehend von einem dialogischen Grundmodell (was bei Fragen ja sicher unstrittig ist) —, daß die Frage im gegebenen Kontext kohärent sein muß.

Die These, daß *denn* ein reiner Frageanzeiger ist, soll anhand einer Analyse aller Fragen im Korpus von BRONS-ALBERT (1984) verifiziert werden.

1. *w*-Fragesätze

Die hier vertretene These wird zunächst im Bereich der *w*-Fragesätze durch die Frequenz von *denn* gestützt: Von 202 *w*-Fragesätzen im Korpus von BRONS-ALBERT enthalten 88, also ca. 45%, die Modalpartikel *denn*. Nur ein *w*-Fragesatz enthält *eigentlich*, einer *bloß*, und 112 Fragesätze weisen keine Modalpartikel auf. Der Prozentsatz von 45% erhöht sich aber dadurch, daß 24 Fragen so verkürzt sind, daß sie nur den *w*-Ausdruck enthalten (*was?, warum?, wieso?*). In diesen Fällen wird aus Ökonomiegründen alles einschließlich Modalpartikel weggelassen. Ohne diese elliptischen Äußerungen bleiben 88 *denn*-lose *w*-Fragesätze und 88 *denn*-haltige — also ein Verhältnis von 1:1.

Wenn man davon ausgeht, daß Fragen **mit** *denn* der unmarkierte Fall sind, muß der markierte Fall, nämlich Fragen ohne *denn*, genauer betrachtet werden; man muß also für diese nachweisen können, inwieweit sie markiert sind und sich vom Standardfall abheben.

Das läßt sich in dem untersuchten Korpus für alle *w*-Fragen zeigen, wobei sich im wesentlichen 5 Typen von markierten Fragen feststellen lassen.

1. 15 der 88 Fragen ohne Modalpartikel leiten einen Themenwechsel ein; hier wird *denn* wegen seiner Funktion, an einen Aspekt der Gesprächssituation anzuknüpfen, nicht verwendet; vgl.:

(5) B: *Dann hat se frei.*
A: *Ja, hoffentlich geht's ihr schnell wieder besser.*
B: *Naja, och, an sich hat se ja alles ganz gut überstanden,*
(...) aber so ab un zu kommt es schon mal
A: *ja klar!...*
B: *Samma, <u>wann has du Geburtstag?</u> Heute?* (Brons-Albert, 98)

(6) A: *Und auf Grund dessen vielleicht grade zum Saufen bringt, ne.*
Oder auch ihn anstachelt, weiter zu machen. Ja, das is schon verworren so.

B: *Jaja, manchma is et schon janz schön schwierig!*
A: *Hm.* ((3sec)) *Achja! . Wie lange mußde noch arbeiten?* (Brons-Albert, 117)

Der Themenwechsel zeigt sich meist allerdings nicht nur an der fehlenden Partikel *denn*, sondern auch an anderen Signalen: z.B. an expliziten Wendungen wie *samma* in (5), oder der Pause in (6).

2. Ein weiterer großer Teil von Fragen ohne *denn*, nämlich 20, sind nahezu verfestigte Wendungen, die wie Floskeln gebraucht werden — auf die der Sprecher also auch keine Antwort erwartet, wie z.B. *wer weiß?, was soll man da machen?, wie soll ich sagen?*.

Hierzu könnte man auch 'Verständnisrückfragen' wie etwa *wie?, wie bitte?, was?* rechnen, die immer ohne *denn* geäußert werden.[4]

3. Ein weiterer Teil von *w*-Fragen ohne *denn* in dem ausgewerteten Korpus (22 *w*-Fragen) sind ähnlich markierte wie die vorherigen, nämlich Fragen, bei denen der Sprecher keine Antwort erwartet, die er also z.B. an sich selbst richtet — auch dies ein 'markierter' Fall von Frage.

(7) B: *Ja, ich war au zwischendurch mal in Werl, un da hab ich Z getroffen ... un die hat mal so erzählt, was die andern so machen*
A: *aha*
B: *und, öh, . na, wie war das alles noch? . Y und . X, die stehn getz wohl im Examen, und, öm* (Brons-Albert, 183)

(8) A: *Sind die* [Wanzen] *groß? Kann man die sehen?*
B: *Ja, wie wie e, wie Heftzwecken sind die.*
A: *Wie Heftzwecken, ja die müßte man doch finden!*
B: *Wie heißen die nochma im Französischen? Wie heißt ne Heftzwecke im Französischen, punaise, woll, und punaise heißt gleichzeitig Wanze.* (Brons-Albert, 8)

Was nun die tatsächlich gegebenen Antworten betrifft, so läßt sich aufgrund der Korpusanalyse feststellen, daß sich auch der Hörer bei den Fragen mit *denn* deutlicher zu einer Antwort verpflichtet sieht: bei Fragen ohne Modalpartikel wird in meinem Korpus auf 33% keine Antwort gegeben, bei Fragen mit *denn* dagegen nur auf 10%.

4. Bei einem kleinen Teil von *w*-Fragen in dem ausgewerteten Korpus (nämlich 5) wird *denn* nicht verwendet, weil die Bedingung für eine Standardfrage, daß der Sprecher die Antwort nicht kennt, nicht erfüllt ist.[5] Meistens sind dies Fragen, die der Sprecher stellt, weil er vorangegangene Information nicht aufgenommen oder verstanden hat, beispielsweise weil er unaufmerksam war, die er zum Teil aber auch stellt, weil er Zweifel an der gegebenen Information hat. Diese Fragen sind also insofern keine Standardfragen, als der Sprecher zum aktuellen Zeitpunkt die Information eigentlich haben müßte.[6]

---

[4] Für eine alternative Erklärung des Fehlens von *denn* in diesem Typ von Fragen siehe Fn.6.

[5] Aus dem gleichen Grund (Sprecher hat keine echte Informationslücke) tritt *denn* übrigens auch nicht in Prüfungsfragen auf.

[6] Genauso ließe sich auch erklären, warum *denn* nicht in Verständnisrückfragen wie *was*

(9) D: *Ach, dat is der B. Ach so, es geht um . um B's Abnahme, ich wollt grad sagen, ich dachte jetz an A, wenn die jetz elf Kilo /(...)*
B: (lacht) *Die könnt man nich mehr sehn, wenn die elf Kilo abgenommen hätte!*
D: *Eben, ich denk, die is doch gar ni mehr da, dann!*
B: *Neenee.*
D: *Ja, Moment, was ham Sie abgenommen?* (Brons-Albert, 144)

Auch formal unterscheiden sich diese Fragen von den 'normalen' *w*-Fragen, insofern als der *w*-Ausdruck immer einen Akzent trägt und in seiner Stellung nicht fest ist: er kann nämlich im Vorfeld oder im Mittelfeld stehen:

(9a) *WAS ham Sie abgenommen? / Sie ham WAS abgenommen?*

In diesem Typ, der hier *w*-Versicherungsfragesatz genannt wird, kann die Modalpartikel *denn* grundsätzlich nicht auftreten.

Einen ähnlichen Sonderstatus nehmen formal Äußerungen ein, die ich 'Fortsetzungsfragesatz' nenne. Sie sind typischerweise mit *und* eingeleitet, und der (akzentuierte) *w*-Ausdruck kann ebenfalls im Vorfeld oder im Mittelfeld stehen.

(10) A: *Und am nächsten Tag bin ich dann nach Frankreich gefahren.*
B: *Und du bist WO über die Grenze gefahren?*

Auch in diesem Typ von Fragen ist *denn* grundsätzlich nicht zulässig.

In dem von mir analysierten Korpus kommt dieser Typ zwar so 'rein' nicht vor, aber es gibt immerhin eine Reihe von *w*-Fragen, die mit *und* eingeleitet sind, und in allen diesen Fragen tritt *denn* nicht auf und scheint auch kaum zulässig.

(11) C: *(...) ich wollt grad sagen, machst de immer noch die Kur?*
B: *Hm.*
C: *Un wieviel hasde jetz abgenommen?* (Brons-Albert, 143f)

Die Tatsache, daß *denn* in mit *und* eingeleiteten Fragen kaum adäquat erscheint, könnte damit erklärt werden, daß *und*, das ja auch eine Verbindung anzeigt, ähnlich wie *denn* verwendet wird; allerdings signalisieren mit *und* eingeleitete Fragen — im Unterschied zu Fragen mit *denn* — häufig auch einen Themenwechsel.

5. Der letzte Typ von *w*-Fragen ohne Modalpartikel im Korpus von BRONS-ALBERT läßt sich folgendermaßen erklären: Durch die Funktion von *denn*, an Aspekte der Gesprächssituation anzuknüpfen, kann auch der Bezug zum Gesprächspartner aktualisiert werden; d.h. der Gesprächspartner wird mit einbezogen. Deshalb kann *denn* auch dazu führen, daß die Frage 'freundlicher' wirkt (— das ist aber sicher nicht **die** Funktion von *denn*, wie HENTSCHEL/WEYDT (1983) annehmen). Wo nun dieser Aspekt des Bezugs zum Gesprächspartner nicht so relevant ist, z.B. weil es um die reine Informationserlangung geht, kann es sein, daß *denn* seltener auftritt; vgl. folgenden Textausschnitt:

(12) [Es geht um den Kauf einer Eigentumswohnung]
A: *Hm...WC, zwei Loggien. Ja. Und, öh, ich hab's inzwischen wieder vergessen, wieviel Quadratmeter sin es?*
B: *Neunzig sin das!*
A: *Neunzig, und was kostet es?*

---

sachsde? oder *wie bitte?* verwendet wird.

B: *Ja, wir hatten 120.000 Mark angegeben wozu allerdings noch eine Tiefgarage kommt. (...)*
A: *Und was wird der kosten?*
(...)
A: *(...) ach so, eins frag ich immer noch, em, wie un/ wie teuer sind ungefähr die Umlagen?* (Brons-Albert, 129)

Allerdings läßt sich in einigen Fragen dieses Beispiels das Fehlen von *denn* auch darauf zurückführen, daß die Fragen mit *und* eingeleitet sind.

Generell scheint aber eine unpersönlichere Beziehung zwischen den Gesprächspartnern das Weglassen von *denn* zu erleichtern — in diesen Fällen muß der Bezug zum Gesprächspartner nicht aktualisiert werden.[7]

Die Auswertung der *w*-Fragen im Korpus von BRONS-ALBERT hat also ergeben, daß eine *w*-Frage im Standardfall die Modalpartikel *denn* enthält. Fragen ohne *denn* sind 'markiert', sei es, daß sie einen Themenwechsel einleiten, sei es, daß sie an den Sprecher selbst gerichtet sind und/oder keine Antwort erwartet wird, sei es, daß der Sprecher keine echte Informationslücke hat, oder daß es sich um Floskeln handelt. In einigen Fällen kommen auch mehrere dieser Gründe zusammen.[8]

w-Fragen mit *denn* dagegen sind unmarkiert,[9] insofern es sich um (kohärente) Fragen im Interaktionszusammenhang handelt, mit denen der Sprecher eine Informationslücke anzeigt und mit denen er den Hörer, von dem er annimmt, daß dieser die Antwort kennt, auffordert, ihm diese Antwort zu geben. — Also der klare Standardfall von Frage, nicht mehr und nicht weniger.

Abgesehen von dieser Korpusauswertung läßt sich noch ein weiteres Argument für *denn* als (Standard-)Fragemarkierer anführen:

Es gibt im Deutschen auch andere Strukturen, um eine *w*-Frage auszudrücken, nämlich den schon erwähnten *w*-Versicherungsfragesatz (vgl. (9)) und *w*-Verb-Letzt-Sätze wie:

(13) *Wo die Blumen wohl geblieben sind?*

---

[7] Umgekehrt kann durch *denn* in phatischen Fragen in seltenen Fällen auch nur der Bezug zum Gesprächspartner aktualisiert werden, indem *denn* eine Verbindung zur gemeinsamen Vorgeschichte, die vor dem aktuellen Gespräch liegt, markiert; vgl. folgende gesprächseinleitende *denn*-Frage: B: *Ja?* A: *Tag, B, hier ist A!* B: *Jo, wie geht's denn so?* (Brons-Albert, 11)

[8] Die Fragen mit anderen Modalpartikeln, nämlich *bloß/nur* und *wohl*, unterscheiden sich von Fragen mit *denn* im wesentlichen darin, daß der Sprecher nicht unbedingt davon ausgeht, daß der Hörer die Frage beantworten kann, soll oder will (vgl. THURMAIR 1989).

[9] Es gibt auch keine Affinität von *denn*-Fragen zu bestimmten w-Ausdrücken, was Voraussetzung für die in der Literatur bisweilen vertretene Behauptung wäre, *denn* diene dazu, Handlungen zu problematisieren (PAVLIDOU 1980; ähnlich auch schon KÖNIG 1977: 120) oder sei Indikator für den Sprechhandlungstyp Vorwurf (DITTMANN 1980). Tatsächlich sind *denn*-haltige und *denn*-lose Fragen hinsichtlich der Verteilung der *w*-Ausdrücke gleich (zu jeweils etwa 30% weisen *denn*-haltige wie *denn*-lose Fragen *was* und *wie* auf, gefolgt von *wann, warum* (bzw. *wieso*) und *wieviel*).

Erstere sind markiert, insofern der Sprecher die Information schon hat, zweitere insofern markiert, als sie deliberative Fragen darstellen, der Hörer also keiner Antwortverpflichtung unterliegt. Und in diesen beiden schon von der Struktur her markierten Typen ist *denn* grundsätzlich nicht zulässig,[10] obwohl Verb-Letzt-Sätze sich sonst sehr gut mit Modalpartikeln 'vertragen', ja Modalpartikeln in diesen stellenweise sogar obligatorisch sind (vgl. dazu THURMAIR 1989: 49–72).

2. Entscheidungsfragesätze

In den Entscheidungsfragesätzen tritt *denn* wesentlich seltener auf: Insgesamt finden sich 141 Entscheidungsfragesätze (Alternativfragesätze nicht mitgerechnet), davon enthalten drei die Modalpartikel *eigentlich* und 22, das sind ca. 16%, die Modalpartikel *denn*. D.h. 116 Entscheidungsfragen ohne *denn* stehen 22 mit *denn* gegenüber.

Worin unterscheiden sich nun die Entscheidungsfragesätze mit *denn* von denen ohne *denn*?

1. Zunächst sind unter den *denn*-losen Entscheidungsfragesätzen 28, mit denen ein Themenwechsel vollzogen wird und 9, die gesprächseinleitend gebraucht werden (insgesamt 37 Fragesätze = 31%). In diesen Fällen kann *denn* eben wegen seiner Funktion, den Konnex zu markieren, nicht verwendet werden (vgl. (4)).

2. Das Fehlen von *denn* in einem weiteren großen Teil von Fragesätzen läßt sich dadurch erklären, daß die Äußerungen als Aufforderung oder als Vorschlag mit auffordernder Komponente intendiert sind. Hier kann *denn* nicht verwendet werden, weil es eine echte Fragehandlung anzeigt. Insgesamt finden sich 22 Fragesätze (= 19%) ohne *denn*, die Aufforderungs- bzw. Vorschlagscharakter haben.

(14) *Warte mal, kann ich nochmal eben sehen?* (Brons-Albert, 172)

In diesen Fällen wird bis auf eine Ausnahme auch immer ein Modalverb verwendet (fast immer *sollen* oder *können*), das in Verbindung mit Sprecher- oder Hörerdeixis die Aufforderungsinterpretation entscheidend mitsteuert.

Bei den *denn*-haltigen Entscheidungsfragesätzen kommen umgekehrt keine Äußerungen mit Aufforderungsinterpretation vor und dementsprechend auch fast keine Modalverben. Wo nun aber wirklich ein Modalverb auftritt, handelt es sich eindeutig um echte Fragehandlungen — nicht um Aufforderungen:

(15) B: *(...) hättet ihr heute abend Lust und Zeit, daß wer uns mal sehen?*
A: *E, ja. (...) Könntet ihr denn, ach so, ihr könnt nich zu uns kommen, ne?*
B: *Doch, sicher können wir zu euch kommen, Y hat ja keine Rufbereitschaft, hat ja Urlaub.* (Brons-Albert, 72f)

Denn blockiert also jede Aufforderungsinterpretation.

Von den Entscheidungsfragesätzen ohne *denn* bleiben nun, wenn man diejenigen mit Aufforderungsinterpretation sowie diejenigen, mit denen ein Gespräch oder ein Themenwechsel eingeleitet wird, abrechnet, noch 57 übrig. Das Verhältnis liegt also bei 57 (kohärenten) Fragesätzen ohne *denn* zu 22 mit *denn*; d.h. 30%

---

[10] Ebenso in *ob*-Verb-Letzt-Sätzen — dem Pendant zu den Entscheidungsfragesätzen.

der Entscheidungsfragesätze enthalten *denn* (also wesentlich weniger als bei den *w*-Fragesätzen).[11]

Wie läßt sich nun der Unterschied bei den verbleibenden *denn*-haltigen und *denn*-losen Entscheidungsfragesätzen beschreiben? Gibt es überhaupt einen weiteren Unterschied?

In der Forschung werden für *denn* in Entscheidungsfragen neben der Funktion, einen Konnex zu markieren, im allgemeinen zwei weitere Funktionen angegeben:

1. *Denn* bringt zum Ausdruck, daß nach einer Begründung, Erklärung oder Voraussetzung des Vorgängerzuges bzw. nach Folgerungen oder Implikaturen aus diesem gefragt wird (z.B. bei KÖNIG 1977: 120, KEMME 1979: 46, FRANCK 1980: 224).

Was hier der Modalpartikel *denn* als Funktion zugeschrieben wird, liegt keineswegs an *denn*, sondern läßt sich auf die Eigenschaften einer in die Interaktion eingebundenen Entscheidungsfrage zurückführen. Tatsächlich zeigt auch die Analyse der Entscheidungsfragesätze im Korpus, daß bei den Fragen mit *denn* in etwa 60% der Fälle nach einer Begründung, Erklärung oder Voraussetzung für den Vorgängerzug gefragt wird, bei Fragen ohne *denn* sind es aber 81% (die nichtkohärenten Fragen und die Aufforderungen natürlich nicht mitgerechnet). Es ist also sicher nicht die Funktion von *denn* anzuzeigen, daß nach einer Begründung etc. gefragt wird.

2. Der Sprecher signalisiert durch den Gebrauch von *denn* Erstaunen bzw. Überraschung; er bringt zum Ausdruck, daß der Anlaß für seine Frage nicht seinen Erwartungen entspricht (z.B. bei BUBLITZ 1978:59, DITTMANN 1980: 68, HENTSCHEL/WEYDT 1983).

Es ist sicher richtig, daß Entscheidungsfragen mit *denn* (sehr) häufig Erstaunen anzeigen, aber das läßt sich keineswegs generalisieren; die Korpus-Analyse hat ergeben, daß bei den *denn*-haltigen Entscheidungsfragen der Sprecher nur in etwa 50% Überraschung zum Ausdruck bringt. Vgl. (16), eine *denn*-Frage mit Überraschung und (17), eine *denn*-Frage ohne.[12]

(16) A: *Naja, ich mein, solang se* [die Kinder von B] *immer wieder von selbst nachhause kommen, geht's do noch!*
B: *Naja, bloß Mensch, also nee, ich weiß nich, die fangen so'n richtijet Landstreicherleben an!*
A: <u>*Ja, erzählen die denn nich hinterher, wo se gewesen sind?*</u>
(Brons-Albert, 113)

(17) A: *Wir hatten am Telefon vorn paar Tagen das irgendwie so ausgemacht*
B: *Ja, daß Sie sie um / um sechs Uhr abholen!*
A: *Ja, aber dann haben wir gar nichts mehr fest ausgemacht, un ich wußte ja auch gar nich, wohin um sechs!*

---

[11] HENTSCHELS (1981: 24) rein statistische Untersuchungen von "Alltagsgesprächen" ergaben allerdings geringere Werte: demnach kommt *denn* in 12% aller Entscheidungsfragen und in 30% aller *w*-Fragen vor.

[12] Die Kriterien der Beurteilung waren hier zum einen der Kontext, zum anderen auch das Auftreten bzw. die Zulässigkeit anderer Überraschung anzeigender Signale wie *oh, ach, Mensch* etc. in der Frage.

B: *Ja, das is aber gut!*
A: *Verflucht!*
B: *Hatten Sie denn, öh, öh, als Sie dieser Tage mit ihr sprachen, irgenden Ort ausgemacht?* (Brons-Albert, 85f)

Daß die *denn*-haltigen Entscheidungsfragen häufiger Erstaunen signalisieren als *denn*-lose, läßt sich auch darauf zurückführen, daß derartige Fragen wesentlich häufiger neben *denn* auch *nicht* enthalten (45% zu 11%; siehe auch (16)), und dieses *nicht* dient nun wirklich dazu, Überraschung anzuzeigen. *Denn* verträgt sich also offensichtlich ganz gut mit einer Überraschungseinstellung, ohne jedoch selbst diese zu markieren.[13] Der Unterschied zwischen Entscheidungsfragen mit und ohne *denn* liegt also auch nicht in der angezeigten Überraschung.

Ebensowenig ließ sich bei einem Vergleich von *denn*-haltigen und *denn*-losen Entscheidungsfragen im analysierten Korpus ein Unterschied in der Antworterwartung ausmachen. Lediglich folgender minimaler Unterschied konnte festgestellt werden: *denn* tritt nicht in Entscheidungsfragesätzen auf, die nur der Rückversicherung dienen, also Fragen, die den Hörer nicht unbedingt zu einer längeren oder ausführlicheren Antwort auffordern; es handelt sich hier um Fragen wie: *meinsde?* (Brons-Albert, 57), *bisde sicher?* (82), *hasdes mitgekricht?* (150), *sind Sies, die A?* (169).

Abgesehen davon läßt sich aber im Vergleich der Entscheidungsfragen mit und ohne *denn* kein anderer relevanter Unterschied feststellen.[14]

Entscheidungsfragesätze ohne *denn* können also markierte Fragen sein, indem sie als Fragen einen Themenwechsel einleiten, oder als Aufforderungen zu interpretieren sind, sie können aber auch unmarkierte echte Fragen sein und unterscheiden sich in diesem Fall (wohl) nicht von Fragen mit *denn*.[15]

Abschließend kann als Ergebnis der Korpusanalyse folgende Funktion von *denn* festgehalten werden:

Denn dient in beiden Fragetypen lediglich dazu, anzuzeigen, daß es sich um eine im Kontext kohärente Standardfrage[16] handelt. In den Standard-*w*-Fragen

---

[13] Daß diese These in der Forschung so stark vertreten wird, ist sicher auch darauf zurückzuführen, daß in der Modalpartikel-Forschung meist mit Minimalpaaren vom Typ: *Sind Sie verheiratet?* vs. *Sind Sie denn verheiratet?* gearbeitet wird — häufig auch ohne jeden Kontext. Tatsächlich aber neigen nach meinen Beobachtungen Sprecher dazu, in derartigen Gegenüberstellungen die Fragen mit *denn* wesentlich emphatischer zu intonieren; und damit liegt eine Überraschungsinterpretation natürlich nahe.

[14] Daß *denn* auch in Entscheidungsfragen nicht speziell dazu dient, Handlungen zu problematisieren (wie PAVLIDOU 1980 meint) oder Vorwürfe zu indizieren (wie DITTMANN 1980 annimmt), zeigt auch die Tatsache, daß die Besetzung der Subjektstelle in *denn*-haltigen und *denn*-losen Fragen (letztere ohne die Aufforderungen) gleich ist: 60% beider Fragetypen zeigen Hörerdeixis, also die Personalpronomina *du/Sie/ihr*, und jeweils 35% die 3.Person.

[15] Entscheidungsfragen mit anderen Modalpartikeln (z.B. *etwa* und *auch*) unterscheiden sich vor allem hinsichtlich der Antworterwartung von den neutralen *denn*-Fragen.

[16] Die hier vertretene These zu *denn* als Frageanzeiger schließt natürlich nicht aus, daß

ist *denn* ein (fast) obligatorischer Frageanzeiger in Entscheidungsfragen ist *denn* dagegen fakultativ und gleicht in dieser Hinsicht der steigenden Intonation.

LITERATUR:

BRONS-ALBERT, RUTH

1984 *Gesprochenes Standarddeutsch. Telefondialoge.* Tübingen: Narr.

BUBLITZ, WOLFRAM

1978 *Ausdrucksweisen der Sprechereinstellung im Deutschen und im Englischen.* Tübingen: Niemeyer.

DITTMANN, JÜRGEN

1980 *Auch* und *denn* als Abtönungspartikeln. In: *Zeitschrift für germanistische Linguistik* **8**, 51–73.

FRANCK, DOROTHEA

1980 *Grammatik und Konversation. Stilistische Pragmatik des Dialogs und die Bedeutung deutscher Modalpartikeln.* Königstein/Ts.: Scriptor.

HENTSCHEL, ELKE

1980 Abtönungspartikeln als stilistische Merkmale des Alltagsgespräches. In: KÜHLWEIN/RAASCH (1980), 142–145.

HENTSCHEL, ELKE/WEYDT, HARALD

1983 Der pragmatische Mechanismus: *denn* und *eigentlich.* In: WEYDT (1983), 263–273.

KEMME, HANS-MARTIN

1979 *"Ja", "denn", "doch" u.s.w. Die Modalpartikeln im Deutschen.* München: Goethe-Institut.

KÖNIG, EKKEHARD

1977 Modalpartikeln in Fragesätzen. In: WEYDT (1977), 115–130.

KÜHLWEIN, WOLFGANG/RAASCH, ALBERT (HGG.)

1980 *Sprache und Verstehen. Kongreßberichte der 10. Jahrestagung der GAL e.V. Mainz 1979.* Bd.2. Tübingen: Narr.

OPPENRIEDER, WILHELM/THURMAIR, MARIA

1989 Kategorie und Funktion einer Partikel. In: *Deutsche Sprache* **17**, 26–39.

PAVLIDOU, THEODOSSIA

1980 Zur Rolle einiger Modalpartikeln bei der Problematisierung von Handlungen. In: TSCHAUDER/WEIGAND (1980), 107–116.

---

nicht durch andere Signale (d.h. hierarchisch höher liegende Indikatoren) eine 'Uminterpretation' dieser Standardfrage möglich ist. Deshalb kann *denn* auch in rhetorischen Fragen auftreten, z.B. in Kombination mit der rhetorizitätsanzeigenden Modalpartikel *schon*, oder auch in Kombination mit *bloß/ nur.* Eine ('stärkere') Uminterpretation zu einer Aufforderung aber (z.B. durch Kombination mit der Modalpartikel *mal*) ist nicht möglich (vgl. zur Modalpartikel-Kombinatorik THURMAIR 1989: 203–292). Hierarchisch höher gelegene Indikatoren lassen also die Uminterpretation einer Frage mit *denn* nur soweit zu, soweit es sich bei der Äußerung immer noch um eine Frage handelt.

THURMAIR, MARIA

1989 *Modalpartikeln und ihre Kombinationen.* Tübingen: Niemeyer.

TSCHAUDER, GERHARD/WEIGAND, EDDA (HGG.)

1980 *Perspektive: textextern. Akten des XIV. Ling.Koll. Bochum 1979,* Bd.2. Tübingen: Niemeyer.

WEISS, WALTER ET AL. (HGG.)

1986 *Textlinguistik contra Stilistik? Wortschatz und Wörterbuch. Grammatische oder pragmatische Organisation von Rede?* Tübingen: Niemeyer.

WEYDT, HARALD (HG.)

1977 *Aspekte der Modalpartikeln. Studien zur deutschen Abtönung.* Tübingen: Niemeyer

1983 *Partikeln und Interaktion.* Tübingen: Niemeyer.

WEYDT, HARALD

1986 Betonungsdubletten bei deutschen Partikeln. In: WEISS ET AL. (1986), 393–403.

Lexical Preanalysis in a DCG Parser of Polish

Zygmunt Vetulani
Universität Poznań

In this paper we present main features of a parser for a large fragment of Polish. This is a new, extended version of our BPII-parser first presented in 1987 ("Advanced Dialog Systems — SUWAŁKI 1987", cf. VETULANI [to appear]; BPII := Basic Polish for Information Interchange). Its implementation in Prolog (Arity/Prolog, under DOS) is designed to be a syntactic module for a question answering system (the early version of such system was realized by the author in 1985 in Prolog II on a Vax 730, see VETULANI, [1988a]).

The key ideas underlying our approach in the design of natural language interface (question answering system) are:

- predicate-argument syntax,
- set/frame-theoretical semantics,
- Definite Clause Grammar as the grammatical formalism,
- Prolog as implementation tool,
- preanalysis as search-space-limiting device,
- two-run analysis: separation of syntactic segmentation from semantic evaluations (at the level of analysis).

(Cf. VETULANI [1988b, 1989a, 1989b])

The BPII-parser is operating in the following steps:

- introduction of questions to the system,
- consultation of the dictionary,
- preanalysis,
- application of the grammar rules.

Questions are introduced to the system by the keyboard. The result of the analysis is the structure (term) which encodes the rules applied in the (successful) analysis and the order of application of these rules. This means that it encodes the segmentation of the sentence into semantically evaluable components. Whenever for some reasons the parsing does not succeed, a subdialogue is initiated by the system in order to help the user to reformulate the question.

The parsing executed by the Prolog system is based on two linguistic data bases:

- dictionary, and
- grammar (DCG).

The dictionary of word forms resides in the external memory. Only the appropriate, minimal fragment of the dictionary is automatically placed under the control of the Prolog system at the beginning of analysis (consultation-of-dictionary stage). Lexical items contain necessary grammatical information (in terms of categories like CASE, GENDER, NUMBER, TENSE, etc.). The present implementation was tested on the dictionary of about 600 items. Here are two examples of such lexical items (for a common noun and for a verb).

```
s(0,"pianista",[112,105,97,110,105,115,116,97],common-noun,
  [[m,sing,nom,hum],Sem])
s(0,"ma",[109,97],vb-tr-1,[[sing,3,pres],Sem,[[_,sing,nom,_],
  [_,_,acc,_],no-prep]])
```

(Elements in the final three-element square brackets in the clause *ma /has/* represent the "syntactic requirements" of the verb with respect to arguments.)

The grammar of definite clauses (which correspond to parameterized context-free rules; see PEREIRA & WARREN, [1980]) resides permanently under the control of the parser. The rules are configurational, i.e. they reflect the linear ordering of the components (cf. the rules in the chapter Grammar of Formal Models, in VETULANI [1990/in print]). There are about 150 of such rules in the system.

Here follows an example of a grammar clause describing the noun phrase.

```
gn_0(A,gnom_0(0,M0,M1,M2,M3,M4),[R,L,P,T],bezprz,S,X0,X5) :-
      gr_adj(A,M0,[R,L,P,T],S0,X0,X1),
      gr_rd(A,M1,[R,L,P,_],S1,X1,X2),
      gr_adj(A,M2,[R,L,P,T],S2,X2,X3),
      gr_part(A,M3,[R,L,P,_],S3,X3,X4),
      eqw(X4,[[_,N]|_]),
      ifthenelse(rel_poss(N),
                       rel(A,M4,[_,L,_,T],S1,S4,X4,X5),
                       M4=nil&X4=X5),
      sem(A,S0,S1,S2,S3,S4,S).
```

Let us remark that the above rule describes the linear partition of a component (noun phrase) of a sentence. It also provides semantic evaluation of this component in terms of semantic values of its subcomponents (the call of the procedure *sem*). The call of *sem(A,S0,S1,S2,S3,S4,S)* in this rule calculates the semantic value *S* of the component described by *gn_0* (as a function of semantic values S0,S1,S2,S3,S4 of sub-components). This semantic calculations are expensive and the backtracking of the undeterministic algorithm would highly multiply the costs of the analysis. This is why we leave the semantic calls unexecuted during the syntactic run of the analyser. More precisely, all clauses are parameterized with a parameter taking values 0 and 1 (parameter A). The call of the analysis of the sentence with A=0 (in the first, syntactic run) will initiate the syntactic, undeterministic parsing resulting with the term encoding the successful choices of rules. This term will control deterministically the second, semantic run of the analysis (with A=1) in which the calls *sem(1,...)* will be executed. This is what we mean by two-run analysis.

The BPII-parser is intended to analyze NON-elliptical, NON-polypredicative questions (cf. VETULANI [1989b]). As a reference point for selection of the appropriate subgrammar of Polish we have chosen a corpus of experimentally collected dialogues. These dialogues were produced by speakers in a precisely defined experimental setting. The setting was one where two participants (A and B) were invited to exchange information about some situation S: B was supplied with all the relevant information about S, while A received some partial information only. The information was supplied visually, i.e. A and B were given copies of the same picture — the copy given to B was complete while the one given to A was partial. The task for A was therefore to reconstruct the entire information about the scene represented in the picture. The size of the corpus was of about 600 question/answer pairs observed in 30 dialogues (cf. VETULANI [1989a, 1989b, 1990a/to appear]). The parser covers more than 80% of NON-elliptical, NON-polypredicative questions observed in the corpus but also handles various phenomena which were not observed in the Corpus. In the informal way we may characterize the strength of the grammar as follows:

- it accepts all possible (linear) arrangements of arguments with respect to the predicate (24 possible permutations for the sentence like *Ewa daje jabłko Adamowi* [sub+pred+cpl1+cpl2]),
- it accepts questions about:
  a. arguments (who, what, where,...),
  b. parts of arguments (complements, quantifier, adjective,...),
  c. predicate,
  d. adverbs.
- it accepts conjunction inside the nominal group,
- it accepts apposition of different elements (relatives, adjectives, adverbs),
- it accepts relatives and participial clauses inside arguments and allows embedding of these structures,
- it accepts pronominal arguments,
- it accepts numerical arguments (quantity+measure),
- it accepts obligatory locational arguments (if required by the predicate), optional locational arguments at the terminal position in the question, as well as adverbial groups at the post-verbal positions.

Some phenomena still remain out of the scope of the parser:

- elliptical constructions,
- polypredicative questions (e.g. conjunctively coordinated questions),
- questions with complex (e.g. discontinuous) interrogative group.

The following three (slightly artificial) examples of acceptable sentences are given in order to illustrate the complexity of structures which may be analyzed by the parser:

1. *Czy Piotr widzi dwa szybkie nowoczesne samochody wyścigowe*
   [does] [Peter] [see] [two] [fast] [modern] [racing cars]
   należące do stajni Renault, które ...?
   [owned by] [Renault's team] [which]

2. *Który to z dwóch szybkich samochodów wyścigowych, które*
[which of the two] [fast] [racing cars] [which]
wygrały wczoraj kilka wyścigów i które pozostają dotąd
[won] [yesterday] [several] [races] [and] [which] [still remain]
niepokonane należy do człowieka, który ...?
[unbeaten] [is owned] [by the man] [who]

3. *Czy brat ojca Piotra i Marysi pożyczył nam dwie ciekawe*
[did] [brother of the father of Peter and Mary] [lend us] [two] [interesting]
książki należące do nich, które Marysia dała wczoraj Jankowi,
[books] [owned by them] [which] [Mary] [gave] [yesterday] [to John]
i które Janek dał potem bratu ojca Piotra, który jest
[and] [which] [John] [gave] [next] [to the brother of the father of Peter] [who] [is]
moim kuzynem?
[my] [cousin]

The standard application of DCG in a Prolog environment supposes the use of the Prolog's interpreter as the executor of parsing. The parsing is thus based on the top-down, depth-first, backtracking algorithm executed by the Prolog interpreter. This approach has advantages and disadvantages alike. Its main advantage consists in saving the programming effort. On the other hand, the main disadvantage of the standard approach is the low time-efficiency of parsing (in the pessimistic case the top-down, depth-first, backtracking algorithm may be time-exponential). There are at least two ways to overcome the difficulties (none of them excludes the other):

a. to use some more effective, non-standard algorithm (e.g. EARLEY'S algorithm) to interpret the Prolog program (cf. [PEREIRA & WARREN, 1980]).
b. to reduce in some way the "search space" before starting the parsing, i.e. before the consultation of DCG rules.

In our case the configurational character of the grammar makes the parsing, a priori, highly undeterministic. In order to reduce the risk of "computational explosion" we limit the u undeterminism by the lexical preanalysis (solution b). This idea consists in the application of different heuristics whose role is to identify "formal witnesses" of syntactic phenomena in order to reduce the search space before the parser starts to consult the grammar. On the basis of presence/absence of such formal witnesses it is sometimes possible to reduce the search space by excluding from application some grammar rules or by selecting some variants of others.

We will distinguish lexical and morphological witnesses. Here follows some examples of such witnesses (for Polish).

Lexical witnesses:

- relative pronoun for relative clause,
- conjunctive word for complex nominal group,

- reflexive pronoun for the reflexive reading of the verb,
- interrogative word in the initial position for question,

.....

Morphological witnesses:

- noun in nominative:subject,
- noun in genitive: possibly complement of noun (ownership relation),

.....

In the present implementation several rules of the grammar are sensibilized to the presence/absence of the formal witnesses at the given position. This information is collected in parallel to the consultation of the dictionary and remains stored during the parsing. At present, the procedures of preanalysis collect information about:

- relative pronouns,
- personal pronouns,
- reflexive pronouns,
- finite forms of verbs,
- nouns in genitive,
- conjunctions,
- adverbs.

In the following examples we give two typical applications of information collected during the preanalysis.

EXAMPLE 1.

In the following rule *gn_0* the test *rel_poss(N)* is called in order to verify whether the position N is occupied by the relative pronoun (or by a preposition followed by a relative pronoun). This operation consists simply in consulting the results of the procedure *fav_rel* (activated during preanalysis) which checks through the input string for relative pronouns (obligatory witness for a relative clause). For all *K* for which *fav_rel* answers positively, it appends the clause *rel_poss(K)* to the set of clauses controlled by the parser. The effect is that the grammar clause *rel(...)* is called only when strictly necessary.

```
gn_0(.....,X0,X5) :-
      gr_adj(.....,X0,X1),
      gr_rd(.....,X1,X2),
      gr_adj(.....,X2,X3),
      gr_part(.....,X3,X4),
      eqw(X4,[[_,N]|_]),
      ifthenelse(rel_poss(N),
                        rel(...,M4,...,X4,X5),
                        M4=nil&X4=X5),
      sem(.....).
```

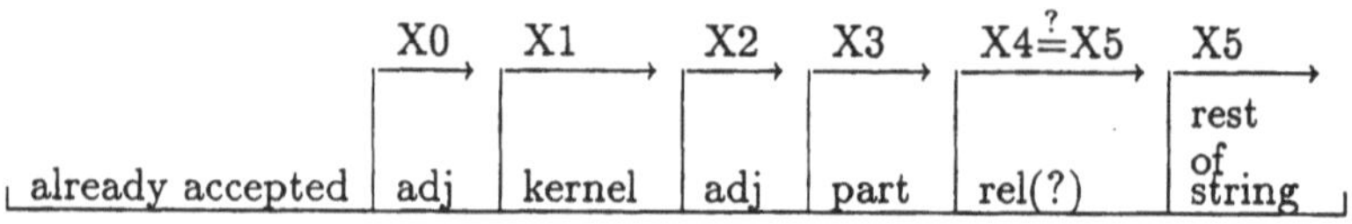

Fig. 1.

EXAMPLE 2.

Information about the distribution of relative pronouns and of finite forms of verbs may be used for a presegmentation of a non-elliptical, non-polypredicative sentence into predicate and arguments. With such presegmentation we may, for example, (upper) estimate the length of some elements (e.g. noun phrases) of the sentence.

Let us consider the following sentence: *Czy brat ojca Piotra i Marysi pożyczył(2) nam dwie ciekawe książki należące do nich, które(1) Marysia dała(2) wczoraj Jackowi, i które(1) Jacek dał(2) potem bratu ojca Piotra, który(1) jest(2) moim kuzynem?*

The respective procedure of preanalysis applied to the sentence associates with each word one of the values 0, 1 or 2: 1 is associated to relative pronouns, 2 — to finite forms of verbs, 0 — to remaining elements. The following string is associated to the above example. From this string it is easy to calculate the position of the main predicate word and of predicate words corresponding to respective relative clauses.

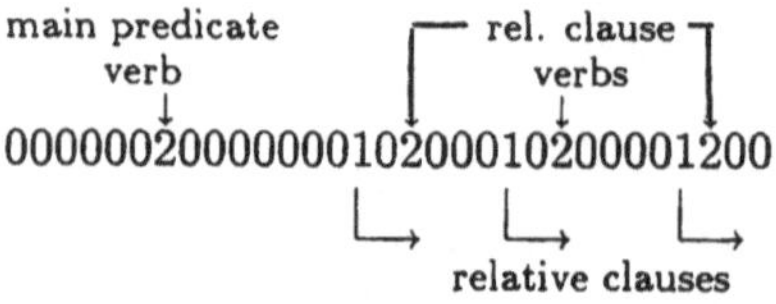

This information may be used to exclude application of some grammar rules at various stages of the parsing. For example, it is clear that at positions 6, 16, 22, 31 only one-element noun phrases may possibly begin. In such cases our parser will switch to the appropriate, relatively simple subgrammar where only short noun phrases are in the search space which is "seen" by the parser. (This is a generalization of the use of the "shaper test" /KUNO & OETTINGER, [1964]/ which inhibits the use of rules which require more elements than the length of the remainder of the string under analysis)

REFERENCES

KUNO, S./OETTINGER, A.G.

1963 Multiple-Path Syntactic Analyzer. In: POPPLEWELL (1963), 306–312.

PEREIRA, FERNANDO, C.N./WARREN, DAVID, H.D.

1980 Definite Clause Grammars for Language Analysis — A Survey of the Formalism and a Comparison with Augmented Transition Networks. In: *Artificial Intelligence* **13**, 231–278.

POPPLEWELL, C.M. (ED.)

1963 *Information Processing 62.* Amsterdam: North-Holland.

REITER, NORBERT (ED.)

1989 *Sprechen und Hören, Akten des 23 Linguistischen Kolloquiums, Berlin 1988.* (Linguistische Arbeiten 222), Tübingen: Max Niemeyer Verlag.

VETULANI, ZYGMUNT

1988a PROLOG implementation of an Access in Polish to a Data Base. In: *Studia z automatyki,* XII, Poznań-Warszawa: PWN, 5–23.

1988b Vers un sous-ensemble du polonais pour communiquer avec la banque de données en langue naturelle, In: WEBER & ZUBER (1988), 193–199.

1989a Towards specification of linguistic core for man-machine dialogues. Ellipsis and related problems, empirical approach. In: REITER (1989), 341–350.

1989b Linguistic problems in the theory of man-machine communication in natural language. A study of consultative question-answering dialogues. Empirical approach. In: *Quantitative Linguistics.* Bochum: Brockmeyer.

1990 (in print) *Corpus of consultative dialogues. Experimentally collected source data for AI applications.* Poznań: Wyd. Nauk. UAM.

1990 (in print) BPII-parser: Prolog parser for a large fragment of Polish, (*Proc. of Int. Conference on Artificial Intelligence — Advanced Dialogue Systems and Natural Language Understanding, 15.-21.06.1987,* Suwalki; in print in: Kozlemenyek, Inst. of Computer Sciences, Hungarian Academy of Sciences, Budapest).

WEBER, HEINRICH/ZUBER RYSZARD (EDS.)

1988 *Parisette. Akten des 22 Linguistischen Kolloquiums, Paris 1987.* (Linguistische Arbeiten 203), Tübingen: Max Niemeyer Verlag.

Klassifizierung von Verben und Verbalsubstantiven im Deutschen und Chinesischen

Jinyang Zhu
Universität Nanjing, China

Das Problem der Nominalisierung spielt in der linguistischen Forschung eine wichtige Rolle. In der deutschen Sprachforschung wurde diese sprachliche Erscheinung schon früh bemerkt. JACOB GRIMM z.B. weist schon auf die Beziehungen zwischen Verb und Verbalsubstantiv hin: "daß jenem die kraft des entsprechenden verbums mitgetheit werde, also z.b. auf herr über, auf glaube an, auf dienst nach folge, weil herrschen über, glauben an, dienen nach etwas gesagt wird" (GRIMM, *Grammatik*, bd. IV, 878, vgl. DROOP 1977: 69). In den verschiedenen Grammatiktheorien neuerer Zeit wird auf verschiedenen Wegen nach Erklärungsmöglichkeiten für die Nominalisierung gesucht. In den letzten Jahren nimmt die Untersuchung dieses Strukturtyps unter Aspekten, die auf von N.CHOMSKY (1970: 184–221) ausgeführte Vorstellungen zurückgehen, breiten Raum ein. Die Literatur zu diesem Thema ist sehr umfangreich. In seinem Aufsatz (1971: 189) faßt WUNDERLICH dieses Problem zusammen:

> Das Problem besteht darin, eine einfache, präzise und empirisch zu rechtfertigende Beschreibung von Nominalphrasen (=NP) zu geben, die substantivierte Verben oder Adjektive enthalten. Dabei muß die Verwandtschaft dieser NPn mit solchen Sätzen berücksichtigt werden, die die entsprechenden Verben oder Adjektive enthalten. Dies ist deshalb wichtig, weil NPn mit substantivierten Formen und Satzphrasen ohne substantivierte Formen sehr oft als Alternativen einer sprachlichen Formulierung vorkommen, und weil die grammatische Beschreibung insgesamt möglich durchsichtig und einfach gestaltet werden soll.

Die gegenwärtige Forschung geht im wesentlichen von zwei Ansatzpunkten aus (FREYTAG 1988: 327):

a. transformationistisch, d.h., es wird eine Grundstruktur (Tiefenstruktur, deep structure, in der Regel ein Satz) angenommen, von der aus man durch die Anwendung von Transformationen zur Nominalphrase gelangt;

b. lexikalistisch, d.h., man setzt die nominalisierte Form als Bestandteil des Lexikons voraus und muß dann natürlich versuchen, Ähnlichkeiten z.B. zum entsprechenden Basisverb, durch strukturelle Verwandtschaftsbeziehungen zu erklären.

Die beiden Konzepte haben zur Erklärung dieses Strukturtyps beigetragen. Aber eine vollständige Lösung des Problems gibt es noch von keiner der beiden Seiten.

Im Chinesischen kann die Untersuchung der Nominalisierung auch auf eine längere Geschichte zurückblicken. In der ersten von Chinesen verfaßten chinesischen Grammatik *"Mashi wentong"* (*'Grammatik des Ma'*, 1898) wurden beispielweise Sätze der Philosophen MENGZI und ZHUANGZI (ca. 400 v. Chr.) behandelt, in denen möglicherweise nominalisierte Verben enthalten sind. Seitdem war diese sprachliche Erscheinung ein wichtiges Thema in der chinesischen grammatischen Forschung, da der Gebrauch von Verbalsubstantiven immmer häufiger und verbreiteter wurde.

Mit VERBALSUBSTANTIV (im Chinesischen *dongmingci*), oft VERBALABSTRAKTUM, VERBALNOMEN, NOMINA ACTIONIS oder DEVERBATIVUM genannt, werden alle Substantive bezeichnet, die synchron als vom Verb abgeleitet angesehen werden können und die Funktionen des Substantivs haben (vgl. SCHIPPAN 1968: 428; SHI 1960: 423). Hier wird jedoch nur eine Subklasse von Verbalsubstantiven untersucht, die einen Prozeß, eine Handlung oder einen Zustand bezeichnen. Diese Verbalsubstantive haben eine oder mehrere Leerstellen, die auch bei entsprechenden Verben auftreten. Die Besetzung dieser Leerstellen ist bei Verbalsubstantiven morphologisch und syntaktisch anders als bei Verben, weil die Rektion von Satzgliedern (beim Verb) sich in eine Rektion von Attributen (beim Verbalsubstantiv) verwandelt. Die wesentlichen funktionalen Eigenschaften von Verbalsubstantiven sieht ULLMER-ERICH (1977: 6) in deren Verfügbarkeit in Subjekt- oder Objektfunktion. Verbalsubstantive haben also eine Doppelfunktion: als Valenzträger in der Verbalsubstantivkonstruktion sowie als Valenzpartner für Valenzträger (das verbale Prädikat) im Satz. Innerhalb der Verbalsubstantivkonstruktion sind sie selbst regierendes Element (oft HEAD genannt), andererseits unterstehen sie der Rektion des finiten Verbs im Satz, als Subjekt oder Objekt.

Verbalsubstantive im Deutschen können auf dem Weg der Derivation und Konversion gebildet werden. Zu den meisten deutschen Verben gibt es korrespondierende nominaliserte Formen (vgl. WUNDERLICH 1971: 191). Zu nennen sind folgende wichtige Wortbildungstypen:

a. die Ableitung auf *-ung*[1]
Anwendung, Genehmigung, Entdeckung, Öffnung

b. die Ableitung auf *-ei, -elei, -erei*
Sucherei, Lauferei, Stichelei, Bummelei

c. Suffigierung in Verbindung mit Präfigierung
Geschieße, Gelaufe, Gesinge

d. fremde Suffixe
Expedition, Klassifikation, Blamage

e. Konversion (nominalisierter Infinitiv)
Kommen, Verstehen, Lesen

Dabei erfahren sie eine wichtige Veränderung in morphologischer Hinsicht : Verbalsubstantive sind deklinierbar, nicht konjugierbar. Dies ist für die Klassifizierung von beiden Wortarten entscheidend.

---

[1] Nach WUNDERLICH (1971: 191) würde die *ung*-Ableitung bei Verben wie "versprechen" und "erkennen" zu ungrammatischen Wortformen führen, was aber mit der Tatsache nicht übereinstimmt. Das Wörterbuch von WAHRIG (1986 München) belegt als Stichwörter "Erkennung" (429) und "Versprechung" (1375). Bei "Erkennung" (429) sind noch Komposita registriert, wie "Erkennungsdienst", "Erkennungsmarke" und "Erkennungszeichen".

Anders als im Deutschen sind Verbalsubstantive im Chinesischen der Form nach nicht von den entsprechenden Verben zu unterscheiden. Die Form eines chinesischen Wortes sagt gewöhnlich nichts darüber aus, welche Funktion es im Kontext hat und zu welcher Wortart es gehört. So lassen sich Verbalsubstantive der Form nach nicht von Verben unterscheiden: Das Wort *faxian* kann z.B. ein Verb (entdecken) oder ein Substantiv (Entdeckung) sein. Eine mögliche Erklärung für die Bildung eines Verbalsubstantives ist der Wortartwechsel oder die Zugehörigkeit zu mehreren Wortarten. Um Verben von Verbalsubstantiven zu unterscheiden muß man das syntaktische Verhalten der beiden in Betracht ziehen. In dieser Hinsicht ist das Chinesische dem Englischen sehr ähnlich (*fire* kann z.B. ein Verb und ein Substantiv sein). Ein vergleichbares Beispiel im Deutschen wären Artikel und Relativpronomen. Die beiden sind der Form nach gleich (außer in Genitiv und Dativ/Plural), müssen aber syntaktisch unterschieden werden.

In diesem Zusammenhang sehen wir einen wesentlichen typologischen Unterschied zwischen dem Deutschen und dem Chinesischen darin, daß im Deutschen Funktion und Form miteinander korrespondieren können und oftmals müssen, was im Chinesischen meistens nicht der Fall ist. Das zeigt die Tatsache, daß im Deutschen je nach der syntaktischen Funktion eine entsprechende morphologische Form zur Verfügung steht, die die jeweilige Funktion explizit zum Ausdruck bringt. Beim Vergleich der folgenden Beispiele aus dem Deutschen und Chinesischen ist dieser Unterschied deutlich erkennbar:[2]

dt.: (1) *Mein Kollege übersetzt gerade "Kabale und Liebe".*
"übersetzt": finites Verb als Prädikat

(2) *Das vor 3 Jahren ins Chinesische übersetzte Drama wird morgen uraufgeführt.*
"übersetzte": Partizip als Attribut

(3) *Die Übersetzung des Dramas ist sehr schwer.*
"die Übersetzung": Verbalsubstantiv als Subjekt

chn.: (4) *wo de tongshi zhengzai fanyi "yinmou yu aiqing"*
ich PART kollege gerade übersetzen kabale und liebe.
"Mein Kollege übersetzt gerade 'Kabale und Liebe'."
"fanyi": Verb als Prädikat

(5) *zhebu san nian qian fanyi cheng zhongwen de*
dasMW drei jahr PRÄP übersetzen PART chinesisch PART
juzuo mintian shouyan.
werk morgen uraufführen
"Das vor 3 Jahren ins Chinesische übersetzte Drama wird morgen uraufgeführt."
"fanyi": Verb als Attribut

---

[2] PART = grammatische Partikel,; MW = Maßwort,; PRÄP = Präposition. ... sans serif ... bedeutet eine wörtliche, "..." eine inhaltliche Übersetzung.

(6) *zhebu juzuo de fanyi shi hen nan de.*
dasMW drama PART übersetzung sein sehr schwer PART

"Die Übersetzung des Dramas ist sehr schwer."
"fanyi": Verbalsubstantiv als Subjekt

Während im Deutschen das Prädikat durch das finite Verb *übersetzt* (1), das Attribut durch das Partizip *übersetzte* (2) und das Subjekt durch das Verbalsubstantiv *die Übersetzung* (3) morphologisch unterschiedlich gekennzeichnet ist, haben alle diese drei Glieder des Satzes und der Wortgruppe im Chinesischen die gleiche Form *fanyi*, wie bei (4), (5) und (6). Durch eine vereinfachte Tabelle kann der Unterschied zwischen den beiden Sprachen verdeutlicht werden (vgl. Tabelle 1).

Tabelle 1

dt.:	morphologisches System	Funktion im Satz	Form des Wortes
übersetzen	Verbalsystem Nominalsystem Adjektivsystem	Prädikat Subj./Obj. Attribut	übersetzt Übersetzung übersetzt-e
chn.:		Funktion im Satz	Form des Wortes
fanyi (übersetzen)		Prädikat Subj./Obj. Attribut	fanyi (übersetzt) (Übersetzung) (übersetzt-e)

Wenn wir davon sprechen, daß das Wort *fanyi* (übersetzen) bei (4) ein Verb, bei (6) aber ein Verbalsubstantiv ist, welches sich der Form nach gar nicht vom Verb bei (4) unterscheiden läßt, muß die Frage aufgeworfen werden, nach welchem Kriterium das Verb und das (Verbal)Substantiv voneinander klassifiziert werden können. Diese Frage spielt in der chinesischen Grammatikforschung insofern eine wesentliche Rolle, als die anfangs bedenklose Übertragung der westlichen Grammatik ins Chinesische einige Probleme mit sich brachte, die auf die unterschiedliche Syntax, insbesondere aber auf die unterschiedliche Morphologie des Chinesischen und der westlichen Sprachen zurückzuführen sind.

Eine Wortartenklassifikation kann nach unterschiedlichen Kriterien erfolgen: semantisch, syntaktisch, morphologisch oder aus einer Mischung dieser drei Kriterien. Aus der Dominanz dieses oder jenes Kriteriums ergibt sich eine verschiedene Wortarteneinteilung, ergibt sich auch eine unterschiedliche Zahl von Wortarten (vgl. HELBIG 1977: 90; FLÄMIG 1977: 42). Im Chinesischen ist es ebenso wie im Deutschen. Auf Grund der unterschiedlichen Sprachtypologie ist die Wortartenklassifizierung von Verb und (Verbal)Substantiv im Deutschen viel einfacher als im Chinesischen. Neben den syntaktischen und semantischen Kriterien, die in beiden Sprachen verfügbar sind, ist es im Deutschen möglich, allein nach dem morphologischen Kriterium das Verb von dem Verbalsubstantiv zu unterscheiden. Die Auffassung einiger Sprachwissenschaftler wie z.B. ISACENKO (1962, vgl. SCHIPPAN 1968: 429), die besagt, daß der nominalisierte Infinitiv wie ***das Gehen, das Werfen*** als Verb betrachtet werden soll, kann allein auf morphologischer Grundlage nicht als berechtigt bezeichnet werden, geschweige denn, daß sich der nominalisierte Infinitiv bezüglich der syntaktischen Eigenschaften nicht vom Substantiv, sondern eher vom Verb distanziert.

Im Vergleich zum Deutschen ist die Klassifizierung von Verben und Verbalsubstantiven im Chinesischen viel komplizierter und umstrittener, da das morphologische Kriterium dabei nur teilweilse in die Frage kommen kann. WANG (1954) und LÜ (1954) gehen hauptsächlich von dem semantischen Kriterium aus und vertreten den Standpunkt, daß man im Chinesischen nicht von einem Verbalsubstantiv sprechen kann. Für sie sind *fanyi* (übersetzen) bei (4), *fanyi* (Übersetzung) bei (6) und *fanyi* (übersetzen) bei

(7) *fanyi zhebu juzuo zhen bu rongyi.*
übersetzen dasMW drama wirklich nicht leicht
"Das Drama zu übersetzen ist wirklich nicht leicht."

Verben, weil sie die gleiche Bedeutung haben. Anders die Auffassung von LI (1934): Er geht vom syntaktischen Kriterium aus und ist der Meinung, daß die Wortartenklassifikation nur im Satz erfolgen kann, "ohne Satz ohne Wortarten". Für ihn ist FANYI (übersetzen) bei (4) ein Verb, weil es als Prädikat fungiert; FANYI (Übersetzung) bei (6) und FANYI bei (7) Substantiv, weil sie im Satz die Funktion des Subjekts ausüben. Die Probleme, welche die beiden Auffassungen mit sich bringen, sind ersichtlich. In dieser Hinsicht hat SHI (1960) wesentliche Fortschritte gebracht. Seine Klassifikation geht von den syntaktischen Gesichtspunkten aus, indem er betreffende Wörter (Wortgruppen) jeweils an den verbalen oder den nominalen Eigenschaften erprobt. So werden die Unterschiede zwischen Verben und Verbalsubstantiven richtig beschrieben. In Anknüpfung an ihn und LIU (1983: 22f; 94f) gehen wir bei unserer Klassifizierung nach dem syntaktischen Kriterium vor. Darunter verstehen wir die Fähigkeit eines Wortes, bestimmte Beziehungen zu anderen Wörtern einzugehen, andere Wörter an sich zu binden und selbst bestimmte syntaktische Funktionen auszuüben (vgl. ZHOU 1955: 39f; LIU: ebenda; SHI 1960: 423f). So lassen sich Verben und Verbalsubstantive durch folgende Eigenschaften unterscheiden:

a) Das Negationswort bu 'nicht' kann unmittelbar vor dem Verb, nicht vor dem Verbalsubstantiv stehen:

(4) *wo de tongshi zhengzai fanyi "yinmou yu aiqing".*
ich PART kollege gerade übersetzen kabale und liebe
"Mein Kollege übersetzt gerade 'Kabale und Liebe'."

(8) *wo de tongshi bu fanyi "yinmou yu aiqing".*
ich PART kollege nicht übersetzen kabale und liebe
"Mein Kollege übersetzt 'Kabale und Liebe' nicht."

(6) *zhebu juzuo de fanyi shi hen nan de.*
dasMW drama PART übersetzung sein sehr schwer PART
"Die Übersetzung des Dramas ist sehr schwer."

(9) * *zhebu juzuo de bu fanyi shi bu nan de.*
dasMW drama PART nicht überstzung sein nicht schwer PART

(7) *fanyi zhebu juzuo zhen bu rongyi.*
übersetzen dasMW drama wirklich nicht leicht
"Das Drama zu übersetzen ist wirklich nicht leicht."

(10) *bu fanyi zhebu juzuo hen rongyi.*
nicht übersetzen dasMW drama sehr leicht
"Das Drama nicht zu übersetzen ist sehr leicht."

b) Die Hilfswörter *le, guo*[3] können in Verbindung mit dem Verb, nicht aber mit dem Verbalsubstantiv stehen:

(4) *wo de tongshi fanyi "yinmou yu aiqing".*
ich PART kollege übersetzen kabale und liebe
"Mein Kollege übersetzt gerade 'Kabale und Liebe'."

(11) *wo de tongshi fanyi le(guo) "yinmou yu aiqing".*
ich PART kollege übersetzen PART kabale und liebe
"Mein Kollege hat 'Kabale und Liebe' übersetzt."

(6) *zhebu juzuo de fanyi shi hen nan de.*
dasMW drama PART übersetzung sein sehr schwer PART
"Die Übersetzung des Dramas ist sehr schwer."

(9) * *zhebu juzuo de fanyi le(guo) shi hen nan de.*
dasMW drama PART übersetzung PART sein sehr schwer PART

(7) *fanyi zhebu juzuo zhen bu rongyi.*
übersetzen dasMW drama wirklich nicht leicht
"Das Drama zu übersetzen ist wirklich nicht leicht."

(13) *fanyi le(guo) zhebu juzuo zhen bu rongyi.*
übersetzen PART dasMW drama wirklich nicht leicht
"Das Drama übersetzt zu haben ist wirklich nicht leicht."

[3] *le, guo* dienen zum Ausdruck der Zeitstufe und des Aspekts.

c) Die Wiederholung ist nur beim Verb, nicht beim Verbalsubstantiv möglich:

(4) *wo de tongshi fanyi "yinmou yu aiqing".*
ich PART kollege übersetzen kabale und liebe
"Mein Kollege übersetzt gerade 'Kabale und Liebe'."

(14) *wo de tongshi xiang fanyi fanyi "yinmou yu aiqing".*
ich PART kollege möchten übersetzen übersetzen kabale und liebe
"Mein Kollege möchte 'Kabale und Liebe' mal übersetzen."

(6) *zhebu juzuo de fanyi shi hen nan de.*
dasMW drama PART übersetzung sein sehr schwer PART
"Die Übersetzung des Dramas ist sehr schwer."

(15) * *zhebu juzuo de fanyi fanyi shi hen nan de.*
dasMW drama PART übersetzung übersetzung sein sehr schwer PART

(7) *fanyi zhebu juzuo zhen bu rongyi.*
übersetzen dasMW drama wirklich nicht leicht
"Das Drama zu übersetzen ist wirklich nicht leicht."

(16) *fanyi fanyi zhebu juzuo bu rongyi.*
übersetzen übersetzen dasMW drama nicht leicht
"Das Drama mal so zu übersetzen ist nicht leicht."

d) Das Verbalsubstantiv ist determinativ- und maßwortfähig, das Verb nicht:

(4) *wo de tongshi fanyi "yinmou yu aiqing".*
ich PART kollege übersetzen kabale und liebe
"Mein Kollege übersetzt gerade 'Kabale und Liebe'."

(17) * *wo de tongshi zhenzai zhezhong fanyi "yinmou yu aiqing.*
ich PART kollege gerade dasMW übersetzen kabale und "liebe

(6) *zhebu juzuo de fanyi shi hen nan de.*
dasMW drama PART übersetzung sein sehr schwer PART
"Die Übersetzung des Dramas ist sehr schwer."

(18) *zhebu juzuo de zhezhong fanyi shi hen nan de.*
dasMW drama PART dieMW übersetzung sein sehr schwer PART
"Diese Übersetzung des Dramas ist sehr schwer."

(7) *fanyi zhebu juzuo zhen bu rongyi.*
übersetzen dasMW drama wirklich nicht leicht
"Das Drama zu übersetzen ist wirklich nicht leicht."

(19) * *zhezhong fanyi zhebu juzuo zhen bu rongyi.*
dasMW übersetzen dasMW drama wirklich nicht leicht

e) Die Ergänzungsarten und -stellungen sind bei dem Verb und dem Verbalsubstantiv anders: Beim Verb handelt es sich um ein Objekt, das nach dem Verb steht; beim Verbalsubstantiv um ein Attribut (makiert durch de), welches die Stellung davor einnimmt:

(4) *wo de tongshi fanyi "yinmou yu aiqing".*
ich PART kollege übersetzen kabale und liebe

"Mein Kollege übersetzt gerade 'Kabale und Liebe'."

(20) * *wo de tongshi zhenzai "yinmou yu aiqing" fanyi.*
ich PART kollege gerade kabale und liebe übersetzen

(6) *zhebu juzuo de fanyi shi hen nan de.*
dasMW drama PART übersetzung sein sehr schwer PART

"Die Übersetzung des Dramas ist sehr schwer."

(21) *zhebu juzuo de fanyi shi hen nan de.*
übersetzung dasMW drama PART sein sehr schwer PART

"Die Übersetzung des Dramas ist sehr schwer."

(7) *fanyi zhebu juzuo zhen bu rongyi.*
übersetzen dasMW drama wirklich nicht leicht

"Das Drama zu übersetzen ist wirklich nicht leicht."

(22) * *zhebu juzuo fanyi zhen bu rongyi.*
dasMW drama übersetzen wirklich nicht leicht

Die unterschiedlichen syntaktischen Eigenschaften von Verben und Verbalsubstantiven können durch eine vereinfachte Tabelle (vgl. Tabelle 2) dargestellt werden.

Tabelle 2

	Verb	Verbalsubstantiv
verbindbar mit bu 'nicht'	+	–
verbindbar mit le guo	+	–
wiederholbar	+	–
objektfähig	+	–
determinativfähig	–	+
attributfähig	–	+

Aus dieser Darstellung ergibt sich, daß es sich bei *fanyi* von (4), (6) und (7) um unterschiedliche Wortarten handelt: bei(4) und (7) um Verb; bei (6) um Verbalsubstantiv. In diesen Sätzen tritt *fanyi* zwar in der gleichen Form, aber mit unterschiedlichen Eigenschaften und in unterschiedlichen syntaktischen Umgebungen auf.

Es ist eine unumstrittene Tatsache, daß sich Verben und Verbalsubstantive im Deutschen wie im Chinesischen voneinander unterscheiden lassen. Während die Klassifizierung von Verben und Verbalsubstantiven im Deutschen über den morphologischen Weg erfolgen kann, muß man im Chinesischen von den syntaktischen Gesichtspunkten ausgehen.

LITERATUR

CHOMSKY, N.

1970 Remarks so nominalization. In: JACOBS, R.A., ROSENBAUM, P.S. (HRSG.), 184–216.

DROOP, H.G.

1977 *Das präpositionale Attribut. Forschungsberichte des Instituts für deutsche Sprache.* Tübingen: Narr.

FLÄMIG, W.

1977 Zur grammatischen Klassifizierung des Wortbestandes im Deutschen. In: HELBIG (1977), 39–52.

FREYTAG, S.

1988 Adverbiale Ergänzungen als Bestandteil komplexer Nominalphrasen. In: *Deutsch als Fremdsprache* **6**, 327–331.

HELBIG, G. (HRSG)

1977 *Beiträge zur Klassifizierung der Wortarten.* Leipzig: Verl. Enzyklopädie.

HELBIG, G.

1977 Zu einigen Problemen der Wortartklassifizierung im Deutschen. In: HELBIG (1977), 90–118.

LI, JINXI

1934 (1924) *Xinzhu guoyu wenfa* (Neue Grammatik der Nationalsprache). Shanghai: Shangwu.

LIU, YUEHUA

1983 *Shiyong xiandai hanyu yufa* (Praktische Grammatik des modernen Chinesischen). Beijing: Waiyu jiaoxue yu yanjiu.

LÜ, SHUXIANG/ ZHU, DEXI

1954 *Yufa xiuci jianghua* (Besprechung der Grammatik und Rhetorik). Beijing: Zhongguo qingnian.

SCHIPPAN, TH.

1968 Die Verbalsubstantive in der deutschen Sprache der Gegenwart. In: *Deutschunterricht* **21**, 423–431, 516–526.

SHI, ZHENGYE

1960 Shilun hanyu dongci xinrongci de mincihua (Über die Nominalisierung der Verben und Adjektive im Chinesischen). In: *Zhongguo yuwen* **12**, 422–425.

ULLMER-ERICH, V.

1977 *Zur Syntax und Semantik von Substantivierungen im Deutschen.* Kronberg/Ts: Scriptor.

WANG, LI

1954 *Zhongguo yufa lilun* (Chinesische Grammatiktheorie). Bde. I–II. Shanghai: Zhonghua shuju, 1944/45.

WUNDERLICH, D. (HRSG)

1971 *Probleme und Fortschritte der Transformationsgrammatik.* München: Hueber.

WUNDERLICH, D.

1971 Warum die Darstellung von Nominaliserungen problematisch bleibt. In: WUNDERLICH (1971), 189–218.

ZHOU, ZUMO

1955 Huafen cilei de biaozhun (Kriterien zur Einteilung der Wortarten). In: *Yuwen xuexi* **12**, 38–42.

Wie selbständig sind unselbständige Sätze im Deutschen und Russischen?

Lew Zybatow
Leipzig

1. Forschungsstand

Der Status von Sätzen wie

(1) Ob Sie meinen Beitrag wohl zu Ende lesen werden?

(2) Daß ich Ihre Erwartungen nicht enttäusche.

(3) Wenn Sie etwas Mitleid mit mir hätten.

(4) Daß es im Deutschen so komische Sätze gibt!

hat in der letzten Zeit (insbesondere in der germanistisch orientierten Linguistik) kontroverse Diskussionen hervorgerufen, die unter dem Begriff "Satzmodus" firmiert, über das Wesen sprachlicher Erscheinungen geführt werden, die aus der traditionellen Grammatik als "Satzarten" bzw. "Satztypen" bekannt sind. In dieser Diskussion scheiden sich die Geister u.a. an folgenden Fragen:

A. Sind Sätze wie (1)–(4) Haupt- oder Nebensätze?

Von verschiedenen Autoren, wie z.B. REIS (1985), WEUSTER (1983), ALTMANN (1987), werden diese nichteingebetteten Sätze mit Verb-Letztstellung als Hauptsätze angesehen, da sie

1. mit hauptsatzspezifischen Erscheinungen wie Modalpartikeln, verschiedenen Intonationsmustern vereinbar sind,
2. nicht ohne Veränderung in andere Sätze einbettbar seien,
3. spezielle illokutive Funktionen haben, die mit echten Nebensätzen gleicher Form nicht funktionsidentisch sind,
4. ihr Gebrauch nicht diskurs- und kontextabhängig sei.

WINKLER (1989) betrachtet dagegen Sätze wie (1)–(4) als Nebensätze, da sie

1. die für Nebensätze typische Endstellung des finiten Verbs haben,
2. die COMP-Position lexikalisch besetzt ist,
3. die angeführten Sätze prinzipiell in andere Sätze einbettbar sind,
4. mit gleichlautenden Nebensätzen in komplexen Strukturen funktionsidentisch sein können,
5. diskurs- und kontextabhängig verschiedene Interpretationen erhalten können.

B. Sind diese Sätze wie elliptische Strukturen zu behandeln oder nicht?

Die Ellipsengegner, z.B. Altmann (1987), Oppenrieder (1989), führen zur Begründung an, daß sich ein möglicher Matrixsatz nicht eindeutig rekonstruieren läßt; die Ellipsenfürsprecher operieren dagegen mit einem weiter gefaßten Ellipsenbegriff, der nicht die Formulierung entsprechender Tilgungsregeln verlangt.

C. Kommt diesen Sätzen ein Satzmodus zu und wenn ja, welcher?

Die Beantwortung dieser Frage hängt weitestgehend von den verschiedenen Satzmodusdefinitionen ab. Die Ja-Sager leiten aus der Eigenschaft der selbständigen Verwendung einer abhängigen Struktur die Annahme zusätzlicher Satzmodi wie Exklamativ und Optativ ab, die Gegner postulieren aufgrund des Nebensatzcharakters dieser Sätze ihre Nichtsatzmodusfähigkeit.

Mit meinem Beitrag möchte ich durch die Konfrontation selbständig verwendeter deutscher Nebensätze mit ihren durch das Sprachsystem des Russischen vorgegebenen Äquivalenten die Satzmodusdiskussion über die germanistische Linguistik hinausgehend in einen etwas breiteren Rahmen stellen. Denn wenn eine linguistische Semantiktheorie, die Regeln für die Ableitung der Bedeutung von Sätzen aufstellen will, um die Frage des Satzmodus nicht herumkommt, müßte es sich beim Satzmodus um eine sprachübergreifende Kategorie handeln.

2. Satzmodusdefinitionen

Altmann (1987: 22) versteht Satzmodus als "regelmäßige Zuordnung eines Satztyps (oder einer Gruppe von Satztypen) mit angebbaren formalen Eigenschaften zu einer bestimmten Art von Funktion (oder zu einer Gruppe von Funktionen) im sprachlichen Handeln". Rosengren (1988: 114) stellt die Frage, "ob es notwendig und/oder sinnvoll ist, einen Begriff wie den des Satzmodus, als eine Art Zwischenstufe zwischen Grammatik und Pragmatik anzunehmen" und hält ihn nur für sinnvoll, "wenn man nachweisen kann, daß die Eigenschaften, die mehrere Satztypen zu einem Satzmodus zusammenführen, nicht schon in der Syntax der Sätze zu finden sind oder aus deren potentieller illokutiver Funktion abgeleitet werden können ..." In der russischen Grammatikforschung gibt es bisher keine Vorstöße, den Satzmodus zu definieren. Es existiert lediglich eine Klassifizierung der Sätze nach ihrem kommunikativen Ziel. Vgl. Akademiegrammatik (1980: 88):

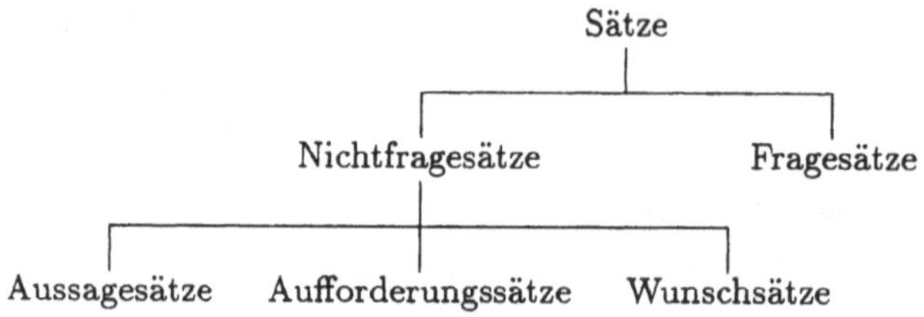

Die Einteilung ist rein funktional gedacht und stützt sich auf keine grammatischen Merkmale. Des weiteren geht die Akademiegrammatik davon aus, daß jedwede beliebige Äußerung entweder exklamativ oder nicht exklamativ sein kann, wobei offensichtlich unter "exklamativ" so etwas wie "expressiv" verstanden wird, d.h. eine emphatische Variante der verschiedenen Satzarten.

Die Projektgruppe "Satzmodus" am ZENTRALINSTITUT FÜR SPRACHWISSENSCHAFT DER AKADEMIE DER WISSENSCHAFTEN der DDR unter Leitung von Renate PASCH hat sich inzwischen zu einer eindeutig semantischen Bestimmung des Satzmodus durchgerungen. Nach PASCH (1989) ist Satzmodus ein Bedeutungsaspekt von Sätzen, der alles umfaßt, was nicht lexikalisch ausgedrückt wird. Oder m. a. W., der Satzmodus ist der Teil der Bedeutung eines Satzes, der nicht aus der Amalgamierung der Bedeutungen lexikalischer Einheiten resultiert, sondern durch formale Eigenschaften des Satzes determiniert wird: vor allem durch prosodische, syntaktische und morphologische Merkmale. Aufgrund bestimmter Kombinationen dieser formalen Merkmale kann dem Satz ein Satzmodus zugeordnet werden. Bei diesem Verständnis des Satzmodus ist es wichtig zu beachten, daß der Satzmodus nicht mit der illokutiven Funktion des Satzes identisch ist, die sich aus der Verwendung eines Satzes in der Interaktion Sprecher-Hörer ergibt, sondern der Satzmodus ist eine Einstellung des Sprechers zu dem vom propositionalen Gehalt des Satzes identifizierten Sachverhalt. Der Satzmodus soll die modale Invariante aus allen Arten der Verwendung sein, die es für einen Satz geben kann.

3. Selbständig verwendete deutsche Verbletztsätze

Selbständig verwendete deutsche Verbletztsätze mit *daß, ob, wenn* an der Satzspitze und ihre russischen Entsprechungen ALTMANN (1987: 49f) unterscheidet 5 Formtypen von selbständigen Verbletztsätzen:

1. V-L-Fragesatz: *Ob wir uns (mal/wohl) wiedersehen?*
2. w-V-L-Fragesatz: *Wer das (bloß/nur/wohl) eingekauft hat?*
3. V-L-Imperativsatz: *Daß du mir (bloß/ja/nur) rechtzeitig kommst*
4. V-L-Wunschsatz: *Daß er doch käme! Wenn ich das (doch/nur/bloß) wüßte!*
5. V-L-Exklamativsatz: *Daß ich das (aber auch) erleben muß!*

Die Einordnung wird aber kaum begründet, d.h. ALTMANN gibt keine Auskunft, aufgrund welcher Formeigenschaften z.B. die selbständigen *daß*-Sätze den Funktionstypen Imperativsatz, Wunschsatz oder Exklamativsatz zuzuordnen sind, noch woraus die entsprechende Satzmodus-Bedeutung wirklich resultiert. Halten wir uns an PASCHS Definition, so läßt sich feststellen, daß die die V-L-Sätze einleitenden Konjunktionen bzw. w-Wörter den Satzmodus nicht determinieren können, da es sich bei ihnen um lexikalische Einheiten handelt. Syntaktisch haben die abhängigen Sätze der betrachteten Art den Status von internen Argumenten, die verbale und adjektivische Prädikate des jeweiligen Matrixsatzes subkategorisieren. Verschiedentlich wird angenommen, daß gerade die Eigenschaft, syntaktisch die Kennzeichnung eines abhängigen Satzes zu besitzen, bestimmend für die Etablierung eines Satztyps Exklamativsatz bzw. Optativsatz ist, die semantisch als strukturell determinierte Ellipsen zu betrachten sind. Bei näherer Untersuchung eines größeren Korpus Belegmaterial von selbständig vorkommenden Nebensätzen im Deutschen und ihrer Konfrontation mit dem Russischen zeigt sich zwar, daß diese Sätze von vornherein markiert sind, da ein formal als Nebensatz markierter Konstruktionstyp selbständig vorkommt. Es wird aber auch offensichtlich, daß die formalen Eigenschaften dieser Sätze allein in der Regel nicht ausreichen, um den Modus derartiger Sätze festzulegen. M. E. ergibt sich die Exklamativ-, Imperativ- oder Optativbedeutung dieser Sätze meist erst durch die Einbeziehung des Kontextes und des propositionalen Gehaltes der entsprechenden Ausdrücke und ist in diesem Sinne nicht der Satzmodus-Bedeutung von Hauptsätzen gleichzusetzen, die nicht kontextuell und nicht lexikalisch determiniert ist und nur in der Grammatik des Satzes enthaltene Aspekte einschließt.

3.1. Selbständige dass-Sätze

3.1.1. daß-Exklamative

Zaefferer (1988) unterscheidet 2 Arten exklamativer Bedeutung: zum einen Exklamative, bei denen die Polarität der ausgedrückten Proposition im Fokus der Einstellung steht (wobei er unter Polarität das Gegebensein oder Nichtgegebensein der entsprechenden Proposition versteht) und zum anderen Exklamative, die den Wert der ausgedrückten Eigenschaft auf einer kontextuell zu erschließenden Skala fokussieren, weshalb er von Polaritäts- und Skalaritäts Skalaritätsexklamativen spricht. Mit *daß* eingeleitete Verbletztsätze sind nach Zaefferer immer Polaritätsexklamative. Zaefferer nimmt des weiteren an, daß bei *daß*-Exklamativen die Ellipse einer Matrixstruktur vorliegt, die eine Verwunderung zum Ausdruck bringt. So sehr ich die Ellipsenhypothese für selbständig verwendete Nebensätze unterstütze, so sehr wehre ich mich gegen eine eindeutige lexikalische Fixierung der für den Matrixsatz anzunehmenden Einstellung. Wie die Übersetzungen von (7) und (8) zeigen, wird im Russischen bei der Lexikalisierung der Interpretation der Sprechereinstellung außer der Verwunderung über das Bestehen des Sachverhalts zumeist auch die positive oder negative Wertung des entsprechenden Sachverhaltes seitens des Sprechers in dem Matrixsatz zum Ausdruck gebracht:

(7) Daß du immer treu bleibst!

Udivitel'no erstaunlich *Stranno* seltsam *Prekrasno* großartig *Neverojatno* unglaublich *Užasno* schrecklich	*,čto ty vsegda ostaeš'sja vernym.* daß du immer bleibst treu

(8) Ja wirklich, das waren so Fragen. Daß ich sie noch weiß. (Ch. WOLF)
I vprjam', ... byli takie voprosy, i ja, podumat' tol'ko
es waren solche Fragen und ich kaum zu glauben
ich vse ešče pomnju.
(an) sie alle noch erinnere mich

So daß die ursprünglich von ALTMANN vorgeschlagene Paraphrasierung der Einstellungsbedeutung exklamativer Hauptsätze mit "sich wundern, daß/wie sehr etwas der Fall ist" m. E. eben nur als Satzmodusbedeutung anzunehmen ist, die immer abstrakter und allgemeiner sein muß als die Lexikalisierung einer bestimmten Einstellung in Form eines Einstellungssatzes. Zumeist fließt in die Lexikalisierung schon die Interpretation der illokutiven Funktion der Äußerung in einem bestimmten Kontext mit ein. Und diese ist dann natürlich immer spezifischer als die durch den Satzmodus ausgedrückte Grundeinstellung. Deshalb halte ich es für wichtig, die formal definierten Satzmodi beschreibungstechnisch streng getrennt zu halten von inhaltlich (also lexikalisch und pragmatisch) definierten Sprechakten. Diese müssen nämlich — da eine entsprechend zu interpretierende exklamativische Nebensatzstruktur im Russischen fehlt — bei der Übersetzung in Form eines Matrixprädikats lexikalisiert werden. Noch deutlicher wird dies, wenn die deutschen Exklamative aufgrund der Spezifik ihres propositionalen Gehaltes illokutiv als Vorwurf oder Ausdruck des Bedauerns zu interpretieren sind:

Vorwurf:

(9) Daß du immer alle belehren mußt!
Užasno, čto ty vsegda vsech dolžen poučat'.
Schrecklich, daß du immer alle mußt belehren.
Počemu ty vsegda vsech dolžen poučat?!
Warum du immer alle mußt belehren.

Vorwurf:

(10) Daß du dich nicht schämst!
Stydis'!
schäm dich
Postydilsja by!
du solltest dich schämen
Kak tebe ne stydno?
Wie dir nicht (ist) peinlich

Bedauern:

(11) Daß ich das erleben muß!
Mne gor'ko i bol'no,
(Es ist) mir bitter und schmerzlich,
čto mne prichodit'sja eto videt'!
daß mir zukommt das (zu) erleben

Wie die interlinearen Rückübersetzungen aus dem Russischen zeigen, muß der illokutiv als Vorwurf zu interpretierende *daß*-Exklamativ unter (10) im Russischen als Aufforderung oder Frage ausgedrückt werden.

3.1.2. daß-Imperative

Der bereits unter (7) angeführte *daß*-Satz, den wir exklamativisch interpretiert hatten, läßt sich mit einem anderen Intonationsverlauf auch als Aufforderung benutzen. Für diesen Fall existiert im Russischen (analog zum Deutschen) die Möglichkeit, einen selbständigen Nebensatz zu verwenden, der durchdie Konjunktion *čtoby* eingeleitet wird und konjunktivischen Verbmodus aufweist:

(12) Daß du immer treu bleibst!
Čtob (ty) vsegda ostavalsja vernym!

Čtob oder *čtoby* ist im Russischen eine Konjunktion, für die die Verben und Adjektive des Befehlens, Wollens und Wünschens subkategorisiert sind.

Der formale Zusammenfall der Nebensätze von Prädikaten des Aufforderns, Wünschens und Zweifelns in Form eines *čtoby*-Nebensatzes erlaubt es im Russischen nicht — ähnlich wie bei den *daß*-Sätzen im Deutschen — , ausgehend von der Form, eindeutig auf die Einstellungsinterpretation zu schließen. Wiederum ist hier zur Einstellungsinterpretation der Kontext vonnöten, wenn auch *čtoby* im Vergleich zu *daß* die Interpretationsbreite einschränkt.

Neben der Wiedergabe der deutschen *daß*-Imperativsätze mittels eines *čtoby*-Nebensatzes existiert auch die Möglichkeit die entsprechende Einstellung mittels des Imperativmodus auszudrücken:

(12') *(Smotri), vsegda ostavajsja vernym!*
(sieh zu) immer bleib treu

(13) Daß du sofort das Geschirr abwäschst!
Nemedlenno vymoj posudu!
sofort wasch das Geschirr

3.1.3. daß-Optative

Daß-Optative unterscheidet SCHOLZ (1987, 242) von den *daß*-Exklamativen nur durch Modalpartikeln. Dies kann m.E. aber kein eindeutiges Kriterium sein, da der Gebrauch von Partikeln bekanntlich fakultativ ist. So läßt sich der bereits zweimal erwähnte Satz (unter 7 und 12)

(7) Daß du immer treu bleibst!

auch optativisch interpretieren.

ROSENGREN (1988: 125) hält *daß*-Optative hinsichtlich ihrer optativischen Interpretation im Unterschied zu *wenn*-Optativen für unmarkiert. Die Funktion des *daß* in diesen Sätzen besteht lediglich darin, die COMP-Position zu besetzen, die bei Verbletztsätzen im Deutschen nicht leer bleiben darf. Im Russischen ist eine selbständige Verwendung von *čto*-Nebensätzen generell nicht möglich. Für deutsche *daß*-Optative bieten sich zur Wiedergabe im Russischen mehrere Möglichkeiten: Zum einen selbständig verwendete *esli*-Nebensätze:

(14) Oh, daß ich doch ein Prinz wäre!
(Ėch,) esli by ja byl princom!

oder konjunktivische Hauptsätze:

(15) Daß wir doch endlich Geld hätten.
Vot, zavelis' by u nas nakonec den'gi!

(16) Daß man sie doch lebendig bergen würde!
Vot by ich spasli živymi!

Und schließlich gibt es die Möglichkeit, den *daß*-Optativsatz mit einem selbständigen *čtob*-Satz wiederzugeben:

(17) Daß wir Glück haben! Čtob nam povezlo!

(18) Ich ... verlangte, diesen Krieg zu endigen, sofort. Und wie? fragten ... die Männer. Ich sagte: Durch die Wahrheit über Helena. Durch Opfer ... Nur daß sie abziehn. Daß sich der Pesthauch ihrer Gegenwart entfernt. (Ch. WOLF)
... Glavnoe, čtoby oni ušli, čtoby ne šel ot nich na nas čumnoj duch.

Die *čtob*-Sätze sind hier als strukturelle Komplemente von elliptischen Wunschprädikaten aufzufassen.

3.2. SELBSTÄNDIGE WENN-SÄTZE

3.2.1. wenn-Optative

In Analogie zu den bisher besprochenen selbständig verwendeten *daß*-Sätzen lassen sich die *wenn*-Optative als selbständig auftretende Konditionalsätze ansehen (vgl. ROSENGREN 1988). D. h., daß auch Sätze wie (19) und (2O) als strukturelle Ellipsen angesehen werden können, die wiederum eine Sprechereinstellungsinterpretation verlangen, die in diesem Fall strukturell der Folgesatz des Konditionalsatzes wäre. Ich gehe dabei aber davon aus, daß diese Sprechereinstellungsinterpretation nicht einen Optativ-Satzmodus konstituiert, wie SCHOLZ annimmt. Die Übersetzung ins Russische kann entweder mittels eines *esli*-Nebensatzes erfolgen (vgl. 19) bzw. durch einen Hauptsatz im Konjunktiv (vgl. 20).

(19) O wenn doch diese die Liebe nicht kennten. (Ch. WOLF)
O, esli by tol'ko oni ne znali ljubvi!

(20) Wenn du nur einmal Maß halten könntest!
Esli by ty chot' raz projavil čuvstvo mery!
Nu chot' by raz projavil ty čuvstvo mery!.

3.2.2. wenn-Aufforderungen

Wenn-Aufforderungen unterscheiden sich von den *wenn*-Optativen durch Adressenorientiertheit, d.h., daß der Hörer aufgefordert wird, die entsprechende "Bedingung des Glücklichseins" herbeizuführen (vgl. 21 und 22). Für diese Interpretation ist im Russischen kein *esli*-Satz verwendbar, sondern die Aufforderungseinstellung muß direkt ausgedrückt werden: durch den Imperativmodus und *požalujsta* (dt. *bitte*), durch eine explizit performative Formel (21) bzw. durch negierte Modalverb- oder Konjunktivkonstruktionen: (22)

(21) Wenn Sie vielleicht mit mir ein Nachsehen haben könnten?
Požalujsta, bud'te ko mne po vozmožnosti / esli možno snischoditel'ny!

bitte seien (Sie) zu mir nach Möglichkeit nachsichtig

Prošu vas byt' ko mne po vozmožnosti snischoditel'ny.
(ich) bitte Sie (zu) sein zu mir nach Möglichkeit nachsichtig

(22) Wenn Sie das hier anprobieren würden?
Požalujsta, primer'te vot ėto!
Ne chotite li primerit' vot ėto?
Ne primerili by Vy vot ėto?

3.3. SELBSTÄNDIGE OB-SÄTZE

3.3.1. Ob-Fragen

Im Unterschied zu eingebetteten Fragesätzen im Russischen, die obligatorisch die Fragepartikel *li* enthalten, kommt in den Übersetzungen der selbständigen *ob*-Sätze die russische Fragepartikel *li*, die eine völlig neutrale Fragehaltung signalisiert, meist nicht vor, da die von mir gefundenen Beispiele der selbständigen Verwendung von *ob*-Fragen (wahrscheinlich als Ellipse von *zweifeln, ob*) zumeist zum Ausdruck des Zweifels an einer positiven Antwort verwendet werden.

(23) Ob der noch ganz richtig im Kopf ist?
U nego s golovoj vse v porjadke?

(24) Ob er wohl wirklich nichts ahnt?
Neuželi on dejstvitel'no ne dogadyvaetsja?
Už ne dogadyvaetsja li on?
Možet on dogadyvaetsja?

3.3.2. ob-Aufforderungen

(25) Ob du wohl gleich aufhörst zu weinen?
A nu-ka nemedlenno prekrati plakat'!

(26) Ob du wohl endlich still sein wirst?
Ty uspokoiš'sja nakonec?

Ob-Aufforderungen können im Russischen entweder durch den Imperativmodus wiedergegeben werden oder aber durch einen Entscheidungsfragesatz, der aufgrund seines propositionalen Gehalts eine imperativische illokutive Funktion nahelegt.

4. Zusammenfassung

Der Vergleich selbständig verwendeter Nebensätze im Deutschen und Russischen zeigt, daß es in beiden Sprachen diese Ausdrucksmöglichkeit gibt und diese selbständigen Ausdrücke in Abhängigkeit vom Kontext als Verkürzungen von entsprechend komplexen Satzstrukturen aufgefaßt werden können, deren Matrixprädikat eine Einstellung zum Ausdruck bringt. Die strukturellen Möglichkeiten für die selbständige Verwendung von Nebensätzen sind in den beiden Sprachen zum Teil unterschiedlich, z.T. analog. So gibt es im Russischen kein Nebensatz-Pendant für die deutschen *daß*-Exklamativsätze; *daß*-Optative und *daß*-Aufforderungen können hingegen durch Nebensatzstrukturen (*esli/čtoby*) wiedergegeben werden. Und wenn auch die Ellipsengegner zur Begründung anführen, daß die nichteingebetteten Sätze nicht funktionsidentisch mit echten Nebensätzen sind, so wird doch aus dem Sprachvergleich deutlich, daß sich die Äußerungsbedeutung der deutschen Sätze nicht allein aus der grammatisch determinierten Bedeutung ihrer Strukturen ergibt, sondern erst durch das Hinzuinterpretieren von etwas, was die Äußerung wohlgeformt macht.

Die Wohlgeformtheitsbedingungen in bezug auf satzwertige Ausdrücke verlangen einen Sprechereinstellungsrahmen zum bezeichneten Sachverhalt, der dann im Russischen bei den *daß*-Exklamativen explizit lexikalisch als Matrixsatz wiedergegeben werden muß. Ansonsten handelt es sich auch im Russischen um selbständig verwendete Nebensatzstrukturen. Dabei ist im Russischen die einleitende Konjunktion die einzige Kennzeichnung der Nebensatzstruktur, da es für Nebensätze keine gesonderten Wortstellungsregeln gibt und sich auch die prosodischen Merkmale nicht ausreichend differenzieren lassen. Alle selbständig verwendeten Nebensätze müssen eine Einstellungsinterpretation erhalten, weil sie eine selbständige Intonation haben und weil ihre isolierte Verwendung einen selbständigen Sprechakt darstellt. Dabei ist zu beachten, daß die durch die Konjunktion (*daß, ob, wenn, čtob, esli*) vorgegebene lexikalische Einstellungsbedeutung nicht mit der Einstellung identisch ist, die für die aktuelle Einstellungsinterpretation dieser Nebensätze anzunehmen ist (sie darf ihr lediglich nicht widersprechen). Die Sprechereinstellungsinterpretation ergibt sich durch eine Kombination von lexikalischen (Konjunktionen, Partikeln, Sachverhaltsbedeutung) und nicht-lexikalischen Mitteln (prosodischen, Verbstellung im Deutschen, Verbmodus), die propositional oder nicht-propositional ausgedrückt werden.

Die Formulierung von Regeln und Prinzipien für eine solche Interpretation steht noch aus. Geht man davon aus, daß nichteingebettete konjunktional eingeleitete Sätze keinen Satzmodus aufweisen, kann die Interpretation eines selbständig verwendeten Nebensatzes als Exklamativ oder Optativ nicht als Begründung für die Postulierung eines Satzmodus Optativ oder Exklamativ neben Deklarativ, Interrogativ und Imperativ dienen. Denn sonst müßte man konsequenterweise auch für die imperativisch zu interpretierenden *daß*-Sätze einen eigenständigen Satztyp annehmen. Die Vielfalt der Sprechereinstellungsinterpretationen kommt aber gerade dadurch zustande, daß die untersuchten Sätze keine eindeutigen grammatischen Mittel aufweisen, die einen exklamativen, optativen oder imperativischen Satzmodus indizieren können. Ich halte die selbständig verwendeten Nebensätze nicht nur syntaktisch, sondern auch semantisch für unselbständige Sätze, da die subjektive Einstellung zu dem Sachverhalt in der Regel nur aus dem Verwendungskontext abzuleiten ist.

Daß die Selbständigkeit solcher Sätze wie (1)–(4) in gewissem Sinne fiktiv ist, läßt auch der Test erkennen, der überprüft, ob diese Sätze einen Text konstituieren können. Das bloße Aneinanderreihen der Sätze (1)–(4) ergibt wohl kaum einen wohlgeformten Text (vgl. 27 A), wohingegen der rechts stehende Text (27 B) mit hinzuinterpretierten Matrixsätzen durchaus akzeptabel sein dürfte:

	A)	B)
(27)	Ob Sie meinen Beitrag wohl zu Ende lesen werden?	Ich frage mich, ob Sie meinen Beitrag wohl zu Ende lesen werden.
	Daß ich Ihre Erwartungen nicht enttäusche.	Gebe Gott, daß ich Ihre Erwartungen nicht enttäusche.
	Wenn Sie etwas Mitleid mit mir hätten.	Wenn Sie etwas Mitleid mit mir hätten, wäre ich Ihnen dankbar.
	Daß es im Deutschen so komische Sätze gibt.	Es ist nämlich schrecklich, daß es im Deutschen so komische Sätze gibt.

LITERATUR

AKADEMIEGRAMMATIK

1980 *Russkaja Grammatika* T. 2. Moskva: Nauka

ALTMANN, HANS

1987 Zur Problematik der Konstitution von Satzmodi als Formtypen. In: MEIBAUER, Jörg (Hrsg.); (1987), 22–56

ALTMANN, HANS / BATLINER, ANTON / OPPENRIEDER, WILHELM (HRSG.)

1989 *Zur Intonation von Modus und Fokus im Deutschen.* Tübingen: Niemeyer

MEIBAUER, JÖRG (HRSG.)

1987 *Satzmodus zwischen Grammatik und Pragmatik.* Tübingen: Niemeyer

OPPENRIEDER, WILHELM

1989 Selbständige Verb-Letzt-Sätze: ihr Platz im Satzmodussystem und ihre intonatorische Kennzeichnung. In: ALTMANN / BATLINER / OPPENRIEDER (1989), 163–244

PASCH, RENATE

1989 Überlegungen zum Begriff des "Satzmodus". In: *Linguistische Studien des Zentralinstituts für Sprachwissenschaft der Akademie der Wissenschaften der DDR*, Reihe A, H. 193, 1–88

REIS, MARGA

1985 Satzeinleitende Strukturen im Deutschen. Über COMP, Haupt- und Nebensätze, w-Bewegung und die Doppelkopfanalyse. In: ABRAHAM, W. (Hrsg.), 1985, *Erklärende Syntax des Deutschen.* Tübingen, 313 - 334

ROSENGREN, INGER

1988 Die Beziehung zwischen Satztyp und Illokutionstyp aus einer modularen Sicht. In: *LS/ZISW/A*, H. 185, 113–138

SCHOLZ, U.

1987 Wunschsätze im Deutschen — formale und funktionale Beschreibung. In: MEIBAUER, J. (Hrsg.), 234–258

Weuster, E.

19B3 Nichteingebettete Satztypen mit Verb- Endstellung im Deutschen. In: Olszok, K., Weuster, E., *Zur Wortstellungsproblematik im Deutschen*. Tübingen, 7–88

Winkler, Edeltraud

1989 Selbständig verwendete V_E-Sätze. Ein Überblick. In: *LS/ZISW/A*, H. 193, 118–158

Zaefferer, Dietmar

1988 Satzmodi als Satzformkategorien zur Analyse grammatischer Faktoren in der Illokutionstypbestimmung. In: *LS/ZISW/A*, H. 185, 139–163

FSC
www.fsc.org
MIX
Papier | Fördert
gute Waldnutzung
FSC® C083411

Kolibri 360 GmbH
Ferdinand-Jühlke-Straße 7
99095 Erfurt, Deutschland
produktsicherheit@kolibri360.de